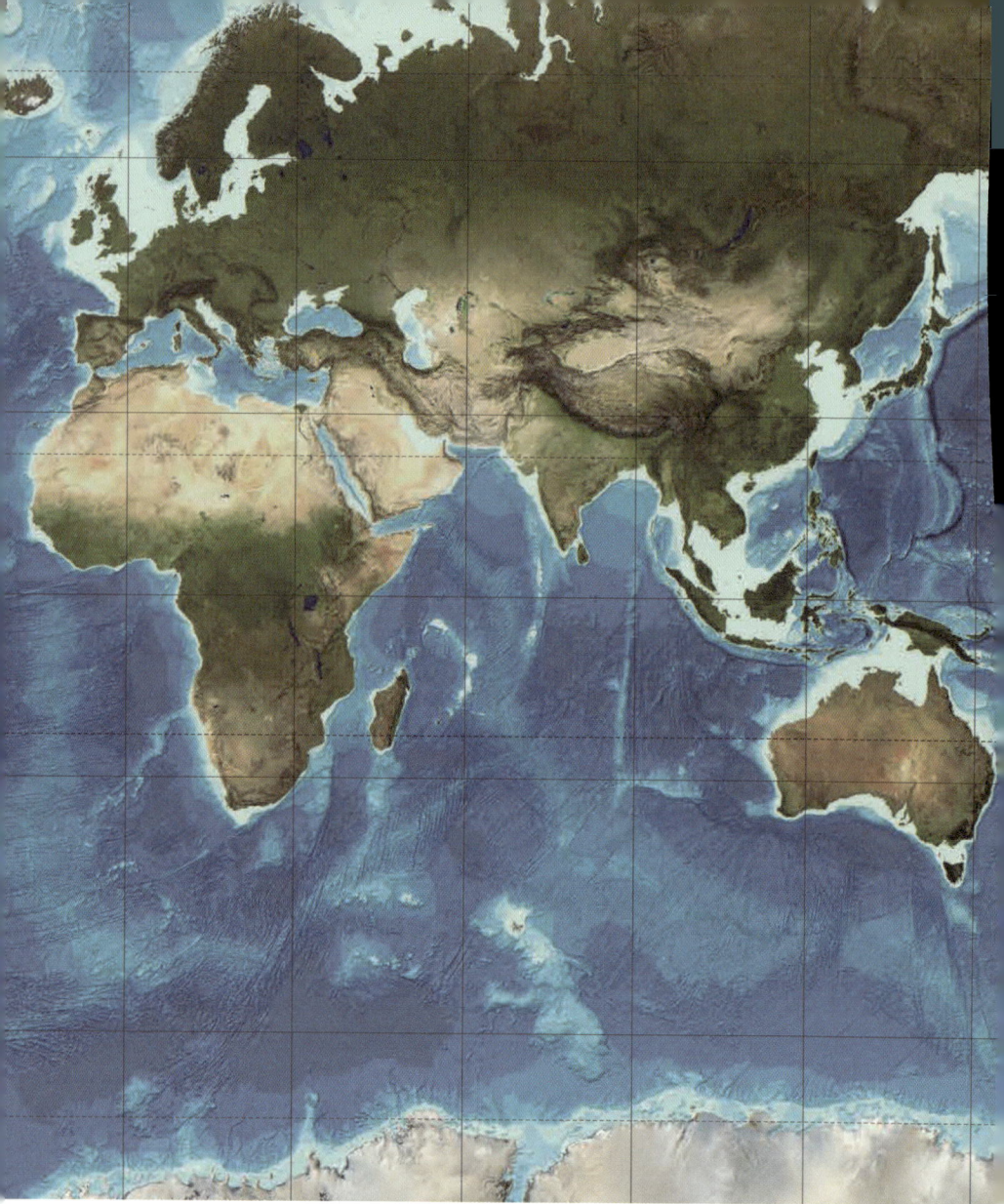

**GEBCO 세계 해저 지도**
전 세계 해저 지형을 색상 변화로 표현한 지도, 2022년.

200   500  1,000  2,000  3,000  4,000  5,000  6,000  7,000

국제기구 GEBCO(General Bathymetric Chart of the Oceans, 대양수심도위원회)는
2030년까지 세계 해저 지도의 완성을 목표로 하고 있다.
www.gebco.net

북극                                                        남극

지구의
완전한
지도

# THE
# DEEPEST
# MAP

로라 트레더웨이 지음

박희원 옮김

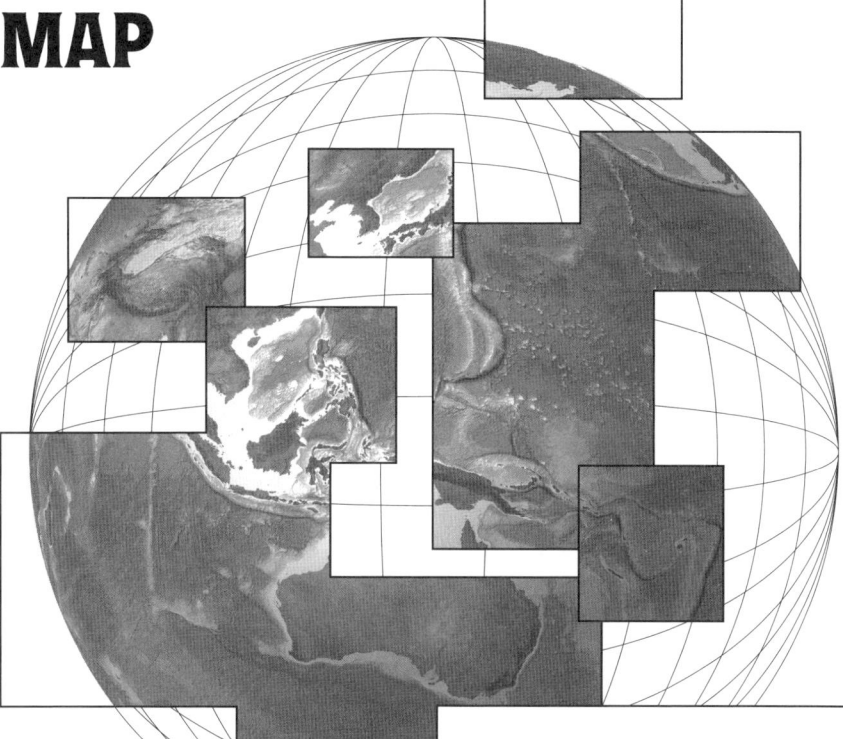

# 지구의
# 완전한
# 지도

지구의 71%,
해저 지도를
향한 도전

눌와

## 일러두기

· 인명, 지명 등 고유명사는 국립국어원의 외래어 표기법을 따랐다.
  다만, 일반적으로 통용되는 표기가 있을 경우에는 이를 참고하여 반영했다.

· 책·신문·잡지는 《 》로, 글·영화·노래는 〈 〉로 표시했다.

· 원서에서 이탤릭체로 강조된 단어는 본문에서 서체를 달리하여 강조했다.

· 괄호 안의 내용과 본문 아래 각주(*로 표시)는 지은이의 주이며,
  글줄 상단의 작은 글씨는 옮긴이의 주이다.

· 원서에 사용된 야드파운드법 단위(예: 피트, 마일 등)는 특별한 경우를
  제외하고 모두 미터법 단위로 변환했다.

· 내용의 이해를 돕기 위해, 원서에서 각 장의 번호로만 구분된 절에
  소제목을 붙였다. 이 책의 모든 도판은 한국어판에서 추가한 것이다.

마리아나 해구보다
깊은 사랑을 품은 엄마에게

# 프롤로그

언젠가 한 해저 지도 제작자가 해저 측량에 대한 자신의 생각을 뒤흔든 스펀지 이야기를 해줬다. 평범한 설거지용 스펀지가 아니라 지구상에서 오래된 생명체로 손꼽히는 환상적인 스펀지, 심해 해면동물 이야기다.

이 지도 제작자는 탐사선 노틸러스호에서 해저를 탐사하는 게 일상이다. 오늘날 해저에서 지도화된 영역은 전체 바다의 약 4분의 1 정도이고,[1] 노틸러스호에도 있는 원격 무인 잠수정remotely operated vehicle, ROV을 보내 탐사한 영역은 1%도 안 된다. 노틸러스호의 원격 무인 잠수정은 자동차만 한 몸집에 센서와 전조등, 영상 카메라를 갖추고 있다. 레나토 케인Renato Kane은 이 잠수정을 통해 자기 생각을 바꿔놓은 해면동물과 처음으로 조우했다.

케인이 노틸러스호에서 일한 지는 10년이 넘었다. 잠수라면 사는 동안 충분히 많이 경험한 그는 바다 밑바닥에서 조심조심 나아가는 원격 무인 잠수정을 지켜보고, 퇴적물 표본을 채취하고, 새로운 종을 발견하고, 놀랍고 새로운 동물 행동을 포착하고, 아른대는 열수분출공熱水噴出孔, 뜨거운 물이 솟아나오는 구멍을 스쳐 지나가고, 심해 산호 사이에 숨은 생물을 확대해 봤다. 이런 일을 하는 케인은 행운아였고 스스로도 이를 잘 알았지만, 일이란 시간이 지나면 예사로워지기 마련이다. 그러나 한 번씩, 무언가가 그의 일상을 깨고 해저 탐사의 한층 깊은 목적을 드러낸다. 태평양

바닷속 해면동물,
스펀지

밑바닥에서 봤던 그 해면동물이 그랬다.

　　그날 노틸러스호의 원격 무인 잠수정 카메라 앞에 등장한 탁한 흰빛의 해면동물은 원격 무인 잠수정과 맞먹을 만큼 우람했다. 케인은 그 생물의 나이가 족히 수백 년, 어쩌면 천 년도 넘었을 것이라 짐작했다. 심해 해면동물의 성장은 빙하의 이동처럼 느리다. 모노라피스 추니*Monorhaphis chuni*라는 종은 1.8미터가량 되는 부속기관이 삐죽하게 돋은 모습으로 1만 1000년을 산다고 추정된다. 신기하리만치 긴 수명의 비결은 아직 불명확하지만 심해 동물 다수가 오래 사는 것을 보면 어둡고 춥고 생명체 서식 밀도가 낮은 해저 환경의 효과일 수도 있겠다. 믿기 힘들 정도로 긴 해면동물의 생애가 별안간 케인의 눈앞에서 흘러갔다. 식물로 오인될 때가 많은 이 동물은 수 세기에 걸쳐 전쟁이 일어나고,

팬데믹과 예언자가 나타났다가 사라지고, 제국이 흥망을 거듭하는 동안에도 묵묵히 그 자리를 지켰다. 해수면에서 수백수천 미터를 내려간 깊은 곳에서 평생 어둡고 차갑고 가만한 물만 알고 지냈다. 외부와 단절된 수 킬로미터 깊이의 바다에서 살아가는 심해 해면동물의 삶은 인간의 삶과 비교하면 놀랍도록 안정적이다. 빛이라곤 없는 어둠 속, 압력과 온도가 늘 일정한 환경에서 심해의 느릿한 물 흐름조차 거의 느끼지 않고 지낸다. 그러던 어느 날 환한 조명을 깜박이는 커다란 기계가 어둠을 가르고 지나가면, 해면동물은 낯선 존재가 남긴 항적 속에 남아 하늘거린다. 그 짧은 만남에서 우리 인간은 지구의 또 다른 세계를 찾아온 이방인이다.

원격 무인 잠수정은 해면동물을 지나쳐 갔지만 그 순간의 유일무이함에 사로잡힌 케인은 그럴 수 없었다. 심해 탐험가 실비아 얼Sylvia Earle이 즐겨 말했듯 "바다의 어느 지점에 돌을 떨어뜨리든 인간의 발길이 닿지 않았던 곳에 가라앉을"2 테니까.

그날의 잠수가, 아니, 노틸러스호에서 몇 년간 지켜본 모든 잠수의 의미가 묵직하게 느껴지기 시작했다. 모든 잠수는 실시간으로 스트리밍되고 후대를 위해 데이터로 저장되지만 배가 그 지점으로 다시 가는 경우는 결코 없었다. 케인이 내게 말했다. "지금 이 순간 보고 있는 모든 것을 두 번 다시는 볼 수 없어요."

당시 우리 둘은 캘리포니아 해안을 따라 항해하는 노틸러스호의 데이터실에 앉아 있었다. 데이터실 벽에 늘어선 현창은 헹굼 단계에서 돌아가는 세탁기처럼 보였다. 부글거리며 유리에 부딪히는 물살에서 외부 상황의 격렬함을 알 수 있었다. 방의 나머지는 온통 화면이었다. 대여섯 개쯤 되는 작업대에 컴퓨터 화면이 있었고 한쪽 벽은 영상 모니터가 덮고 있었다. 각 화면에서는 바닷속에서 얻은 실시간 데이터들이 보였다. 새로운 해저 지도와 새로운 발견, 전문가들이 수년은 들여야 분석하고 소화할 수 있는 방대한 데이터 세트였다. 오늘날 해양 연구는 우연한 대발견이 시도 때도 없이 이뤄지는 희귀한 분야다. 이는 해양 탐험가로 살 때 지게 되는 아름다운 짐이기도 하다. 심해에서 무엇을 마주치든 그게 처음일 수 있다는 것.

탐험할 곳이 아직 너무나도 많다.


"우리는 바다 밑바닥보다 달 표면을 더 많이 안다."

요즘 심해를 다룬 기사를 읽다 보면 이런 문장이나 이와 비슷한 문장이 어김없이 등장한다. 해양계에 관해 속속들이 읽고 쓰는 해양 전문 기자로서 나도 셀 수 없이 많은 기사에서 이 문장을 봤다. 달 대신 화성이나 다른 천체가 그 자리를 차지할 때도 있지만, 대개 이 서술은 별다른 설명 없이 덜렁 제시된다. 읽을 때마다 나는 궁금해진다. 왜 바다에 대해서는 그렇게 알려진 것이 적을까? 왜 우리 행성보다 다른 행성에 대해 더 많이 알고 있을까?

내가 그랬듯, 이 문장을 조금 더 파고들면 이 말이 해저 지도화를 의미하는 것임을 알게 된다. 물론 심해 서식지와 그 역사에 대한 지식 역시 육지에 비하면 빈약하지만 말이다. 현재 가장 완성도 높은 해저 지도는 위성 관측으로 제작된 것인데 해상도가 너무 거칠고 구체성이 떨어져 해산이라고 하는 바닷속 산은 아예 보이지도 않는다. 반면 달, 화성, 금성 등 다른 천체의 지형은 전 세계 해저보다 높은 해상도로 모두 측량되어 있다. 이렇게 해저를 소홀히 한 결과 현재 지도화되지 않은 해저의 면적은 지구 전 대륙을 합친 면적의 두 배 가까이 된다.

2017년에는 비영리 재단인 일본재단The Nippon Foundation과 정부 간 기구인 GEBCOGeneral Bathymetric Chart of the Ocean, 대양수심도위원회가 2030년까지 전 세계 해저 지도를 완성하는 '시베드Seabed 2030' 프로젝트를 시작했다.* 투지 넘치는 세계 각지의 해저 지도 제작자들이 주축이 된 시베드2030 프로젝트는 크루즈선부터 호화 요트까지 바다를 항해 중인 선박을 모집해 크라우드소싱 방식으로 지도를 완성할 계획이다. 또한 새로운 자율운항 기술을 활용하여 드론으로 해저 지형을 조사하는 방식도 도입할 필요가 있다. 기후변화로 인한 전 지구적 차원의 위기를 견뎌내고 있는 역사적으로 중요한 이 순간에, 지구와 우리 자신을 지키는 데 도움이 될 지도를 완성하려고 한다. 바다보다 달을 더 잘 안다는 말을 들으며 그 이유를 궁금해 할 일도 다시는 없을 것이다. 왜냐하면 오랜 시간 끝에 마침내 지도를 완성할 테니까.

시베드2030에 흥미가 생긴 나는 그들의 활동을 지켜보기 시작했고, 이내 해저 지도를 여태 만들지 못한 데는 그럴 만한 이유가 있음을 깨달았다. 바다는 거대하다는 것이 첫째 이유다. 바

---

* 나는 지도map와 해도chart를 섞어 쓰지만 해양 지도 제작자는 둘을 구분한다. 항해용 해도 nautical chart는 변화하는 수역 환경을 반영해 수로 측량사가 지속적으로 업데이트하는 법적 문서다. 지도는 정보를 공간에 펼쳐놓은 도표다.

짠물은 지구 표면의 71%를 덮고 있지만, 나머지 29%에서 살고 있는 사람들에게 그 71%가 실제로 얼마나 방대한지를 보여주기는 어렵다. 바다는 너무나 광막하여 이해의 수준을 넘어선다. 지구의 과반은 판판하고 푸른 바다지만 이는 표면의 모습일 뿐이다. 바다의 평균 수심은 약 4킬로미터로 뉴욕 엠파이어스테이트빌딩 높이의 10배에 달한다.[3] 오대양이 품고 있는 소금물은 13억 5000만 세제곱킬로미터 이상이고 지구에서 생명체가 서식할 수 있는 공간의 99%를 구성한다. 우리 대다수는 이런 수중 세계를 평생 동안 손톱만큼도 보지 못할 것이다.

게다가 바다는 좀 순화해서 말한다 해도, 작업하기에는 매우 혹독한 환경이다. 바다 밑바닥을 측정하려는 수로 측량사에게는 사방에서 방해 공작이 들어온다.** 작업에는 디젤 동력 측량선과 전문 지식, 고가의 심해용 소나SONAR, Sound Navigation and Ranging. 음파를 쏴서 반사되는 반향음이나 수중 물체에서 나오는 소음을 탐지해 수중 상황을 식별하는 장비. 음파 탐지기가 필요하다. 수면 위에서는 끊임없이 장비를 고장 내며 작업자에게 시련을 주는 바람, 물, 파도, 태양, 염분과 사투를 벌여야 한다. 수면 아래에는 뼈를 으스러뜨리는 압력과 몸을 얼게 하는 온도, 모든 걸 집어삼키는 어둠으로 이뤄진 평행 세계가 펼쳐져 있다. 내가 노틸러스호에 있었던 기간에도 기상 상황이 너무 혹독해서 일행들은 로드아일랜드주미국에서 가장 작은 주 정도의 면적만 겨우 지도화하고 육지로 복귀해야 했다. 남극 대륙을 둘러싼 거대하고 거친 미지의 남극해에서는 고

** 업계에서 해저 지도 제작자는 흔히 수로 측량사로 더 알려져 있다. 이들은 염수와 담수를 측량하고 지도화하는 기술을 실행한다.

층 건물만큼 높이 솟아 노호하는 파도가 일상이다.

이런 이유로 바다를 지도화하려는 노력에는 막대한 비용이 들어간다. 시베드2030은 활동비를 30억~50억 달러 정도로 책정했다. (설명을 덧붙이자면 이 액수는 미국 NASA항공우주국가 2020년에 탐사선 퍼서비어런스 로버를 화성에 보낸 비용과 비슷하다.4) 측량선이 해안에 가까워질수록 작업은 더 복잡해지며, 정치적 문제도 덩달아 그렇게 된다. 아닌 게 아니라 분쟁 수역의 지도 제작은 지정학적 지뢰밭이 될 수 있다. 시베드2030이 과학적 목표를 명확히 밝혀도 많은 국가는 자국 영해 내 지도 작업을 주권 침해로, 나아가 첩보 행위로 간주한다. 환경적인 측면에서도 잃는 것이 있다. 정밀도가 높은 해저 지도는 최신 멀티빔 소나로 제작한다. 해상 운송과 해군 훈련, 석유와 가스 탐사로 나날이 산업화되는 바다는 소리를 통해 생존하는 고래와 다른 해양 생물에게 악몽과도 같은 소음을 주고 있다. 그 난리에 정말 더 많은 소음을 더해도 될까?

나는 이런 질문의 답을 찾고자 탐사선 노틸러스호에 몸을 실어 해저 지도화 항해에 나섰다. 세계 각지의 지도 제작자 수십 명을 만나 인터뷰했고, 컨퍼런스와 강의에 참석했으며 심지어 새롭게 지도화된 해산과 해저협곡의 이름을 정하는 국제회의에도 참석했다. 이누이트 사냥꾼이 직접 해안선의 지도를 제작하는 현장을 보려고 작고 외진 북극 마을로 날아갔다. 멕시코만에서는 잠수를 하면서 고고학자들이 초기 인류의 역사를 밝히는 데 해저 지도를 활용하는 것을 보았다. 그리고 해저 지도용 드론이 가득한 샌프란시스코 인근의 항공 격납고 안을 거닐었다.

지도화의 역사는 또 다른 어려운 질문을 제기한다. 시베드 2030 프로젝트를 정말 완수하면 어떻게 될까? 바다를 항해한 과거 식민지 개척자들의 사례가 있기에 지도가 중립적인 도구가 아님은 모를 수 없다. 언젠가 기자 스티븐 홀Stephen Hall이 썼듯, "지도는 언제나 어떤 형태의 착취를 예고한다." 나는 이 말을 생각하며 자메이카로 갔고, 그곳에서 세계 각국의 정부가 공해公海의 해저 채굴에 관한 협약과 규제를 논하는 것을 지켜봤다. 지구를 대규모로 산업화하는 인류의 움직임은 마침내 마지막 남은 미답의 생태계에 들이닥쳤다. 지도가 그 길을 열어주게 될까?

노틸러스호에서 레나토 케인과 나란히 앉아 있던 내게 한 가지 사실은 확실히 분명해졌다. 우리는 지금이라도 바다 전체를 지도화할 수 있다. 사실, 이에 필요한 장비와 기술은 수십 년 전부터 우리 손에 있었다. 그런데 왜 하지 않을까? 이 질문 앞에서 나는 이 모든 탐사의 항해를 촉발한 바로 그 문장으로 돌아간다. 우리는 바다 밑바닥보다 달 표면을 더 많이 안다. 지겹게 반복된 말이지만, 우주 탐사의 새로운 시대가 시작되는 오늘날에는 실제로 그렇다. 미국 NASA는 우주비행사를 달에 착륙시키고 궁극적으로는 화성으로 보내기 위한 아르테미스 프로젝트에 수백억 달러를 투입했다.[5] 그러는 동안 우리는 파도 아래 펼쳐진 미지의 세계를 그대로 남겨둘 위험이 있다.

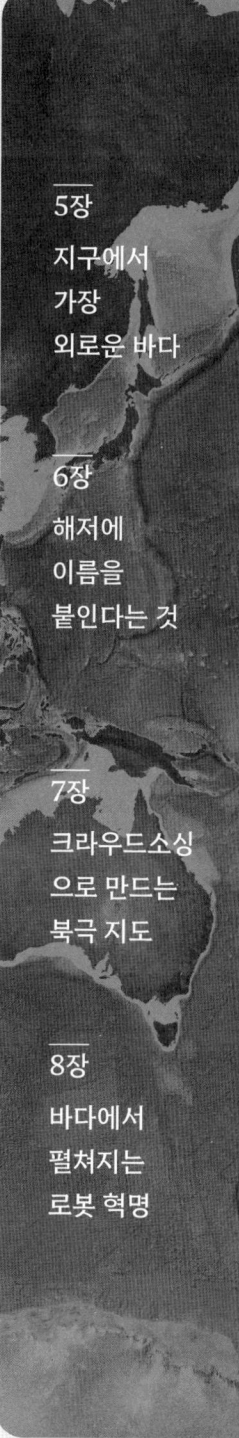

# 1장

## 깊은 바다로
## 떠나는 원정

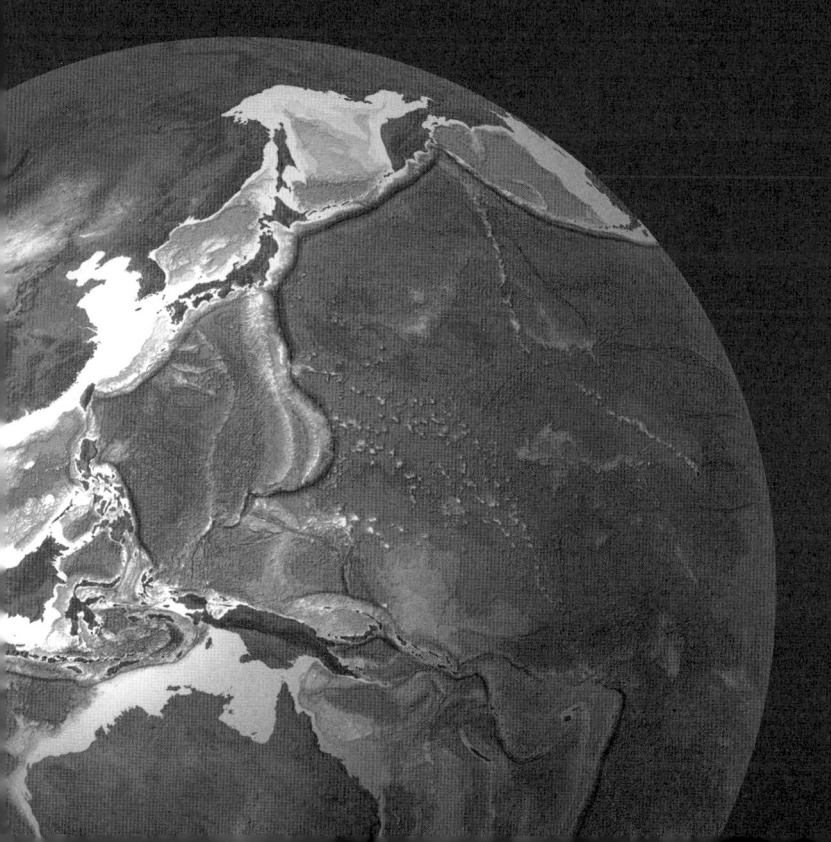

## 해양 지도 제작자를 찾는 이메일 한 통

기이하기로 따지면 그 채용 요강은 캐시 본지어바니Cassie Bongiovanni
가 본 것 중 최고였다. 그런 요강이라면 근래에 읽을 만큼 읽었는데
도 그랬다. 뉴햄프셔 대학교에서 해양 지도화 과정 석사 졸업을 몇
주 앞둔, 이 의욕과 재능이 충만한 스물다섯의 젊은 여성은 졸업 후
의 첫 일자리를 찾아 채용 게시판을 둘러보고 있었다. 그 무렵 뉴햄
프셔 대학교의 연안및대양지도화센터CCOM, Center for Coastal and Ocean
Mapping에서 캐시와 같은 과정을 듣던 학생들은 다들 면접을 보고 계
약서를 쓰는 듯했다.

　"솔직히 말하면 아무래도 조바심이 났죠." 캐시는 그때를 떠올
렸다. "워낙 명성이 높은 과정이라 졸업하면 거의 모두가 곧바로 일
자리를 구했거든요. 그러지 못한 한 명이 되고 싶지는 않았어요."

　그때 이메일 한 통이 메일함에 들어왔다. 연방정부 국립해양대
기청NOAA에 근무하는 친구의 친구가 전달한 것이었다. 바다에서
110일간 지도 제작 시스템을 운영할 "자격을 갖춘 사람을 찾고" 있다
는 그 이메일은 수수께끼처럼 읽혔다. 어떤 지도 제작 시스템을 사용
할지, 세계 어디에서 지도화 작업을 할지, 이 새로운 지도가 어디에
쓰일지 등에 대한 언급은 전혀 없었다. 그래도 그 이메일은 미래에

대한 불안이 극에 달해 있던 캐시 본지어바니의 관심을 끌었다.

때는 2018년 후반으로, '해양 경제' 분야에 일자리가 부족하지는 않던 시기였다. 경제협력개발기구OECD가 유례없는 성장과 투자로 새로운 바다의 시대가 열릴 것이라고 예측한[1] 바로 그 분야가 아닌가. 지구의 푸른 면에서 흘러나오는 경제 성장은 2010년 1조 5000억 달러에서 2030년이면 3조 달러 이상으로 곱절이 될 것이라고 했다. 해운, 수산, 석유 및 가스 등 바다의 전통적인 큰손뿐 아니라 해상풍력, 양식, 해양생명공학, 해저 채굴 같은 신사업 덕분에 가능한 성장이었다. 신규 진입자들은 막대한 자금과 그보다 더 거대한 꿈을 바다에 투입하고 있었다. 이런 업계 대부분에서는 캐시 본지어바니 같은 해양 지도 제작자가 필요했다.

바다에 열띤 관심을 보인 것은 경제학자만이 아니었다. 수년간 공공투자가 쪼그라들고 해양 건강에 관한 충격적인 보고들이 이어지면서 해양 탐사는 별안간 대호황을 맞이했다. 2000년대 후반과 2010년대 초반에 걸쳐 세상에 공헌을 하겠다는 억만장자들이 너도나도 해양 연구 기관을 설립하고 최신식 선박을 진수했다. 세계 최대 규모 헤지펀드인 브리지워터어소시에이츠의 공동 최고투자책임자였던 레이 달리오Ray Dalio는 해양 연구 및 미디어 재단인 오션X를 세웠다. 전 구글 CEO 에릭 슈밋Eric Schmidt과 아내 웬디Wendy Schmidt는 슈밋 해양연구소를 만들고, 영화 〈네버엔딩 스토리〉에 나오는 코커스패니얼처럼 생긴 용 이름을 딴 조사선 '팔코'를 물에 띄웠다. 마이크로소프트 공동 창업자 폴 앨런Paul Allen과 세일즈포스닷컴 CEO 마크 베니오프Marc Benioff는 서부 해안의 여러 대학교에 해양 연구 학과를 세우고 자금을 지원했다. 세계에서 제일가는 부자들이 난데없이 수백만 달러를 해양 연구에 투자하고 있었다.

국제 사회도 이에 동참했다. 2017년 유엔총회는 2021년부터 2030년을 '지속 가능한 발전을 위한 해양과학의 10년'으로 선포했다. 같은 해 하반기에는 향후 10년 안에 전 세계 바다를 지도화하겠다는 야심찬 목표를 내세운 '시베드2030'이 출범했다. 인류가 4천 년이 넘도록 이루지 못한 일을 단 13년 만에 해내겠다고 공언한 것이다.

세계의 정부와 경제학자, 제트기로 종횡무진하는 억만장자가 모두 바다로 모여든 바로 그 시기에 캐시 본지어바니는 해양 지도화 분야의 최고 명문 대학에서 졸업을 앞두고 있었다. 이 새로운 청색경제blue economy, 해양자원을 보존하면서 지속 가능한 일자리 창출과 경제 발전을 도모하는 경제 체계에서 캐시는 일자리를 문제없이 구해야 마땅했다. 관심을 보이는 곳도 있었고 통화도 했고 대화도 오가서 진전이 있을 것 같더니… 감감무소식이었다. 캐시가 석사 과정을 시작한 것은 2년 전인 2016년이었고, 당시 전문가들은 전 세계 해저의 약 15%가 지도화되었다고 추산했다. 캐시가 할 일은 충분하고도 남았다. 누군가는 그에게 기회를 줘야 했다.

지도가 만들어진 해저의 15%는 대부분 해안 근처로, 각국 정부는 국제법에 따라 자국의 영해를 측량할 의무를 지닌다. 반면 공해에서 해저 지도는 드문드문 존재한다. 시베드2030이 보유한 제일 좋은 지도에서조차 가느다란 측선測線, 측량한 점을 연결한 선이 대륙을 이으며 어두컴컴한 바다 밑바닥을 부분부분 밝히고 있을 뿐이다. 지도화가 잘된 경로는 전 세계 무역량의 95% 이상을 실어 나르는 국제 화물선의 해운 항로이거나 전 세계 인터넷 트래픽의 90% 이상을 전송하는 해저 케이블이 깔린[2] 해저면을 나타낸다. 루이지애나 인근의 멕시코만이나 리비아 근처의 시드라만 같은 특정 지역에서는 태곳적 토양 아래에 묻힌 화석 연료를 찾고자 해저를 샅샅이 조사하고 있다. 그러나 전 세계 해저의 대부분은 어둠에 덮여 있다. 이곳은 세계의 마지막 거대한 수수께끼다.

캐시는 해양 지도 제작자를 찾는다는 기묘한 이메일을 유심히 살펴보면서 자신을 내리누르는 불확실한 미래의 무게를 느꼈다. 몇 주 후면 학위 논문 심사가 있다. 그러고 얼마 지나지 않아 졸업을 하고, 학생 의료 보험을 상실하고, 세 들어 살던 학생 임대 숙소에서 나와 댈러스에 있는 본가로 돌아간다면 아마도 실패자가 된 기분이 들 것이다. 캐시가 잃을 게 뭔가? 그는 얼른 회신을 작성해 이력서를 첨부하고 '보내기' 버튼을 눌렀다.

캐시는 낯을 가리는 편이라고 자신을 소개했는데, 계획적이고 일을 기획하는 사람이다. 큰 갈색 눈에 광대뼈가 솟아 있으며 미소가 따뜻하다. 긴 갈색 머리는 활동하기 편하도록 동그랗게 말아 묶거나 땋을 때가 많다. 처음 보면 내성적이고 조용해 보일 수도 있다. 하지만 이내 엉뚱한 유머 감각이 영민한 감수성과 지성 사이에서 뚜렷하게 드러난다. 뼛속까지 밀레니얼이기도 하다. 스스로 "완전 멍충"하다고 하며 '포켓몬고' 농담을 던지고(나는 못 알아들었다), 한번은 줄리아 스타일스가 나온 2001년 영화 〈세이브 더 라스트 댄스〉에서 따온 말도 했다(이건 알아들었다).

"왜 굳이 저랑 얘기하려 하세요?" 내가 처음 연락했을 때 캐시는 특유의 겸손한 태도로 물었다. 기자로서 이런 질문을 받으면 사람을 제대로 찾았다는 확신이 든다. 나는 예나 지금이나 세상의 캐시들을 좋아한다. 무대 뒤에서 활동하는 유형, 자기 이야기가 남들에게 들려줄 만하다고는 생각하지 않으면서도 고된 일을 해내는 사람들 말이다. 이런 사람들이 진실을 꿰뚫는 꾸밈없는 통찰을 품고 있기 마련이다.

사실 해양 탐험가는 겸양 떠는 부류로 알려져 있지 않다. 나는 이런 면에서도 캐시 본지어바니가 마음에 들었다. 캐시는 남극점까지 경주를 벌인 로알 아문센Roald Amundsen의 유력 후계자나 현실판 네모 선장*인 것처럼 굴지 않는다. 그렇다고 레이 달리오나 영화 제작자 제임스 캐머런James Cameron처럼 자기 지시를 따를 팀을 탄탄히 꾸려 바다를 탐사하는 오늘날의 상위 1% 집단에 속하는 것도 아니다. 그럼에도 2018년의 캐시는 인류가 바다를 탐험한 길고도 복잡한 역사에서 누구도 하지 않은 특별한 일을 하려던 참이다.

해저를 지도화하고 앞서 누구도 본 적 없는 것을 보는 일에 대해 이야기하는 캐시의 목소리에는 탐험의 원동력인 어찌할 수 없는 호기심이 느껴졌다.

사방이 육지인 댈러스에서 오일 잭이 위아래로 움직이는 벌판에 둘러싸여 자란 캐시는 땅을 향한 사랑을 키웠고, 이를 추진력 삼아 지질학 학사 과정에 들어갔다. 석유의 축복을 누리는 텍사스주에서는 "아주 일반적인 진로"라고 캐시는 말했다. 여름이면 그의 가족은 해변을 보고자 댈러스를 벗어나 동부 해안으로 자동차를 몰아 뉴저지에 사는 친척 집을 방문했다. 그곳에서 캐시는 자신이 바다도 사랑한다는 것을 알게 되었다. 하지만 "해양생물학 외의 분야에서 바다와 관련된 일을 할 수 있다는 건 몰랐다"라고 회고했다. 그러다 학사 과정 후반에 해양학 입문 강의를 듣고 바다에 숨겨진 지질학을 연구할 수 있음을 알게 되었다. 해양학 강의를 계속 들으면서 그는 해

---

* 네모 선장은 1870년 출간된 쥘 베른Jules Verne의 《해저 2만 리》에서 가상의 잠수함 노틸러스호를 건조하고 조종한 수수께끼 인물이다. 빅토리아시대에 나온 이 SF 소설의 고전이 해양 탐사에 미친 영향은 아무리 강조해도 모자라다. 잠수함 내부에 창조된 환상적인 수중 세계는 특히나 그렇다. '노틸러스'라는 이름은 해양 쪽에서 흔히 쓰여 조사선과 심해 채굴업체를 나란히 장식하는 한편 해양 탐사의 역사와 아직 실현되지 않은 가능성을 짐작하게 한다.

저 지도화야말로 바다와 땅을 향한 자신의 사랑을 하나의 직업에 합칠 수 있는 길임을 깨달았다.

캐시가 이력서를 보낸 날 바로 휴대전화가 울렸다. 뉴질랜드 억양이 있는 남자가 자신을 소개했다. 이름은 롭 매캘럼Rob McCallum이었다. 그는 "파이브딥스Five Deeps에 대해 말씀드리죠"라고 운을 뗐다.

## 오대양 최심부 잠수 프로젝트 '파이브딥스'

캐시가 일자리를 찾고 있을 때 빅터 베스코보Victor Vescovo는 다음으로 도전할 대형 과제를 찾고 있었다. 빅터 역시 댈러스 출신으로 캐시와는 이탈리아계라는 점도 같다. 하지만 두 사람의 공통점은 이게 전부다. 사모펀드로 큰돈을 번 빅터는 해군정보국에서 복무하는 틈틈이 모험을 주로 하는 현대 탐험가의 삶을 구축하는 데 재산을 사용했다. 7개 대륙의 가장 높은 산을 일컫는 '칠대륙 최고봉'을 모두 등정하고 양쪽 극지를 스키로 누비는 등 탐험가 그랜드 슬램을 달성했다. 헬기와 제트기를 소유하고 직접 조종도 한다. 그러나 빅터의 외모나 목소리는 아드레날린에 절은 텍사스 출신 금융업자에게 기대할 법한 것과는 딴판이다. 눈은 옅은 푸른빛이고 피부는 종잇장처럼 희며 엷은 긴 금발은 포니테일로 낮게 묶었다. 목소리는 부드럽고 자상하지만, 전쟁사와 SF 이야기가 나오면 흥분한 마니아처럼 말을 쏟아내곤 한다. 그는 평생 단 한순간도 지루함이라고는 모르고 살았을 것처럼 보인다. 이런 그가 이제 오대양 최심부에 잠수하는 최초의 인물이 되고 싶다고 한다.

구상은 서서히 이뤄졌다. 빅터는 한 기업의 임시 CEO와 다른 세

기업의 회장으로 있던 2000년대 초반, 새로운 모험을 찾아다니기 시작했다.[3] 나이가 들면서 산악계와는 멀어지고 있었으나 여전히 다른 도전을 갈망했다. 기왕이면 몸보다는 머리를 써야 하는 도전이 좋았다. 그는 영국 재계의 거물 리처드 브랜슨Richard Branson의 기록적인 위업과 오대양 최심부로 잠수하려는 그의 시도를 수년간 주시해 왔다.

브랜슨은 2014년 하반기에 연이은 기술적 결함으로 파이브 다이브스Five Dives 탐사 계획을 포기했다.[4] 특히 심각했던 결함 하나를 꼽는다면, 특별히 설계한 잠수정의 투명 돔이 해수면 아래 수 킬로미터를 잠수하는 시뮬레이션 때 압력을 못 이기고 함몰된 것이다. 누군가는 납작해진 잠수정을 보며 이렇게 생각할 것이다. "이런, 세계에서 가장 깊은 해구로 잠수하는 건 절대 하지 말아야겠군." 그러나 빅터는 거머쥘 수 있는 세계 기록이 아직 남아 있다는 생각을 했다.

"그때가 2014년이나 2015년쯤이었는데 이런 마음이었습니다. '이게 말이 돼? 인간이 아직도 여러 대양의 밑바닥에 가본 적이 없다고?'" 빅터가 말했다. 지구 곳곳의 가장 깊은 곳을 탐험한 사람이 여태 없었다는 사실이 빅터에게는 모욕이나 다름없었다. 놀랍게도 바다에는 심해 탐험가가 거의 없었다. 가장 유명한 잠수는 1960년의 일로 2인조 팀이 미국의 해외 영토인 괌 인근 태평양에서 해수면 아래로 거의 1만 1000미터를 하강한 것이다. 이 지점은 두 지각판이 부딪치면서 오래되고 단단하며 밀도가 높은 태평양판이 비교적 젊고 가벼운 필리핀판 밑으로 밀려 들어간 곳이다. 이러한 지질학적 난투에 의해 만들어진 마리아나 해구는 약 2540킬로미터 길이로 뻗어 있으며 바닥까지의 깊이는 1만 미터가 살짝 넘는다. 이미 이례적인 깊이를 자랑하는 이 해구의 내부에는 1킬로미터가량 더 깊게 들어가는 작은 틈이 있는데, 이곳이 바로 전 세계 바다에서 가장 깊은 챌린저

해연이다. 깊이가 1만 924미터에 달한다.[5]

미 해군 중위 돈 월시Don Walsh와 스위스 해양학자 자크 피카르Jacques Piccard로 구성된 2인조 팀은 소형 잠수정 트리에스테호에 탑승했다. 두 사람은 지구상 가장 깊은 바다의 밑바닥에서 딱 20분간을 머물렀다. 훗날 인터뷰에서 돈 월시는 이 잠수로 인해 심해 탐험의 물결이 일기를 기대했다고 말했다. 그러나 50년이 더 지나도록 챌린저 해연을 다시 찾은 사람은 없었다.

그러다가 2012년에 영화감독 제임스 캐머런이 챌린저 해연으로 잠수하여 세계 최심해 단독 잠수라는 세계 기록을 세웠다. 하지만 이 과정도 순탄하지는 않았다. 촉박한 일정 탓에 캐머런은 밤에 챌린저 해연으로 잠수했고, 몇 시간이 지나 다시 수면 위로 올라왔을 때 지원선은 그를 찾지 못했다. 그래서 근처에 있는 억만장자 폴 앨런 소유의 요트에 영화감독 수색을 지원해 달라는 요청을 해야 했다. 캐머런의 잠수정 딥시 챌린저는 잠수 중 곳곳에서 오작동을 일으켰다. 다행히 생명을 위협하는 오작동은 없었지만 이 잠수정은 다시는 물에 들어가지 못했다.[6]

빅터는 마리아나 해구의 밑바닥까지 잠수하는 일을 계획하며 이 프로젝트가 자신에게 매력적으로 느껴지는 몇 가지 이유를 찾았다. 지구에서 가장 높은 곳과 가장 낮은 곳에 모두 다다른다는 대칭이 좋았다. (그러면 또 다른 세계 기록을 거머쥐는 것이기도 했다. 지구의 최고점과 최저점에 이른 최초의 인물이 되는 것이다.) 목소리나 외모가 텍사스 사람 같지는 않지만 빅터의 사고방식은 텍사스식이다. "저는 '내가 안 하면 누가 해?'라고 생각하는 텍사스 문화에서 자랐습니다. 정부나 다른 사람에게 일을 던져놓을 수가 없죠. 뭐랄까, 이런 식이에요. '그래, 내가 못 할 건 뭐야?'"

심해 잠수를 향한 빅터의 끌림은 탐사 방식의 광범위한 변화와 시기적으로 맞물려 있었다. 20세기에는 보통 정부에서 극한의 험지를 탐사하는 과학 프로젝트나 군사 작전에 자금을 지원했지만, 근래에는 대다수가 백인 남성인 세계 최상위 부자들이 각자 민간 탐사 기업을 만들어 정부 투자를 앞지르고 있다. 이를 비판하는 측에서는 일론 머스크Elon Musk의 스페이스X와 제프 베이조스Jeff Bezos의 블루오리진은 진보의 한 걸음이 아니라 오히려 뒷걸음치는 퇴보이며, 부와 인맥이 있는 사람들만 넘어설 수 있는 장벽을 세우고 있다고 주장한다. 이런 기업들이 탐사를 사유화함으로써 21세기의 탐사는 19세기의 탐사와 매우 비슷한 양상을 띠게 되었다. 당시 영국 산업혁명으로 심화된 불평등은 적잖은 '신사 탐험가들'에게 새로운 취미를 탐구할 돈과 시간을 쥐어 주었다. 미지의 영역으로 진출하는 취미 말이다.[7]

이후 빅터는 4년에 걸쳐 앞서 리처드 브랜슨이 포기한 오대양 최심부 잠수에 수백만 달러를 투자했다. 탐사에는 '파이브딥스 엑스퍼디션Five Deeps Expedition'이라는 이름을 붙였다. 조사선을 구입하고, 플로리다에 있는 트리톤서브마린이란 회사에 리미팅팩터라는 이름의 최첨단 잠수정 건조를 의뢰하고, 뉴질랜드인 롭 매캘럼을 탐사대장으로 고용했다. 매캘럼은 심해생물학자 앨런 제이미슨Alan Jamieson과 해양지질학자 헤더 스튜어트Heather Stewart 등을 포함해 과학팀을 꾸렸다.

얼마 안 가 스튜어트는 파이브딥스 계획에서 뜻밖의 중대 걸림돌을 발견했다. 바다의 최심부가 어디인지를 실제로 아는 사람이 아무도 없다는 사실이었다.[8] "태평양은 예외"라고 스튜어트는 설명했다. "챌린저(해연)가 많이 측량되어서 태평양의 최심부가 마리아나 해구라는 건 웬만한 사람들도 알기" 때문이다. 반면 남극해는 거대한 공백이다. 현대 장비로 측량된 남극해는 극히 일부이고, 남극해에서 가장 깊은 구역인 사우스샌드위치 해구는 겨우 1%나 제대로 지도화되었을까 싶다고 스튜어트는 추측했다. "남극해의 최심부가 어디냐고 묻는 건 대뜸 아무 숫자나 맞혀 보라는 게임이나 다름없어요." 스튜어트가 웃으며 말했다.

이런 상황에 캐시 본지어바니가 투입된 거라고, 롭 매캘럼이 통화에서 설명했다. 캐시는 파이브딥스에 수석 지도 제작자로 합류하여 지구상에서 가장 깊은 지점을 찾는 일을 맡게 될 것이다.


## 탐사에 꼭 필요한 해양 지도 전문가

매캘럼과 통화를 마친 캐시는 약하게 표현해도 도취 상태였다. 그녀가 말했다. "그날 밤에는 잠을 못 잤어요. 새로운 가능성을 생각하니 너무 신나더라고요. 좋아하는 일을 하면서 방방곡곡을 돌아다니는 삶은 어떨지 밤새 공상에 잠겨 있었어요."

캐시가 파이브딥스 엑스퍼디션 웹사이트fivedeeps.com에 들어가자 메인 페이지에 세련된 세계 지도가 나타났다. 바다는 검은색, 육지는 파란색이었고 대서양, 남극해, 인도양, 태평양, 북극해의 가장 깊은 곳이 각각 표시되어 있었다. 탐사의 첫 잠수 무대는 대서양에 있는 푸에르토리코 해구로, 푸에르토리코와 퀴라소섬에 정박할 것이다. 여기서 남극해에 있는 일련의 화산섬으로 남항한다. 다음 기항지는 우루과이와, 어니스트 섀클턴Ernest Shackleton이 비운의 남극 탐험에 앞서 들렀던 외딴 포경 기지인 사우스조지아섬의 그리트비켄이다. 배는 남아프리카공화국 케이프타운에 갔다가 자바 해구에서 잠수하기 위해 인도네시아와 동티모르에 머물렀다가 동쪽 인도양으로 향한다. 다음 목적지는 태평양의 마리아나 해구 근처인 미국령 괌이다. 이어서 배는 북쪽으로 진로를 잡아 가느다란 파나마 운하를 통과하여 대서양으로 돌아가 다섯 번째이자 마지막 깊은 곳인 북극해의 몰로이 해연을 잠수한 후 노르웨이령 스발바르제도에서 여정을 마칠 계획이다.

모든 일정이 순조롭게 진행된다면 팀은 영국 런던 왕립지리학회에서 영웅으로 환영받을 것이다. 1년이 조금 넘는 이 세계 일주로 캐시는 지도에서 거의 사라질 뻔한 외딴 섬과 인도양과 태평양 어딘가의 아름답고 생기 넘치는 열대 도시를 가게 되면서 세계적 탐험가로 급부상할 수도 있을 것이다. 빙산과 펭귄, 사찰과 원숭이, 산꼭대기의 고독한 성과 쉽사리 부서지는 무수한 크림색 조가비로 덮인 해변… 그리고 해저를 보게 될 것이었다.

"뭐, 호들갑을 떨었죠. 부모님께도 (웹사이트를) 보여드렸어요. '이런 곳에 간대요!'라면서요." 캐시가 들떠서 고조된 목소리로 말했다. 원래부터 계획형 인간인 캐시는 언젠가 가보고 싶은 장소의 목록을 만들어 항목을 늘려오고 있었다. 파이브딥스에 들어가면 그 목록에서 많은 곳을 지울 수 있었다. 빅터 베스코보에게 돈을 받으며 세계를 여행하고 좋아하는 지도화 작업을 한다니. 설레는 마음으로 웹사이트의 팀원 소개 페이지를 누르자 각 분야의 책임자로 나이가 많은 백인 남자 다섯 명의 얼굴 사진이 나왔다. 캐시는 멈칫했다. 사실 기대가 가라앉을 정도로 염려스러웠다. 이는 그녀만의 생각도 아니었다.

파이브딥스의 다양성 부족은 한 해양과학 컨퍼런스에서 어느 과학자가 이미 지적한 바 있었다. 탐사 내내 따라붙을 비판이었다.[9] 뉴햄프셔 대학교로 돌아간 캐시는 친구들과 연안및대양지도화센터

학우들에게 이 일자리 제안이 어때 보이냐고 물어보았다. 지도화 과정을 함께 듣던 친구들의 일반적인 반응은 이랬다. "진심으로 남자들하고만 항해하고 싶어? 여자는 코빼기도 안 보이는데?" 캐시의 걱정은 대개 업무와 관련된 것이었다. 나이도 경험도 많은 남자들이 대학교를 갓 졸업한 스물다섯 살 여자의 의견에 귀를 기울일까?

　다른 적신호도 있었다. 매캘럼과 대화한 지 몇 초 만에 캐시는 파이브딥스에서 하게 될 해양 지도화 작업에 관해 이 사람이 잘 알지 못한다는 것을 감지했다. 매캘럼이라는 사람 자체는 매력적이다. 다이빙 달인에 면허를 소지한 항공기 조종사인 그는 다방면을 아우르는 탐사대장이라는 역할상 팀원 모두의 업무를 깊게는 아니어도 고르게 알아야 한다. 그러나 매캘럼은 수로 측량사는 아니었고 캐시는 이를 대번에 알아봤다. 첫 번째 단서는 파이브딥스가 최근 구입한 멀티빔 소나를 부르는 방식이었다. 캐시가 말했다. "매캘럼은 계속 '소나'라고 했는데, 그걸 '소나'라고 하는 사람은 없단 말이죠."

　"소나를 소나라고 하면 틀려요?" 어리둥절해진 내가 물었다. (나는 캐시와 대화하는 거의 내내 이랬다.)

　"소나인 건 어차피 당연하거든요. (바다에서) 지도를 그리는 방법은 소리를 쓰는 것뿐이니까요." 캐시가 참을성 있게 설명했다. 해양 지도화 분야에 있는 사람들은 소나의 측정 깊이와 주파수를 나타내는 모델 번호와 상표명을 대며 더 구체적으로 이야기한다. "제가 (매캘럼에게) 물어봤죠. '그럼 설치한 소나 종류는 아세요?' 매캘럼이 '콩스버그'라길래 '아, 12킬로헤르츠 제품이요?'라고 했어요. 그랬더니 잘 모르겠다며, 그냥 서류를 보내겠다는 거예요." 그 대답이 캐시에게는 우려스러웠다. 기껏 일하기로 하고 배에 올라 바다 한복판에 이르렀는데 자신이 하는 작업이 앞서 누구도 하지 않은 일임을 이해하는 사람이 자기 혼자라면? 그렇게 생각하자 기운이 솟지 않았다.

## 지구본의 매끈한 바다, 해저 지도는 없다

우리가 해저를 얼마나 모르는지 보여줄 때 캐시가 즐겨 쓰는 방법은 컴퓨터에서 지도화 소프트웨어를 연 다음 해저에 대해 정말로 아는 부분만 남기고 세계 지도를 지우는 것이다. "지도화가 왜 중요한지 아시겠죠." 어느 날 줌Zoom으로 이 과정을 보여주던 캐시가 웃으며 말했다. "이러면 아무것도 없잖아요! 이게 이유예요. 이게 전체 그림이죠. 전체 그림이 없다는 거요!" 정신이 번쩍 드는 효과였다. 지도는 수중의 산과 해구, 협곡으로 풍성한 3차원 태피스트리에서 순식간에 평평하고 텅 빈 백지가 되었다. 국가 관할권 밖의 심해는 특히 그랬다.

캐시의 경험에 의하면 사람들은 대개 바다가 아직도 지도화되지 않았다는 사실에 놀랄 때가 많다. 지금은 21세기이고, 인류는 화성에 로봇을 보내고 인간 유전자를 편집하는 등 그보다 더 대단한 일도 이뤘지 않나. 세계 지도를 보면 온 지구가 이미 지도화되었다는 인상을 받기 쉽다. 나는 어릴 적 돌아가는 지구본에 손가락을 대고서 북아메리카의 로키산맥과 아시아의 히말라야산맥을 나타낸다고 울퉁불퉁하게 도드라진 부분의 감촉을 느낀 기억이 있다. 하지만 바다는 아무것도 없이 매끈한 파랑이었다. 그 시절에는 육지의 거친 윤곽이 물가에서 끊기는 것이 이상해 보이지 않았다. 매끄러운 표면이 물을 나타낸다고 생각했을까? 그런 생각 자체를 하지 않았을 가능성이 더 크다. 하지만 지금 보면 육지의 굴곡진 지형은 당연히 바다 아래로 이어져야 할 것 같다.

모르는 사람에게 직업이 뭐냐는 질문을 받을 때마다 캐시는 편치 않다. 캐시의 말은 이렇다. "설명해야 하거든요. '바다는 지도화되지 않았다'는 걸요." 정말이지 헷갈리는 말이다. 구글 지도만 슬쩍 봐도 그렇지 않은 것 같으니 말이다. 바다는 지도화된 것처럼 보인다. 그런데 그 지도 대부분은 해양 지도 제작자가 만든 것이 아니다. 위성이 지구 주위를 돌며 해수면과 중력의 당기는 힘을 지속적으로 측정하여 축적된 데이터를 바탕으로 예측[10]한 것이다.

해수면 연구는 "믿을 만한 골상학두개골의 형상을 토대로 정신이나 성격을 연구하는 학문"이라고 과학 전문 기자 로버트 쿤지그Robert Kunzig는 쓴다. 해수면의 굴곡과 융기가 해저에 무엇이 있는지를 암시하기 때문이다.[11] 측정치가 충분하면 해저의 영구적인 융기나 함몰 부분을 위성으로 특정할 수 있다. 해저협곡이나 해산이 근처에 있다는 의미다. 물은 자연히 해산 위로 쌓이고 해저협곡 아래로 가라앉으며, 그 모든 물의 순수 질량은 중력을 변화시킨다. 캐시가 말했다. "해수면이 어디서나 같지는 않다고 말하면 사람들은 어안이 벙벙해지더군요."

어린 시절 내 지구본이 지구의 실제 모습을 보여줬다면 분명 울룩불룩한 공이 되었을 것이다. 무엇보다 먼저 눈길을 끄는 것은 중앙해령계, 지구를 돌며 약 6만 5000킬로미터 길이로 이어지는 해저산맥일 테다. 이는 지구에서 가장 거대한 지리적 실체지만 약 4킬로미터 깊이의 바다라는 조밀한 장막에 덮여 우리 눈에는 거의 보이지 않는다. 대양중앙해령이 육지로 고개를 내민 곳은 아이슬란드를 비롯한 몇 군데뿐으로, 이런 지역에서는 대양중앙해령으로 땅이 찢겨 계곡이 형성되고 화산이 하늘로 격렬하게 분출된다. 그러나 바다의 진정한 정점, 정상은 대양중앙해령이 아니라 빅터 베스코보가 잠수하려 하는 심해의 해구다. 태평양의 마리아나 해구, 대서양의 푸에르

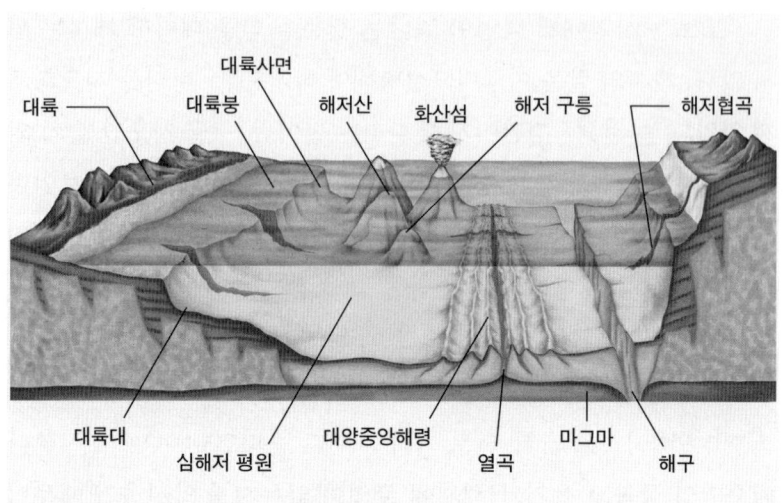

대륙 ─ 대륙붕 대륙사면 해저산 화산섬 해저 구릉 ─ 해저협곡

대륙대 심해저 평원 대양중앙해령 열곡 마그마 해구

해저 지형도

토리코 해구, 인도양의 자바 해구, 북극해의 몰로이 해연, 남극해의
사우스샌드위치 해구.

　이러한 해구들 중에서 제일 깊은 마리아나 해구의 깊이는 1만
1000미터에서 조금 모자라는 정도로, 육지에서 높다는 산들을 무색
하게 한다. 가령 에베레스트산도 마리아나 해구에 들어가면 약
2000미터가 남는다. 심해저 평원은 먼지처럼 미세하고 부드러운 입
자의 퇴적물로 덮여 있다. 이러한 심해저 평원들은 지구 표면의 절반
이상을 차지하며 그 넓이는 헝가리와 중국 사이에 있는 유라시아 스
텝의 모든 초원 지역을 한참 넘어선다.[12] 이 진흙투성이 심해저 평원
에는 '해중설marine snow'이라는 시적인 이름으로 알려진, 수많은 플랑
크톤 사체 유기물 등이 수십억 년에 걸쳐 떠다니다가 내려앉아 있다.
또한 육지에서 침식되어 씻겨 내려온 암석 부스러기도 있는데, 끝없
이 쏟아지는 히말라야산맥의 퇴적물이 인더스강과 갠지스강을 거쳐

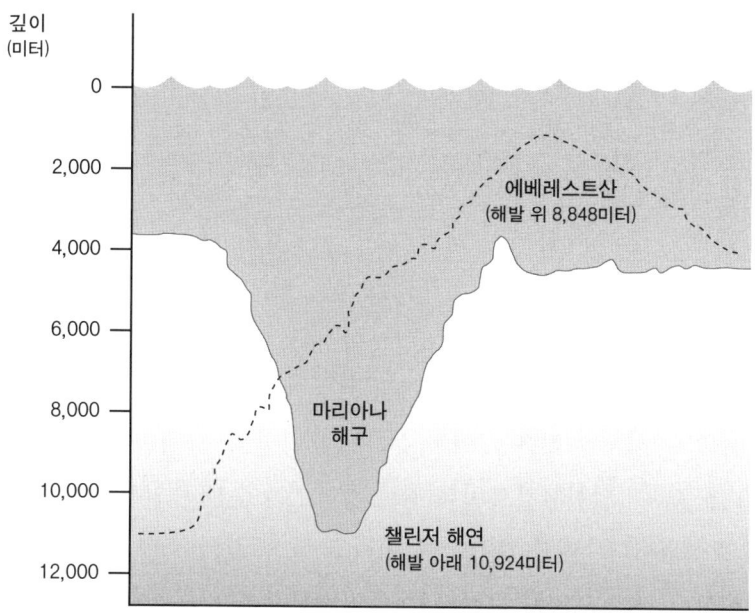

에베레스트산
(해발 위 8,848미터)

마리아나
해구

챌린저 해연
(해발 아래 10,924미터)

마리아나 해구 깊이(1만 924미터)와 에베레스트산 높이(8848미터) 비교

인도양으로 흘러들어가기도 한다. 인도의 양쪽 해안에는 퇴적물로
형성된 굉장한 해저 선상지submarine fan 두 곳이 펼쳐져 있는데 그 길
이가 수천 킬로미터에 이르며 일부 지점의 깊이는 약 19킬로미터에
이른다.[13] 해저는 수중 화산이 폭발하고 온천이 부글거리며 지각판
이 갈라지거나 찢어지고 지각이 흔들리며 지진이 일어나는 등[14] 지
진 활동이 육지보다 더 활발하다. 세계에서 가장 웅대한 폭포는 약
979미터 높이인 베네수엘라의 앙헬폭포가 아니라 그린란드와 아이
슬란드 사이 해저에 있다. 여기서 북유럽 바다의 차갑고 밀도 높은
해수는 비교적 가볍고 따뜻한 이르밍거해의 바닷물과 충돌하여 약
3500미터 아래 해저로 낙하한다. 해저의 모든 것은 우리가 알고 있
는 상대적으로 조용한 육지의 지형과 비교하면 더 크고 대담하며 극

단적이다.

캘리포니아 라호이아의 스크립스해양연구소 소속 지구물리학자 데이비드 샌드웰David Sandwell은 위성을 활용한 해양 지도화를 개척한 인물 중 한 명이다. 자신의 공적을 조금은 자랑할 법도 한데, 샌드웰은 특유의 직설적인 태도로 자기 작업의 한계를 이야기했다. "위성(지도)의 문제점을 말씀드리죠. 앞으로도 절대 해결 못 할 문제예요. 바다의 평균 수심은 약 4킬로미터이고, 위성은 중력이 당기는 힘의 변화를 측정합니다. 이게 바로 해수면의 지형이죠. 해저의 중력값을 알면 실제 지형을 거의 비슷하게 모방할 수 있지만, 해저의 (중력)값은 앞서 말한 4킬로미터 위로 가져오는 순간 물리적 과정에 의해 조정됩니다." 이를 '상향연속'이라고 하며, 값이 조정되는 길이는 해저까지 가는 깊이와 같다. "4킬로미터보다 더 나은 해상도는 절대 얻을 수 없어요. 안타까운 이야기죠." 샌드웰이 말했다. "어떻게 해도 해결할 수 없습니다. 물리적으로 불가능해요."

지난 20년 동안 샌드웰은 미국 국립해양대기청에 있는 월터 스미스Walter Smith와 협업해 지도를 개선하고자 노력했다. 두 사람은 2014년에 전 세계 해저를 6킬로미터 해상도로 기록한 새 지도를 공개했다.[15] 앞서 12킬로미터 해상도로 해저를 그린 1997년판 지도를 대폭 개선한 결과물이었다. 지금도 해저 지도로는 이 지도들이 최선이고 가장 완성도가 높지만, 달이나 화성, 금성의 지도에 비하면 한참 뒤처져 있다.[16] 5킬로미터 해상도에서도 해산은 죄다 사라지고, 위성 관측 지도 속 지형의 진짜 규모와 위치는 캐시의 말을 빌리자면 "크게, 지독하게 어긋날" 수 있다. 캐시는 위성이 관측한 지점과 수 킬로미터 떨어진 곳에서 해산을 여럿 발견했다. 해저를 지도화하는 가장 좋은 방법은 측량선을 보내 해저를 한 조각씩 음파로 탐사하는 것이다.*

캐시와 함께 앉아 지도화되지 않은 모든 영역을 바라보며 나는 이게 지도가 아님을 실감했다. 적어도 우리가 휴대전화에서 보기를 기대하는, 현 위치를 알려주는 작은 파란색 점이 정확히 박힌 지도는 아니다. 외려 우리가 보유한 최선의 해저 지도는 우리가 이 지구를 얼마나 잘 모르는지를 보여준다. 바다 아래에는 탐사할 것이 너무나 많다. 풍화작용으로 평평해진 해저산 기요guyot, 메탄을 뿜어내는 이 화산가스가 분출될 때 솟아나온 진흙이 쌓인 작은 언덕, 그리고 염도가 너무 높아서 외계 생명체처럼 생긴 소수의 미생물만 살아남을 수 있는 치명적인 바닷속 염수호 브라인풀brine pool 등등.

캐시의 반전 지도에서는 지금까지 우리가 바다를 얼마나 비밀리에, 산발적으로, 그리고 많은 경우 탐욕스럽게 지도화해왔는지도 드러난다. 예로부터 선장들은 해저가 선체로부터 충분히 떨어져 유지되는 한 해저에 일절 신경을 쓰지 않았다. 초기 항해사에게 심해는 그저 '오프사운딩' 즉 측연바다의 깊이를 잴 때 사용하던 납덩이이 닿지 않는 곳으로만 통했다. 풀이하자면, 그 정도면 충분히 깊다는 뜻이다.[17] 오늘날에도 심해에 대한 우리의 태도는 크게 달라지지 않았다. 국경 통제, 어업, 관광, 해운 등 해양 산업 대부분에서 심해저의 지형은 자신들과는 무관한, 측연이 안 닿는 곳의 일이다. 광섬유 케이블 및 심해 광산업 그리고 특히 주요 전략 지역 내 수중 지형에 지대한 관심을 보

---

* 해저 한 '조각'을 측량하려면 시간이 얼마나 걸릴까? 답은 소나의 주파수와 바다 깊이 등 여러 요인에 따라 달라진다. 직관적인 생각과는 반대로 수심이 깊은 원양보다 얕은 연해를 측량하는 데 시간이 더 오래 걸린다. 선체에 장착된 소나가 벽을 향하는 손전등처럼 해저를 겨눈다고 생각해 보자. 손전등이 벽에 가까울수록 조명의 빛줄기가 작아지며, 손전등이 벽에서 멀수록 빛줄기가 커진다. 이와 유사하게 깊은 물에서는 소나가 넓게 퍼져 한 번 지나갈 때 더 넓은 구역을 포착한다. 얕은 물에서 같은 면적의 구역을 포착하려면 측선을 더 많이 그어야 한다.

이는 세계 강대국의 군대만이 예외일 뿐이다.

## 심해 잠수를 위한 지난한 준비 과정

캐시 본지어바니가 파이브딥스에 합류한다면 지구의 극한을 측량하게 될 것이다. 뉴햄프셔 대학교 연안및대양지도화센터 과정을 막 마친 지도 제작자들은 정부나 해군 혹은 산업계에서 북적이는 항구와 해협의 지도를 만드는 안정적인 일자리를 구한다. 파이브딥스와 함께라면 캐시는 지도의 공백으로 가게 된다. 이 탐사는 캐시에게 일생일대의 모험이 될 것이다. 총체적 난국이 될 수도 있지만.

파이브딥스는 번드르르한 웹사이트를 제외하고는 내실이 부족했다. 해양계에서 빅터 베스코보는 사실상 무명이었다. 프로젝트에 속한 유명인들의 이름으로 현실적인 신뢰도가 더해지기는 했지만 파이브딥스라는 팀은 검증되기 전이었다. 게다가 무대 뒤편에서 본 탐사는 이미 파탄 직전이었다. 법적 분쟁과 권력 다툼, 채용과 해고, 내분, 수백만 달러의 초과 비용, 불만에 찬 노동자들이 부순 배, 거기다 공중의 갈고리에 뚫릴 뻔한 사고까지 있었다.[18]

롭 매캘럼이 캐시 본지어바니에게 연락하기 수개월 전인 2018년 여름, 탐사대는 지도 제작자를 태우지 않은 배로 북극해를 향해 출항할 계획을 세웠다. 이에 과학자들은 물론 매캘럼과 트리톤의 CEO 패트릭 레이히Patrick Lahey는 빅터에게 지도 제작자를 채용하고 새로운 배 프레셔드롭호에 멀티빔 소나를 설치하라고 채근했다. 재정적으로 무리한 요구였다. 배의 정비 예산을 250만 달러로 잡았는데, 결국 1200만 달러가 넘는 금액을 지출한 상황이었다.[19] 정비 과정에서 인부 한 명이 열려 있던 해치로 떨어졌다고 주장하여, 빅터는 10만 달러가 넘는 손해 배상금을 지불하기로 합의하기도 했다. 그런 와중에 이제 탐사팀마저 멀티빔 소나와 해양 지도 제작자 채용 비용으로 수백만 달러 혹은 그 이상의 돈을 더 들이라고 빅터에게 요구한 것이다. 빅터는 상당한 자산가지만, 아마존 창업자 제프 베이조스 수준의 엄청난 억만장자도 아니며 심해 잠수 취미를 위해 세계 최고 수익을 올린 영화를 연출했다고 말하는 제임스 캐머런도 아니었다.[20]

　"제가 빅터를 설득했어요. 솔직히 거금을 들이고 세계를 돌면서 아무 지점이나 찍듯이 잠수할 수는 없다고요. 그랬다간 나중에 그 지점을 제대로 측량한 사람한테 엉뚱한 곳에 잠수했다는 말을 듣게 될 거라고요." 헤더 스튜어트가 말했다. 스튜어트에 따르면 멀티빔보다 못한 장비를 썼다가는 빅터가 세울 세계 기록의 타당성이 의심받을 것이었다. 군대부터 정부와 과학계에 이르기까지 오늘날 해양 지도 제작 분야에서 신뢰하며 사용하는 장비는 바로 멀티빔이다.

　스튜어트와 여러 사람들은 끝내 빅터를 설득해 냈다. "빅터는 목표 지향적인 사람이에요. 지는 걸 좋아하지 않아요." 스튜어트가 설명했다. 스튜어트는 노르웨이의 해양 기술 기업 콩스버그마리타임이 생산한 EM122를 구입하라고 파이브딥스에 조언했다. "이미 사용되어 검증된 모델이니 원하는 결과를 얻을 수 있을 겁니다"라고 말한 것을 스튜어트는 기억했다. 그런데 오래지 않아 파이브딥스가 EM124를 구입했다는 이메일을 받았다. 이상한 일이었다. EM124 같은 것은 없다고 스튜어트는 생각했다. 아는 콩스버그 직원에게 연락해 보니 EM124 모델이 있기는 한데 아직 시장에 출시하지 않았고 배에 설치해 본 적도 없다는 말이 돌아왔다. 스튜어트의 머릿속에서 즉각 경보가 울렸다. "첫 제품은 사는 게 아닌데, 대체 무슨 짓을 한 거냐 싶었다니까요." 구입한 EM124에는 0001번 시리얼 넘버까지 찍혀 왔다. 대단하게 들릴지 몰라도 실제로는 악몽 그 자체였다. "전 세계에서 자기 외에는 버그를 찾아낼 사람이 없다는 거잖아요." 캐시가 이유를 설명했다. 캐시는 이를 아무도 설치한 적 없는 완전히 새로운 운영체제를 탑재한 최신형 아이폰의 최초 모델을 사는 것에 빗댔다.

그 무렵 파이브딥스는 북극해에서 첫 잠수를 할 여름의 적기를 놓친 상태였다. 한 해에 다섯 해구를 모두 돌리면 탐사대는 지구의 극지에서 기상 조건이 괜찮은 두 차례의 빠듯한 기간을 노려야 했다. 바로 남극해의 여름인 1월부터 2월, 북극해의 여름인 7월부터 8월 사이다. 멀티빔 소나 때문에 일정이 지연된 것은 아니었다. 문제는 트리톤서브마린의 잠수정이었다. 플로리다의 작지만 다부진 이 잠수 전문 회사는 레이 달리오와 오션X 재단 등을 고객으로 잠수정을 건조하여 이름을 알렸다. 여기서 만든 잠수정에서 영국 BBC 해양 다큐멘터리 시리즈 〈블루 플래닛Blue Planet Ⅱ〉의 인상적인 순간들이 촬영되었다.[21]

2018년 여름의 초입에 파이브딥스의 수석 과학자 앨런 제이미슨은 잠수정의 건조가 잘되고 있는지 확인하고자 플로리다 비로비치에 있는 트리톤의 작업장으로 갔다. "놀랐습니다. 잠수정을 볼 수 있을 거라 기대하고 트리톤서브마린 격납고에 들어갔는데 티타늄 구만 덩그러니 있었거든요." 제이미슨이 웃으며 말했다. 제이미슨은 원래 2주간 머물 계획이었지만, 결국 플로리다에서 여름 대부분을 보내며 에어컨 없는 격납고의 푹푹 찌는 무더위 속에서 트리톤 작업자들이 미친 듯이 일하는 것을 지켜보았다. 쾌활한 성격에 억척스러

우리만치 낙관적인 트리톤의 캐나다인 CEO 패트릭 레이히는 건조 과정을 감독하며 파이브딥스가 여름이 끝나기 전에, 북극의 기상 조건이 적당한 시기를 맞출 수 있으리라는 희망을 버리지 않았다. 이 모든 것은 바하마에서 진행할 일련의 시험 잠수에 달려 있었다. 한 치의 어긋남도 없이 완벽하게 진행되어야 했다.

한 시험 잠수에서 빅터가 잠수정의 로봇 팔 스위치를 켜자 선실에 한 줄기 연기가 구불구불 피어났다. "냄새 나죠?"라고 빅터가 묻자 레이히가 "그러네요"라고 대답했다. 두 남자의 손은 반사적으로 수중 호흡기를 향했다. 깨끗한 공기를 약 2분간 공급하는 장치였다. 선내에는 자급식 호흡 장치SCBA라는 예비 공급책도 있었다. 광부들이 땅속 채굴층 붕괴 시 생존을 위해 사용하는 장치다. 수중에서 화재가 발생하는 상황은 특히 무시무시하다. 산소 수요가 높은 환경이기 때문이다. 산소는 잠수정 탑승자의 호흡에 꼭 필요하지만 단단히 밀폐된 선실 내에서 불꽃을 키우기도 한다. 잠수정 내부의 연기는 이내 사라졌다. 빅터가 로봇 팔을 작동하려던 순간 발생한 전원 서지로 인한 오경보였지만, 빅터와 레이히는 잠수를 즉시 중단했다. 4년 전 리처드 브랜슨의 탐사는 잠수정 돔이 함몰되면서 끝났다. 트리톤의 티타늄 구조는 그보다는 견고했지만, 비용 초과와 작은 기술적 결함들은 파이브딥스를 휘청이게 할 만큼 위협적이었다.[22]

"잠수함 기술자들은 그 망할 기계를 고치려는 마음뿐이었습니다. 탐사대는 모든 게 뜻대로 되지 않는 상황에 매달렸고요. 빅터는 '왜 이게(잠수정) 아직 준비가 안 되었지?'라고 생각하는 듯했어요. 우리가 만들려는 것의 규모를 제대로 인식하지 못했던 거죠." 제이미슨이 설명했다. 결함은 제어반의 뜬금없는 경보나 전력 공급 서지처럼 모두 목숨을 위협할 수준은 아니었으나 바다 밑바닥으로 가는 잠수는 그 정도로도 중단될 수 있었다.

여름이 막바지에 이르자 관련자 전원은 파이브딥스가 잠수 시기에 맞춰 북극해까지 갈 수 없다는 현실을 인정하지 않을 수 없었다. 매캘럼은 일정을 변경해 대서양의 푸에르토리코 해구를 맨 처음으로 옮겼다. 남극해를 두 번째에 배치했고 북극해 일정은 마지막, 2019년 늦여름으로 수정했다. 4개월이 지연되면서 빅터는 승조원 급여와 관련 비용으로 약 200만 달러를 추가로 지출해야 했다. 하지만 작동하는 잠수정이 없다면 파이브딥스도 없다. 과학적 임무도, 지도화 프로젝트도 없다.

그해 가을, 카리브해의 네덜란드령 퀴라소에서 EM124 멀티빔 소나가 프레셔드롭호에 설치되었다. 이후 파이브딥스는 최종 시험 잠수를 몇 차례 한 후, 이어서 대서양의 최심부인 푸에르토리코 해구에서 첫 잠수를 실시할 것이다. 이 탐사의 명운은 검증되지 않은 잠수정을 쓰는 검증되지 않은 팀이 검증되지 않은 소나를 사용해 2018년이 끝나기 전에, 그리고 빅터의 인내심과 지갑이 바닥을 드러내기 전에 잠수를 성공적으로 해내는지에 달려 있었다.

크리스마스를 몇 주 앞두고 캐시 본지어바니는 일정대로 퀴라소에 도착했다. 파이브딥스의 신임 해양 지도 제작자로 근무를 시작한 것이다.

# 2장

## 배를 찾아서

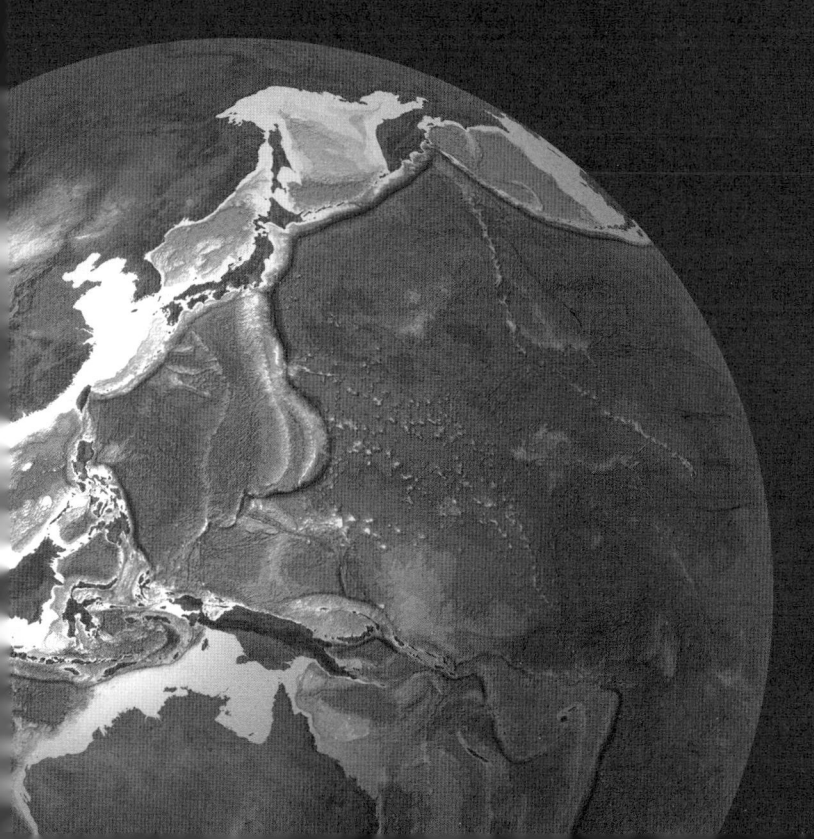

## 바다 밑바닥보다 달 표면을 더 많이 아는 이유

캐시 본지어바니를 인터뷰하는 동안 해양 지도화의 몇 가지 핵심 개념이 머릿속을 계속 맴돌았다. 이를테면, 지도화되지 않은 해저는 얼마나 남아 있나? 바다의 최심부를 측정하기가 그렇게 어려운 이유는 무엇인가?

　인터넷으로 검색해 보면 전 세계 바다의 표면적은 3억 6200만 제곱킬로미터로 지구 표면의 71%를 덮고 있다는 사실을 쉽게 알 수 있다.[1] 그런데 인간이 느끼고 보는 3억 6200만 제곱킬로미터란 어느 정도일까? 비유가 아니라, 지구상에는 해저만큼 거대한 공간이 없다. 에펠탑의 높이나 맨해튼의 길이처럼 지상에서 취할 비교 대상이 없다는 뜻이다. 어쩌면 그래서 별의 힘을 빌려 해저를 우주에 견주는 것일 테다. "우리는 바다 밑바닥보다 달 표면을 더 많이 안다"라고 말하는 이유도 이 때문일 것이다.

　앨런 제이미슨은 이 문장에 치를 떨었다. 그가 반발하는 주된 이유 중 하나는 생명체도 없는 작고 메마른 달을 커다랗고 물이 있어 생명체가 가득한 우리 지구보다 더 많이 안다는 사실이 그렇게 놀랍지 않다는 것이다. 달의 크기는 지구의 7.5% 정도로 작다. 북대서양만 해도 달 전체의 표면적을 넘어선다. 오스트레일리아의 너비도

호리호리한 달의 허리둘레에 비하면 한층 두둑하다.[2] 2019년 시베드2030은 '글로벌 그리드'로 불리는 자신들의 최신 버전 세계 해저지도에서 바다의 15%를 목표한 해상도로 완성했다고 발표했다.[3] 이는 우리가 달 하나 반에 해당하는 면적의 해저를 이미 지도화했다는 뜻이다. "그만하면 꽤 훌륭하잖아요. 우리가 자학할 이유가 뭡니까?" 제이미슨이 '딥시 팟캐스트Deep-Sea Podcast'에서 열변을 토했다. 어떤 기자는 제이미슨의 이 발언을 기사에 인용하기도 했다. 물론 제이미슨은 기자에게 이메일을 보내 자신은 그런 말을 한 적이 없고 앞으로도 절대 하지 않을 거라 반박했지만, 그가 기억하는 기자의 답은 이랬다. "뭐, 다들 하는 말이잖아요. 그 말은 넣을 겁니다. 사람들이 듣고 싶어 하는 말이니까요." 이 문장이 얼마나 거슬렸던지 제이미슨은 인류가 달에도 심해에도 가보지 못했을 때인 1950년대에 쓰인 학술 논문까지 추적하여 아예 논문으로 발표했다.[4]

시베드2030이 앞둔 작업의 방대함을 이해하려면 다가올 10년 동안 면적 기준으로 달 8개에 해당하는 해저를 더 지도화할 것이라 말하는 편이 더 정확하겠다. 그러나 이 비교조차도 그 작업을 진정 제대로 표현하지는 못한다. 지구 표면의 과반 이상은 평균 4킬로미터 깊이의 불투명한 염수에 덮여 있다. 물은 빛을 흡수·굴절·반사하여, 표면에 물이 없는 화성이나 금성 등의 다른 행성에서 했던 것처럼 레이저와 레이더로 지도를 만들려는 시도를 가로막는다. 바다를 우주에 빗대는 것은 강력하고 진실되게 느껴진다. 그러나 바다를 지도화하는 문제에서 해저를 달과 비교하는 것은 사실 당면한 과제를 과소평가하는 것이 된다.

지도화할 해저는 얼마나 남아 있는가? 이 질문에 답을 얻고자 나는 팀 컨스Tim Kearns에게 연락했다. 말이 빠른 캐나다인 지도 제작자로 해저의 세계 지도를 완성하는 데 열중하는 비영리단체 맵더갭 스Map the Gaps를 운영하는 사람이다. 컨스는 곧바로 실종된 말레이시아 항공 370편을 찾으려 했던 다각적인 수색 이야기를 꺼냈다. 지도화가 저조했던 인도양 남동부에서 약 27만 9000제곱킬로미터에 달하는 수역을 최초로 상세하게 지도화한 작업이었다.[5]

"데이터 세트를 봤는데, 상식을 한참 뛰어넘더군요. 정말이지 아름다웠어요." 컨스가 말했다. 새로운 지도에서는 19세기의 난파선 두 척은 물론 해산과 해저사태다량의 퇴적물이 해저사면을 따라 일시에 이동하는 현상와 해저균열까지 볼 수 있었다. "(지도 제작자들이) 경이로운 시간 동안 달라붙어 경이로운 양의 데이터를 수집했습니다. 그런데 그걸 (세계) 지도에 표시하면 성냥갑을 가져다 주방 바닥에 둔 꼴이 되죠. 아무것도 아닌 게 되는 겁니다! 깎아내리려는 게 아니에요. 다만 바다가 식겁하게 거대하단 걸 절감했을 뿐입니다."

바다를 지도화하려는 시도는 수천 년간 있었지만[6] 우리가 부리나케 행동을 취하게 되는 경우는 말레이시아 항공 370편 실종 같은 해상 참사가 발생했을 때다. 어밀리아 에어하트1937년 세계일주 비행에 도전한 여성 비행사 실종, 타이태닉호 침몰, 25만 명의 목숨을 앗아간 2004년 인도양 쓰나미, 이런 참혹한 사건이 터질 때면 해저 연구에 급물살이 일었다. 이런 물살이 일면 당장 우리가 사는 행성에 대해서도 이해가 한참 부족한데 멀리 떨어진 달을 탐사하는 데 왜 그렇게도 많은 자금과 관심을 쏟는지에 대해 조금이나마 고찰하게 된다. 미국 국립해양대기청은 200년 넘게 미국의 해안 지대를 측량해 왔으나 해양 탐사 전담 부서를 만든 것은 2001년의 일이다. 해양 지도화 지원금을 포함한 국립해양대기청의 예산은 우주 탐사에 들어가는 액수의 5분의 1에 불과하다. NASA의 막대한 예산은 매년 증가하는 반면 해양

연구에 대한 정부 지원은 감소하거나 정체되고 있다. 2021년 국립해양대기청의 예산은 총 54억 달러로, 전년 대비 1.4% 증가한 수준이었다.[7] 그에 비해 NASA의 2021년 예산은 전년보다 12% 증가해 252억 달러에 달했다.[8] 비극이 닥치면 그제야 우리는 잘 알지 못하는 이 거대한 지구에서 우리가 얼마나 미약한 존재인지를 깨닫게 된다. 그러나 역사적으로 보면 심해를 향한 관심은 옅어지는 추세고, 우리의 목표는 다른 곳으로 옮겨간다.

캐시와 대화하는 동안 자꾸 마음에 걸렸던 개념이 또 있었다. 해양 지도 제작자들은 끝이 분명해 보이는 바다 밑바닥을 측정하는데 왜 그렇게 애를 먹을까? 최고의 멀티빔 소나와 유능한 지도 제작자가 있어도 심해 측심치는 오차 범위가 플러스마이너스 15미터에 이를 정도로 상당하다고 한다.

"이게 제일 답답해요." 이 질문을 하자 캐시가 한숨을 내쉬며 말했다. "너무 많이 설명해서 이제는 할 말이 없을 지경인데요. 지금 우리 기술의 불확실성이 문제예요. (해저에서는) 여기 1미터 지점이 바로 옆의 2미터 지점보다 더 깊다고 100% 확신하며 식별할 수가 없죠. 어떻게 해도 안 돼요. 지금 우리 기술로는 이렇게 깊은 바다에서 그 정도의 해상도가 나오지 않아요. 불가능하죠."

나는 "아하, 네. 역시 그렇군요"라고 했다가 금방 이렇게 묻고 말았다. "근데 그걸 왜 알 수가 없는데요?" 천사 같은 우리의 캐시가 다시 한 번 설명을 시작했다. "제가 보기에 그건 레이저 포인터를 들고 해수면을 기준으로 에베레스트산 밑바닥에 서서 산 정상을 향해 레이저를 쏘아서 측정한 산의 높이가 오차 1센티미터 이내로 정확하기를 바라는 거랑 똑같아요. 지금 그런 걸 물어보신 거예요." 그건 힘들겠다고 나도 수긍했다.

그쯤 되자 바다가 실제로 얼마나 거대한지, 해저를 지도화하는 일이 얼마나 어려운지 이해하려면 내가 직접 바다로 나가야 한다는 결론에 다다랐다. 바다는 소리로 지도화되니 해저는 보기보다는 '듣는' 대상이다. 하지만 나는 한낱 인간이고, 뭔가를 믿으려면 눈으로 봐야 한다.

## 승선 허가를 향한 긴 여정

오늘날 해저를 측량하는 배는 대부분 군이나 산업계에서 운용한다. 양쪽 다 나처럼 여기저기 기웃대며 해저에서 무엇을 지도화하고 그 이유는 무엇이냐며 온갖 불편한 질문을 늘어놓을 기자의 승선을 허락해서 좋을 게 없었다. 그러니 후보로는 연방 정부와 대학, 몇몇 사회공헌단체와 비영리단체에서 운용하는 몇 안 되는 조사선만 남는다. 집에서 제일 가까운 선택지는 주간고속도로 제5호선을 따라 15분을 달리면 나오는 샌디에이고 항구였다. 스크립스해양연구소가 그곳에 조사선 여러 척을 계류해 두고 있었다. 국립해양대기청과 매사추세츠 우즈홀해양연구소의 조사선과 측량선, 슈밋해양연구소의 탐사선 팔코호도 그곳에 있었다.

그길로 이메일을 보내고 과학자들에게 전화하며 지도화 항해에 자리를 하나 내주십사 부탁하는 고단한 일이 시작되었다. 지난 20년 동안에는 비교적 수월했을 일이다. 과학자는 작가와 마찬가지로 자기 작업을 소상히 이야기하는 것을 대개 기꺼워한다. 그러나 코로나19 팬데믹이 절정에 달했을 때는 직접 만나 그렇게 하기가 거의 불가능했다. 미국 조사선들은 배 방역을 위해 엄격한 수칙을 적용했다.

팬데믹 초기 여러 크루즈선에서 코로나19가 발발했던 사례에서 알 수 있듯이 바이러스는 배에서 극도로 잘 전파된다. 복도는 비좁고 난간은 승선자 전원이 만지며 커다란 식당은 밀폐되어 있으니 배는 질병의 배양기 같다. 여기에 대응하여 미국 조사선들은 배 운용과 실험 수행에 필요한 최소 인원만 남기고 승조원 수를 줄였다. 데이터 수집에 목을 매는 연구자가 워낙 많았기에 남는 자리는 하나도 없었다. 상황이 달랐다면 열성적으로 도움을 주었을 연구자들로부터 도착한 미안하다는 회신은 대부분이 "다른 해였으면 얼마든지 모셨겠지만…"이라는 말로 시작했다.

대양탐사트러스트 소속 탐사단장의 말도 다르지 않았다. 대양탐사트러스트는 탐사선 노틸러스호를 운용하면서 선내 과학 활동을 모두 유튜브 채널로 생중계한다. 2020년 여름에는 북아메리카 태평양 연안을 측량하며 미국 배타적 경제수역EEZ 사이사이의 지도를 채웠다. 모든 연안국은 해안에서 곧게 뻗은 12해리약 22킬로미터 이내의 해역에서 통치권을 지니며, 해안에서 200해리약 370킬로미터에 이르는 배타적 경제수역 내 모든 자원에 대해 독점권을 지닌다. 미국의 배타적 경제수역은 1100만 제곱킬로미터가 넘어 50개 주를 모두 합친 것보다 표면적이 넓다.[9] 태반이 아직 지도화되지 않았다.

그 후 몇 개월 동안 바다로 갈 배를 찾으려고 노력했지만 실패한 나는 노틸러스호의 생중계를 열심히 시청했다. 탐사 단원들은 풍부한 해양 생태계의 기반인 해저협곡을 측량했다. 정부에서 국가 보호 대상으로 지정할 것을 고려하고 있는 곳이다. 노틸러스호는 번성하는 화학 합성 생물군집을 파악하고자 메탄가스가 분출되는 플룸plume, 연기 등이 연속적으로 배출되어 기둥 모양을 이루는 것을 다시 찾았다. 또 해저를 샅샅이 훑어 떨어진 운석 파편을 찾았고 고래 사체와 그 주위에서 사체를 먹으며 자라는 생물군집을 조사했다.

　온라인으로 노틸러스호의 탐사를 시청하는 것은 도움은 되었으나 충분하지 않았다. 해양 지도 제작자와 나란히 앉아 그 전부를 직접 체험하고 싶다는 생각이 시시때때로 들었다. 나는 다른 단체와 연구자에게 이메일과 전화로 계속 연락하고 서부 해안을 돌아다니는 노틸러스호를 계속 지켜보며 전 세계를 덮친 팬데믹이 잦아들기를 기다렸다. 1년이 흐르고, 해저 지도화를 내부에서 볼 기회는 영영 없겠다고 낙담하려던 차에 노틸러스호 탐사단장이 연락에 답을 줬다. 한 달하고 조금 더 지나서 출발하는 지도화 탐사에 자리가 하나 났다는 것이었다. 생각이 있냐고? "있다마다요." 나는 열의에 차서 말했다.


## 마침내, 탐사선 노틸러스호에 오르다

자고 있는 몸 아래로 진동이 느껴져 화들짝 놀라 잠에서 깼다. "여기가 어디지?" 머릿속 의문을 입 밖으로 뱉으며 낯선 방을 둘러봤다. 나는 싱글 침대 위였고, 고개를 들면 약 30센티미터 위가 천장이었으며 커튼이 삼면에서 나를 가뒀다. "그으랬지." 기억을 살려내고 벙커 침대에 다시 풀썩 누웠다. 어젯밤 노틸러스호에서 잠들었고, 오전 6시인 지금은 배가 로스앤젤레스 항구를 떠나고 있었다. 일정대로였다. 배 깊숙한 곳 기관실에서 또 한 번 진동이 올라와 침대가 다시 덜거덕거렸다.

　배에 막 올랐던 전날 오후, 탐사단장 니콜 레이노Nicole Raineault가 노틸러스호를 안내해 줬다. 약 68미터급인 이 배는 빅터 베스코보의 심해 잠수정 지원선 프레셔드롭호와 거의 판박이다. 크기가 비슷하고 승선 인원도 비슷하며 과학 완구를 바다에 빠뜨리는 용도인 A형 강철 프레임이 동일하게 선미에 있다. 둘 다 콩스버그 멀티빔 지도화 장비가 설치되어 있었다. 두 배 모두 상갑판 선루에 레이더와 위성 장비를 갖춰 놓아 해양조사선임을 식별할 수 있다.

레이노를 따라 습식 실험실젖은 물질과 표본을 다루는 실험실. 이와 달리 건식 실험실에서는 주로 전자 기기와 장비를 다룬다과 영상 제작실, 지도 제작실, 창고, 작업장을 둘러보고 선장이 배를 조종하는 함교에 오르자 내가 모든 시대를 통틀어 가장 좋아하는 영화 〈스티브 지소와의 해저 생활〉에 갑자기 들어온 것만 같았다. 구체적으로 말하자면 빌 머레이가 연기한 지소가 배 단면이 나오는 컷어웨이 숏선행 장면과 직접적으로 연결되지 않는 후속 장면을 연결한 화면에서 관객에게 배 벨라폰테호를 소개하는 장면이다. "영화 〈스티브 지소와의 해저 생활〉에 들어와 있는 것 같다고 느낀 적 없어요?"라고 나는 레이노에게 조심스레 물었다. 레이노는 곧바로 웃음을 터뜨리고 "현실과 너무 비슷하죠"라고 대답했다. 배에서 레이노가 누구 역할인지는 금방 알 수 있었다. 안젤리카 휴스턴이 연기한 스티브 지소의 아내 엘리너였다. 모든 활동이 계속 돌아가게 하는 인물이었다.

데이터실에서 레이노는 오리건으로 가는 일주일간의 항해에 함께할 지도 제작자 세 명을 소개해 줬다. 배는 캘리포니아 앞바다에서 거칠기로 악명 높은 수역을 뚫고 갈 예정이다. 단원들은 이곳 해저를 측량하느라 자주 애를 먹었다. 지도 제작자들은 여덟 시간씩 교대로 근무하며 노틸러스호의 EM302 멀티빔 소나를 감독할 것이다.[*]

---

[*] 2023년 초 대양탐사트러스트는 노틸러스호에 콩스버그의 신제품 심라드 EC150-3C 150킬로헤르츠 변환기를 설치해 소나 장비를 업그레이드했다.

EM302는 프레셔드롭호에 실린 EM124에 비하면 꽤 오래된 모델이지만 2012년 후반 설치할 당시 100만 달러나 들었다.* 노틸러스호에 있는 EM302는 현역으로 있는 동안 카리브해와 멕시코만, 태평양에서 87만 제곱킬로미터가 넘는 면적을 지도화했다. 탐사를 마칠 때마다 새로운 지도가 데이터베이스 네트워크에 입력되고 최종적으로는 점점 커지는 시베드2030의 세계 지도에 안착한다.

한 지도 제작자가 어떤 책을 쓰냐고 물어왔다. "해저 지도화와 시베드2030을 다뤄요. 파이브딥스 엑스퍼디션 이야기가 제일 먼저 나오죠." 내가 설명을 하자 정중한 태도로 듣던 지도 제작자가 사람들 관심이 온통 파이브딥스에 쏠릴 것 같아 아쉽다는 말을 꺼냈다. 그녀와 같은 해양 지도 제작자들은 수년씩 바다를 누비며 묵묵히 퍼즐 조각을 맞추고 있지만 아무도 알아주지 않는다. 그런데 돈 많은 백인 남자가 나타나자 미디어가 쌍수를 들고 반기고 있지 않은가.

나는 더 분명하게 말했다. "음, 파이브딥스의 수석 지도 제작자에게 초점을 더 맞출 거예요."

"그렇다면 좀 낫네요."

지도 제작자들의 이런 불만은 전에도 들은 적이 있었다. 대의를 위해 자금과 관심을 끌어오는 갑부가 고맙지 않은 것은 아니었으나 그런 떠받들기식 보도는 조금 과했다. 자본가가 해양 지도화를 처음 생각해 낸 것도 아니지 않은가. 동네의 젠트리피케이션을 둘러싼 논

---

* 소나 모델명의 숫자는 주파수를 나타낸다. EM302는 30킬로헤르츠라는 높은 주파수로 작동하고 EM124는 12킬로헤르츠라는 낮은 주파수로 작동한다. EM302처럼 주파수가 높은 소나는 수심 7000미터까지 해저를 측량할 수 있어 세계 바다 대부분에서 문제없이 쓸 수 있다. EM124처럼 주파수가 낮은 멀티빔 소나는 더 깊은 곳, 1만 미터도 살짝 넘는 바다의 완전한 밑바닥까지 도달할 수 있다. 그러나 주파수가 낮으면 소리가 더 멀리까지 이동해 해양 포유류를 방해할 위험이 있어 피해가 더 크다.

의가 얼핏 떠오르기도 했다. 과학자들은 별거 아닌 것처럼 보여도 과학적으로는 더없이 귀중한 심해 데이터를 얻기 위해 수년간 고된 배에서 하루 열두 시간씩 근무하며 고투했고, 탐사에 나서면 가족과 몇 주를 떨어져 지냈다. 그런데 이쪽으로는 초짜인 억만장자들이 어슬렁거리며 들어와 둘러보고는 동네를 가꿀 필요가 있겠다고 판단하다니. 해양 연구 자금이 필요하지 않다거나 고맙지 않은 것은 아니지만, 일부 지도 제작자는 돈과 권력을 쥔 신참의 의도에 의문을 품었다. 그들이 연구 주제의 방향까지 좌지우지하려는 건가? 이 모든 자선활동은 그저 그들의 과거를 빛내기 위한 수단일 뿐인가? 파이브딥스 초창기에 언론은 빅터를 진지한 해양 탐험가라기보다는 기록 사냥꾼으로 묘사하는 경우가 많았다. 빅터가 트리톤에 로봇 팔은 물론이고 해저를 내다볼 창도 없는 구슬 형태의 잠수정을 주문했다는 일화는 널리 알려진 이야기다. 심해 데이터가 간절한 해양과학자를 격분하게 만드는 이야기가 아닐 수 없다. (빅터는 진지한 제안은 절대 아니었다고 주장했다.)

　　대양탐사트러스트와 노틸러스호에는 해양계에서 검증된 실적과 공들여 쌓은 신뢰가 있었다. 세계적으로 유명한 해양학자 로버트 밸러드Robert Ballard가 2008년에 설립한 대양탐사트러스트는 정부와 대학과 협업해 미국의 그 누구도 하지 않았던 연구를 수행했다. 밥 밸러드라고도 불리는 그는 자크 쿠스토Jacques Cousteau, 프랑스 해양 탐험가이자 생태학자, 다큐멘터리 제작자나 실비아 얼 같은 해양 분야의 권위자와 어깨를 나란히 하는 살아 있는 전설이다. 밸러드는 1977년 태평양 해저에서 처음으로 열수분출공을 발견한 팀의 일원이었다. 그때까지만 해도 과학자들은 지구상의 모든 생물이 광합성을 하고 태양에 의존해 에너지를 얻는다고 생각했다. 해양지질학자와 지구화학자, 지구물리학자가 모인 팀이 수중 온천에서 뿜어져 나오는 광물을 양분 삼아 살아가는 홍합과 조개, 게를 우연히 발견했을 때 그 발견을 해석할 수 있는 생물학자는 배에 단 한 명도 없었다. 해저에서 생명체를 보게 되리라고 예상한 사람이 없었기 때문이다.[10] 그 분출공 혹은 그와 비슷한 분출공은 지구상 모든 생명체의 발생지로 추측된다. 하지만 밸러드는 뭐니 뭐니 해도 1985년 타이태닉호 잔해 발견에 참여한 것으로 제일 유명하다.

당시에는 순수하게 과학적인 탐사로 여겨졌지만[11] 30년 넘게 시간이 지나 밥 밸러드가 밝힌 바에 따르면 타이태닉호 수색은 기본적으로 군사 작전이었던 탐사의 훌륭한 연막이었다. 미 해군으로부터 자금을 지원받은 밸러드는 핵을 다루는 군사 기술의 귀중한 단서가 될 가라앉은 잠수함 두 척을 소련 몰래 조사하도록 파견되었다. 항해 중 남는 시간은 역사상 가장 유명한 난파선을 발견하는 데 사용해도 좋았다. 이는 전략적 해양 탐사가 과학 발전에 이바지해온 기나긴 계보 속에 있는 하나의 최근 사례일 뿐이다. 한편 밸러드는 해군의 또 다른 임무에 관해서는 여전히 입을 열지 않았다. 그는 2018년 CNN에 말했다. "그건 아직 기밀이 해제되지 않았습니다."[12]

억만장자가 자금을 대는 자선 단체의 조사선과 비교하면 밸러드의 노틸러스호는 조금 더 고전적인 접근법을 취한다. 과학팀은 '탐사단'으로 불린다. 단원은 모두 나침반이 새겨진 노틸러스호 전용 남색 모자와 조끼, 셔츠를 착용하도록 권장된다. 술은 금지 품목이다. 음식은 괜찮지만 화려하지는 않다. 글루텐 불내증인 사람들은 자기 음식을 챙겨 와도 된다. 밤이든 낮이든 노틸러스호 웹사이트nauti-luslive.org에 가면 배나 실험실에서 피펫작은 양의 액체를 옮기는 데 사용하는 실험 도구을 만지는 과학자나 물 밖으로 나온 원격 무인 잠수정과 씨름

하는 단원을 분할 화면으로 볼 수 있다.

레이노와 배를 둘러본 뒤 상부 갑판을 따라 산책하던 중 나는 아래의 기관실로 곧장 뚫린 맨홀이 열려 있는 것을 발견했다. 뜨끈한 어둠 속으로 머리를 잠시 밀어 넣었다가 곧바로 꺼냈다. 아래는 용이 사는 동굴처럼 뜨겁고 시끄러웠는데, 엔진을 최대 출력으로 가동하기도 전이었다. 내가 벙커 침대 위층에 누워 좌우로 부드럽게 흔들리는 동안 그 엔진들은 우리를 바다로 데려갔다. 선실 문 너머로 나무 바닥에 의자가 밀리는 소리와 개수대에서 식기가 달그락거리는 소리가 들렸다. 선실에서 나가면 바로 나오는 식당에서 일찍 일어난 사람들이 돌아다니고 있었다. 나는 벙커 침대의 커튼을 걷었다. 그러자 얼굴에 커다란 미소가 번졌다. 선실 현창 밖으로 로스앤젤레스 대형 항구의 크레인들이 구름 낀 수평선에 녹아드는 광경이 보였다.


## 망망대해, 해저를 '듣는' 소나

노틸러스호에서는 탐사단장 니콜 레이노가 아침마다 주방에 있는 화이트보드에 하루의 목표를 적었다. 이틀간은 간단하게 "'여건이 되면 지도화 작업"이라고만 썼다. 여건은 되지 않았다. 보호구역으로 지정된 샌타바버라 해협을 빠져나오자마자 외해의 격렬한 앞바람이 노틸러스호를 때렸다. 1~2미터쯤 되던 너울은 3미터, 4미터가 넘도록 솟아올랐다. 물결이 일 때마다 선수가 허공으로 높게 들렸다. 바람은 33노트(시속 약 61킬로미터)까지 속도가 붙었다. 바다는 육안으로 볼 수 있는 곳까지 포말 가득한 백파로 점점이 장식되어 있었다. 선원이 바다 상태를 측정하는 기준인 보퍼트 풍력계급에 따르면 강풍에 가까운 위력이었다. 육지에서라면 몰아치는 폭풍우 속을 걷는 와중에 손에서 우산이 날아가는 느낌일 터였다.

앞에 보이는 곳은 캘리포니아 북부와 남부의 자연 경계인 포인트콘셉션이다. 곶의 북쪽인 샌프란시스코와 베이 지역은 습하고 안개가 짙으며 지대가 높고 숲이 울창하다. 곶의 남쪽인 로스앤젤레스와 샌디에이고는 비교적 건조하고 따뜻하며 주로 덤불이 자라는 사막과 관목림이 펼쳐져 있다. 이곳에선 해류들이 절벽 끄트머리를 후려치며 상승 기류처럼 충돌해 바다에서도 경계를 이룬다. 캘리포니아가 멕시코에 속하던 시절, 1840년대 미국 선원 리처드 헨리 데이나 주니어Richard Henry Dana, Jr.는 자신의 회고록 《돛대 앞에서 보낸 2년 Two Years Before the Mast》에서 여기가 "이 해안에서 가장 큰 곳"이라고 썼다. "사람이 살지 않는 곳으로 태평양을 향해 뻗어 있으며 바람이 심하기로 유명하다. 배가 강풍을 맞지 않고 이곳을 지나가면 성공한 것이다."

곶을 돌자 바다는 더 높고 요란하고 거칠어졌다. '순항'이라는 말의 진가가 새삼 와닿았다. 외해에 있으니 제멋대로인 롤러코스터를 타는 기분이었다. 씻고 걷는 일상적인 일이 험난한 도전이 되었다. 내 선실의 샤워부스는 투명 플라스틱 벽으로 둘러싸인 옷장 같은 형태였다. 한 손으로 벽을 짚고 배 아래에서 솟는 물결을 느끼며 다른 손으로 얼른 거품을 냈다. 그러다 비누칠을 멈추고 충격을 버텨냈다. 잠깐의 무중력 상태가 끝나면 풀썩 주저앉아 바닥을 다시 들이받았다. 다음 충격에 대비하면서 몸을 헹궜다. 속에서 울렁임이 올라올 때마다 샤워부스 바닥 발치에서 찰박이며 휘도는 물을 내려다봤다. 창문이 없는 공간에서는 그것이 수평 유지 장치였다. 샤워부스에서 조심조심 몸을 빼고 나면 오락가락 덜컹대는 배에서 옷을 입었다. 좌현으로 기우뚱, 우현으로 기우뚱. 그 박자는 끝없는 변주와 당김음으로 되풀이되었다.

선실 밖에서는 노틸러스호의 좁은 복도를 걸어, 아니, 굴러다녔다. 한 계단 밑에서 해양 지도 제작자 레나토 케인과 마주쳤다. "배처음 탔어요?" 나와 마찬가지로 문틀을 부여잡은 채 케인이 물었다. 우리를 둘러싼 계단이 덜덜 떨렸다. 케인은 노틸러스호를 타고 바다로 나오는 일이 너무 잦아 이제 육지에는 고정된 거처를 두지 않는다고 했다. 내가 고개를 끄덕이니 케인의 눈썹이 올라갔다. "이건… 초심자에게는 꽤 힘든데요."

억세고 강인한 우크라이나인으로 구성된 배의 승조원들은 이런 환경에도 끄떡없는 듯했다. 바람이 세지면 조리장 아나톨리Anatoliy는 조리실이 꽝꽝 울리도록 록밴드 AC/DC의 노래 〈선더스트럭Thunder-struck〉을 틀어댔다. "기상이 악화되면 매번 저래요." 레이노가 너털웃음을 지으며 화이트보드에 일과를 적었다. 이번에도 지도화 작업은 없었다.

그날 늦게 하부 갑판의 체력 단련실을 지나가는데 언뜻 단원 한 명이 보였다. 머리부터 발끝까지 회색 땀복을 여미고 방이 거의 45도로 이리저리 기우는 와중에도 러닝머신에서 전속력으로 뛰고 있었다. 보기만 해도 해쓱해지는 광경이라 나는 얼른 맑은 공기를 쐬러 갔다. 뱃멀미하는 일부 단원이 바다를 내다보며 속을 진정시키려고 안전한 후갑판에서 말없이 서 있었다.

항해의 목표 지점은 측량이 미흡한 캘리포니아 연안 수역이었다. 2019년 트럼프 행정부는 대통령 교서에서 해양 지도화를 전폭적으로 지원한다며, 아직 지도화가 되지 않은 알래스카의 외진 해안선을 비롯하여 미국의 배타적 경제수역을 지도화하기 위한 국가 전략을 수립하라고 정부에 지시했다.[13] 국립해양대기청 역시 지도의 빈틈을 기록한 지도 레이어를 공개했다. 노틸러스호 같은 조사선은 최대한 많은 공백에 닿을 수 있도록 신경 쓰며 미국 수역을 통과해 국립해양대기청 지도에 레이어를 쌓았다.

육지 측량사가 광속을 이용해 솟고 꺼진 지형을 지도화한다면 해양 지도 제작자는 음속을 이용한다. 어두운 동굴 벽에 대고 찍찍 소리로 반향을 일으키는 박쥐와 같다. 기초적인 어군탐지기부터 노틸러스호나 프레셔드롭호 선체에 장착된 강력한 멀티빔까지 모든 소나는 동일한 원리를 따른다. 소나는 물기둥을 통과해 바다 밑바닥에 부딪쳐 돌아오는 핑 신호를 방사한다. 이동 시간 1초는 거리 약 1.6킬로미터와 같다. 핑의 이동 시간을 2로 나누고 수중 음속을 곱하면, 짜잔! 깊이 측정값이 나온다. 듣기에는 간단하다. 물의 염도와 수온과 압력을 비롯한 갖가지 요소로 인해, 바닷속을 통과하는 핑이 왜곡된다는 것만 빼면 말이다.

험악한 날씨 또한 정확하고 상세한 해저 지도 그리기를 어렵게 한다. 노틸러스호에서 데이터실로도 통하는 지도 제작실은 바다 위에서 앉아 있기에는 최악의 장소다. 배 중심부와 가까운 이 개방형 작업실에는 자연광이나 맑은 공기가 거의 들어오지 않는다. 벽 네 면 중 세 면은 컴퓨터 화면으로 덮여져 배 전체에서 받는 실시간 데이터를 계속 보여주고 나머지 한 면에는 대개 바깥의 물살과 물거품으로 부글대는 현창들이 조그맣게 이어져 있다.

노틸러스호에는 다양한 종류의 소나가 있고 각 소나는 특유의 방식으로 해저를 '듣는'다. 함교에 있는 단원들은 해저면 아래로 직선의 핑 신호 하나를 보내 돌아오게 하는 단일빔 소나를 작동한다. 단일빔 소나로는 배 바로 아래가 커다란 스냅숏snapshot, 인물이나 사건을

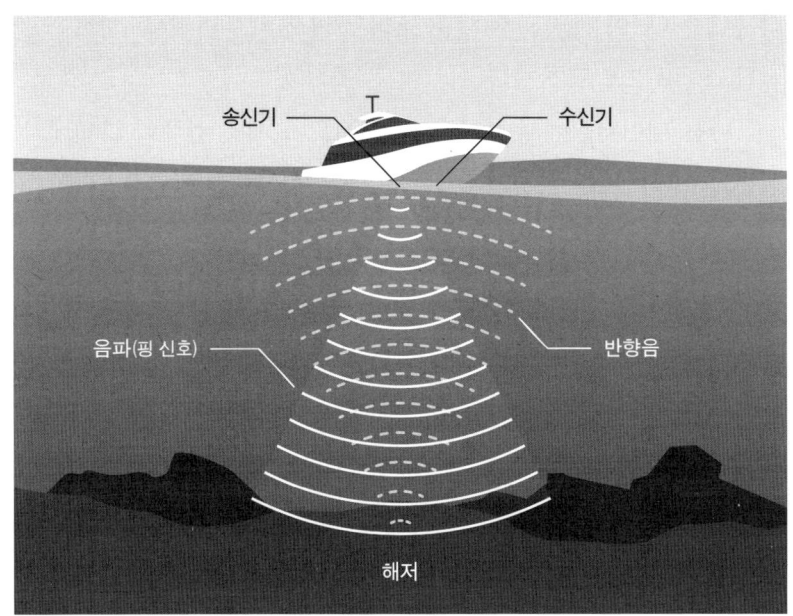

송신기 T 수신기

음파(핑 신호) 반향음

해저

소나 작동 원리

순간적으로 찍은 장면으로 드러나는데 좌초를 피하려는 선원에게는 이걸로 충분하다. 단일빔 소나는 이름 그대로 바다 밑바닥에 내려갔다가 올라오고 또 내려갔다 올라오는 핑 신호를 한 번 보내는 것이다. 반면 멀티빔 소나는 핑 수백 개를 동시에 방사해 소리로 커다란 부채를 펼치듯 깊은 바다로 신호를 퍼붓는다.

　방식을 설명하자면 이렇다. 어두운 곳에 있는 미지의 물체가 무엇인지 파악해야 하는데 손가락을 하나만 쓸 수 있다고 생각해 보자. 형체를 그리려면 시간이 제법 걸릴 것이다. 이것이 단일빔 소나다. 이제 손 전체를 써서 그 물체를 잡을 수 있다고 생각해 보자. 무엇을 쥐고 있는지 훨씬 빨리 알게 될 것이다. 이게 바로 멀티빔 소나의 작동 방식이며, 그래서 해양 지도 제작자는 해저 측량용으로 멀티빔을 더 선호한다. 이 장비는 해저를 소리로 가득 채우며 수중 지형을 깔끔한 스냅숏으로 포착한다.

나는 데이터실에서 새로운 해저 지도가 메인 컴퓨터 화면에 실시간으로 나타나는 것을 지켜봤다. "지금 보이는 건 뭔가요?"라고 레나토 케인에게 물었다. 내 옆자리에서 그날 먼저 들어온 지도를 정리하던 케인이 이쪽을 흘긋 살폈다. 케인은 "어… 나쁜 데이터네요"라고 웅얼거리며 지도에서 오류를 제거하는 일로 돌아갔다. 이런 오류는 '날라리'로 통한다. 핑 신호가 이상한 각도로 튀거나 이전 핑의 반향이 기록된 경우다. 케인은 새 지도가 들어오기 전에 '날라리'를 최대한 빨리 지우려고 최선을 다하고 있었다.

멀티빔 소나가 아무리 훌륭해도 망망대해를 측량하는 현실적 어려움을 극복할 수는 없다. 소나는 움직이는 바다 위 움직이는 선체에 실려 있다. 노틸러스호가 물마루에 올라타면서 멀티빔 소나는 일시적으로 수면과의 접촉이 끊겼다. 배가 다시 수면으로 내려왔지만 너무 조밀한 포말에 부딪쳐 소나 빔이 차단되어 접촉은 여전히 끊겨 있는 상태다. 이런 일이 벌어질 때마다 (배의 다른 곳에 보관된) 컴퓨터와 데이터실 화면의 연결이 중단되었다.

소나가 다시 해수면과 맞붙으면서 화면에 물기둥이 다시 나타났다. 화면은 계속 이렇게, 낡은 텔레비전의 안테나를 만지작거린 듯 파도에 맞춰 깜박깜박 꺼졌다 켜졌다. 이는 우리가 바닷속에서 수백 건의 측심치를 놓치고 있다는 의미인지도 모른다. 한 지도 제작자의 시적인 표현에 따르면 이는 "길 잃은 핑 신호"다. 다른 화면에서는 이렇게 놓쳐버린 측심치들이 배 아래에 호를 마구잡이로 그렸다. 악명 높고 지저분한 조커의 미소를 닮은 것도 같았다. 케인은 작업에 최대한 속도를 냈지만 '날라리'는 사방에 널려 있었다.

메인 컴퓨터 화면은 여섯 개의 창으로 나눠져 있다. 다른 것보다 큰 창 두 개에서는 배의 현재 경로선과 선체 아래의 물기둥이 보였다. 물기둥 창은 태아의 초음파 사진과 비슷했다. 하지만 그것은 태아의 옆모습을 담은 거친 흑백 사진이 아니라, 우리 아래의 해저를 소리가 그리는 원뿔 모양으로 집중 조명해서 보여주고 있었다.[14] 원뿔의 꼭짓점에는 배가 있고 그 아래에는 짙고 선명한 푸른빛 수면이 있었다. 더 아래로 내려가면 청록색 점이 떼를 이루고 있었다. 수억 마리의 플랑크톤, 오징어, 물고기들이다. 이 무리는 밤에는 배를 채우러 해수면 근처로 올라오고 낮에는 포식자를 피해 다시 아래로 가라앉아 어둠 속에 숨는다.

하루 동안 이동하는 바이오매스biomass, 생물량로는 세계 최대 규모다. 과학자들은 이 거대한 생명체의 흐름에 소나 신호가 부딪혀 튕겨져 나간다고 하여 이를 심해산란층이라 부른다. 제2차 세계대전 당시 미 해군에서 일하던 과학자들이 캘리포니아 연안에서 소나 실험을 수행하며 적군의 잠수정을 추적하다가 처음 발견했다. 물고기와 플랑크톤으로 이루어진 층이 어찌나 두꺼운지 마치 바다 밑바닥이 하루에 걸쳐 오르내리는 것처럼 보인다. 당시 과학자들은 이를 '가짜 바닥'이라고 불렀다.[15]

산란층의 자태는 자못 아름답다. 노틸러스호의 한 지도 제작자는 그 층으로 하루의 시간을 느낀다고 했다. 바다를 오르내리는 동물들을 물속에서 뜨고 지는 해와 같이 바라보는 것이다.

해저 지도화는 작업 성격상 이미 시끄러운 바다에 소리를 늘리는 일이 된다. 인간이 만든 소음은 각양각색의 해양 동물에게 다양한 악영향을 미친다. 한 실험에서 가리비 유충을 탄성파 펄스에 노출시켰더니 유충의 절반가량에서 이형을 비롯한 발달 이상이 나타났다.[16] 선박 소음은 군소(바다 민달팽이의 일종)의 배체 발생을 방해하고 유충 사망률을 높인다.[17] 해상 건설 공사에 쓰이는 파일 항타 시공은 오징어를 놀라게 하여 포식 동물을 감지하고 피하는 능력을 손상시킬 수 있다.[18] 하지만 수중 소음 연구에서 중심이 되는 동물은 부리고래다. 부리고래는 매우 예민한 심해 잠수 포식 동물로 고유한 잠수 패턴과 울음소리를 조율하며 가장 두려운 포식자인 범고래를 피하기 위해 무리의 다른 개체들과 함께 잠수하기도 한다.[19] 해군에서 대잠수함전에 사용하는 중주파 능동소나는 이 고래에게 위험 신호로 여겨지는 것 같다. 고래들은 먹이 활동과 음파 탐지를 중단하고 음원을 피해 비정상적으로 급한 각도로 헤엄쳐 가는데 이는 '잠수병'이라고도 하는 감압병의 원인이 된다. 스쿠버 다이버가 수면으로 너무 급하게 올라오다가 혈액 내에 유독한 질소 기포가 생겨 겪는 병과 유사하다. 1960년대에 중주파 해군 소나가 도입된 이후로 해군 훈련 장소나 해군 기지 및 군함 근처에서 부리고래 집단 자살이 수십 건 발생했다.[20]

　"당시 해군 소나와 선박 소음이 해양 포유류에 미치는 영향을 이해하기 위한 연구가 많이 이뤄졌습니다." 국립해양대기청 소속 생물학자 애나마리아 디앤절리스Annamaria DeAngelis가 말했다. 이 두 가지는 해양 포유류에게 가장 뚜렷한 영향을 미치는 소음 공해다. 디앤절리스에 따르면 과학계에서는 지도화 소나의 경우 선박 아래의 물속으로만 영역이 한정되므로 영향이 덜하다고 보는 경향이 있다고 한다. 그러나 연구는 아직 초기 단계고, 디앤절리스를 비롯한 연구자들은 오랜 시간 이어진 이런 추정이 사실인지 검증하기 위한 실험을 진행 중이다. 디앤절리스는 측량선을 자율 무인 잠수정autonomous underwater vehicle, AUV으로 대체할 것을 제안했다. 잠수정은 해저 가까이에서 이동해 영향을 미치는 영역이 비교적 작기 때문이다.

노틸러스호에서 소나를 추적하는 메인 컴퓨터 앞으로 돌아와 보니 물기둥의 맨 아래에 해저가 나타났다. 흔들리는 빨간 선이 핑 신호가 실제로 해저에 닿았음을 드러낸다. 소나의 핑은 단단한 바위와 부드러운 진흙에 부딪쳐 튕길 때 각기 다른 양상을 보인다. 해양과학계에서는 이를 후방 산란 데이터로 부른다. 동네 술집 안의 소리를 떠올려 보자. 유리와 금속재로 마감되어 번쩍번쩍한 새로운 소규모 술집은 보기에는 좋아도 그곳에서 나오는 소리는 듣기에 괴롭다. 음악과 다양한 목소리들이 단단한 표면에 반사되어 불협화음을 이루는 탓이다. 그러나 목재로 마감된 허름한 동네 술집의 인테리어는 귀에 훨씬 편안하다. 이 예시에서 소규모 술집의 단단한 마감재는 바위, 허름한 술집의 부드러운 마감재는 진흙 퇴적물에 해당한다. 후방 산란 데이터는 동물 서식지를 추정하는 데 도움이 되어 생태학자들에게 인기가 많다. 심해지렁이는 부드러운 퇴적물을 좋아해 이를 휘저으며 먹이를 찾는다. 말미잘은 단단한 표면에 몸을 붙이고 흐르는 바닷물로 촉수를 뻗어 먹이를 찾는다.

순항하는 배에서 멀티빔 소나는 무지개처럼 선명한 해저 지도를 만든다. 과학 용어로는 해저 지형도bathymetric map, 해저의 수심을 측량하여 해저의 형상을 등심선으로 표시한 해도라고 한다. 해저 지형도를 보고 있으면 환상에 빠질 듯하다. EM302는 소리로 해저를 밝히며 각각의 색이 다른 깊이를 나타내는 무지개를 산과 계곡에 드리운다. 빨강과 노랑은 비교적 얕은 해저를, 초록과 파랑은 조금 깊은 곳을, 마지막 보라는 가장 깊은 곳을 의미한다. 육지 지도의 색상과 유사하지만 일반인에게 해저 지형도는 초현실적이며 공상과학물에 나올 법한 별세계를 선사한다.

해양 지도 제작자들이 알래스카 피오르의 새 해저 지도를 마치 예술 작품처럼 묘사하며 해저 지도의 아름다움에 대해 읊은 시 같은 말들은 익히 들어봤다. 그들은 해저를 지도화하는 데 공이 얼마나 많이 들어가는지 알기에 해저에 깊고 얕게 파인 올망졸망한 점들이 하나같이 소중하다. 또한 보통 지질학적 소양도 갖추고 있기에 이들의 눈은 지형에서 머나먼 과거와 다가올 미래를 암시하는 단서를 읽어 낼 수 있도록 훈련이 되어 있다. 고대의 강이 바다로 흘러 들어갔던 위치나 섬이 침식되어 해산이 된 자리를 짚어낼 수도 있을 것이다. 해구에서 무너질 가능성이 있는 면이나 앞으로 닥칠 쓰나미를 경고할 수도 있다. 바다에 덮여 보이지 않던 지구가 별안간 눈앞에 펼쳐지는 것이다.

"무지갯빛 지도를 보고 (해저의) 실제 모습을 생각하기란 어렵긴 할 것 같아요." 니콜 레이노가 말했다. "그렇지만 바닷물을 전부 빼내고 해저에 펼쳐진 그 모든 산과 대협곡을 본다고 상상해 보세요. 얼마나 신기하겠어요. 게다가 우리가 지도화하는 곳은 대부분 우리가 첫 목격자일 때가 많답니다."

하지만 솔직히 그날 캘리포니아에서 제작되고 있던 지도는 그렇게 예쁘지 않았다. 측량 결과는 길고 너덜너덜한 총천연색 호피 무늬 같았다. 지도화 항해 둘째 날, 레나토 케인은 EM302 가동을 전면 중단하기로 결정했다. 드문 일이었다. "가동을 중단하는 일은 잘 없습니다. 나이 든 사람처럼 툴툴대는 장비거든요. 함부로 건드리지 않죠." 선내의 다른 지도 제작자 에린 헤프런Erin Heffron이 설명했다. 하지만 그 무렵에는 좋은 데이터보다 나쁜 데이터가 더 많이 모이고 있었다. 시베드2030에 질이 떨어지는 해저 지도를 보내느니 지도 제작자들은 바다가 잔잔해지기를 기다리는 편을 택했다.

## 악천후가 지난 뒤, 해저 측량 재가동

다음 날이 되자 날씨가 나아졌다. 너울진 바다는 움츠러들었고 바람도 잦아들었다. 다시 갑판 위를 걸어 다니며 신선한 공기를 쐬어도 좋다는 선장의 허락이 떨어졌다. 나는 기회를 놓치지 않았다. 상부 갑판을 따라 산책하고 있으니 구름 사이로 해가 맥없이 모습을 드러냈다. 무심코 갑판 난간을 손으로 쓸었는데, 손을 떼자 손바닥이 온통 소금 결정이었다. 지난 24시간 동안 강풍이 배를 소금에 절여놓은 것이었다.

　그날 저녁 당직이었던 지도 제작자 에린 헤프런이 데이터실에서 EM302를 재가동할 준비를 하고 있었다. "보통은 기도를 드려요. 아니면 뭐, 제물을 바치기도 하고요." 헤프런이 농담을 던졌다. 우리는 데이터실에서 나가면 바로 보이는 추운 온도통제실로 들어갔다. 눈높이의 전자 기기가 빼곡히 늘어서 있어 마치 서버실 같기도 했다. 그곳은 EM302를 제어하는 컴퓨터들이 벽 하나를 채우고 있었다. 가동은 스위치만 딸깍하면 되는 간단한 일이 아니었다. 그게 10분짜리 과정의 시작이기는 하지만 말이다. 헤프런은 손을 뻗어 커다란 검은색 '전원' 버튼을 눌렀다. 그렇게 우리의 지도화 작업이 다시 시작되었다.

# 3장

## 대서양
## 밑바닥으로

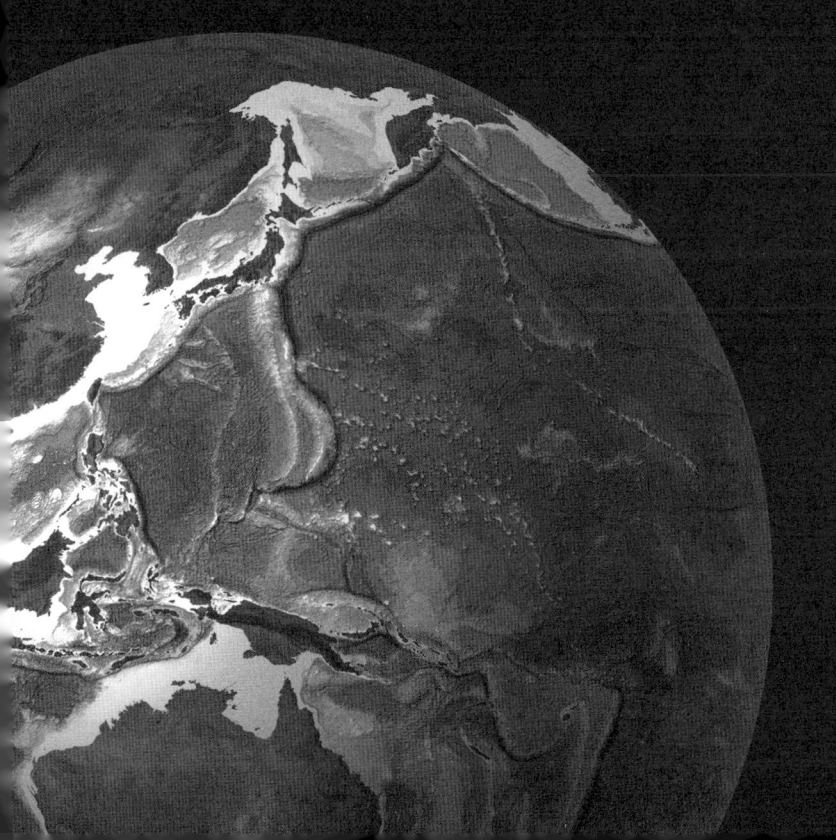

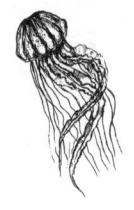

## 파이브딥스 탐사선, 프레셔드롭호의 첫 출항

심해 잠수정 지원선 프레셔드롭호에서 캐시 본지어바니의 새 작업 대는 벽면에 컴퓨터 네 대가 고정된 단출한 책상이었다. 주변에는 엔지니어들이 오대양 해저를 모두 잠수한 최초의 잠수정이 될 함체의 전자 장비를 미세 조정하고 있었다. 생물학자들은 본 적 없는 심해 생물들을 관찰할 현미경을 준비했다. 이 책상에서 본지어바니는 지구의 최고 심부를 찾는 작업을 시작할 것이다. 빅터 베스코보의 배에 오른 첫날, 캐시는 책상이 구명정이라도 되는 양 그 자리에만 붙어 있었다. 대학을 졸업하고 얻은 첫 직장에서 사고를 칠까 봐 겁이 났다. 너무 긴장한 나머지 건식 실험실 밖으로 나가지를 못해 화장실도 못 갔다. "안내받지 않은 곳은 출입 금지 구역이라 생각했어요"라고 캐시가 말했다. 화장실 위치는 결국 누군가가 알려줬다. 그녀는 파이브딥스 엑스퍼디션의 활동이 시끌벅적하게 펼쳐지는 가운데 계속 행동을 조심했다.

캐시는 근무 시작일 전날 밤에 퀴라소에 도착했다. 도착하니 모든 게 "생각보다 어수선한 느낌"이었다고 했다. 그녀는 엄밀히 말하면 배의 승무원에 속했기에 전 세계 승무원들이 여행하는 방식대로 움직였다. 항공권은 받았지만 도착 후 어디에 묵으면 된다거나 숙소는 어떻게 구하면 된다는 안내는 일절 없었다. 공항에 도착하자 보안 요원이 캐시를 따로 불러내 파이브딥스에서 챙겨 오라고 요청한 여분의 하드디스크에 관해 물어봤다. 강도 높은 질문을 받은 끝에야 입국 허가를 받을 수 있었다. 그녀는 도착 터미널 입구의 연석에서 방향 감각을 잃은 채 카리브해의 어두운 밤 풍경을 바라보고 서 있었다. 살면서 들어본 어느 곤충 소리보다도 더 큰 소리가 윙윙거렸다. 그러고 있으니 주차장의 커다란 SUV에서 웬 남자가 나와 "파이브딥스 직원 캐시 맞습니까?"라고 물었다. 남자는 오전 6시에 데리러 올 테니 준비하고 있으란 말과 함께 투숙할 호텔을 안내해주었다.

　다음 날 해가 뜰 무렵에는 캐시도 주변에 조금씩 익숙해졌다. 퀴라소의 수도 빌렘스타트는 네덜란드식 건축물에 카리브풍의 과일 아이스바 같은 색채가 묘하게 어우러진 곳이었다. 프레셔드롭호는 인근 베네수엘라 유전으로 향하는 배들이 이용하는 거대한 빌렘스타트 조선소에 정박해 있었다. 어지럽게 뻗친 조선소에 차가 서자 캐시는 괴수처럼 우람한 유조선과 컨테이너선 사이를 돌아다니다가, 마침내 드라이독선박의 건조, 유지 보수, 수리 등에 사용되는 시설 콘크리트 위에 얹혀 있는 프레셔드롭호를 찾았다. 배는 출항하기 전 각종 막바지 작업을 하느라 서로를 앞뒤 양옆으로 스치며 일하는 사람들로 바글거렸다. 누가 배에서 일하고 누가 부두에서 일하는 거지? 캐시는 갱웨이를 오르며 선장이든 누구든 책임자를 찾았다. 배에 발을 들이려는데 어떤 남자가 캐시 앞을 막고 물었다. "뭡니까?" 캐시가 자신을 소개하자 남자는 계속 가라며 배의 깊숙한 곳을 가리켰다.

　1985년에 건조되었다가 새 이름을 얻은 프레셔드롭호는 미국 정부가 냉전기에 운용하던 자매선 10여 척 중의 하나다. 2002년 평화적인 용도로 변경되기 전까지는 러시아 잠수함을 찾아다녔다. 과학적 목적과 군사적 목적이 겹치는 또 하나의 사례다. 이 조용한 배는 측면에 스텔스 기술이 들어가 있어서 심해 측심에 제격이다. 빅터는 선박이 민간 소유로 분류되게 하려고 비싼 개조 비용을 치렀다. 그 과정에서 바다 위의 긴긴 여행을 견디게 해줄 위안거리도 마련했다. 선실 바닥과 개수대는 전부 새것이었고 평면 TV는 골라 볼 수 있는 영화로 채워져 있었다. 빅터 본인이 선호하는 카페인 음료는 다이어트 콜라였지만 대원들의 사기를 충전할 고가의 에스프레소 머신도 구비했다. 선교 위 야외 관측 갑판은 '스카이 바'로 통하는데, 매일 저녁 해가 뉘엿거리면 이곳에서 맥주와 와인이 제공되었다.[1]

프레셔드롭호에는 최대 마흔아홉 명까지 숙식할 수 있는데, 대다수는 필리핀인과 동유럽인 선원이었다. 스코틀랜드인 선원들은 석유와 가스업계에서 이미 함께 일한 사이로 직설적인 선장 스튜어트 버클Stuart Buckle도 그중 한 명이었다. 버클은 2012년 제임스 캐머런에게 '최고 깊이 단독 잠수' 기록을 안겨준 배에서 키를 잡기도 했다.

선내의 또 다른 혈기 왕성한 무리로는 빅터의 티타늄 잠수정을 처음부터 끝까지 건조한 플로리다의 트리톤서브마린의 엔지니어와 정비사도 있었다. 트리톤 사람들은 캐시의 새 작업대 바로 건너편의 커다란 탁자에 즐겨 모였다. 그들은 그 탁자를 '관제소'라고 불렀는데 대개는 "여섯 명에서 열 명쯤 되는 사람들이 탁자 주위로 둘러앉아 상황을 놓고 주절"거렸다고 캐시가 친근하게 말했다. 과학자들은 두세 명이 노트북을 들고 앉아 있을 수 있는 크기의 작은 공간에 몸을 숨기고 마음의 평안을 찾았다. (이 공간은 '과학 벽장'이란 애정 어린 별명으로 통하게 되었다.)

업그레이드를 했어도, 헤더 스튜어트가 말하는 프레셔드롭호는 "호화 요트는 절대 못 되는 어르신"이었다. 앨런 제이미슨은 배에 정이 들었다고는 했지만 이 배에서 일하는 것을 오래된 헛간에서 일하는 것에 빗댔다. 탐사대원들은 또 다른 구석진 곳에 쏙 들어가 있었다. 그러나 캐시의 자리는 실험실 입구 바로 옆이라 너무 드러나 있었고 모든 무리가 마주치는 위치였다.[2] 제이미슨이 딱하다는 듯 말했다. "캐시 자리가 참 안쓰러웠죠. 왜 캐시 책상을 연구실 한가운데에 뒀는지 모르겠습니다. 기차역 한복판에 있는 거나 다름없었어요." 제이미슨은 캐시 책상 바로 옆 냉장고에 자기 미끼를 보관한 것도 미안하게 생각했다. 제이미슨이 냉장고 문을 열 때마다 오래 묵은 고등어에서 나는 톡 쏘는 냄새가 캐시의 코를 정통으로 때린다는 것을 사람들은 농담으로 계속 우려먹었다.

탐사 초기 프레셔드롭호의 분위기는 바다 위의 압력솥 같았다. 탐사팀 내부에는 각종 불만이 들끓었고, 이는 주로 파이브딥스가 어영부영 결성된 탓이었다. 트리톤서브마린은 파이브딥스 초반부터 금전적 지분을 가지고 있었고 다른 팀의 우선순위를 뛰어넘는 명확한 목표가 있었다. 빅터를 오대양의 모든 해저로 데려갈 최초의 잠수정을 건조한다는 목표 말이다. 트리톤의 CEO 패트릭 레이히와 그의 팀은 이를 성사하는 데 필요한 것은 뭐든 하겠다고 했다. 반면 스코틀랜드인 선원들은 트리톤 사람들이 선내 안전에 너무 소홀하다고 생각했고[3] 선장은 트리톤 측에서 빅터에게 구입하라고 추천한 평균 이하의 배를 억지로 떠맡았다고 느꼈다. 한편 과학자들은 귀한 심해 표본을 갈망했지만 이는 빅터의 해연 잠수보다 후순위였다. 앨런 제이미슨은 영 마음에 들지 않는 파이브딥스의 소개를 들은 뒤라 프로젝트의 과학적 목표에 여전히 회의적이었다. 탐사와 관련해 파이브딥스 측과 나눴던 초반의 통화에 대해 "사실 상당히 불쾌했습니다"라고 했다. 제이미슨이 들었다는 영입 멘트는 이랬다. "배에는 과학자가 필요합니다. 1년 뒤에는 잠수정을 팔고 싶은데, 그러려면 이게 쓸모 있는 것처럼 보여야 하거든요. 과학적인 성과는 기대하지 마십쇼. 잠수정을 타고 잠수할 일도 없을 겁니다."

이미 긴장이 감도는 배에 엎친 데 덮친 격으로, 빅터는 탐사를 촬영할 디스커버리 채널 다큐멘터리팀까지 불러들였다. 촬영팀은 긴장이 팽팽한 상황 속을 비집고 다니며 꼭 타이밍이 안 좋을 때 완전히 엇나간 질문을 던졌고, 대체로 이미 일촉즉발의 화약통 같은 상황에 불을 붙여 방송용 폭죽놀이를 일으키려 했다. 촬영팀은 얼마 지나지 않아 선내 공공의 적이자 배에 있는 모두가 한마음으로 싫어하는 집단이 되었다. 촬영팀은 캐시 맞은편 연구실 한구석을 차지했고, 캐시는 이들이 촬영분을 검토하는 소리를 온종일 들었다.

한편 캐시는 신형 EM124를 배 내부 깊숙이 설치하는 콩스버그 기술자들과 함께 일하느라 바빴다. 그는 장비를 연결하는 기술자들을 지켜보며 혹시 나중에 상황이 최악으로 치달았을 때 수리할 꿈이라도 꿔볼 수 있도록 그들의 작업을 꼼꼼히 기록했다. 여정 초반에는 기술자들이 파이브딥스와 동행할 예정이었지만 그 동행이 끝나면 이 초고가 신형 소나 EM124를 다룰 사람은 캐시 혼자였다.

캐시가 도착하고 일주일이 지나 소나도 설치된 프레셔드롭호는 퀴라소에서 출항했다. 우선 푸에르토리코 산후안으로 가서 나머지 대원을 태웠다. 이어서 섬에서 북쪽으로 약 120킬로미터 떨어진[4] 푸에르토리코 해구로 열두 시간짜리 항해를 시작했다. 파이브딥스는 예정보다 뒤처졌기에 선장은 엔진을 최대 속도 10노트(시속 18.5킬로미터)로 올렸다. 해저 지도화에 이상적인 속도는 5~8노트(시속 9.3~14.5킬로미터)이다. 그러니 캐시는 배가 내달리지 않을 때만 EM124를 작동시켜 오류를 검출할 수 있었다. 그 시간은 대개 밤이

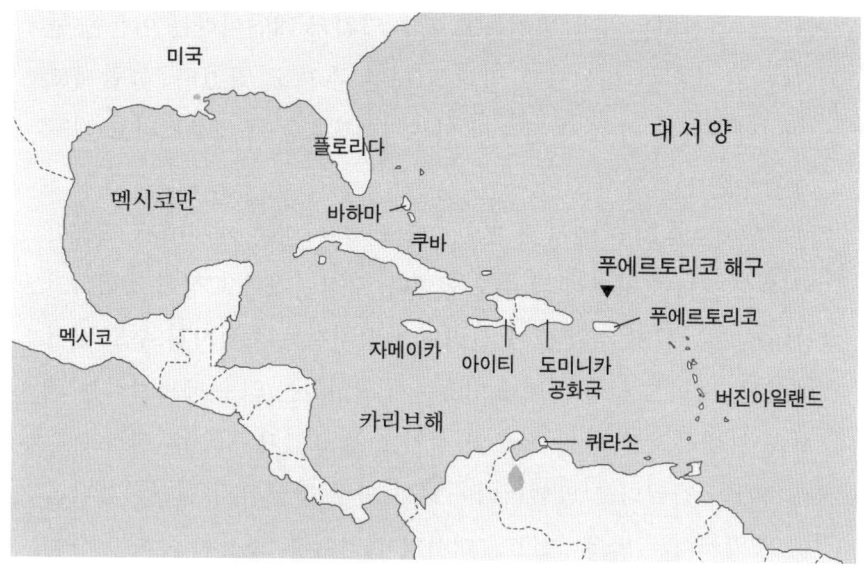

대서양의 최심부, 푸에르토리코 해구

었고 뭔가가 잘못되면 도움을 받을 수 있도록 콩스버그 기술자들을 깨워야 했다. 일은 자주 잘못되었다.

해양지질학자 헤더 스튜어트는 배 안에서 캐시의 당면 과제를 이해하는 몇 안 되는 사람이었다. "아주 굉장한 일이 되거나 아니면 역대 최대 규모의 참사가 되겠다"고 생각한 것을 스튜어트는 기억했다.

푸에르토리코 해구는 태평양 마리아나 해구의 챌린저 해연에 이어 탐사 전체 일정에서 두 번째로 깊은 해구다.[5] 깊이가 8000미터쯤 되는 푸에르토리코 해구는 에베레스트산의 높이와 비슷한 깊이다. 제대로 된 지도가 없는 남극해와 인도양 심해와 비교하면 푸에르토리코 해구에서는 캐시가 참고할 수 있는 지도가 꽤 있었다. 일부는 영국의 챌린저호가 해구를 처음 발견한 1876년까지 거슬러 올라간다. 1939년에는 미국의 밀워키호 선원들이 푸에르토리코 해구의 해연으로 추정되는 곳을 발견하고 이후 밀워키 해연이라는 이름을 붙였다. 브라운슨 해연으로 알려진 다른 후보도 있었다. 놀랍게도 1964년 프랑스의 조사 잠수정 아르시메드호는 푸에르토리코 해구에 잠수한 전적까지 있다.[6]

　푸에르토리코 해구에 모인 고금의 데이터는 캐시에게 도움이 될 수도 있지만 타격이 될 수도 있었다. 구식이거나 교정이 엉터리인 장비로 얼기설기 주워 모아 신뢰도가 떨어지는 측정치일 수도 있었다. EM124의 교정이 바르게 되었는지 확인하는 인수 테스트라는 과정을 진행하려면 이틀 정도의 시간도 필요했다. "(인수 테스트에) 48시간이 걸린다고 말했더니… 턱이 아주 바닥까지 떨어지겠더군요. 성가시다는 반응이었죠." 캐시의 기억이다. 조사선은 하루 사용 비용이 5만 달러를 웃돈다.[7] 그녀가 파이브딥스에 합류하기 전에 우려했던 상황이었다. 나이도 많고 직급도 위인 배의 남자들이 대학원을 갓 졸업한 스물다섯 살 여자 지도 제작자의 의견에 귀를 기울일까? "다른 걸 하기 전에 지도화 작업부터 최대한 많이 해야 한다고 아주 강력하게 설득했어요." 캐시는 빅터가 푸에르토리코 해구에서, 아니, 세계 어디에서 어떻게 심해 잠수의 역사를 쓸지는 몰라도 먼저 인수 테스트를 하지 않는 한 그 성과는 의심받을 것이라고 빅터에게 힘주어 말했다. 논쟁은 캐시의 승리였다.

　배가 해구의 최심부에 닿기에 앞서, 잠수정이 정말 물에 들어갈 준비가 되었는지 확인하는 최종 시험 잠수가 비교적 얕은 물에서 진행되었다. 이어진 며칠 동안 코미디 같은 오류들이 뒤따랐다. 잠수정 해치에서 물이 샜고 전자 장비는 걸핏하면 망가졌다. 보기에 위험하지 않았더라면 잠수정을 진수하고 회수하는 모습은 촌극 그 자체였을 것이다. 이걸로 서로 대립하던 잠수정 진수 담당 트리톤팀과 선내 안전 담당 선원 사이에 갈등은 더 심해졌다. 한번은 빅터가 진수용 소형 보트에서 물에 띄운 잠수정으로 올라타는데 멀미가 너무 심해져 요동치는 바다에 속을 게운 적이 있었다. 잠수는 중단되었고, 뱃멀미가 난 빅터는 잠수정에서 내려 소형 보트로 돌아가려다가 미끄러져 바다에 빠지고 말았다. 그 순간 파도가 밀려왔으면 빅터는 잠수정과 소형 보트 사이에서 으스러졌을 것이다. 다행히도 빅터는 다음 파도가 지나가기 전에 물에서 부랴부랴 빠져나왔다. 촬영팀은 상황이 심각해지는 와중에도 최고의 화면을 건지겠다고 몸을 한껏 빼고서 클로즈업을 찍으려고 끼어들었다.

오류와 오판이 쌓인 시험 잠수 3일째, 마지막 날에 최후의 일격이 날아들었다. 모든 것이 한 치의 오차도 없이 순조로워야 했던 날이었다. 빅터가 기록적인 잠수를 감행할 날까지는 단 하루 남아 있었다. 패트릭 레이히는 약 1000미터를 하강한 잠수정 리미팅팩터호에 빅터와 동승했다. 잠수 초반은 순탄했다. 해치 누수는 멈췄고 전자 장비들은 잘 작동했다. 두 남자는 바다 밑바닥에 이르러 낯선 심해 생물이 굼실굼실 지나가는 관측창 너머를 응시했다. 빅터는 잠수정의 로봇 팔을 작동하려 했다. 그런데 그 순간, 팔이 잠수정에서 분리되더니 해저에 절퍼덕 떨어지고 말았다.

"패트릭, 방금 팔이 떨어졌어요." 빅터가 말했다.

"아악, 안 돼요오오." 레이히가 관측창을 내다보며 기함했다. 잠수정에 장착된 팔은 딱 하나뿐이었기에 팔이 떨어지면 회수할 방도가 없었다. 100킬로그램에 달하는 팔을 잃고 부력이 생긴 리미팅팩터호는 수면을 향해 거침없이 상승하기 시작했다. "이제 어떻게 해야 할지 모르겠군요, 패트릭." 잠수정이 위를 향해 움직이는 동안 낙담한 기색이 역력한 빅터가 레이히에게 말했다.

로봇 팔이 떨어졌다는 소식은 배의 과학자들에게 특히 암담하게 다가왔다. 앨런 제이미슨과 헤더 스튜어트는 그 팔로 표본을 수집할 계획이었는데 팔을 잃으면서 계획이 송두리째 날아갔다. 빅터에게는 35만 달러라는 팔의 가격표가 매몰 비용으로 무겁게 얹혔다. "배 위의 모두가 잠수는 아예 불가능한 일이라고 생각하는 분위기였습니다. 다들 우리에게서 기대를 완전히 접었죠. 이게 성공하면 돼지가 하늘을 날겠다며 쑥덕거렸습니다." 레이히가 말했다. 레이히는 잠수정의 문제를 진단하고 해결한 경력이 40년도 넘어 시행착오에 익숙했다. 하지만 외부인의 눈에 그런 결함은 무언가 더 심각한 것을 암시하는 신호로 보였다. 이 잠수정이 오대양에 모두 들어가기에 안전하기는 할까? 게다가 작동하는 잠수정이 없다면 파이브딥스도 없었다.

배로 돌아온 빅터는 이판사판이라는 마음으로 롭 매캘럼과 같이 레이히를 회의에 소집했다. 비용은 수백만 달러를 초과했고 일정도 밀린 데다 해치로 떨어진 인부에게 손해 배상 요구까지 받은 마당에 잠수정 팔까지 해저에서 잃어버렸으니 빅터는 탐사 자체를 취소하겠다고 으름장을 놨다. 레이히는 간곡히 부탁했다. "우리에게 기회를 주셔야 합니다. 우리는 문제를 해결하고 당신을 해연에 보낼 수 있어요." 결국 누그러진 빅터는 레이히에게 36시간을 더 주어 잠수정을 수리하게 하고, 본인은 선실에 틀어박혔다. 트리톤팀은 숨넘어갈 속도로 마지막 수리에 임해야 했다. 레이히는 이렇게 말했다. "제가 원래 끈질기게 낙관적인 사람입니다. 그런데 그 순간에는 정말 끈질긴 낙관주의가 필요하더군요. 그냥 망상이 아니에요. 저는 그저 우리 팀을 믿었고, 또 이 문제를 해결할 팀의 능력을 믿었을 뿐이죠."

시간이 추가되면서 캐시에게는 푸에르토리코 해구에서 가장 깊은 해연의 위치를 파악할 짬이 생겼다. 캐시는 깊이로 으뜸가는 곳, 빅터가 더 이상 깊이 잠수할 수 없는 대서양의 단 한 지점을 찾고자 밑바닥을 샅샅이 훑었다. 일반적으로는 노틸러스호에서처럼 지도 제작자 서너 명이 주야 교대로 근무하며 하는 작업이다. 한 사람이 멀티빔 소나를 감독하며 수신 데이터를 보정하고, 다른 사람은 지도를 분석하며 리포트를 작성하고 계획 회의에 참석하는 식이다. 푸에르토리코에서는 캐시가 이 모든 일을 다 했다. 캐시는 바다에 있는 내내 거의 눈을 붙이지 못했다.

일단 해연이 있을 법한 위치에 배가 가야만 캐시도 측량을 개시할 수 있었다. 지형을 최대한 많이 검토하려면 프레셔드롭호는 샌프란시스코부터 샌디에이고까지의 거리와 비슷한 800킬로미터도 넘게 펼쳐진 해구에서 가장 유망한 지점으로 빠르게 이동해야 했다. 제이미슨과 스튜어트는 앞서 발표된 논문에 의거해 해구의 최심부가 있으리라 생각한 장소로 배의 방향을 잡았다. 그러나 캐시는 이렇게 말했다. "그 지점은 지도화되어 있던 여느 지점보다 더 깊지 않더군요. 더 깊은 지점이 있기는 한 걸까요? 그걸 어떻게 알아낼 수 있을까요?"

해구는 해저에 있는 기다란 균열로 가장자리에 급경사가 있고 바닥은 대체로 평평하다.[8] 캐시의 일은 대체로 평평한 해저의 바닥에서 가장 깊은 지점을 찾는 것이었는데, 바짝 붙어 있는 아주 비슷한 두 지점을 구별하는 데에는 최신 멀티빔 소나도 애를 먹었다. 푸에르토리코 해구에 핑 신호 수천 개를 쏟아부었지만 돌아오는 측심치에서 통계적으로 생기는 오차 범위가 해구에서 가장 깊은 지점과 가장 얕은 지점의 차이와 같았다. 다시 말해 거의 불가능이나 다름없는 과제였다. 캐시는 대서양의 절대적 바닥으로 이어질 수 있는 하향

경사를 찾아 해구에 동서로 측선을 그리기 시작했다. 그가 해구에서 측량한 면적은 총 4000제곱킬로미터에 달하며 이는 대략 로드아일랜드 크기쯤 되었다. 아침이 되자 캐시는 앞서 그은 두 측선 사이에 있는 최심부를 발견했다. 깊이 8376미터, 오차 범위 5미터 전후였다. "찾기 정말 힘들었어요." 캐시가 지친 숨을 내쉬었다.

한편 트리톤팀은 잠수정 팔을 잃은 것이 뜻밖의 좋은 기회임을 알게 되었다. "팔이 떨어져 나간 것이 오히려 해결책이 되었어요." 레이히가 설명했다. 기계식 팔을 작동시키려면 서른 개 이상의 도체가 필요한데, 그 도체를 새로 연결하면서 잠수정 내부의 다른 까다로운 문제들에도 대응할 수 있게 되었다. "36시간이 지나 빅터가 다시 잠수정에 들어갔을 때는 경보 화면에 경보가 단 한 건도 뜨지 않았습니다. 이전 잠수에서는 크리스마스트리 전구처럼 불이 들어와 있었는데 말이죠. 제대로 작동하지 않았던 모든 장비가 비로소 정상적으로 작동하고 있었어요. 팔만 빼고요."

푸에르토리코 해연의 위치를 파악했고 잠수정도 말썽 없이 작동하는 듯 보이자 빅터는 결국 해구에 잠수하겠다고 발표했다. (나중에 주장하기로는 탐사를 정말 취소할 생각은 조금도 없었다고 했다. "자극하려고 그런 거죠. 동기 부여 수단이었습니다.") 잠수가 가능한 정말 마지막 날, 하늘은 개고 바람은 잔잔해졌다. 대서양 최심부까지 가기에 모든 것이 완벽해 보였다.

## 초속 0.7미터, 푸에르토리코 해구에 가라앉다

파이브딥스가 배와 잠수정 그리고 일을 진행할 인력을 갖춘 진짜 탐사팀의 모양새를 갖추기 훨씬 전부터 빅터는 해연에 혼자 잠수하고 싶다는 확고한 의지를 품고 있었다. 공적 영역에서 존재감이 큰 사람이고 여러 산을 등정한 데다 기업 이사회도 쥐고 있지만 빅터는 혼자일 때 가장 행복한 사람이다. 결혼하지 않았고 자녀도 없는 대신 배에서 주로 키우는 몸집 자그마한 검정 개 스키퍼키 여러 마리를 가족처럼 기른다. 혼자 움직이면 빅터의 세계 기록도 오직 그만의 차지였다. 혼란스럽고 북적이는 환경에도 잘 적응하는 외향인 중의 외향인 패트릭 레이히에게는 이런 생각이 조금도 달갑지 않았다.

"왜 혼자 하고 싶다는 건지 이해가 안 됩니다. 사람의 경험은 대부분 다른 사람과 나눌 때 더 풍성해진다고 생각해요. 아무튼 (빅터가) 그 잠수를 혼자서 하겠다니 별수 있나요. 조종사가 되어 혼자 힘으로 잠수를 이끌 수 있도록 빅터를 훈련시키는 것은 물론이고 빅터가 불능이 되는 만일의 사태에 대응할 시스템을 잠수정 내부에 설계해야 했습니다." 달리 말하자면, 빅터가 해수면 아래 수천 미터로 내려가 닿지 못할 곳에 있을 때 어떻게 하겠냐는 문제였다. 빅터가 더 멀리 잠수할수록 배에서 구조하기는 힘들어진다. 최악의 시나리오가 펼쳐지면 빅터의 시신은 어떻게 수습한단 말인가?

푸에르토리코 해구로 하강하는 것은 빅터가 잠수정을 홀로 조종하는 첫 경험이었고, 잠수 깊이는 빅터가 가본 어느 곳보다도 깊을 것이었다. 리미팅팩터호가 해수면 아래로 가라앉자 팀은 건식 실험실로 돌아가 빅터가 바닥에 닿을 때까지 세 시간 동안 상황을 지켜보며 대기했다. 빅터는 15분마다 통신 확인차 팀에 연락해야 했다. 빅터의 간명한 보고는 배와 잠수정 사이 점점 벌어지는 간극을 통과하면서 지연되어 들어왔다. 빅터는 매번 현재의 수심과 방위를 확인하고 선내 생명 유지 장치가 모두 정상이라고 알려왔다. 잠수가 반쯤 진행되어 빅터가 해수면에서 6400미터가량 내려갔을 무렵 빅터의 보고가 누락되었다. 레이히가 무전을 쳤다. "빅터, 들립니까?" 헤드셋에 대고 묻는 레이히의 목소리는 다급했다. 반응은 없었다. 레이히는 10분이 지나도록 빅터를 부르고 또 불렀지만 지직거리는 잡음만 잔뜩 들렸다. 건식 실험실의 긴장감이 계속 고조되었다. 모두가 말없이 대기하는 동안 누구도 입 밖에 내지 않은 질문이 공기 중에 감돌았다. 그만한 수심에서는 일이 잘못되어도 빅터를 구조할 방법이 없었다. 잠수정의 그 모든 자잘한 결함들이 더 심각한 고장이 발생할 것을 알리는 경고 신호였을까? 방금 대서양 밑바닥에서 빅터를 잃은 것일까?

레이히가 양손으로 머리를 부여잡았다. "미치겠군." 빅터의 마지막 통신이 들어온 지 꼬박 25분이 흘렀다. 레이히는 헤드셋으로 다시 빅터를 불러봤다. "빅터, 내 말 들립니까? 목소리 들려요?" 별안간 빅터의 목소리가 잡음을 가르고 나왔다. 자기도 계속 부르고 있었다며, 앞으로는 더 크게 말하겠다고 했다. 건식 실험실에 있던 모두가 일제히 안도의 한숨을 내쉬었다. 당장이라도 심장마비를 일으킬 것 같던 레이히도 침착함을 되찾았다.

빅터의 경험은 너무나도 달랐다. 지구상의 극한으로 향하는 그의 여정은 고요하고 평화로워 거의 평온한 상태였다고 묘사했다. 빅터를 태운 잠수정은 초속 약 0.7미터 속도로 바다에 가라앉았다.[9] 빅터는 잠수정 계기반에서 깜박이는 계기와 관측창 밖으로 지나가는 어둠을 바라봤다. "전반적으로 고요하더군요."

바다는 위에서 아래로 투과되는 빛의 양에 따라 유광층, 박광층, 심해층무광층이라는 세 구역으로 나뉜다. 여정의 첫 단계에서 빅터는 유광층(표해수대)을 지났다. 이 구역은 위에서 내려오는 햇빛이 아래

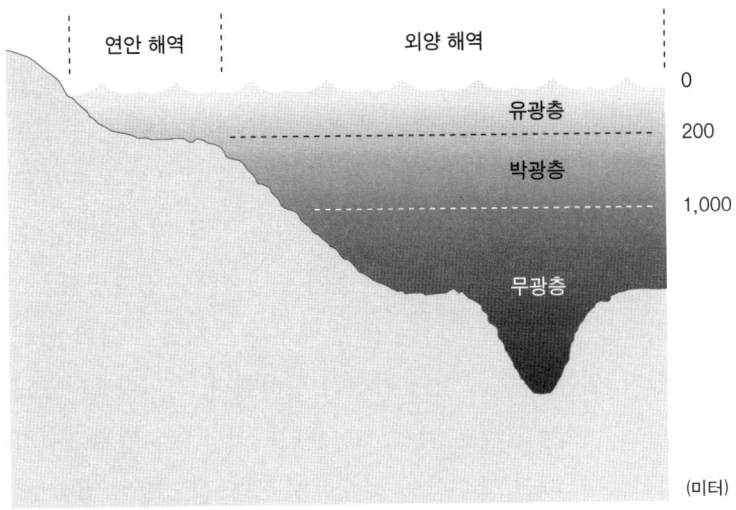

연안 해역       외양 해역

0

유광층

200

박광층

1,000

무광층

(미터)

빛 조건에 따른 바닷속의 층

로 투과되고 동식물이 그 태양광으로 광합성을 할 수 있어서 이런 이름을 얻었다. 이곳이 우리 대부분에게 친숙한 바다다. 우리는 여기서 해산물을 잡고 이곳 생물종 대부분을 알며 얼마간 한계는 있으나 이곳을 탐사할 수 있다. 수심 200미터쯤에서 빅터는 박광층(중층원양대)에 진입했다. 인간이 보호 장비 없이 내려갈 수 있는 가장 깊은 수심이다. 2014년 한 이집트인 특수부대원이 이 박광층에 들어가 300미터를 살짝 넘기는 최고 깊이 스쿠버 다이빙 기록을 세웠다. 하강에는 15분이 걸렸고 상승에는 13시간이 걸렸다. 수압 변화로 폐가 폭발하고 혈액에 거품이 끓는 일이 없도록 감압 정지에 시간을 들인 것이다.

박광층의 어슴푸레한 빛은 빅터의 잠수정이 지나갈 때 주위에서 깜박이고 번쩍이는 빛을 발하는 발광 해양 생물에게 적합하다. 잠수함 대다수가 바다라는 3차원 공간을 수평으로 탐사할 수 있도록 길쭉한 모양인 것에 비해 빅터의 잠수정은 바다의 물기둥을 빠르게 오르내릴 수 있도록 폭이 좁게 설계되었다. 밝은 흰색의 잠수정이 얼핏 거대 어금니처럼 보이기도 했다. 상부는 좁아지고 하부는 둥그런 모양이며 두 명이 탑승할 수 있었다. 리미팅팩터호 내부의 온도가 급격히 떨어졌다. 빅터가 따뜻하고 잘 섞여 있는 상부 해수와 차갑고 흐름이 느린 심층 해수의 경계인 변온층에 도달했다는 신호였다.

1000미터를 기점으로 빅터는 세 번째이자 마지막 구역인 심해층에 진입했다. 위에서 오는 빛이 완전히 사라졌다. 리미팅팩터호의 티타늄 함체를 누르는 압력은 이제 제곱센티미터당 98.4킬로그램힘 kgf/cm²을 넘어섰다. 해군 잠수함의 세계에서 '붕괴심도'잠수함 선체가 압력에 견디지 못하고 붕괴되는 수심로 통하는 깊이다. 이보다 깊이 들어가려는 함체에는 더 복잡한 설계와 테스트가 필요하다.[10]

빅터가 상부의 두 개 층을 통과하는 데는 20분밖에 걸리지 않았다. 이제 7000미터를 더 떨어져야 밑바닥에 닿을 수 있었다. 바다 수심의 75%가 심해층에 속해 앨런 제이미슨 같은 심해 전문가는 이런 명명법이 너무 모호하다고 여긴다. 전문가들은 대신 심해층을 세 구역으로 더 나눈다. 무광층(점심해대)과 심해대(심해저), 그리고 마지막은 하달존이다.

첫 번째 층인 무광층은 수심 1000미터부터 3000미터까지 이어진다. 무광층에 도달하는 햇빛은 없다. 먹이는 희박하고 수압은 높으며 수온은 차갑지만 섭씨 약 4도로 안정적으로 유지된다. 무광층은 생존하기 힘든 곳이다. 이곳의 제일 유명한 주민은 역시 무시무시한 이빨이 뒤쪽을 향해 솟아 있고 먹잇감을 유인하는 발광체를 대롱대롱 달고 다니는 아귀다. 이 지점에서 빅터는 대륙붕에서 해저가 급격하게 꺼지는 대륙사면이라 알려진 지형을 따라 잠수하고 있었다.

빅터는 잠수를 시작하고 한 시간 만에 심해대에 도착했다. 이곳 깊이는 6000미터에 달한다. 바다의 97%는 심해대보다 더 깊이 들어가지 않는다. 이 이름은 사람들이 바다란 바닥이 없는 순전한 심연이자 끝없이 파인 섬뜩한 구덩이라고 믿었던 오래지 않은 시절에서 유래한다. 심해대 대부분은 실트 같은 보드라운 퇴적물로 이루어진 평평한 평원으로, 곳곳에 울룩불룩한 계곡과 활화산, 꼭대기 부분이 평평한 해산인 기요가 있다. 하지만 빅터는 여기서 더 아래로 가야 했다. 심해대를 지나, 지하세계인 저승을 다스리는 그리스신 하데스의 이름을 딴 하달존으로.

심해 해구는 드물다. 전 세계 해저에서 하달존에 속하는 곳은 3%도 안 된다. 지하세계를 암시하는 이름이 적절하다. 지질학적으로 하달존은 해저가 죽음에 이르는 곳이다. 일부 중요한 예외를 제외하면 해구는 지진 활동이 활발한 섭입대무거운 해양판이 대륙판 아래로 밀려들어가는 곳에 위치하며, 여기서 오래된 무거운 해양 지각이 지구의 맨틀로 가라앉아 재순환된다. 해구는 쓰나미를 유발할 수 있는 지진으로 흔들리면서 죽음과 파괴도 불러온다. 푸에르토리코 해구에서는 북아메리카판이 카리브판과 맞닿아 위아래로 아주 느리게 미끄러지고 있다. 두 판 사이의 섭입대는 해저에 칼날 조각처럼 생긴 깊은 해구를 만든다. 해구들이 태평양을 둘러싸고 있어 아메리카 서부 해안과 아시아 동부 해안을 따라 이어지는 불의 고리에서는 지진이 비일비재하다. 매년 마리아나 해구를 강타하는 5천여 건의 지진처럼 대부분은 소규모 지진이다. 그러다 이따금 대지진이 발생한다. 1918년 푸에르토리코 해구에서 발발해 격렬하게 치솟은 파도가 해안을 덮쳐 푸에르토리코에 100명 이상의 사망자를 낸 지진이 그랬다.[1]

푸에르토리코 해구의 바닥으로 하강하던 빅터는 아래로 난 관측창에서 빛이 들어오는 것을 알아차렸다. 밖을 내다보니 아직 바닥은 안 보였지만 잠수정 조명이 바닥에 반사되고 있었다. "마지막 150미터를 남기면 일이 바빠지죠. 그때부터는 밸러스트잠수정의 부력을 조절하는 장치를 조정하고 삼각측량으로 위치를 파악하는 게 좋습니다." 후에 빅터가 말했다. 빅터는 달 풍경 같은 진흙밭이 아래에서 아스라하게 모습을 드러내는 동안 초조한 마음으로 관측창 밖을 내다봤다. 해저가 점점 더 가까이 다가오자 착지를 준비했다. 착지는 부드러웠다. 너무 부드러웠던 나머지 잠수정이 흑니 깊숙이 가라앉았고, 전조등이 덮이면서 빅터는 어둠에 잠겼다.

"상부, 상부 나와라!" 빅터가 무전에 대고 소리쳤다. 바닥에 닿았고 생명 장치도 모두 괜찮다고 보고했다. 수천 미터 위 건식 실험실에 있던 대원들이 환호를 터뜨렸다. 다들 하이파이브와 포옹과 악수를 주고받았다. 헤더 스튜어트가 기억하는 그때의 안도감은 마치 연구실 전체에 파도가 밀려든 것 같았다.

아래쪽의 먼지들이 가라앉자 빅터는 도착한 곳 주변을 둘러보며 혼잣말을 했다. "다른 행성에 온 것 같군."[12] 달이 생각나는 평평한 풍경, 밤하늘처럼 위에 걸린 어둡고 무거운 바다, 우주선처럼 해저를 떠다니는 잠수정, 이 모든 것이 우주에서 송출해 온 영상을 묘하게 연상시켰다. 그곳까지 가는 여정마저 우주여행을 닮아 있었다. 빅터가 분당 약 42미터의 속도로 바다에서 가라앉는 동안 관측창 밖으로 플랑크톤이 휙휙 지나갔는데, 이는 로켓이 우주로 발사될 때 초고속으로 지나가는 별처럼 보였다.

빅터는 앞서 누구도 발을 들인 적 없는 곳을 돌아다니기 시작했다. 조이스틱으로 해저에서 움직이기 시작하자 잠수정의 상향등이 컴컴한 집을 돌아다니는 침입자의 손전등 불빛처럼 해저 지면을 한 조각씩 비췄다. 산 정상은 전형적인 모험의 종점이다. 더 오를 곳 없는 최고점에 도달한 탐험가는 아래의 땅을 조감하는 보상을 누리게 된다. 자신이 육체적으로나 정신적으로나 얼마나 먼 길을 왔는지 가늠할 수 있는 기회다. 이때 구름 사이로 떠오르는 태양이 그 풍경에 아름다움을 보태기도 할 것이다. 심해에서는 그런 조망점을 찾을 수 없다. 그 깊이에는 장대한 경관이랄 것이 없다. 제일 가까운 지형지물조차 어둠에 감춰져 있다. 보이는 것은 전방 30미터 정도였으므로 빅터는 해저를 따라 조금씩 움직이면서 바닥에 코를 대고 탐사했다. 나중에 빅터는 산 정상에서도 비슷한 풍경을 본 적이 있음을 떠올렸다. "맑은 날 에베레스트산에 간 사람들은 80킬로미터 떨어진 곳까지 내다볼 수 있죠"라고 말은 했으나 정작 빅터 본인은 폭풍우가 칠 때 등정한 탓에 이를 경험하지 못했다. 휘몰아치는 눈보라 사이로는 전방 60미터도 겨우 보였다.

　　어떤 이들은 바다의 어둠 때문에 우주 탐사가 더 인기 있고 접근하기가 더 쉽다고 추측한다. "맑은 밤하늘에 망원경만 있으면 가까운 쪽 달이 어떻게 생겼는지 누구나 그럭저럭 알 수 있다. …깊은 해저에서도 같은 시도를 해보라"라고 해양생물학자 헬렌 스케일스 Helen Scales는 썼다.[13] 이런 선호는 우리의 표현에도 굳어 있다. 기분이 처진다, 키보다 더 깊은 물속에 빠진 듯하다, 발밑이 두렵다는 표현에는 부정적인 함의가 뚜렷하다. 기운이 솟는다, 세상 꼭대기에 오른 듯하다, 단단한 땅을 다시 밟은 듯하다는 표현은 그 반대다. 아래보다는 위가 좋고, 어둠보다는 빛이 좋고, 깊은 곳보다는 높은 곳이 좋다. 모두 인간이라는 종이 강점을 발휘할 수 있는 환경이다. 우리는 선천적으로 뭔가를 볼 수 있을 때 통제할 수 있다는 자신감을 느끼며 대상을 더 잘 이해했다고 생각한다. 바다는 어두운 곳의 전형이지만 우주는 영화나 비디오게임 속 궁극적인 해방의 장소다. 인간을 적대하는 외계인과 싸워야 한다고 해도 저 바깥의 우주는 여전히 대체로 흥미진진한 배경이다. 반면 바다는 공포 영화 속 지옥 풍경이나 남획과 오염을 다루는 암울한 다큐멘터리로 등장할 때가 더 많다.

2008년 TED 강연에서 대양탐사트러스트 설립자이자 노틸러스호 선주인 로버트 밸러드는 이 문제를 단도직입적으로 언급하며 질문을 던졌다. "왜 우리는 바다를 못 본 체할까요? 왜 위를 봅니까? 그곳은 천국이고 여기 아래는 지옥이라서요? 문화적인 문제일까요? 사람들은 왜 바다를 두려워할까요? 바다는 컴컴하고 음울해서 얻을 것이 없는 공간이라고 생각하는 걸까요?"14

빅터는 앞에서 푸에르토리코 해구의 퇴적물에 잠긴 검고 둥그런 물체를 발견했다. 자세히 살펴보려고 잠수정을 이동시켜 불빛을 비추자 금이 간 석유 드럼통 같은 것이 보였다. 누군가가, 아니, 누군가의 쓰레기가 먼저 온 것이었다. 자신이 오른 봉우리가 사탕 껍질과 맥주 캔 쓰레기로 더럽혀진 것을 본 등반가처럼 빅터는 불쾌감에 코를 찡그렸다. 이는 우리가 우주에 끌리는 또 다른 이유다. 그곳에는 인간이 없다. 지구 궤도를 돌고 있는 우주 쓰레기를 제외하면 우주에는 다른 인간이나 이들의 짐이 (그리고 쓰레기가) 없다. 누구도 건드리지 않은 온전한 외계 풍경을 상상할 수 있다. 반대로 바다는 인류의 쓰레기 처리장이 되어 오랜 세월 신음해 왔다.

빅터는 그러한 이유들로, 제한된 시야와 심심한 해저, 쓰레기 같은 것 때문에 대서양 최심부에 도달했다는 감동이 식지는 않았다고 힘주어 말했다. "저는 평생 세계 곳곳을 여행했습니다. 고산 지대의 황량한 사막부터 정글과 세렝게티까지 다녀보니 모든 지역은 저마다 특별하더군요. 삭막한 곳이든 건조하고 황량한 곳이든 각자의 아름다움이 있습니다. 제게는 그저 다른 색을 보는 것과 같아요." 빅터의 마음을 정말 사로잡은 것은 바로 그 장소에 누구도 가본 적이 없다는 사실이었다. "발견이라는 행위 자체가 매혹적이었죠."

빅터가 대서양 밑바닥을 둘러본 지 45분 정도가 지나자 레이히는 수중 통신기로 빅터에게 연락해 잠수를 마무리할 것을 권했다. 빅터도 수긍하고 선내 스위치를 켜고 하중을 버리며 상승을 개시했다. 해구의 최초 방문자도 그곳에서 돌아오려면 쓰레기를 버려야 한다는 것이 아이러니하다. 인간계로 복귀하는 데는 2시간 30분이 걸렸다. 잠수정은 그날 저녁 6시를 막 넘겼을 무렵 깊은 바다에서 떠올랐다.

빅터가 잠수정에서 내린 뒤로 "다들 태도가 눈에 띄게 달라졌다"고 레이히는 회상했다. "될 리가 없다고 생각하던 모두가 돌연 생각을 바꿨습니다. '이것 봐라, 진짜 될 수도 있겠는데…'라고요. 빅터역시 그랬죠."


## 시베드2030, 해저 지도 완성의 꿈

배로 돌아온 빅터가 캐시에게 좋은 소식을 전했다. 리미팅팩터호의 수심 측정기에 최대 수심이 8376.06미터(2만 7480.5피트)로 찍혔다는 사실이었다. 캐시의 추정치와는 아주 근소한 차이였다. 빅터는 이렇게 기억했다. "캐시가 저보다 더 놀라더군요. 캐시는 장비의 한계를 아니까요. 저는 그게 일반적인 걸로 알았습니다. 왜 그걸 예상하지 못하나 싶었죠."

관록의 산악인인 빅터는 자연히 지도에 애착이 있었다. 캐시의 책상에도 자주 들러 작업을 구경했다. 해저 지도에는 유달리 빅터의 마음을 끄는 무언가가 있었다. 육지에서 산을 오를 때 사용했던 지도가 지금 바다 깊은 곳에 도달하려고 사용하는 지도와 비슷해 보였다.

캐시는 일을 하는 동안 자연스럽게 빅터에게 시베드2030의 노력을 언급했다. 다음 10년이 끝나기 전까지 해저 전체 지도를 만들겠다는 이들의 사명 말이다. 빅터에게는 금시초문이었지만 사실 당시 이를 아는 사람은 거의 없었다. 시베드2030 뒤에 있는 기관인 GEBCO를 들어본 사람은 더더욱 적었다.

1903년 모나코 대공 알베르 1세가 설립한 GEBCO는 제각각 흩어져 있는 세계의 바다 지도를 거대한 슈퍼지도 하나로 통합하고자 한 세기 넘게 노력해 왔다. 열성적인 뱃사람이자 초기 해양학자인 알베르 대공은 자크 쿠스토를 비롯한 해양 탐험가들의 선구자 격이었다. 자신의 초호화 증기요트 히론델호에는 실험을 위해 연구실과 측심기, 쓰레그물을 갖췄다.[15] 1880년에는 동대서양에 병과 통을 여럿 던진 다음 그것들이 전부 남쪽에서 되돌아오는 것을 알아내어 북대서양에서 도는 환류를 발견했다.[16] 당시에는 대규모 지리학회가 처음으로 개최되고 해양 연구가 조금씩이나마 개별 분과로 구분되고 있었다. 한편, 북대서양에 최초의 전신 케이블을 설치하기 위해 만들어진 수많은 해저 지도를 관장할 공식 기관이 필요하다는 목소리가 커지고 있었다. 그런 조직을 뒷받침할 자금이 없던 상황에서 알베르 대공이 재정 지원에 나섰고, '대양수심도Carte generale bathymetrique des oceans'라 이름 붙인 해저 지도 초판을 발행했다. 이후 GEBCO로 알려진 이 기관은 1905년에 최초의 해저 지도를 발행했다. 오대양을 통틀어 수심 측정치는 2만 건이 안 되었다.[17]

이후 후속판이 발간되는 데 걸리는 시간은 갈수록 길어졌다. 세 번째 판은 두 차례의 세계대전으로 작업이 중단되어 거의 20년이 걸려서야 완성되었다. 냉전과 대잠수함전의 부상은 해양 지도화에 호재가 되어야 마땅했으나 새로 확보한 데이터는 대부분이 기밀로 분류되었다. 지도를 공유하겠다는 GEBCO의 사명은 지도를 은폐하는 역사적 경향과 정면으로 충돌했다. 지도 역사 연구자 로이드 브라운Lloyd Brown은 세비야에 있었던 인도 무역관과 관련해 이렇게 썼다. "항해사들은 자신이 발견한 사항을 종이에 기록하기를 꺼렸고 그 결과 인쇄된 지도와 해도는 늘 부족했으며 새로운 발견이 이뤄진 날짜와 그 발견이 지도에 반영되는 시점 사이에는 2년에서 20년 정도의 격차가 벌어지는 경우가 많았다." 이 무역관에는 세계에서 가장 오래된 수로 측량부서가 있었고, 부서에는 신세계의 전도를 제작하려 한 식민지 시대 스페인의 지도 제작자들이 있었다.[18] GEBCO가 부딪쳐야 할 상대는 다름 아니라 해저 지도를 비밀로 감싸온 수 세기의 역사였다. 결국 대양수심도는 신판이 발간되는 족족 구식이 되어, 발간하자마자 다음 판 작업을 시작해야 하는 게 하나의 패턴으로 굳어지고 말았다.

1960년대 중반에 이르러 GEBCO는 내부 구성원 간 다툼에 휘말렸다. 학계의 지도 제작자가 늘어나면서, 오랜 세월 GEBCO의 지도 제작을 주도해온 정부 및 군 소속 지도 제작자들에게 도전장을 내밀기 시작한 것이다. 지구물리학자, 해양학자, 지진학자, 화산학자들은 안전한 항해에만 초점을 맞추는 GEBCO의 좁은 시각이 시대에 뒤처졌다고 여겼다. 1960년대 후반에 판구조론이 등장하면서 해저가 새로운 지질 연구의 최전선이 되는 등 흥미진진한 발견이 계속되고 있었기 때문이다. GEBCO 해도를 구입하는 과학자 수는 갈수록 줄어들었고, 수요 감소와 매출 급감에 직면한 기관은 해체 위기에 처했다.[19] GEBCO는 학계의 지도 제작자를 회원으로 더 많이 영입하여 조직을 회복했지만, 20세기에 접어들면서 완전한 해저 지도를 만들겠다는 거룩한 꿈은 여전히 절망스러우리만치 요원했다.

2003년 해저 지도화에 힘쓴 한 세기를 기념하고자 GEBCO의 지도 제작자들은 한자리에 모였다. 1970년대에 합류해 그간 GEBCO의 각종 위원회에서 활동한 뉴질랜드 출신 지도 제작자 로빈 팰커너Robin Falconer는 훈훈했던 기념행사 직후 마음이 불편해지는 경종이 울렸던 것을 기억했다. "행사를 마치고 바로 연례회의를 했습니다. 한 방에 앉아 서로를 둘러보니 이런 말이 나왔죠. '우리는 다들 나이를 먹었어. 다음 세대는 어디에 있나?'"

당시 오십 대였던 팰커너가 지도 제작자 십여 명이 모인 그 방에서 제일 젊은 사람이었다. 선도적인 지도 제작자 중 상당수가 나이가 들어 현장을 떠나 은퇴하는 추세였다. 게다가 주요 과학 기금 후원자들은 더 이상 해양 지도화를 첨단 연구라고 생각하지 않았다. 새로운 지도와 신규 지도 제작자를 위한 새로운 자금 지원 없이 GEBCO가 무슨 수로 다음 세대를 교육한단 말인가?

GEBCO에는 인력 충원도 필요했지만 동시에 다양화도 필요했다. 앞 세대는 선진국 출신 백인 남성 지도 제작자가 대부분이었고, 이들이 제작한 지도는 이러한 배경을 반영했다. "(GEBCO를) 너무 비판하고 싶진 않지만, 1980년대 후반과 1990년대 초에 그 사람들의 관심은 온통 유럽에 집중되어 있었습니다. '유럽으로 가자고, 이미 완벽하게 파악한 곳이지만' 같은 식이었죠." 스크립스해양연구소의 데이비드 샌드웰이 말했다. 꼭 지도 제작자의 잘못이라고는 할 수 없다. 이들에게 일을 주는 정부와 기관의 잘못이 더 크다. 북반구의 부유한 국가들은 더 많은 예산을 가지고 있으며, 공해 측량보다는 자국 영토의 측량을 거의 항상 우선시한다.

한편 빈곤국의 해도는 듬성듬성한 편이다. 개발도상국에 해도가 있다면 그 해도는 대개 프랑스 선박이 타히티 해역을 측량하고 영국 선박이 남극 대륙 근처 자국의 포경 기지를 측량했던 식민지 시대로 거슬러 올라간다. 최근 들어 남반구의 측량은 대부분 과학 연구 단체나 군에서 실시하고 있다. 최초의 완전한 세계 해저 지도를 제작하여 일반 공공이 이용할 수 있게 하겠다는 GEBCO의 사명과 달리, 군이 지도를 공유할 동기는 별로 없다.

　2003년 GEBCO가 100주년을 맞이하고 얼마 지나지 않아 도쿄에 있는 한 임원이 영국 런던에서 열리는 회담으로부터 초청장을 팩스로 받았다. 운노 미쓰유키海野光行는 일본 최대의 사회공헌 단체인 일본재단의 해양 부문에서 근무하고 있었다. 일본재단은 아프리카에서 한센병을 종식하고 농업 계획을 구상하는 세계적인 프로그램에 자금을 지원하는 단체다. GEBCO의 회원인 존 홀John Hall에 따르면 일본 출신의 다른 회원이 일본재단에 자금 지원을 요청해 보라고 지도 제작자들에게 권유했다고 한다. 그리고 GEBCO는 마침내 이 제안을 받아들였다.

　런던으로 간 운노는 으리으리한 방으로 안내받았고 왕좌처럼 생겨 팔걸이에 사자 머리가 조각된 목제 의자에 앉았다. 앞에는 지도 제작자 열 명이 앉아 있었는데 거의 대부분이 나이가 지긋한 백인 남자였다. 이어진 4시간 동안 지도 제작자들은 운노에게 세계 해저 지도를 만들어야 하는 이유를 설명했다. 이 지도로는 미국 대륙붕에 풍력 발전소를 건설한다거나 그린란드의 가리비 개체 수를 조절하거나 하는 아주 국지적인 문제를 해결할 수 있다. 기후변화로 수온이 높아지는 해류, 해안 지대 범람의 양상과 원인, 쓰나미가 육지를 덮치는 양상에 대한 이해 등 거시적인 문제에도 대응할 수 있다. 전 세계 해저의 완전한 지도가 완성된다고 해서 지구가 직면한 무수한 문제를 전부 해결할 수 있는 것은 아니지만, 우리가 곧 마주할 생사를 가르는 선택을 준비하는 데 도움이 될 수는 있었다. 해저를 이해하지 못한 채 불확실한 미래로 향하는 것은 깊이가 얼마인지도 모르고 탁한 물에 뛰어드는 것과 같다.

운노는 지도 제작자들이 던지는 수수께끼 같은 기술 용어들을 거의 이해할 수 없었다. 당시 그는 삼십 대였고 경력을 쌓은 분야도 국제 개발이었지만, 지도 제작자들의 열정에 감동해 회의장을 나섰다. 운노의 기억은 이랬다. "제작자들이 슬슬 나이를 실감했던 겁니다. 그 모든 작업을 물려줄 사람이 없다는 걸 처음으로 자각한 거죠. 공황 상태에 빠진 것 같았습니다." 일본재단은 이후 뉴햄프셔 대학교 연안및대양지도화센터의 GEBCO 교육 과정에 자금을 지원하기로 합의했다.

존 홀은 나중에야 일본재단 설립자 사사카와 료이치笹川良一가 일본 역사에서 차지하는 위치를 알게 되었다고 회상했다. 1945년 연합군은 사사카와를 체포하여 평화를 파괴한 A급 전범으로 기소했다. 당시 한 검사가 서술했듯 "일본의 전체주의와 침략 정책을 키우는 데 있어 군대를 제외한 최악의 범죄자 중 한 명"이라는 이유였다. 전쟁 당시 사사카와는 베니토 무솔리니와 함께 포즈를 취한 사진을 남겼으며 무솔리니를 존경하고 모방해 이탈리아 파시스트와 똑같이 검은 셔츠를 입고 다닐 것을 자기 사병 조직에 지시했다.[20] 그러나 워싱턴의 방침이 바뀌면서 3년 후 사사카와는 석방되었고, 그의 전시 활동은 재판에서 영영 거론되지 않았다.[21] 전후 사사카와는 경정競艇으로 도박 제국을 건설하여 승승장구했으며 야쿠자로 알려진 일본 범죄 조직과 우익 정당이 놀랍도록 뒤얽힌 세계에서 일종의 킹메이커 노릇을 했다.[22] 1980년에는 비공식적으로 사사카와재단을 설립해 전 세계 자선단체와 대학에 막대한 보조금을 뿌렸는데, 이는 과거를 세탁하려는 뻔한 시도로 보였다.[23] 탐사보도 기자 데이비드 캐플런David Kaplan과 앨릭 듀브로Alec Dubro는 "갖은 선행과 기부에도 불구하고 사사카와는 여전히 일본 극우와 강력하게 밀착되어 있으며, 야쿠자와는 공공연하지는 않아도 확실하게 유착한 도박의 황제였다"라고 썼다.[24]

사사카와재단은 1995년 사사카와 료이치가 사망한 이후 일본재단이 되었고, 좌익 성향이던 당시 정부는 이름을 변경하라고 재단을 압박했다.[25] '일본'이라는 새 이름은 일본 내에서 국수주의적인 함의를 띤다. 도널드 트럼프의 '미국을 다시 위대하게' 캠페인에서 드러나는 국수주의적 감성과 일부 공명하는 강성 우익 유력 로비 단체 '일본회의'에서 이를 가장 직접적으로 느낄 수 있을 것이다.[26] 일본재단은 시베드2030처럼 의미 있는 프로젝트에 자금을 지원하는 자선단체이기도 하다. 하지만 동시에 사사카와 료이치의 전쟁 당시 전력이나 일본 내 조직범죄 및 극우와의 유착 관계에 문제를 제기하는 역사학자들의 입을 막으려는 시도를 해오고 있다.[27]

"(일본재단이) 제일 좋아하는 먹잇감은 일본에 대해 아무것도 모르는 사람들입니다. 재단은 자연과 예술, 환경을 위해 힘쓰는 사람들에게 돈을 주려 하죠." 역사학자 카롤린 포스텔비네Karoline Postel-Vinay가 내게 말했다. 2008년 일본재단 프랑스 지부는 포스텔비네가 프랑스 외무부에 일본재단 후원 행사를 지원하지 말아 달라는 청원을 제출했다며 그를 명예훼손으로 고소했다.[28] 소송은 포스텔비네의 승리였다. 도쿄 소재 템플 대학교 일본 캠퍼스 아시아학 학과장인 제프 킹스턴Jeff Kingston은 "법원이 (포스텔비네에게) 유리한 판결을 내린 이후 10년 사이 학계와 대학과의 관계가 끊기면서 사사카와(일본)재단은 프랑스에서 영향력을 잃었다. 정부도 재단에 등을 돌렸다"라고 썼다.[29] 일본재단의 돈을 거절한 대학과 단체도 있지만 받은 곳이 더 많고[30] 캐시가 학위를 취득한 뉴햄프셔 대학교도 그랬다.

지난 20년 동안 뉴햄프셔 대학교의 일본재단-GEBCO 프로그램은 전 세계에서 해양 지도 제작자를 100명 이상 양성했다. 라트비아에서 온 해양 지도학자, 말레이시아 왕립 해군 소속 기상학자, 케냐 출신 토지 측량사 등 학생들은 대개 관련 분야에 전문적인 경험이 있었다. 그러나 일본재단-GEBCO 프로그램은 해저 측량이라는 매우 구체적인 분야를 교육한다. 내가 대화를 나눈 해양 지도 제작자 대다수는 일본재단의 과거를 모르는 듯했지만, 세계에서 두 번째로 인구가 많은 나라이자 일본과는 역사적으로 적대 관계인 중국 출신의 지도 제작자가 GEBCO 프로그램에서 교육받은 적이 한 번도 없다는 말을 한 사람은 있었다. 사사카와의 범죄 혐의를 유일하게 직접 언급한 GEBCO 회원인 존 홀 역시 사사카와의 과거는 먼 옛날의 일이라고 느꼈다. 홀은 내게 이런 글을 보냈다. "81년이 지나서까지 그런 사실을 물고 늘어져 봐야 좋을 게 없다는 생각이 듭니다. GEBCO의 목표는 이놈의 바다를 괜찮은 해상도로 지도화하는 겁니다. 시베드2030은 현재 역량으로 볼 때 승산이 있는 첫 시도고요."

1년 과정을 마치면 GEBCO 교육생은 실습에 나선다. 이후에는 고향으로 돌아가 원래 하던 일을 하거나 GEBCO 동문 네트워크로 국외에서 일자리를 찾는다. 현재 동문은 40개국 이상의 나라에 퍼져 있다. 교육생은 GEBCO의 더 큰 사명을 알리는 비공식 대사가 된다. 본국으로 돌아간 교육생은 대개 군이나 정부의 지도 제작부서에서 근무하며, GEBCO는 이 네트워크의 힘을 빌려 어떻게 각국의 지도를 더 큰 세계 지도로 합칠 수 있을지를 놓고 중요한 현장 지식을 공유한다.

2017년 일본재단은 시베드2030 출범을 위해 GEBCO에 1800만 달러를 추가로 지원했다. 이는 한 세기도 더 전에 대공 알베르 1세가 이뤄보겠다고 나선 것과 같은 목표로, 해양 지도화 분야에서 달 탐사선 발사와 같은 획기적인 순간을 맞이할 시기가 이제 무르익은 듯했다. 그해 말에 GEBCO 동문팀은 셸 오션디스커버리 엑스프라이즈비영리기구 엑스프라이즈재단과 다국적 석유화학회사 셸이 공동 주최한 글로벌 경쟁 프로그램 대회에서 자율 해양 지도화 기술로 400만 달러의 상금을 받았다.

2019년 시베드2030은 '글로벌 그리드'로 알려진 자신들의 최신 지도에 지구 전체 해저의 15%가 원하는 해상도로 들어갔다고 발표했다. GEBCO가 글로벌 그리드를 마지막으로 발간한 2014년에는 지도에 균일한 해상도로 들어간 영역이 전체 바다의 6.4%에 지나지 않았다. 2017년에서 2019년 사이 시베드2030은 지도화된 영역을 두 배로 늘리고 정밀도를 높였다. 회의에 모인 GEBCO 회원들은 자식뻘인 시베드2030이 부모를 넘어섰다며 혀를 내두르기 시작했다. 시베드2030은 GEBCO가 한 세기 넘게 모은 것보다 많은 관심을 2년 만에 이 미답의 바다로 끌어모았다.


## 파이브딥스와 시베드2030의 협약

육지로 돌아가는 프레셔드롭호에서 캐시가 시베드2030의 추진 배경을 모두 설명하자 빅터는 곧바로 돕겠다고 했다. 그때까지 빅터에게는 파이브딥스에서 수집한 지도를 어떻게 하겠다는 계획이 없었다. 지도 보는 것은 좋아했지만 지도는 대개 목표를 이룰 수단일 뿐이었고 그 목표란 바다의 다섯 최심부에 모두 잠수한 최초의 인물이 되겠다는 것이었다.

빅터가 목록의 첫 번째 해구를 체크했기에 팀은 그 성공을 만끽했다. 앨런 제이미슨은 잠수가 성공했다는 것을 아직도 믿을 수가 없었다. "마지막 날 전까지도 난장판이었단 말이죠. (트리톤이) 어떻게 했는지 감도 안 오지만 아무튼 해냈네요." 불확실한 몇 개월을 보낸 끝에 탐사대는 비로소 탄탄한 기반을 마련했다.

모두가 배에서 내리고 얼마 지나지 않아 새로 다진 동지애를 위협하는 사건이 불거졌다. 트리톤서브마린과 롭 매캘럼의 탐사업체 이오스EYOS가 잠수를 기념하는 SNS 게시물을 몇 건 올렸더니, 영상 제작사가 디스커버리 채널에서 다큐멘터리를 최초 공개하기 전에 탐사 관련 게시물을 올리면 두 회사를 고소하겠다고 위협하는 분노의 이메일을 보내온 것이다. 이 일로 이미 영상 제작사에 반감을 품고 있던 여러 집단 사이에서 힘겨루기가 벌어졌다. 결국 제작사의 요구를 따르도록 빅터가 모두를 어찌어찌 설득하기는 했으나 그 과정에서 일부는 자존심에 멍이 들었다. 인터넷에 자체적으로 사진과 영상을 공유할 수 없게 되면서, 파이브딥스는 더 넓은 세상에 자신들의 이야기를 전하려면 리포터에 기대야 했다.

미국으로 돌아온 캐시는 파이브딥스를 다룬 초반 기사들을 열심히 찾아봤다. 기사들은 세계 기록을 노리고 바다 밑바닥까지 가려는 갑부 모험가, 심해에서 발견된 새로운 종, 잠수정 관측창 너머로 보인 새로운 지형에 대해 이야기했다. 수면 부족에 시달리면서도 지도의 최심부를 향해 침착하게 탐사대를 안내한, 낯을 가리는 지도 제작자의 이야기는 기사에 거의 나오지 않았다.

아쉽게도 해저를 지도화하는 광경은 그다지 짜릿하지 않다. 해양 지도 제작자는 보통 배 깊숙한 곳에 파묻혀 겹겹이 쌓인 컴퓨터를 앞에 두고 책상에 앉아 있는 모습이다. 해저에 앞뒤로 측선을 그리는 것이 다소 따분할 수 있다는 것은 해양 지도 제작자들도 인정한다. 본인들은 이를 '잔디 깎기'라고 한다. 역시 공을 인정받지 못하고 있는 측심학測深學, bathymetry*과 마찬가지로, 수역을 조사하는 과학 분야인 수로학水路學, hydrography은 어마어마한 정부 자금과 대중의 떠들썩한 관심을 끌어모으는 로켓 발사와는 닮은 구석이 별로 없다. 캐시는 탐사에서 자신이 한 역할을 이해하는 사람이 거의 없음을 깨달았다. "그제야 제가 얼마나 마음에 상처를 입었는지 알았어요."

미디어의 외면은 GEBCO의 잘 알려지지 않은 역사와 지구의 마지막 개척지를 지도화하기 위해 전 세계를 결집하려던 한 세기 동안의 분투와 맞물려 있었다. 한 기사는 유독 캐시의 속을 긁었다. 배에서 이뤄진 지도화 작업을 대서특필하는 기사였는데 사진이 한 장 들어가 있었다. 캐시가 말했다. "저는 헤더 (스튜어트) 옆에 있었어요. (지도화) 소프트웨어 사용법을 알려주고 있었죠. 오전 8시인가 9시쯤이었어요. 저는 밤을 새워서 아주 초췌했죠. 근데 사진에서 절 잘라내고 그걸 선내 지도화 작업 홍보에 썼더라고요. 누구 놀리나 싶었다니까요!"

다가오는 남극해 잠수를 앞두고 빅터는 파이브딥스의 지도 전

---

* 나는 수로학과 측심학을 구분하는 데 "배는 보트일 수 있으나 보트만으로 배가 되지는 않는다"라는 뱃사람들의 격언을 즐겨 쓴다. 유사하게, 수로학이 측심학일 수는 있으나 측심학만으로 수로학이 되지는 않는다. 측심학은 해저 깊이를 측정하는 것으로 해저의 전반적인 지형을 측량하는 작업을 의미하게 되었다. 수로학에는 측심학을 비롯해 선박의 수직 수평 위치, 조수, 해류를 관측하는 등의 여타 측정 작업이 포함된다. 일반적으로 해사 분야에서는 측심학 측정치보다는 수로학 측정치 사용을 선호한다.

체를 시베드2030에 기증하겠다는 약속을 지켰다. 2019년 1월, 그는 캐시가 배에서 수행한 지도화 작업 결과 전량을 점점 확장되는 GEBCO 지도에 포함한다는 공식 협약에 서명했다. 그 대가로 뉴햄프셔 대학교 GEBCO 교육 프로그램에서는 최근 수료한 지도 제작자를 파견하여 남은 여정에서 캐시를 지원하게 했다. 캐시는 후보 명단을 살펴보다가 뉴햄프셔 대학교 학과에서 본 적 있는 이름을 골랐다. 에일린 보핸Aileen Bohan이었다.

젊고 명랑한 아일랜드 여성 보핸은 공교롭게도 우주에 매혹되었다가 해양 지도화에 이르렀다. 트리니티 칼리지 더블린에 다니던 학부 시절에는 태양계의 구성에 강렬한 흥미를 느껴 먼저 천체물리학에 집중했다. 그러다 혜성의 조성에 관한 자신의 의문 대다수가 실은 지질학으로 해소됨을 깨달았다. 학부 때 아일랜드 국적 측량선에 올라 답사를 다녀온 뒤 석사 과정에 진학하며 지질학으로 전공을 변경했다. 석사 과정 중 조사선으로 답사를 한 번 더 다녀오고는 마음을 완전히 굳혀 해양 지도 제작자로 전향했다. 보핸은 바다에 대한 사랑도 한몫했다고 말한다. "아일랜드에서는 차를 몰고 가면 무조건 바다에 닿게 돼요. 우린 다들 바다를 향한 가슴 벅찬 사랑을 품고 있죠."

배 위에 일손이 늘어나면서 캐시는 밤낮없이 이어지던 지도화 임무에서 한숨 돌릴 수 있게 되었다. 남극해로 향하는 5주간의 항해 동안 휴식이 필요할 것이다. 얼어붙은 남극대륙을 둘러싸고 있는 남극해는 세계 오대양 중에서 가장 난폭하고 가장 멀리 떨어져 있으며 전략적으로 가장 험난한 바다다. 하지만 자신의 이름을 남기겠다는 열의에 가득 찬 두 젊은 해양 지도 제작자에게는 그 무엇보다 보람찬 여정이 될 수 있었다.

대원 다수가 겨울 휴가 동안 푹 쉬려고 집에 돌아가 있는 동안 프레셔드롭호는 남아메리카 동쪽 해안을 따라 남쪽으로 서행 운항했다. 배는 2019년 1월 우루과이 몬테비데오에 도착했고 여러 팀들은 다음 여정을 위해 그곳에 재집결했다. 행선지는 연기 풀풀 나는 화산섬이 초승달 모양으로 둥그렇게 모인 아르헨티나 남부 해안의 열도, 사우스샌드위치 제도였다. 사람은 살지 않지만 세계에서 손꼽히는 대규모 펭귄 군락의 보금자리다.

사우스샌드위치 제도에서 동쪽으로 가면 해저가 꺾여 내려가 두 지각판이 충돌해 형성된 사우스샌드위치 해구가 나온다. 1927년 독일 측량선 메테오르호가 지금까지 사우스샌드위치 해구의 최심부로 여겨지는 메테오르 해연을 발견했다. 그러나 남극해의 약 80%가 아직 측량되지 않았고 그나마 측량된 곳도 해상도가 매우 조악하기 때문에 캐시와 보핸이 남극해에 대한 우리의 기초 지식을 뒤집을 가능성은 아주 컸다.[31]

대항해시대에는 상선이 대륙 간 항해 기간을 단축하려고 정기적으로 남위도를 통과하곤 했다. 흔히 '노호하는 40도대'로 통하는 남위 40도대 해역의 강력한 서풍을 이용한 것이다. 디젤 동력 선박이 나오고는 풍력을 이용한 위도 항해가 필요 없어졌기에 지금은 이곳을 통과하는 배가 거의 없다. 그나마 이 해역을 항해하는 배의 선원들은 자신의 여정을 세상에 알리려는 경우가 드물다. 일본 포경선은 이곳이 국제적인 금지 조치에서 최대한 멀리 떨어질 수 있는 곳이라 사냥을 목적으로 간다. 때로는 그린피스 활동가들이 포경선을 미행하여 고래가 도살되는 피투성이 작업 갑판을 촬영하고자 최대한 가까이 접근한다. 과학자는 남극에 있는 연구 기지로 가는 길에 이곳을 지나가기도 한다. 사망자가 종종 나오는 무기항 세계 일주 요트 대회인 방데 글로브1인승 요트로 프랑스에서 출발해 남극대륙을 돌아 다시 프랑스로 돌아오는 항해 경기에 참가하는 1인 항해자도 이곳을 지나간다. 이런 일이 없으면 남극해는 적적한 곳이다. 남쪽으로 더 멀리 항해할수록 그 위도의 환경은 점점 더 거칠고 급박해져 노호하는 40도대가 광포한 50도대, 절규하는 60도대가 된다.[32] 바로 이곳이 캐시 본지어바니와 팀의 목적지였다.

# 4장

## 마리 타프의
## 세상을 바꾼 지도

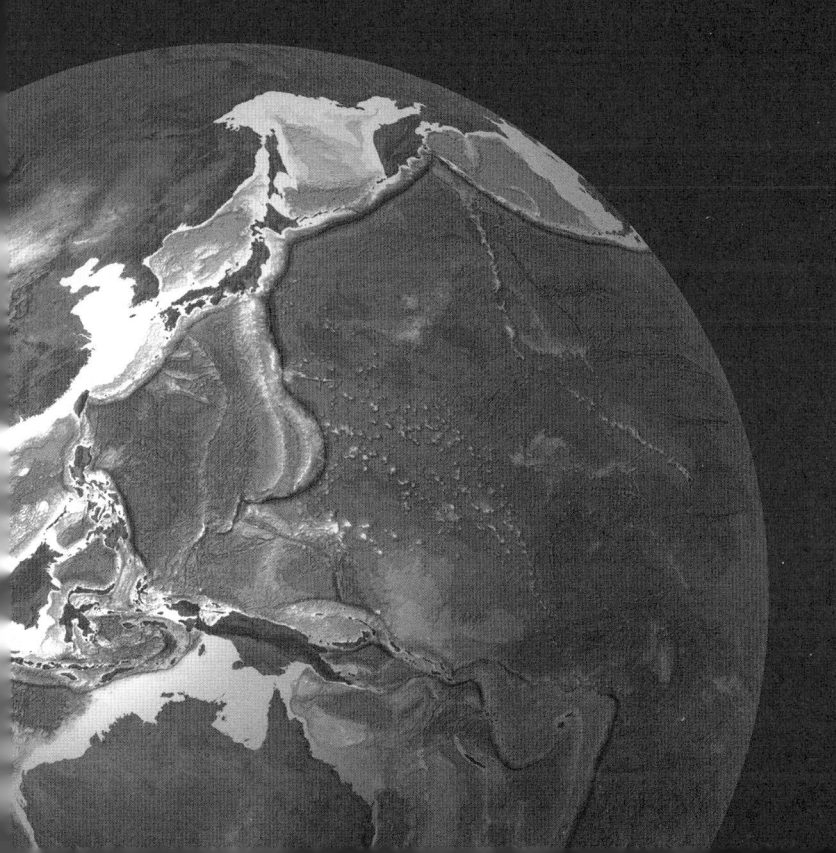

바닥이 보이지 않는다면, 수면에서 수 킬로미터 떨어져 있어
도착하기도 훨씬 전에 익사할 곳이라면, 비록 그곳이 본연의 영혼과
같은 물질로 만들어졌다 한들 무슨 소용이 있겠는가?

– 헨리 데이비드 소로Henry David Thoreau, 《케이프코드Cape Cod》, 1865년[1]

## 세계에서 가장 유명한 해양 지도 제작자

얼마 전, 지금까지 발간된 해저 지도 중 가장 유명하다고 할 만한 지
도의 인쇄본이 엣시수공예품 직거래 사이트에서 단돈 15달러에 팔리고 있
는 것을 발견했다. 1967년 내셔널 지오그래픽에서 발행한 이 지도는
새로운 과학 이론으로 지구에 대한 우리의 이해를 뒤집은 바로 그해
에 등장했다. 지난 세기 중반에 해양 지도 제작자들은 (해저의 규모
를 생각하면 대단한 분량은 아니었으나) 해저를 보는 최초의 현대적
관점을 종합하기에 충분한 해저 지도를 만들었고, 그 지도는 우리 발
밑의 지구를 움직였다. 그전까지만 해도 대다수는 해저를 평평하고
따분한 죽은 땅으로 생각했다. 판구조론의 발견은 가장 매혹적인 지
질학이 바닷속에, 수천 미터 깊이 물속에 감춰져 있다고 보는 새 시
대를 열었다.

내가 엣시에서 발견한 지도는 여성으로 해양 지도화 분야에서 활동한 초기 인물 중 한 명인 마리 타프Marie Tharp의 연구에 바탕을 둔 것이었다. 1920년에 태어난 마리는 이 분야에 20년만 더 늦게 발을 들였어도 훨씬 더 멀리 나아갔을 사람이었다. 하지만 달리 보면 연해의 대륙붕, 전 세계 해저 대부분을 덮는 심해저 평원, 지구를 돌아 약 6만 5000킬로미터 길이로 우둘투둘 이어지는 해저산맥의 우락부락한 해봉과 해곡 같은 다양한 해저 지형을 수백만 명에게 처음으로 소개한 지도를 제도했다는 점에서 시대를 잘 타고나기도 했다.

"단순히 해저를 보여주는 그림을 넘어 새로운 지질학 이론을 예비하는 설명을 내놓았다." 지도 역사 연구자 수전 슐튼Susan Schulten이 타프의 지도에 관해 쓴 글이다.[2] 존 노블 윌퍼드John Noble Wilford는 대표 저서 《지도 제작자들The Mapmakers》에서 "현대 지도학의 눈부신 성과이자 해양학에서 한 세기가 넘도록 쏟아부은 노력을 시각적으로 요약한 것"[3]이라고 천명했다. 이러한 찬사의 대부분은 2006년 타프가 사망한 이후에 나온 것이다. 타프는 오늘날 세계에서 가장 유명한 해양 지도 제작자라 해도 과언이 아니지만, 한창 활동하던 1950년대와 1960년대에는 과거를 숨긴 이혼녀이자 의미 있는 일을 갈망하는 날카로운 지식인으로 복잡한 인물이었다. 집단에 어울리려 고군분투하고 그 과정에서 타협도 했으나 이는 모두 자신이 사랑한 지도를 그리기 위해서였다. 그러다 경력이 정점을 찍은 시기에 충격적인 해고를 당했고 직업적으로 밀려나 공로가 축소되었다.[4] 타프가 사망한 뒤 《뉴욕 타임스》와 《로스앤젤레스 타임스》는 타프가 해온 작업을 설명하는 내용을 포함해 부고를 냈다. 현재는 어린이 책과 수많은 논문, 장편 전기는 물론 내셔널 지오그래픽 다큐멘터리와 어떤 펑크록 헌정 밴드의 노래에서까지 타프의 모험을 이야기한다. 또한 타프는

3세대와 4세대 여성 해양과학자에게 하나의 아이콘이 되었다. 녹아 내리는 피오르를 조사하려고 그린란드로 항해하려는 여성을 만난 적이 있는데 이 여성이 자기 배에 붙인 이름은 '마리'였다.

　오늘날 판구조론이나 해저를 다루는 책이라면 타프와 그의 공동 연구자 브루스 히젠Bruce Heezen을 언급하지 않고는 완성될 수 없다. 시베드2030 컨퍼런스에 참석하거나 그 홍보물만 읽어봐도 타프의 이름은 반복해서 언급된다. 시간이 지나면서 나는 시베드2030과 해양 지도화 공동체 전체가 타프의 이름을 그렇게 자주 들먹이는 이유를 알게 되었다. 이들은 또 다른 마리 타프를 기다리는 것이다. 따로 노는 해양 측심치를 취합해 지구의 경이롭고 복잡한 모습을 그대로 담은 지도를 그려낼 인물을 기다리는 것이다. 다시 말해, 마리는 해저 지도화가 왜 중요한지 우리에게 보여줬다. 나는 그 지도를 주문했다.

## '여성' 과학자 마리 타프의 성장과 도전

영원한 신여성 마리 타프는 성장하는 내내 아웃사이더였다. 교사 어머니와 토지 측량사 아버지 사이에서 외동딸로 태어났는데, 그의 가족은 미국 농무부에서 근무하던 아버지를 따라 전국 방방곡곡으로 이사를 다녔다. 타프는 이렇게 썼다. "아버지가 겨울에는 남부 주에서, 여름에는 북부 주에서 일했기에 우리는 계속 옮겨 다녔다. 고등학교를 마칠 때까지 나는 거의 스물네 곳에 달하는 학교에 다녔고 다양한 풍경을 눈에 담았다."5

　마리의 가족은 텍사스 오빌, 앨라배마 셀마를 비롯한 남북부 소도시와 대도시에서 두루 살아봤다. 4년에 한 번씩은 정부 측량사들이 새로운 측정치가 지도로 제작되는 것을 보고자 모이는 워싱턴 DC로 훌쩍 떠났다. 남부에서 살던 시절에는 북부 억양 때문에 '양키'미국의 남북전쟁기에 남군이 북군을 비하해 쓴 표현로 찍혔다. 그래서 학교에 한두 명 있는 유대인 여자아이나 학교 관리인의 흑인 아들처럼 따돌림당하는 다른 아이들과 놀게 되었다. 시간을 보내기 위해 책을 찾았고 집에 굴러다니는 과학 잡지를 집어 들었다. 토요일이면 아버지는 작업용 트럭에 마리를 태워 측량 현장으로 데리고 갔다. 아버지가 지도를 그리고 측량을 하는 동안 마리는 흙장난을 하며 점점 불어나던 아버지의 척추 컬렉션에 더할 뼈를 찾았다. 한번은 마리가 제임스 페니모어 쿠퍼《모히칸족의 최후》등을 쓴 미국 작가의 책을 챙겨 가자 아버지는 이렇게 말했다.[6] "주변이 온통 보고 읽을 자연인데 그건 왜 읽니?"

마리는 자신이 아버지의 발자취를 따라가리라고는 기대도 안 했다. 당시 여성에게 주어진 직업 선택지에 의하면 그렇게 하기란 불가능했다. 비서, 간호사, 교사, 이런 것들이 여성이 할 수 있는 직업이었다. 그런데 마리는 타자기를 잘 쓰지 못했고 피를 보는 것은 못 견뎠으며 가르치는 일은 싫어했다.[7] 이십 대 내내 방황하던 마리는 결혼했다가 이혼했으며 영문학, 음악, 수학, 지질학 학위를 땄다. 지질학 석사학위를 취득한 후에는 석유회사에서 지도를 제도하다가 미국 지질조사국에서 일하게 되었다. 1940년대 후반에는 일자리를 구하려는 막연한 생각으로 컬럼비아 대학교에 발을 들였다가 '독Doc'이라는 별명으로 불린 지구물리학자 W. 모리스 유잉W. Maurice Ewing과 우연히 면접을 보게 되었다. 독은 제2차 세계대전을 치르는 동안 미 해군에서 소나 사용을 개척한 인물이었다. 음파통로sound channel를 공동 발견한 것으로 더 유명한데, 음파통로는 염도와 온도의 변화로 인해 생기는 바다의 충음속최소층으로, 바다의 한쪽 끝에서 다른 쪽 끝까지 어마어마한 거리에 걸쳐 물속 소리를 깔때기처럼 가둬 전달한다.[8]

마리의 기억이다. "유잉은 배경과 이력을 묻는 일반적인 질문을 했는데 내가 보유한 갖가지 학위와 그 학위를 딴 순서를 듣고 놀란 모양이었다. 정중한 텍사스식 예의로도 당황한 기색을 감추지 못한 유잉이 불쑥 물었다. '제도할 줄 압니까?' 갈피를 못 잡는 유잉이 우스꽝스러웠다. 그는 희한한 전공의 모음과 뒤죽박죽인 공부 순서에 당혹스러워했다."[9]

독 유잉은 직업 세계에서 마주친 뜻밖의 귀인이었다. 당시 유잉은 컬럼비아 대학교 학내의 비좁은 지하실에서 연구실을 운영하고 있었다. 그러나 오래지 않아 허드슨강 유역의 기증된 저택에서 새로운 지구과학 연구 기관의 초대 관장이 될 것이었다. 얼마 전 JP모건의 전임 CEO 토머스 W. 러몬트Thomas W. Lamont가 사망하자 아내 플로렌스Florence Lamont가 러몬트 집안의 재산을 컬럼비아 대학교에 기부한 덕이었다. 해저 음파에 관심이 매우 많았던 독에게는 마리 같은 사람, 그러니까 제도를 할 줄 알고, 수식을 계산하고, 해저 음파를 지도로 변환할 수 있는 사람이 필요했다. 독은 마리에게 일자리를 줬고, 마리는 뉴욕 팰리세이즈에 새로 생긴 러몬트지질관측소에서 과학 분야의 일을 하는 최초의 여성이 되었다.

러몬트에서 일하던 초창기 사진 속 마리는 갈색 눈이 커다랗고 입은 자그마하며 짙은 머리카락을 세심하게 만진 진지한 얼굴이다. 한 사진에서는 전 세계 해저 지도가 펼쳐진 거대한 제도대 앞에 앉아 있었다. "누구에게든 일생에 한 번뿐인, 세계 역사에서 한 번뿐인 기회였지만 1940년대 여자에게는 특히 더 그랬다"라고 마리는 썼다.[10]

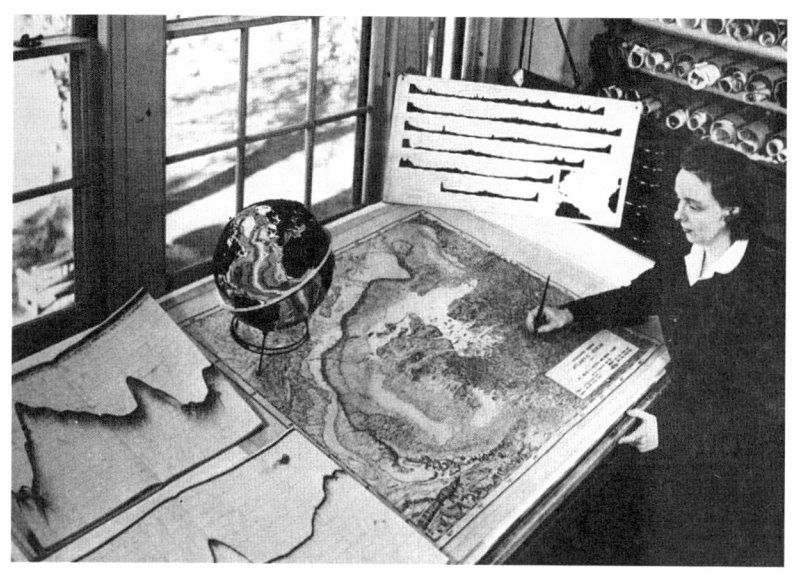

러몬트-도허티지구관측소 작업대 앞에서 마리 타프

마리가 고용된 시기는 러몬트 저택이 백만장자의 저택에서 연구 기관으로 막 탈바꿈하던 때였다. 실내 수영장은 카페테리아로, 온실은 기계 공작실이 되었으며 주방은 지구화학 실험실로 변했다.[11] 러몬트의 터줏대감이자 25년 동안 관리자로 있었던 앨마 케즈너Alma Kesner가 기억하기로 자신의 첫 사무실은 창문에 창살이 달린 아이 놀이방이었다. 앨마는 훗날 말했다. "린드버그 유괴 사건1932년 미국 사회에 큰 충격을 준 유괴 사건이 터졌을 때 러몬트 사람들이 아이들 유괴를 막기 위해 아래층 창문에 모두 창살을 설치했어요. 사람들은 저더러 늘 물었죠. '앨마, 무슨 잘못을 했길래 감옥에 갇힌 거예요?'"[12]

오늘날 러몬트-도허티지구관측소의 영광스러운 초창기 모습이다. 당시 러몬트가 돌아가는 모습은 지금의 명망 높은 과학 연구 기관이라기보다는 시끌벅적한 스타트업에 가까웠다. 금요일 저녁에는 술 파티가 오후 4시부터 러몬트 저택 대응접실에서 벌어졌다. 기계 공작실에서 열리는 남자들만의 파티는 밤늦게 이어졌다. 지구화학자, 지구물리학자, 해양학자가 같이 점심을 먹으며 이야기를 주고받았고 비공식 회의와 좌담을 벌였다. 초기에는 저택을 돌아다니는 과학자가 10여 명뿐이었다. 마리는 필요하다는 과학자에게 지도를 그려줬으나 오래지 않아 마리의 시간은 한 과학자가 독점하게 되었다.

독 유잉은 아이오와 대학교에서 브루스 히젠의 학부 지도 교수였고, 전 세계를 돌아다니는 연구 여행에 브루스를 대동했다. 어떤 여행은 36개월 동안이나 이어졌다. 그 과정에서 브루스는 독 교수에게 많은 것을 배웠고, 주로 북대서양에서 엄청난 양의 측심치를 축적했다. 또 통신회사 벨의 연구 부서인 벨연구소로부터 그 측심치를 지도로 변환할 지원금을 따내기도 했다. 벨은 뉴펀들랜드부터 스코틀랜드까지 이어지는 상업용 대서양 횡단 케이블을 매설하고 있었고, 은밀하게는 적의 잠수함을 감시할 미 해군용 케이블을 설치하고 있었다.[13] 벨은 북대서양에서 수중의 위험 요소를 피할 방안을 브루스에게 자문했다. 이와 관련하여 브루스는 컬럼비아 대학교에서 1929년 뉴펀들랜드 그랜드뱅크스 지진과 해저 케이블 절단을 주제로 석사 논문을 쓰며 폭넓게 연구한 바 있다. 흥미로운 점은 진도 7.2의 지진이 발생하고 몇 시간이 지난 뒤에 케이블이 절단되었다는 사실이었다. 브루스는 이 지진이 '저탁류'라고 부르는 수중 사태를 일으켜 그랜드뱅크스로 탁류가 쏟아져 내리면서 전신 케이블을 끊어버렸다는 가설을 세웠다. "그랜드뱅크스에서 발생한 저탁류의 속도는 시속 72.4킬로미터에 달했던 것으로 보인다"라고 과학 기자 로버트 쿤지그는 썼다. "범위는 육지에서 발생한 어느 사태와도 비교가 안 되게 넓었다."[14]

브루스 밑에서 일하던 마리의 일은 놀랍도록 단순한 동시에 상당히 복잡했다. 마리는 에코그램이라는 기초적인 측심치를 받아 이를 알아볼 수 있는 지도로 변환했다. 브루스의 연례 항해로 모인 측심치와 더불어 대서양에 전신 케이블을 매설하는 작업과 세계대전 중의 대잠수함전에서 얻은 다른 수심 측정치 수천 건도 사용할 수 있었다. 지도 자료는 시시각각으로 계속해서 들어왔다.[15]

　　해저 측량은 30년간 이어진 세계대전기에 미군의 아낌없는 지원 덕분에 부흥기를 맞았다. 1920년대 초, 미 해군 함선은 대서양을 가로지르는 최초의 연속 측선을 모았다. 새로운 설비가 갖춰진 환경에서 소나 운영자는 헤드폰으로 소리를 들으며 반환되는 측심치를 기록하고 1분 이내로 수심을 계산했다. 이어서 이러한 계산을 바다 전체에서 일정 간격으로 반복했다.[16] 제2차 세계대전기에는 독이 해군과 긴밀하게 협업해 최초의 연속 자동 소나를 개발하면서 음향 측심기가 또 한 번 업그레이드되었다. 소나가 핑 신호를 쏘면 두루마리 종이 위에 바늘이 움직여 바닷속 이동 경로를 기록했다. 측심 신호가 해저에 튕기면 선체에 탑재된 마이크에 반향음이 들어왔고 바늘의 전기불꽃으로 깊이 측정치가 종이에 새겨졌다.

　　"그 결과 배의 항로를 따라 끊김 없이 해저 수심을 측정할 수 있었다. 아니, 비교적 끊김이 적었다고 하는 것이 맞겠다. 음향 측심기는 배의 전력을 사용했는데 누가 냉장고 문을 열 때마다 전력이 끊겼기 때문이다." 마리가 기록한 대서양 항해에서의 한 가지 골칫거리였다. "그럴 때면 돌아오는 음향이 없어서 측심기가 선원들의 식욕만큼이나 바닥이 안 보이는 수심을 기록했다."[17] 이것이 바로 원조 날라리 데이터다. 레나토 케인이 노틸러스호에서 해결하려고 애썼던 '길 잃은 핑 신호'였다.

이 모든 것은 또 다른 전시 발명품인 오늘날의 멀티빔 소나에 비하면 원시적인 듯 보이지만, 빅토리아시대의 측량에 비하면 비약적인 발전이었다. 그때 선원들은 깊이 측정값 하나를 얻으려고 바닷속 깊이 측연 줄을 내렸다가 다시 끌어 올리느라 한나절을 썼다. 독은 훌륭한, 거의 광적인 데이터 수집가였고 러몬트는 거대한 해저 측심치 저장소가 되었다. 1950년대 초 마리는 해저에 관해서라면 가장 앞선 정보로 작업하고 있었다.

하지만 모든 해저 측량을 군이 지원할 경우 한 가지 문제는 데이터가 불시에 기밀로 전환될 수 있다는 점이었다. 러몬트 본관 사람들은 모두 군에서 신상 검증을 받아야 했고 외상 매입금과 구매 주문을 관리하던 앨마 케즈너도 예외가 아니었다.[18] 브루스는 측심치를 선별해 북대서양을 곧게 가로지르는 평행선 여섯 줄로 바꾸라고 마리에게 지시했다. 마리는 제도공, 암산원과 함께 측심치를 심박수 모니터처럼 보이는 단면도로 변환했다. 물론 심박을 재는 대신 물속의 계곡과 해구, 해산의 고저를 추적한 것이었다.[19] 그 단면도를 바다 서쪽에서 동쪽으로 바르게 배열하는 데 6주가 더 걸렸다.

"지도에 표시된 배의 항로는 거미줄처럼 보였고, 대부분의 조사선이 물자와 물을 공급받았던 버뮤다에서는 선이 사방으로 내뻗고 있었다. 때로는 배가 폭풍 경로를 피하면서 항로가 지그재그로 꺾였다." 마리의 기억이다. 한 발짝 물러나 작업물을 바라보자 특이한 형태가 마리의 눈길을 끌었다. 여러 단면도에서 거의 같은 지점의 해저에 거대한 해령해저에 길고 좁게 솟은 대규모의 해저산맥이 있었고 그 해령 내에는 V 자 모양의 균열이 작게 파여 있었다. 마리는 이렇게 썼다. "개개의 산은 일치하지 않았으나 균열은 일치했다. 가장 북쪽에 있는 세 단면도에서는 특히 그랬다. 나는 그게 정상에서 해령을 가르고 그 축

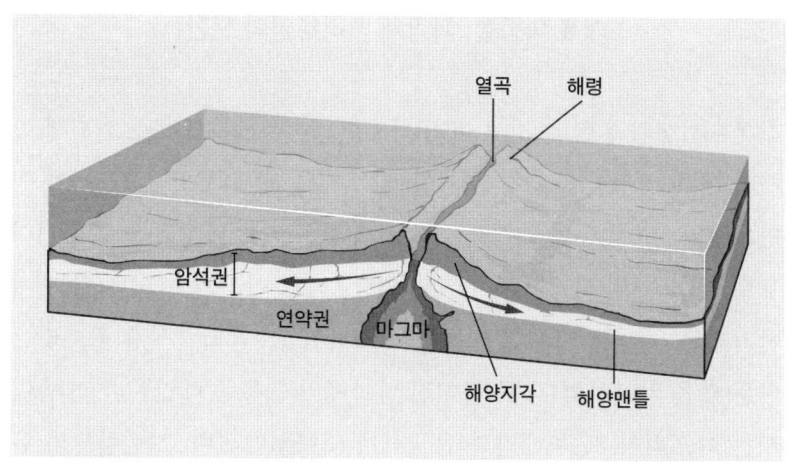

거대한 해저산맥인 해령에 V 자로 파인 열곡은 이후 대륙 이동설의 증거가 되었다.

을 따라 계속 이어지는 열곡해령의 정상부를 따라 발달된 좁고 긴 계곡일지도 모르겠다고 생각했다."20

　　단면도를 자세히 살펴볼수록 마리는 북아메리카의 주요 지질학자들이 대체로 무시하던 한 이론이 이 열곡으로 확인될 수 있겠다는 믿음이 생겼다. 브루스에게 지도를 보여주자 그 역시 이해했다. "그럴 리가 없는데요"라며 브루스가 탄식을 했다. "대륙 이동설과 너무 닮아 보이는군요." 불편한 발견이었지만 마리는 자신이 본 것을 부정할 수 없었다. 마리는 썼다. "대륙 이동 같은 일이 정말 있었다면 대양 중앙의 열곡 같은 것과 관계가 있다고 보는 편이 논리적이었다. 새로운 물질이 지구 깊숙한 곳에서 솟아오른 자리에 계곡이 형성되면서 대양중앙해령대양의 중앙부를 따라 형성된 해저산맥으로 중앙해령이라고도 한다 이 둘로 갈라지고 그 면들이 서로에게서 밀려났을 것이다." 이제 마리에게 필요한 것은 모두를 설득할 추가 증거뿐이었다.

# 대륙 이동설, 과학계 패러다임의 전환

러몬트지질관측소, 그리고 마리 타프와 독 유잉과 브루스 히젠에 앞서서 대륙 이동설을 제창한 인물, 알프레트 베게너Alfred Wegener가 있었다. 1880년생 독일 기상학자인 베게너는 분명 세계 지도를 들여다보는 데 적잖은 시간을 썼을 것이다. 그리고 이전의 여러 사람과 마찬가지로 바다를 지우면 대륙들이 커다란 조각 퍼즐처럼 들어맞는다는 것을 알아차렸다. 툭 불거진 남아메리카 동쪽 해안은 점점 좁아지는 아프리카 서쪽 해안과 깔끔하게 맞아떨어졌다. 그린란드와 유럽 북해 해안도 마찬가지였다. 어쩌면 바다와 대륙은 많은 이가 오래도록 생각해 왔듯 영구히 고정된 것이 아니며 오히려 지구 전체의 표면이 이동하고 있는지도 몰랐다. 비록 그 속도가 아주 느릴지언정.

제1차 세계대전 때 입은 부상으로 요양하던 베게너는 몇 세대 전에 종교와 과학적 질서를 뒤엎은 찰스 다윈의《종의 기원》을 떠올리면서 1915년《대륙과 해양의 기원》에 자신의 이론을 집대성했다. 베게너가 새로운 이론에 품은 야심은 확실히 거대했다. 그는 오늘날 우리가 아는 일곱 대륙 각각이 한때는 '판게아'라는 통합된 초대륙이었다는 주장을 펼쳤다. 이를 증명하고자 다양한 분야의 연구를 폭넓게 끌어다 썼다. 고대 생물종의 화석을 대서양 양쪽에서 모두 발견한 고생물학의 연구, 지각평형설과 지구를 감싼 맨틀의 운동 그리고 여러 대륙에서 일치하는 빙하 퇴적물에 관한 지구물리학의 연구를 가져왔다. 증거는 그럴싸했으나 커다란 구멍들도 무시할 수 없었다.

"여기서 한 장, 저기서 한 단락을 가져온 식이었다. 베게너는 부실한 증거로 이론의 옳고 그름을 떠나 지질학, 고생물학, 고기후학을 다룬 대목에서는 진작에 분노하지 않은 사람까지, 거의 모든 전문가

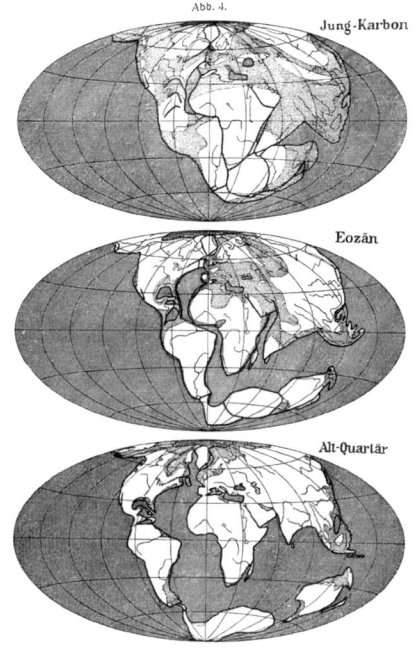

알프레트 베게너의 저서
《대륙과 해양의 기원》중에서.
대륙의 이동을 보여준다.

를 격분케 할 견해를 제시했다." 스크립스해양연구소 소속 해양학자 H. W. 머나드H. W. Menard의 글이다.[21] 당대 미국 과학자 대다수는 대륙 이동설이라면 질색했다.

　　19세기 말과 20세기 초, 과학계는 과학적 관찰을 중요시했던 독일 박물학자 알렉산더 폰 훔볼트Alexander von Humboldt처럼 전문화 움직임을 보이며 여기저기로 나돈 과거의 일반론자와는 거리를 두려 했다.[22] 베게너는 확실히 전대의 전통에 몸담고 있었다. 그는 극지 탐험가였던 형 쿠르트 베게너Kurt Wegener와 기상 관측용 열기구를 타고 52시간 연속으로 체공해 세계 기록을 경신했다. 수백 킬로미터를 개 썰매로 이동하며 그린란드 원정을 이끌었다.[23] 그리고 담배 사랑을 시로 썼다. 그의 지성은 아이디어의 합성기였다. 호기심에 끝이 없었고, 자신이 교육받은 영역을 한참 벗어나 천문학과 기상학, 물리학에까지 관심을 가졌다. 너무 멀리까지 방랑해 오늘날 우리가 알고 있는 분류된 대학 학과에서는 일자리를 구하기가 힘들 정도였다. 돌아보면 이 모든 것이 다소 아이러니하다. 지금 베게너의 이름은 독일에서 존경받기로 손꼽히는 연구 기관인 브레머하펜에 있는 알프레트베게너연구소를 장식하고 있으니 말이다.

《대륙과 해양의 기원》을 발표하면서 베게너는 노선을 또 한 번 크게 자신의 영역을 이탈했다. 웬 기상학자가 고생물학과 지질학계에 쿵쾅대며 들어와 이 분야에서 가장 존경받는 과학자들이 해온 필생의 연구를 뒤엎는 이론을 제기한 것이었다. 과학사학자 나오미 오레스키스Naomi Oreskes는 이렇게 썼다. "베게너의 이론은 1920년대와 1930년대에 온 세상 사람들의 입에 오르내렸다. 거부 반응도 격렬했다. 특히 미국 지질학자들은 여기에 엉터리 과학이란 딱지를 붙였다." 유럽과 오스트레일리아, 남아프리카 과학자들은 이 이론에 좀 더 수용적이었지만[24] 미국에서 대륙 이동설을 믿는 것은 학계에서 사형 선고를 받는 것과 같았다. 대륙 이동설 이론가들이 대륙이 어떻게 이동했는지를 탄탄하게 설명하기 전까지는 상황 증거만 있을 뿐 결정적인 증거가 없었다.[25]

한 가지 장애물은 대륙 이동의 설득력 있는 증거 다수가 바다에 덮여 있다는 것이었다. 초창기 해양 탐험대들은 마리 타프를 열성적인 '이동론자'로 바꿔놓은 열곡의 일부를 이미 수십 년 전에 발견했다. 1850년대에는 미 해군 해도측기국 국장 매슈 폰테인 모리Matthew Fontaine Maury가 체계적인 해양 측량 작업 초창기에 대서양 한복판에서 해령을 찾아냈다. 대서양에서 얻은 측심치가 200건밖에 안 되기는 했어도 모리는 해저에서 솟아 있는 해령을 확실히 포착했다. 모리는 이를 '바다의 상처'라 불렀고(이 용어를 지금도 쓰면 좋겠다.) 북아메리카와 유럽 대륙을 가르는 험준한 산맥에 감탄했다. 모리의 글이다. "바다의 기적은 하늘의 영광 못지않게 경이로우며 이 기적들 역시 신의 손이 빚은 작품을 신성한 노래로 찬미하는 것이다."[26]

모리가 바다를 탐험하는 여정을 영적 언어로 묘사한 것은 의도적이었다. 자연스럽게 천국이 떠오르는 하늘 연구와 비교하면 깊고 어두운 해구를 연구하는 데에는 신의 도움이 살짝 필요했다. 당시 천문학은 특히 존경받는 분야였다. 천문학자들은 18세기와 19세기에 걸쳐 해양 항법을 개선하고 선원의 목숨을 구하고 대서양 횡단 시간을 단축함으로써 자신들의 연구가 실세계에 유익함을 증명했다.[27] 우주를 고찰하는 것은 자연히 신성을 연상시키고 가톨릭 전통에서도 천문학은 역사가 길다. 바티칸 천문대는 세계에서도 손꼽히는 오래된 천문학 연구소로 그 뿌리는 1582년으로 거슬러 올라간다. 천문학은 경제적 영향력과 종교적 영향력을 모두 등에 업고 미국에서 공공 과학이 막 시작되었을 때부터 해양학을 앞질렀으며 이 격차는 오늘날 NASA와 국립해양대기청의 예산에서 보이는 커다란 골로 확대되었다.

모리가 '바다의 상처'를 발견하고 20년이 지나 또 다른 원정대가 대서양의 다른 지점에서 열곡을 발견하고 이를 따라 남극해로 향했다. 1872년 12월, 영국 포츠머스에서 영국 국적의 전함 한 척이 출항했다. 해양과학에서 이 항해는 달 탐사선 발사에 견줄 만하다. 오늘날 이 챌린저호의 원정은 3년간 세계를 돌며 새로운 해양 생물 수천 종을 발견한 것으로 잘 알려져 있다. 해저 광물을 처음으로 채취했으며, 이 배의 이름이 붙은 마리아나 해구의 챌린저 해연과 같은 중대한 지질학적 특성을 발견했다.[28] 바다에 머무는 동안 선원들은 전 세계에서 300건 이상 측심을 실행하며 깊은 바다에서 수고로이 측심치를 건졌다. 챌린저호는 인도양에서 눈에 띄게 수심이 얕은 수역을 발견했는데 알고 보니 이곳이 세계를 감싸는 중앙해령계로 연결되었다. 영국으로 돌아오는 길에 남극해의 또 다른 해역을 항해했는데, 선내 과학자들은 해령이 대서양을 가로질러 아이슬란드까지 이어질 수 있을 거라고 추측했다. 그러나 챌린저호에 승선했던 신사 과학자들은 바다 밑바닥의 울퉁불퉁한 지형을 어떻게 해석할지를 놓고 대체로 뜻을 모으지 못했다. 발견에 발견이 잇따랐지만 바다에 관한 정보가 너무 부족했기에 발견을 해석하기가 어려웠다.

수심을 측정하기 위해 해저에서 측연을 끌어 올리는 노고를 보면 바다를 이해하려는 이들의 강렬한 헌신을 알 수 있다. 영국의 식민지 지배력과 과학적 계몽을 위해 투입할 수 있었던 어마어마한 자원도 드러난다. 역사학자 헬렌 로즈와도스키Helen Rozwadowski는 19세기 초 해양 측량에 관해 "해도에 수심 수치를 새기는 행위는 개인적 영광을 거머쥐고 국가적 위상을 높이는 일이었다"라고 썼다.[29] 선내 과학자들은 당대의 주요 이론 사이에서 갈팡질팡했다. 지구를 바라보는 '고정론자'의 오랜 관점에 따르면 육지와 바다가 자리를 바꾸는 것은 있을 수 없는 일이었다.[30] 육지는 새 땅이었고 바다는 옛 땅이었다. 퇴적물은 더 새롭고 흥미로운 육지의 지질 환경에서 씻겨나가 바다 밑바닥에서 안식을 찾는다는 것이 통념이었다.*

당대의 또 다른 통념은 바다 한복판에 높이 솟은 등성이들이 사실 물에 잠긴 대륙이라는 것이었다. 챌린저호가 인도양에서 대양중

---

* 진화생물학 초기의 한 이론도 비슷한 사고를 따른다. 심해 동물은 얕은 물에 살다가 아래로 이동한 동물이 진화했다는 것이었다. 지금은 그 반대가 사실일 수 있음을 안다. 생명체는 아래뿐 아니라 위로도 이동할 수 있다.

앙해령을 발견했을 때 영국 신문들은 그곳을 사라진 도시 아틀란티스로 묘사하며 환호했다. 물속으로 사라진 도시의 신화는 빅토리아 시대 SF 소설에 단골로 등장한다. 고도로 발달한 문명이 자연의 힘에 휩쓸려 멸망한 이야기는 산업화가 빠르게 이뤄지던 영국의 독자에게 무언가 디스토피아적인 매력을 발산했다. 게다가 대중은 또 다른 고대 신화가 사실일 가능성을 받아들일 준비가 되어 있었다. 보물 사냥꾼이자 고고학자였던 독일인 하인리히 슐리만Heinrich Schliemann이 책장을 잔뜩 접은 호메로스의 《일리아드》를 들고 튀르키예의 언덕을 배회하다가 사라진 도시 트로이를 발견한 것이 얼마 전이었다. 사라진 아틀란티스라고 못 찾을 이유가 있겠는가?[31]

알프레트 베게너는 회의론에도 굴하지 않고 대륙 이동설이 사실이라는 확신을 고수했다. 분야를 선도하던 과학자들의 질책은 베게너를 단념시키기는커녕 정반대의 효과를 낸 듯했다. 자극받은 베게너는 증거를 더 모으려고 한층 열심히 노력했다. 1930년 마흔아홉 살의 베게너는 그린란드로 네 번째 원정에 나섰다. 극지의 만년설에서 지구물리학 실험을 할 계획이었다. 폭설과 영하 50도로 떨어진 늦가을 기온 속에 베게너와 두 동행은 스키를 타고 내륙 연구 기지로 식량을 운반했는데, 돌아오는 길에 베게너와 그린란드인 라스무스 빌룸센Rasmus Villumsen은 실종되고 말았다.

이듬해 봄, 수색대가 발견한 베게너는 모피를 두른 채 침낭 속에 있었다. (라스무스 빌룸센의 시신은 끝까지 찾지 못했다.) 수색대는 베게너가 야영지에서 심장마비로 사망했으리란 결론을 내렸다. 얼굴이 환한 미소를 띠고 있어 고인이 묘하게 행복해 보였다는 보고도 덧붙였다. 베게너는 비방에 시달리던 자신의 이론이 과학계에 커다란 공헌을 하는 것을 끝내 보지 못하고 세상을 떠났지만, 언젠가는

자신이 옳다는 것이 증명될 것을 예상했는지도 모르겠다.[32]

## 마리 타프, 대륙 이동설의 증거를 발견하다

마리 타프는 알프레트 베게너처럼 북극 툰드라 지대를 건너거나 열기구를 타지는 않았으나 자기 나름대로 아웃사이더였다. 배타적이며 대다수가 남성인 1950년대 과학계에서 일하는 이혼 여성이었던 마리는 크고 작은 제약, 말로 드러난 제약과 드러나지 않은 제약에 맞서 분투했다. 바다에서 직접 측심치를 모을 수 없었다는 점이 무엇보다 지독했을 것이다. 캘리포니아 라호이아의 스크립스해양연구소, 매사추세츠 우즈홀의 우즈홀해양연구소, 뉴욕 팰리세이즈의 러몬트 지질관측소 등 미국의 주요 해양과학 연구 기관은 1960년대 후반까지 여성이 조사선에서 일하는 것을 금지했다. 러몬트에서는 아예 배에 오르는 건널 판자에도 발을 못 디디게 했다.[33] 여자가 있으면 불운이 따르고 해난을 겪게 된다는 뱃사람들의 유구한 미신에서 유래한 금지였지만[34] 공식적인 이유는 배가 두 성별을 모두 수용하도록 건조되지 않았으며 배에서 남자가 여자를 감독해야 한다는 것이었다. 1950년대와 1960년대의 조사선이 지금보다 훨씬 위험했던 것은 사실이다. 당시에는 2분마다 뱃전 너머로 다이너마이트 막대를 던져 해저를 측심하는 방식이 일반적이었다. 일찍이 러몬트의 배에 탔던 한 연구원은 폭사해 수장되었다.[35] 버뮤다에서 강풍을 만났을 때는 독 유잉과 세 남자가 돌발 파랑에 휩쓸렸다. 네 사람 중 독을 포함한 세 명을 선장이 겨우 구조했으나 독은 이후 평생 다리를 절었다.[36]

확실한 해결책은 선내 안전을 개선하는 것이었고, 러몬트에서는 실제로 다이너마이트 사용을 단계적으로 중단하면서 배 뒤에 달아 끌고 다닐 수 있는 탄성파 에어건을 대안으로 개발했다. 그러나 배가 운영되는 방식에서는 해군과 뱃사람의 세계에서 온 마초 문화가 여전히 흘러넘쳤다. "일부는 감성적인 문제입니다. 많은 남자에게 항해는 소년 시절로 잠시 회귀하는 걸 의미하거든요. 모든 걸 놓고 떠날 그 즐거운 기회가 위태로워지는 건 사양이죠." 당시 우즈홀 해양연구소에 근무하던 한 수학자의 말이다.[37] 데이터를 직접 모을 수 없었기에 마리의 통찰은 책상머리에만 머물러 현실 경험이 없는 지질학자의 연구라고 언제든 무시당할 수 있었다.

여성이 이런 제약을 우회하는 방법 한 가지는 후원자가 되어줄 남성 과학자를 찾는 것이었다. 이것이 브루스와 마리가 맺은 관계의 뿌리였다. 브루스는 바다로 나가 데이터를 수집했고 마리는 육지에서 그 측심치를 분석하고 해석했다. 당시 해양학계에서 특이할 것 없는 방식이었다. 과학사학자 나오미 오레스키스는 이렇게 썼다. "남자들은 바다로 나가는 일이 매력적이며 즐겁다고 생각했다. 집에 남아 (데이터를) 분석하는 것과는 비교도 안 되었다. 이것이 대부분의 경우 데이터 분석이 여자 몫으로 남은 한 가지 이유다."[38]

두 사람의 학계 내 궤적에는 당시 남성과 여성의 활동상이 잘 반영되어 있다. 러몬트에 왔을 때 마리는 학위를 세 개 소지한 데다 석유회사와 미국 지질조사국에서 제도를 해본 실무 경험까지 있었다. 브루스는 마리보다 네 살 아래였고 만났을 당시 석사학위만 하나 취득한 상태였으나, 마리는 아직 박사 과정을 밟고 있던 브루스의 연구 조수가 되었다. 브루스가 박사학위를 마치기까지는 거의 10년이 걸렸다. 그 이유는 단순했다. 그럴 만한 동기가 없기 때문이었다. 스크립스해양연구소 소속 해양학자이자 브루스와 절친했던 H. W. 머나드는 이렇게 썼다. "브루스는 이미 직장도 돈도 있었으며 연구를 보조하는 직원까지 두고 탐사를 이끌고 있었다. 박사학위 취득이 무슨 의미가 있었겠는가?"[39] 브루스는 대학 졸업반이 되기도 전에 자기 조사선을 지휘했다. 학부를 마칠 때쯤 떠난 두 번째 조사 항해에서는 수석 과학자가 되었다.[40] 여러 상을 받았고 컬럼비아 대학교에서 종신교수가 되어 해고당할 일이 없어졌다. 이는 훗날 브루스와 마리의 삶에서 결정적인 역할을 하게 된다.[41] 반면 마리는 오직 러몬트하고만 계약직으로 일했고 간행물에서 이름이 지워지기 일쑤였다.

스스로 "중요한 일"이라 부른 작업을 할 수만 있다면 마리에게 이 모두는 아무래도 좋았다. "브루스가 상사라 운이 좋다고 생각했다. 브루스는 도전적인 일을 많이 맡겼으니까. 나는 직급 같은 데는 관심이 없었다. 조수든 제도공이든 컴퓨터 보조든 뭐든 괜찮았다. 브루스와 같은 문제를 놓고 일한다고 느꼈으니까. 분하다고 생각한 적은 없었다."[42]

하지만 이 성차별적인 규칙에 분개한 여성들도 분명 있었다. 항해를 금지하는 규칙이 특히나 문제였다. 몇 명인지도 알 수 없는 여성 해양학자 지망생들은 이 규칙에 경력이 막혔고 육지에 발이 묶여 데이터를 직접 모으지 못했다. 1955년 한 대학원생은 우즈홀에서 이 방침을 규탄하는 소책자를 돌렸다. 우즈홀해양연구소에 있던 젊은 생물학 대학원생 로버타 아이키Roberta Eike는 이렇게 썼다. "어떤 과학자들은 해양학자가 되는 데 항해가 필수는 아니라고 말한다. 그러나 나는 나만의 데이터를 수집하고 여기에 수반되는 중요한 관측을 개인적으로 수행할 기회를 갖고 싶다."[43]

1년이 지나도 규칙에 변화가 없자 아이키는 몸소 행동에 나서 해양생물학 연구 항해에 몰래 숨어들었다. 지도 교수 조지 클라크

George Clarke는 배에 탄 아이키를 발견하고는 자기 무릎에 그녀를 올려 놓고 엉덩이를 때렸다. 배는 가던 길을 되돌아와 아이키를 도로 뭍에 떨궜고, 우즈홀해양연구소는 아이키의 객원 연구원 자격을 취소했다.[44] 연구소에서 제명당하고 아이키가 어떻게 되었는지는 전혀 알려지지 않았다.

그 무렵 마리는 삼십 대 후반이었으니 치기 어린 반항을 할 나이는 지났다고 느꼈을지도 모르겠다. 러몬트에서 일을 시작한 지도 거의 10년째였다. 그 시절에는 과학 분야에서 여성이 한 자리를 맡는 것 자체가 아직 드물었다. 그러나 마리는 자신을 채용한 남성에게조차 환영받지 못한다는 느낌을 받았다. 마리는 과학계에 있는 여성을 대하는 독 유잉의 감정을 "여자들의 배짱을 싫어했던 것 같다"라고 표현했다.[45] 마리는 대신 제도대로 관심을 돌렸다. 서부 해안 스크립스해양연구소에서도 두 여성 연구자가 남편을 위해 해저 지도를 제도하고 데이터를 정리했다.[46]

지리학은 학문의 묘한 회색 영역 중 하나다. 이 과목은 전통적으로 여성의 일이라 여겨진 예술과 인문학, 그리고 전통적으로 남성의 분야라 여겨진 탐험과 수학의 경계에 걸쳐 있다. 미국 건국 초기에 지리학은 여성에게 가르친 몇 안 되는 과학 과목이었다. 존 핑커턴John Pinkerton은 1818년에 출간한 한 지도책의 머리말에 지리학이 "거의 한 세기 동안 여성에게까지 교육할 정도로 보편적으로 유익하며 보람된 학문"이라고 썼다.[47] 다만 두 성별이 지리학을 배운 방식에는 차이가 있었다. 여성 대상 수업은 채색과 소묘에 무게가 쏠려 있었고 미국 지도를 자수로 뜨는 수업까지 있었다. 성별에 관계없이 모든 미국인의 머릿속에 신생 공화국의 경계를 아로새긴다는 애국적인 목적도 어느 정도 있었다. 초기 지도학의 이런 전통은 지도 인쇄가 쉬워지면서 희미해졌지만, 이런 전통으로 과학계에 있는 여성에게는 아주 조금이나마 문이 열렸다. 마리도 그래서 비교적 여성적인 기술을 다룬다는 명분으로 과학 분야에서 일할 수 있었던 것인지도 모른다.[48]

그렇다 해도 마리가 러몬트에서 어울리기는 쉽지 않았다. 마리는 오하이오에서 바이올린 연주자와 결혼했으나 러몬트에 오기 전에 파경을 맞았다는 사실[49]을 어지간해서는 입 밖에 내지 않았다. 그랬다간 집에 아내와 자녀가 있는 남성 과학자들에게 더 배척당할지도 몰랐다. 브루스의 학생이었던 해양학자 빌 라이언Bill Ryan은 마리가 "킬킬거리며 웃고 새된 목소리로 말하는 등 어린 여자아이처럼 행동"했다고 기억했다.[50] 마리는 칠십 대가 되어서도 자신을 '여자애'로 지칭했다. 편한 옷차림도 빈축을 샀다. 러몬트의 모기관인 컬럼비아 대학교에서 정장을 갖춰 입어야 하는 행사가 있을 때면 브루스는 마리가 긴 드레스에 운동화 차림으로 나타나지 않도록 관리자 앨마 케즈너를 보내 사전에 마리의 옷을 점검하게 했다.[51] 케즈너의 말이다. "마리는 누구도 따라 할 수 없는 특유의 방식으로 옷을 입었습니다. 그런데 요즘 길을 걷는 사람들이 다들 마리와 비슷해 보이더군요."

마리는 당대의 협소한 틀에 맞추려고 자신을 여러모로 찌그러뜨렸으나 과학에서는 타협하지 않았다. 브루스는 마리가 작성한 대서양중앙해령의 초기 지도를 봤고 대륙 이동에 관한 위험한 견해도 들었으나 "여자애들 수다"[52]라며 마리의 해석을 거부했다. 마리는 이렇게 썼다. "당시 대륙 이동설을 믿는 것은 과학적 이단이나 다름없었다. 이쪽 공동체에는 대륙 이동설을 믿는 사람에게 붙이는 멸칭도 있었다. 이들은 '이동론자'로 통했다."[53] 대륙 이동설을 주장하면 마

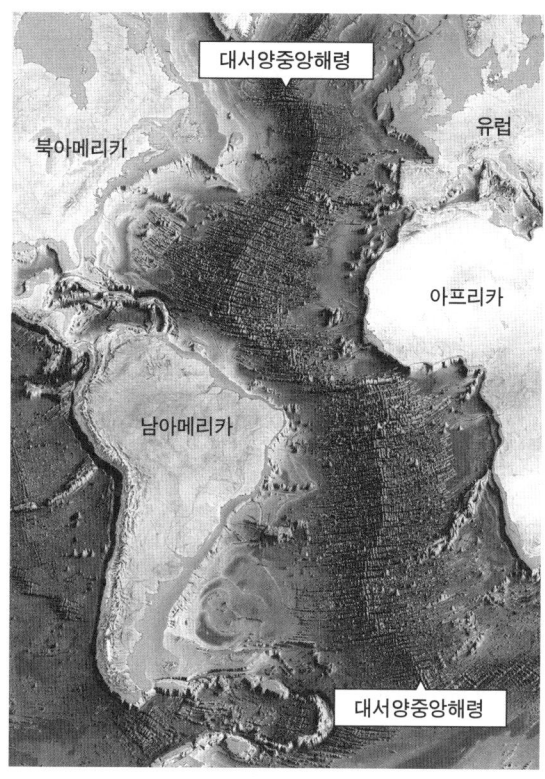

대서양중앙해령

북아메리카

유럽

아프리카

남아메리카

대서양중앙해령

대서양중앙해령.
대서양 한가운데를
남북으로 길게 가르는
해저산맥으로 지구에서
가장 긴 산맥이다.
1977년 마리 타프
지도의 일부.

리와 브루스는 과학계에서 내쫓길 수도 있었다. 더군다나 이들은 1950년대 미국, 거기다 독 유잉이 강경 '고정론자'인[54] 러몬트에 있었다.

　대서양을 가르는 해령이 실재한다고 마리가 브루스를 설득하기까지는 약 1년이 걸렸다. 브루스가 끝내 마음을 돌리게 된 증거는 두 가지였다. 마리 옆자리에서 일하던 청각장애가 있는 미대 졸업생이 벨연구소의 지도에 해저지진 수천 건을 손으로 끈덕지게 표시했는데, 그 지진 발생 지점들이 마리가 그린 열곡과 꼭 맞게 늘어섰다. 대서양 해저의 해령이 지질학적으로 활발한 지역이라는 증거였다. 설

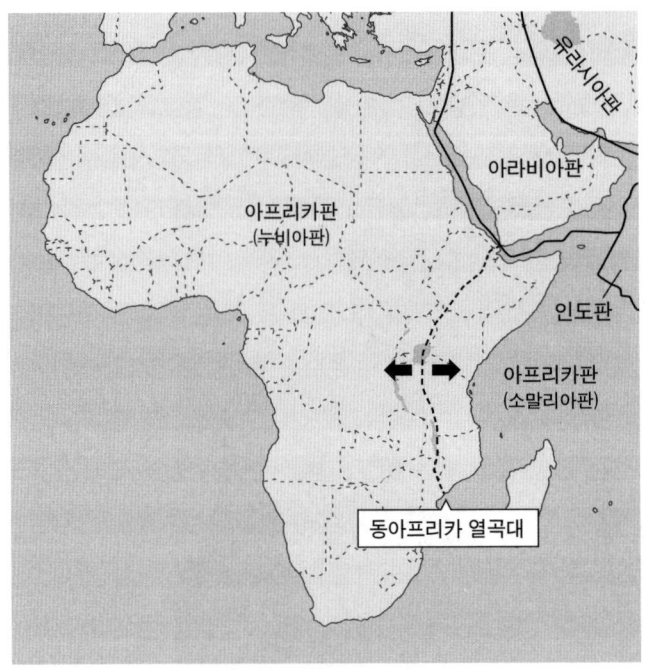

동아프리카 열곡대. 아프리카판이 누비아판과 소말리아판으로 갈라지고 있다.

득력이 있었던 두 번째 사실은 지진들이 지부티, 에티오피아, 케냐, 탄자니아를 가로지르는 동아프리카 열곡대 같은 육지상의 열곡과 물속의 중앙해령 모두를 흔들었다는 점이었다. 브루스는 끝내 마리의 해석을 받아들였지만 대륙 이동설을 지지할 마음까지는 먹지 못했다. "상사인 독이 과학계 사람 대다수와 마찬가지로 이동설을 과격하게 반대하는데 그 이론 쪽으로 가기란 무척 어려웠다"라고 마리는 썼다.[55] 대신 브루스는 대안이 될 이론을 주장했다. 해저 열곡 사이에서 밀려 올라오는 용융된 마그마의 영향을 받아 지구가 서서히 팽창한다는 것이었다.

중앙해령계로 알려진 열곡에 관한 발견을 발표하기까지는 4년이 더 걸렸다. 그 사이 마리는 여러 조사 항해에서 모은 해저 측심치에 몰두했고 이를 활용해 중앙해령계를 전 세계로 확장했다. 마리는 사우스샌드위치 해구를 발견한 독일 조사선 메테오르호가 1925년 처음으로 남극해와 가까운 대서양을 균일한 간격으로 가로지르며 측심한 자료를 확보했고, 분석되지 않은 측심치에 자신을 파묻어 V 자로 파인 곳에서 또 한 번 대양중앙해령을 발견했다. 챌린저호의 과학자들이 거의 한 세기 전에 예측한 대로 산맥은 대서양부터 남극해까지 이어졌다. 마리는 메테오르호 항해 이후 2년 뒤 덴마크에서 진행한 탐사의 측심치를 추려 인도양에서도 비슷한 해령을 발견했다. 이곳은 덴마크의 유명 양조장과 과학 재단의 이름을 따 칼스버그 해령으로 명명되었다.[56]

1950년대 후반에 연구를 발표하기 시작한 브루스는 지구에서 해령이 지나는 길을 과학자들에게 보여주고자 지구본을 챙겨 다녔다. 마리에 따르면 반응은 놀라움부터 불신, 노골적인 적대까지 다양했다. 1957년에 브루스가 발표를 마치자 프린스턴 대학교 소속 지질학자 해리 헤스Harry Hess가 자리에서 일어나 이렇게 언명했다. "젊은이, 자네가 지질학의 기반을 흔들어 놓았네." 이름난 해양 탐험가 자크 쿠스토는 회의론자에 속했으나 그에게는 이론을 시험할 수단이 있었다. 쿠스토는 대서양을 횡단하면서 비디오카메라를 썰매에 묶어 해령 바로 위를 지나도록 배 뒤에 매달아 끌고 다녔다. 그리고 1959년 뉴욕 월도프아스토리아 호텔에서 열린 국제 해양학 학술대회에서 촬영본을 상영했다. "거대한 검은 산과 부유하는 하얀 눈, 푸른 바다가 담긴 아름다운 영상이었죠." 청중석에서 넋을 잃고 영상을 봤던 마리의 기억이다. "쿠스토가 그걸 촬영했고, 덕분에 우리 열곡이 의심받던 시기에 많은 사람이 그걸 믿게 되었습니다."[57] 수중

산맥의 영상이 많은 회의론자들을 설득했다.

1957년 브루스의 발표에 찬사를 보낸 프린스턴 대학교 지질학자 해리 헤스는 대륙 이동설을 설명할 연구를 하고 있었다. 제2차 세계대전 때 해군 지휘관으로 복무한 헤스는 태평양에서 측심치를 최대한 많이 모을 수 있도록 소나를 꼭 상시로 가동했다. 이어서 고안한 가설은 대륙이 지구 맨틀을 타고 이동한다는 해저 확장설이었다. 과학 기자 로버트 쿤지그가 풀이하듯 해저 확장은 냄비에서 끓는 물의 움직임과 비슷하다. 뜨겁게 녹은 땅이 해저의 틈에서 솟아나와 앞에 있는 오래되고 차가운 해저를 밀어내는 것이다. 이 대류 운동이 컨베이어 벨트처럼 작동해 오래된 해저는 대양중앙해령에서 더 멀리 밀려나 대륙붕과 충돌하거나 너무 오래되고 밀도가 높아지면 해구로 가라앉아 지구의 맨틀로 다시 빨려 들어간다.

해저 확장설은 지구 연구에서 손꼽히게 흥미진진하고 획기적인 시대를 열었다. 헤스가 견해를 발표한 이후로 대륙 이동설을 뒷받침하는 새로운 이론이 거의 매년 등장했고 그런 이론을 제안한 과학자들은 대개 별개의 발견을 동시에 이룬 것이었다. 그 무렵 지질학계는 해령 주위로 퍼져나가는 이상한 자화磁化 패턴에 혼란스러워하고 있었다. 이때 케임브리지 대학교의 드러먼드 매슈스Drummond Matthews와 프레드 바인Fred Vine, 캐나다 지질조사국의 지구물리학자 로런스 몰리Lawrence Morley 등 세 지질학자가 저마다 얼룩말의 줄무늬 같은 자화 패턴을 활용해 해저 확장설을 입증하는 가설을 제기했다. 헤스의 이론이 유효하다면 새 마그마는 해령에서 솟아올라 양쪽으로 갈라진 다음 냉각된다. 이때 생긴 자력이 강한 새로운 해저의 현무암은 지구의 현재 극성과 일치하며, 자기장이 역전될 때마다 이를 해저에 효과적으로 기록한다. 지구 자기장의 역전은 자북극이 임의로 자남

샌앤드레이어스 단층. 태평양판과 북아메리카판의 경계를 이루는 변환단층이다.

극으로 바뀌거나 또는 그 반대로 되는 현상이다. 마지막 역전은 약 78만 년 전에 일어났다. 번갈아 나타나는 자화의 띠를 읽을 줄 안다면 해저가 실제로 확장됨을 분명하게 알 수 있다.[58]

여기에 이어서 캐나다인 지구물리학자 투조 윌슨J. Tuzo Wilson은 논문 두 편[59]을 빠르게 연달아 내며 대륙 이동설 개념에 남아 있던 구멍들을 처리했다. 윌슨은 지각판이 모두 똑같이 움직이지 않는 이유를 설명했다. 판은 미끄러져 내려가거나 올라가거나 엇갈리거나 멀어진다. 육지에 있는 우리는 지각판의 드문 접점에서 이 운동을 극히 일부만 경험한다. 오리건주 유리카 인근의 육지에서 시작하여 캘리포니아주 대부분을 가로지르다가 팜스프링스 외곽에 있는 사막의 산맥에서 점차 끝나는 샌앤드레이어스 단층이 특히 좋은 사례다. 샌앤드레이어스 단층은 대륙판인 북아메리카판과 해양판인 태평양판을 나누는 경계인데, 변환단층이라 두 지각판이 남북 방향으로 서로 마찰하면서 샌디에이고에 있는 내게도 느껴지는 작은 탄성파 진동을 발산한다. 창문이 덜거덕거리고 침대가 흔들리면 나는 대지진을 아주 조금만이라도 미뤄달라고 기도한다.

대서양중앙해령에서는 판의 경계가 또 다르게 움직인다. 이곳의 판들은 연간 약 5센티미터의 속도로 서로에게서 멀어지고 있다.[60] 그 틈을 메우려고 지구 중심부에서 마그마가 올라오고, 이 마그마가 식어 해저가 되었다가 해저의 컨베이어 벨트를 따라 밀려난다. 다시 말해 대서양 해저는 확장되고 있다, 아주아주 천천히. 세계에서 가장 오래된 바다인 태평양에서는 반대 현상이 일어나고 있다. 오래된 해저가 불의 고리를 따라 해구로 미끄러져 내려가 지구의 맨틀로 들어가면서 태평양은 수축한다. 중앙해령계는 지구의 터진 솔기라 할 수 있다. 브루스 히젠이 시적으로 표현했듯 "결코 아물지 않는 상처"이기도 하다.

윌슨은 판구조론의 또 다른 골치 아픈 문제도 처리했다. 화산은 어떻게 대서양중앙해령과 그렇게 멀리 떨어진 곳에서도 형성될 수 있을까? 지구 맨틀의 열점熱點, 고정된 위치에서 뜨거운 마그마를 분출하는 곳이 그 위를 움직이는 지각판에 화산을 만들고 하와이 제도와 같은 화산섬을 탄생시킨다. 윌슨 이후 스크립스해양연구소의 댄 매켄지Dan McKenzie와 프린스턴 대학교의 제이슨 모건Jason Morgan이 1967년과 1968년에 각각 논문을 발표하여 지구 표면이 이동하는 단단한 판들로 덮여 있다는 견해를 제시했다. 오늘날 우리가 판구조론이라 부르는 바로 그 이론이다. 퍼즐의 마지막 조각이 마침내 맞춰졌다. 대륙과 바다의 형태부터 지진과 화산의 존재까지 지구의 주요 특징이 모두 단일 이론으로 설명되기는 처음이었다. 그 과정에는 여기에 언급된 유명 인사들보다 훨씬 더 많은 과학자 수십 명의 기여가 있었다. 이들은 과학사학자 나오미 오레스키스가 썼듯[61] "지구과학의 역사상 두루 수용되는 최초의 전 지구적 이론"을 구축했다.

과학계에서는 이 발견으로 흥분의 도가니에 빠졌으나 일반 대중은 대체로 아직 암흑 속에 있었다. 해저의 거대한 비밀을 대중에게 드러내 보인 것은 마리 타프의 지도였다.

## 해저의 비밀을 대중에게 알린 지도

러몬트에서 일하던 초창기에 마리 타프는 전통적인 지형도로 해저를 그렸다. 등고선이 구불구불하고 표고가 정확히 기재된 그 지도는 대부분 정보가 빽빽하게 들어차 읽기 까다로운 학술 자료였다. 마리가 러몬트에 들어오고 얼마 지나지 않아 그 지도들은 발간할 수 없게 되었다. 1952년 미국 국방부는 대기의 상한부터 저 아래 해저의 형태에 이르기까지 광범위한 지구과학 정보를 기밀로 분류했다. 냉전 당시 주요 프로젝트는 탄도 미사일과 대잠수함전에 관한 것이었고 여기에는 중력 측정과 해저의 형태가 관건이었다. 548미터를 넘기는 해저 측정치는 국가 안보 사안으로 기밀이 되었다. 마리와 브루스가 연구를 발표하려면 수년, 어쩌면 수십 년을 기다려야 했다. 아니면 대서양 밑바닥에서 발견한 중앙해령계 이야기를 세상에 전할 다른 방법을 찾아야 했다.

여느 때처럼 밤늦게까지 러몬트에서 일하던 마리와 브루스에게 국방부의 금지령을 피해갈 아이디어가 떠올랐다. 해저를 더 현실적인 양식으로 그리면 어떨까? 과학과는 거리가 있는 개략적인 결과물이 나오겠지만, 해저의 본질은 전달되어 이곳이 판판한 쓰레기 처리장이 아니라 다채롭고 울퉁불퉁한 지형임이 증명될 것이었다. 브루스는 펜을 들고 서대서양의 해저를 기억나는 대로 스케치했다. 해안선, 내리막 대륙사면, 심해저 평원, 해저대지, 해령을 그렸다. 한 시간 정도를 들여 밑그림 그리기를 마친 후 지도를 마리에게 넘기며 말했다. "자, 나머지는 당신이 채우면 어떻겠습니까?" 브루스가 방금 넘겨준 이 일이 마리가 평생을 바칠 과업이 될 것이라고는 둘 중 누구도 알지 못했다.

마리는 대륙을 횡단하는 비행기 창문 너머로 보이는 로키산맥처럼 해저를 비스듬하게 보여주는 한결 느슨한 자연지리적 스타일 physiographic style로 지도를 그리기 시작했다. 성긴 데이터 포인트를 알아볼 만한 지형으로 옮기려면 지리학과 지질학에서 배운 바를 총동원해야 했다. 육지의 지질학자는 산에 올라 주변을 둘러보며 값을 측정해 지도를 만들지만, 마리에게는 자기 눈으로 해저를 측량할 기회가 없었다. 그녀는 어떤 특징을 강조할지 결정하고, 데이터 포인트의 기록 모음이 아닌 새로운 개척지의 '느낌'을 창조해야 했다.[62]

"데이터가 있는 곳은 아주 까다로운 기술이 요구됩니다. 모든 걸 보여줄 수 있으니까요. 그리고 데이터가 없는 곳은 상상이나 추정을 할 수 있어요." 마리가 말했다.[63] 채워야 할 공백이 워낙 많았기에 마리에게는 이런 해석의 재량권이 필요했다. 지도화가 잘되었다고 세계에서 손꼽히는 바다인 대서양에서 측선은 평균 약 209킬로미터 간격으로 떨어져 있었다. 지도화가 빈약한 일부 지역에서는 해저지진 측정치를 사용해 해령이 있을 법한 위치를 최대한 예측했다. 과학기자 로버트 쿤지그는 이렇게 썼다. "매슈 폰테인 모리나 다른 지도제작자에 비해 훨씬 많은 측심 데이터를 가지고 있기는 했지만, 바다의 규모를 생각하면 이들에게 있는 데이터는 여전히 말도 안 되게 적었다. 이들이 직관에 의존해 해저를 스케치했다고 말하는 것은 완곡한 표현으로, 대부분은 지어낸 것이었다."[64]

지도 제작자들은 미지의 지역을 지도에 담을 때 창작적 허용을 어느 정도 취해야 했다. 그렇지 않았다면 어떤 지도도 제작되지 않았을 것이다. 18세기까지만 해도 지도 제작자들은 지도 위 넓은 구간에 그저 '테라 인코그니타Terra Incognita, 미지의 땅'나 '테라 눌리우스Terra Nullius, 주인 없는 땅'라고 쓰면 그만이었다.[65] 중세 시대 초기 지도 제작자들이 미지의 대륙에 상상력을 펼쳤던 것과 비교하면 이 방식은 최소한 정직했다. 스티븐 홀은 "아프리카와 아시아의 초기 지도는 지구에 사실상 동물원을 얹어놓은 것이었다. 지리학적 무지의 광활한 사바나에서 육지 동물과 바다 동물이 뛰놀았다"라고 썼다.[66] 마리도 탐사가 미흡했던 북대서양의 한 지역에 같은 수법을 쓰려 했다. 13세기 포르톨라노 해도portolano chart에 쓰인 기술을 차용해 인어와 바다뱀을 지도에 추가하자는 의견을 낸 것이었다. 하지만 브루스는 절대 받아들일 수 없었다. 두 사람은 비어 있는 공간에 범례를 큼지막하게 배치하는 것으로 타협했다. 이 역시 과거 지도 제작자들이 쓰던 묘안이었다.[67]

두 사람은 자신들의 새로운 작품을 '자연지리도physiographic map'라 칭했다. 육상의 지도학에서 따온 용어였다. 첫 지도는 1956년 벨연구소 기술저널에 실렸으나 과학계에서 별다른 주목을 받지 못했고, 두어 해가 지나 한 지질학 학술지에 다시 게재되었다. 이 지도는 대륙 이동에 관한 오랜 논쟁을 재점화시켜, 1960년대 초에는 지질학적 발견들이 숨 가쁠 정도의 속도로 터져 나오게 되었다. 브루스는《내셔널 지오그래픽》편집진에게 마리의 지도 초안을 보여줬고 이를 마

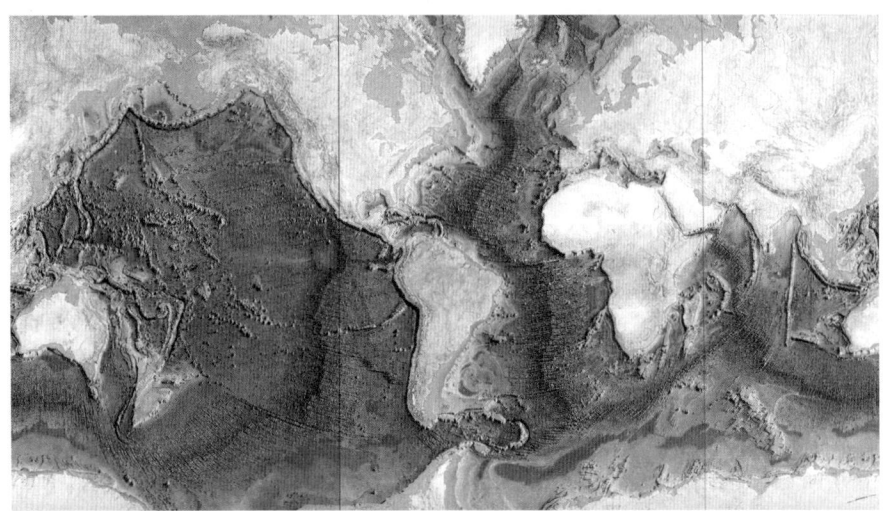

하인리히 베란이 그린 타프-히젠의 세계 해저 지도, 1977년

음에 들어 한 편집진은 마리를 자문 위원으로 채용했다. 이후 10년 동안 마리는 오스트리아를 오가며 산악 화가 하인리히 베란Heinrich Berann과 협업했다. 베란은 마리의 자연지리도를 《내셔널 지오그래픽》에 실을 생생한 그림지도로 탈바꿈시켰다. 베란의 손이 놀지 않도록 측심치를 넉넉히 마련하는 일이 특히 큰 난점이었다. 마리는 말했다. "우리한테 있는 데이터를 전부 표시하고 나면 빈 공간이 생깁니다. 그러면 여기로 돌아와 저희한테 있는 데이터로 최대한 그 지점을 채우곤 했어요. 그리고 다시 가면 베란이 그걸 그림으로 그렸습니다."68

인도양을 담은 첫 지도는 아주 적절한 시기에 완성되었다. 《내셔널 지오그래픽》은 이 '타프-히젠 지도'를 부록으로 발행해 1967년 10월호에 끼웠다. 판구조론이 주류로 흘러들어온 바로 그해였다. 이렇게 발행된 지도는 대륙 이동설이 뒤늦게나마 과학계에 받아들여

질 수 있는 길을 열었지만, 일반 대중에게도 사랑받았다. 거대한 중앙해령계는 지구를 여러 개의 판으로 깔끔하게 나누었고, 감지할 수도 없고 거의 보이지도 않는 판구조의 움직임을 비전문가에게 똑똑히 보여줬다. 마리의 기억이다. "누구나 볼 수 있었어요. 《내셔널 지오그래픽》의 1300만 독자를 포함한 모든 사람들이요. …그리고 그 의미를 잘 알아본 사람들이 있었죠."[69] 다른 시기에는 이렇게도 썼다. "백 마디 말보다 한 번 보는 것이 낫다거나 보면 믿게 된다는 오랜 상투어가 틀리지 않았다."[70]

## 마리 타프의 지도가 남긴 과제

샌디에이고 집 앞에 얇은 택배가 도착했다. 칼을 가져와 빳빳한 종이 봉투를 봉한 테이프를 조심스럽게 잘랐다. 그러다 잠시 동작을 멈췄다. 1967년 《내셔널 지오그래픽》 구독자는 어떤 기분이었을지 상상해 보려 했다. 이전에는 완전한 해저 지도를 본 적이 없었던 사람. 나는 새것 같은 지도를 포장에서 빼낸 다음 그 세로 48센티미터, 가로 63.5센티미터짜리를 펼쳐 식탁에 올렸다.

얼핏 봐서는 인도양이 나오는 지도였지만 중대한 차이점이 하나 있었다. 바닷물이 없었다. 물이 쫙 빠져 온데간데없이 사라진 것이다. 이제 해저는 한가로이 산책하러 갈 만한 곳으로 보였다. 기분 좋은 빛 표현으로 보건대 바다 밑바닥은 늦은 오후쯤 된 듯했다. 솜씨 좋은 색 표현 덕에 물은 보이지 않아도 느껴졌다. 육지 지형은 탁한 노랑으로 칠해졌고 천해는 선명한 파랑, 심해는 짙은 청록이었다. 그런 분할 효과는 섬에서 가장 잘 보였다. 탁한 노랑인 육지가 수륙

경계선 위로 튀어나왔다가 아래로는 선명한 파랑이 되었다. 지질학자들이 수십 년 동안 갈구한 모습으로 지구를 보여주는 지도였다. 물이 빠지고 드러난 지구의 표면과 질감은 초월적인 광경으로, 한낱 인간으로서는 절대 볼 수 없었던 장소를 볼 수 있게 했다. 섬은 물에 둘러싸인 육지가 아니라 수면 아래에 숨겨져 있던 광대한 수중 산맥의 꼭대기였음을 문득 이해하게 된다. 바다의 각 구역에는 저마다 개성이 있다. 인도양 깊은 곳의 심해저 평원은 혹한의 시베리아 내륙처럼 차갑고 다가갈 엄두가 안 나는 모습이다. 수심 얕은 남중국해는 따뜻하고 친근한 분위기로, 바다 밑바닥에서 휴가를 보낼 만한 곳으로 보인다. 이런 지도는 해양 지도 제작자 지망생의 침대 위나 대학교 복도에 걸려 있으면 제자리를 찾은 양 어울릴 것 같았다. 분명 그렇게 되어 있는 곳이 많으리라. 지도는 즉각 선풍적인 인기를 끌었다. 첫 제작 후 60여 년이 지났지만 이《내셔널 지오그래픽》부록은 오늘날에도 가장 널리 알려진 해저 지도로 많은 양이 꾸준히 유통되고 있다.

　대양중앙해령의 발견으로 러몬트지질관측소는 명성을 얻었다. 러몬트의 관리자 앨마 케즈너는 지도 발행 이후 일반인들에게 걸려오는 전화를 받아 처리한 것을 기억했다. "사람들이 전화를 걸어와 이렇게 말했어요. '히젠이라는 사람이랑 같이 일하시죠?' 제가 그렇다고 하면 '열곡이란 게 온 지구를 두르고 있다던데요. 그 사람한테 전화해서 지구가 반으로 쪼개질 수도 있는지 물어봐 줄 수 있습니까?'라고 했죠. 그러면 저는 알겠다고, 꼭 물어보겠다고 했답니다. … 뭐, 저희끼리는 웃고 말았지만요."[71]

　러몬트지질관측소는 동부 해안의 우즈홀해양연구소와 서부 해안의 스크립스해양연구소에 비해 열세였다. 독 유잉은 20년도 안 걸려 이 러몬트 저택을 거대 기관과도 겨룰 수 있는 세계적인 수준의 관측소로 탈바꿈시켰다. 그러나 이 성공으로 잃은 것도 있었다. 초창기의 발랄한 분위기는 옅어졌고 보다 공적인 전문성을 강조하는 분위기가 잡혔다. 스크립스해양연구소의 해양학자 H. W. 머나드는 "시대가 변했다. (1960년대) 말엽에 이르자 러몬트에는 과학자와 자금이 늘었고 행정 조직의 몸집도 불어났다"라고 썼다.[72] 연구팀 사이에 같이 점심을 먹고 대화를 나누고 파티를 하는 일은 줄었다. 열정이 넘치는 스타트업 문화가 식는 것은 당연하고 어찌 보면 필요하기까지 하지만, 독이 두 번째 아내와 이혼하고 비서와 결혼하자 러몬트의 분위기는 점차 날카로워졌다. 독의 새 아내 해리엇은 계속 독의 비서로 일하면서 남편이 오랫동안 지켜온 개방 정책을 끝내버렸다. 전에는 연구자들이 편하게 연구실로 들어가 독과 이야기할 수 있었으나 이제는 모두 해리엇을 통해 약속을 잡아야 했다. 해리엇은 이내 러몬트의 괴물이 되었고, 많은 이가 자유분방했던 초창기 러몬트의 종막을 해리엇의 등장 탓으로 돌렸다.[73]

브루스의 성공과 함께 그와 독 사이의 균열도 커졌다. 결정적인 균열은 1964년에 발생했다. 브루스가 앞으로는 자신의 논문에 독의 이름을 넣지 않겠다고 선언한 것이다.[74] 연구소에서 발표하는 모든 논문에는 연구소의 수석 연구원 이름을 넣는 것이 관행이었으나 브루스는 오래전부터 이 방침에 불만을 품어왔다. 특히 그는 독이 자기 연구에서 응당 받아야 할 수준 이상으로 공을 취한다고 여겼다. 독은 이에 대한 보복으로 브루스가 러몬트의 조사선에 타지 못하도록 제한했고 이어서 러몬트의 공유 데이터에 접근하는 것을 전면적으로 차단했다. 그래도 브루스는 데이터를 입수할 길을 찾았다. 머나드는 이렇게 썼다. "마리 타프는 이 시기에 했던 '한밤중의 조달'을 언급하며 미소지었다. 브루스가 그 데이터를 발표할 수 없는 것은 여전했지만 말이다."[75] 독은 브루스를 길들일 수 없었으며 종신직 교수인 그를 해고할 수도 없었다. 하지만 브루스의 오랜 연구 조수인 마리를 해고할 수는 있었다.

대양중앙해령을 발견하고 《내셔널 지오그래픽》에서 타프-히젠 지도를 발행한 것은 러몬트의 가장 빛나는 성과가 되어야 마땅했다. 그러나 직원들은 외려 독을 지지하는 진영과 브루스를 지지하는 진영으로 갈라섰다. 앨마 케즈너는 말했다. "저는 (마리의 해고에) 한 번도 문제를 제기하지 않았어요. 어떻게 들릴지 모르겠지만 전 브루스 편이었거든요. 브루스가 어린애처럼 성질을 부려 그런 결과를 자초했다고 하는 사람들이 많았어요. 브루스는 그 결과로 마리가 희생양이 되었다고 했죠. 마리는 학교에서 완전히 쫓겨났습니다."[76]

놀라운 일도 아니지만 러몬트의 설립 초기부터 함께했던 연구자들이 점차 떠나갔다. 브루스는 해군과 한 별도의 계약으로 마리에게 계속 봉급을 주었고, 이후 마리는 뉴욕 나약에 있는 자신의 집에서 거의 모든 방을 작업실로 바꿔놓고 일했다. 마리의 집에서 해저지도를 넓게 펼쳐 놓고 10여 명까지도 옹기종기 모여 작업을 하기도 했다. 유년 시절 방방곡곡을 떠돌며 외롭게 보낸 외동이자 영원한 아웃사이더는 이렇게 또 물러났다. 그러나 마리는 재택근무자가 된 덕분에 놀라운 과업을 완수할 수 있었다고 생각했다. 마리는 말했다. "브루스가 챙겨주는 봉급이 있고, 일할 장소와 일을 도와줄 사람이 있는 한 저는 그저 작업을 계속했습니다." 항상 연구에 빠져 살던 마리에게는 이제 주의를 흐트러뜨려 지도 그리기를 방해할 다른 일이 없었다.[77]

1960년대를 거쳐 1970년대로 접어드는 동안 《내셔널 지오그래픽》은 마리가 제도하고 베란이 채색한 타프-히젠 지도를 점점 더 많이 발행했다. 처음 나온 것이 인도양 지도, 바로 내 손에 있는 이 지도였다. 다음으로 북극해와 대서양, 마지막으로 지구 전체의 지도가 나왔다. 해군은 1960년대에 해저 측심치의 기밀을 해제했지만 브루스와 마리는 그래도 기존 제도 방식을 고수했다.

말년의 브루스는 해군과 함께 핵잠수함을 개발하는 일로 관심을 돌렸고 1977년에는 핵잠수함에 탑승해 대양중앙해령의 한 구역을 직접 방문할 기회를 얻었다. 아이슬란드에서 출항한 후 세계적 유명 인사인 자크 쿠스토를 태우기 위해 파리에 들를 예정이었다. 브루스는 러몬트를 떠나기 전에 앨마 케즈너의 사무실에 들러 인사를 했다. 케즈너는 브루스가 "내가 쿠스토를 만나게 됐습니다. 우리는 잠수함에 탈 거예요"라고 말한 것을 기억했다. 케즈너는 곧장 안 좋은 예감이 들었다.[78]

"브루스, 이리 와보세요." 케즈너의 말에 브루스가 다가왔다. 브루스는 살집이 두둑하고 얼굴이 둥그스름했으며 자신을 혹독하게 몰아붙이면서도 좀처럼 휴가를 쓰지 않았다. 건강인의 전형이라고는 할 수 없는 사람이었다.

"왜 그러는데요?" 브루스가 물었다.

"당신 몸이 얼마나 뚱뚱한지 알아요?" 케즈너가 물었다. "문으로든 관측창으로든 그 코딱지만 한 곳에는 못 들어가요. 아니, 가면 안 돼요." 더 중요한 것은 브루스가 근 20년 전인 1959년에 심장마비를 일으켜 3주간 병원 신세를 진 전력이 있다는 사실이었다. 브루스는 퇴원하자마자 뉴욕에서 열린 국제 해양학 학회에 참석해 논문 열세 편을 발표했으며 귀갓길에 터진 타이어도 갈았다.[79] 같은 해 브루스의 아버지는 심장마비로 사망했다. 브루스는 케즈너에게 괜찮다며 걱정할 것 없다고 했다. 파리로 가는 길에도 《내셔널 지오그래픽》

세계 지도의 교정본을 챙겨 갔다.[80] 그러나 지도의 최종본이 발행되는 것은 영영 보지 못했다. 브루스는 그 핵잠수함에서 심장마비로 사망했다.

마리는 브루스의 죽음으로 큰 충격을 받았다. 브루스는 결혼을 한 적이 없었고 자녀도 없었으며 마리 역시 실패한 첫 번째 결혼을 제외하면 그랬다. 두 사람이 직업적 동반자 이상의 관계였다는 것은 공공연한 비밀이었지만 연인 관계도 아니었다. 케즈너는 이렇게 기억했다. "마리는 브루스를 진심으로 사랑했습니다. 브루스도 자기 나름대로 마리를 사랑했고요. 나름대로라는 건, 그게 좀 웃긴 얘기인데요. 내 옆에서 떨어져, 하지만 사랑해, 같은 식이었어요. 아니, 한 의자에 앉으려고 하지도 않았을지도요." 케즈너는 마리에게 언제 결혼하냐고 물으며 둘의 관계에 대해 놀리곤 했다. 마리는 "아, 브루스가 전혀 생각이 없어요"라고 답했다. 두 사람은 이 문제로 얘기하고 때로는 농담도 했으나 실제로는 아무 일도 일어나지 않았다.[81]

브루스가 사망한 이후 마리는 일에서도 고전했다. 30년 만에 처음으로 브루스의 든든한 후원 없이 일하게 된 마리는 아끼던 프로젝트들을 차차 잃었다. 그중 하나가 오늘날 시베드2030의 주축이 되는 기관인 GEBCO의 지도를 그리는 일이었다. 브루스가 GEBCO의 오랜 회원이자 편집자였기에, 마리 손에 그 프로젝트가 들어올 수 있었던 것이다. "제가 스케치한 것 중 가장 좋았던 지도들이 거기서 제작되었습니다." 마리는 GEBCO를 해적판 프로젝트라고 칭했다. 이 기관이 불법 지도를 거래한 것은 절대 아니지만, 소수의 열성적인 자원자들이 기밀로 분류된 작업의 특성에도 불구하고 해저 측심치를 가능한 한 많이 수집하고 공유했으니 해적판 작업처럼 기능하는 구석이 분명 있었다. 예산이 넉넉지 않았던 이 위태로운 작업은 브루스가 세상을 떠난 후에 특히 취약해졌다. 마리는 말했다. "제가 (GEBCO와) 계약하고 돈을 받은 프로그램은 없었습니다. 전 브루스가 시작한 연구를 마칠 수 없었죠. 브루스가 돌연 세상을 뜨자 기관에서 브루스의 일을 모두 가져가 다른 사람들에게 줘버렸거든요. 제가 아니라요. 저희 집에 와서 자료도 가져갔습니다. 제 인생에서 참 불행한 시기였지만, 브루스 없는 삶의 시작에 불과했어요."[82]

타프-히젠 지도의 명성은 역효과를 낳아 의도치 않게 수로학에 해를 끼쳤을 수도 있다. 지도를 가볍게 훑어본 요즘 사람들은 해저가 지도화되었다고, 작업이 다 끝났다고, 그러니 다른 일로 넘어가도 되겠다고 생각한다. 이것이 반세기도 더 지난 지금 캐시 본지어바니가 직면한 난관이다. 지도가 무엇을 보여주든 바다는 지도화되지 않았다는 사실을 설명하고 또 설명해야 하는 것이다. "이건 물을 없애면 (해저가) 어떻게 보일지를 가상으로 묘사한 겁니다. 사람들은 이게 지도라는 잘못된 인상을 받죠." 대양탐사트러스트 설립자이자 노틸러스호 선주인 로버트 밸러드가 2008년 TED 강연에서 타프-히젠 세계 지도를 보여주며 말했다. "이건 지도가 아닙니다."[83]

지도는 사회에서 권위를 누리고 또 거짓된 매력을 뽐낸다. 지도는 어떤 장소를 실제보다 더 잘 안다고 생각하도록 우리를 속인다. 멀리 떨어진 곳이라면 더욱 그렇다. 해저에서 특정 장소를 찾는 일에 타프-히젠 지도를 통상적인 지도처럼 사용할 수는 없다. 1984년에 어떤 해양학자 집단이 지도를 들고 남극해로 열곡 일부를 찾아 나섰는데, 이들이 열곡을 찾은 곳은 타프-히젠 지도에서 있다고 한 위치와 약 241킬로미터 떨어져 있었다.

타프-히젠 지도는 오히려 15세기 말엽에 유럽 지도 제작자들이 만든 지도에 가깝다. 특히 피렌체에서 활동한 지도 제작자 헨리쿠스마르텔루스 게르마누스Henricus Martellus Germanus의 지도는 크리스토퍼 콜럼버스Christopher Columbus가 대서양을 건너 서쪽으로 항해하여 중국으로 가는 항로를 찾으려다가 대신 아메리카를 '발견'하는 데 도움을 준 것으로 알려져 있다. 콜럼버스가 출항한 1492년 당시 가장 앞선 것으로 여겨지던 마르텔루스 지도는 아메리카와 남극, 오스트레일리아 대륙이 없는 지구를 보여준다. 마르코 폴로Marco Polo와 바르톨로메우 디아스Bartolomeu Dias의 여정으로 얻은 새로운 지식이 포함되어 유럽과 아프리카, 아시아의 해안선은 나와 있지만, 지구상에서 가장 거대한 바다인 태평양은 고작해야 끄트머리에 파란색으로 살짝 보이는 수준이다. 마르텔루스 지도의 큼직한 공백들을 보면 서쪽으로 항해를 해야 아시아에 더 빨리 닿을 수 있을 것만 같다. 오늘날 우리는 실제로는 카리브해 해안에 상륙하고도 자신이 동인도에 다녀왔다고 죽는 날까지 고집한 콜럼버스를 비웃는다. 하지만 그것이 콜럼버스가 당대 최고의 지도에 근거해 알던 세계였다.[84] 타프-히젠 지도도 같은 역할을 한다. 한순간의 탐사를 정지 화면에 가둔다. 그 구멍까지도 전부 말이다. 나는《내셔널 지오그래픽》인도양 지도를 책상 옆에 걸었다. 지도는 언제나 무언가의 시작이지 끝이 아님을 일깨우는 용도로.

마리는 뉴욕 나약의 자택에서 지도 유통 사업을 운영하고 브루스에 관한 글을 발표하며 여생을 보냈다. 브루스가 세상을 떠나고 30년이 지나 진행한 여러 인터뷰에서도 마리는 여전히 브루스가 바로 옆에 앉아 있다는 듯 그의 이야기를 했다. "브루스라면 저보다 더 심도 있는 견해를 들려줄 수 있을 텐데요." 마리는 오랜 상사에 대해 여전히 존경심을 드러내며 말했다.[85] 새로운 해저 지도의 제도를 계속 해나가는 데에는 종종 애를 먹었다. 예전에 아무리 인기를 끌었더라도 타프-히젠 해저 지도는 우주 경쟁의 그늘에 가려졌고, 불가능해 보이는 모든 도전을 향한 열광은 1969년 아폴로 11호의 달 착륙으로 절정에 이르렀다. 세상은 새로운 프런티어로 옮겨갔고 해양 지도화에 들어가는 공공투자는 쪼그라들었다.

마리는 인생의 막바지에 이르러 노고를 점차 인정받았고 호기심에 찬 역사학자와 기자와 작가를 거실에서 반갑게 맞이했다. 슬픈 일도 힘든 일도 겪었으나 말년의 인터뷰 속 마리는 쾌활했고 자신의 성취를 감사히 여겼다. "전 세계를 돌아 6만 5000킬로미터 길이로 이어지는 대양중앙해령과 열곡을 규명했다는 건 중요한 일이었어요. 한 번밖에 못 하는 일이죠. 그것보다 큰 건 또 못 찾아요. 적어도 이 지구에서는요."[86]

# 5장

## 지구에서
## 가장 외로운 바다

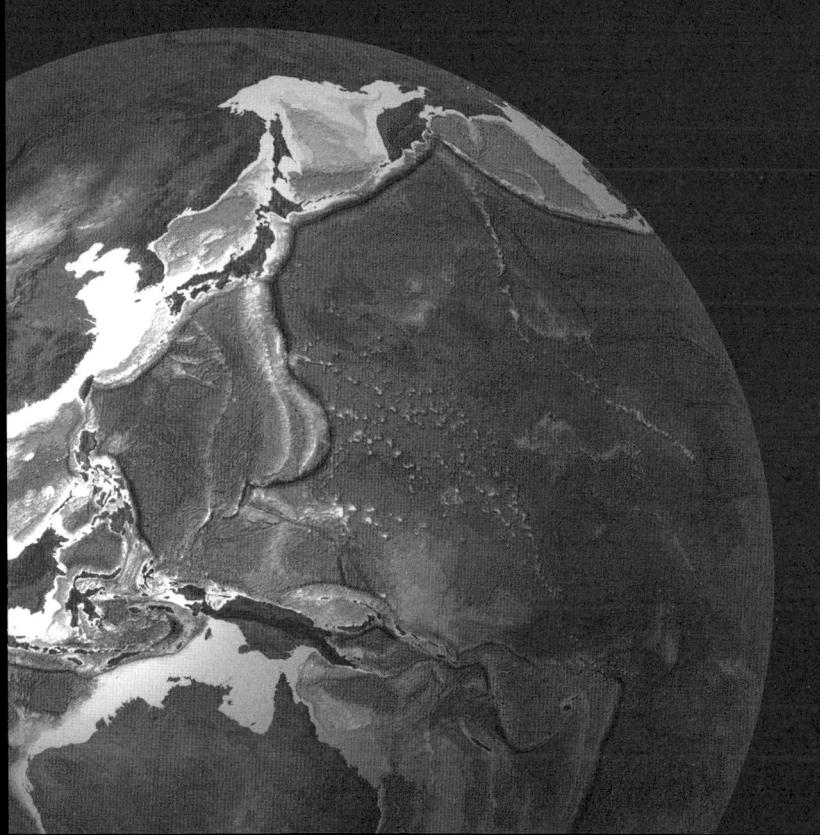

## 문명과 단절된 남극해 사우스샌드위치 해구

물결이 일고 기온이 떨어지는 가운데 프레셔드롭호가 남극해 항해에 들어갔다. 배는 며칠 전인 2019년 1월 24일 우루과이 몬테비데오를 떠났다. 파이브딥스 탐사팀은 영국의 위대한 탐험가 어니스트 섀클턴의 묘에 추모하고자 사우스조지아섬을 짧게 경유한 다음 세계에 단 두 곳뿐인 영하권 하달존 해구 중 한 곳으로 가는 여정을 계속했다. 바다를 가로질러 반대편 남아프리카공화국 케이프타운에 도착하려면 대략 5주가 걸릴 것이었다. 독일인 빙해 도선사가 대원들과 함께 배에 올라 빙산이 산재한 바다를 뚫고 배를 인도했다.[1]

대서양, 태평양, 인도양, 북극해는 말하자면 분명한 바다다. 대륙으로 둘러싸여 유역이 뚜렷하게 정해져 있다. 그런데 다섯 번째이자 마지막인 바다의 이름을 대보라고 하면 많이들 난감해한다. 나만해도 남극해나 남대서양, 남태평양, 남인도양 같은 이름을 들었다. 사실 국제적으로 합의된 명칭은 없지만 과학자들은 이곳을 한 세기도 넘게 남극해로 불러왔다.[2] 뭐라 부르든 남극해가 지구 가장 밑바닥의 새하얀 얼음 대륙 주위로 소용돌이가 난무하는 이례적인 바다라는 것은 알아두자. 남극해의 경계를 정하는 것은 남극 대륙을 둘러싸고 시계 방향으로 움직이는 빠른 해류다. 어떤 대륙도 이 해류를 방해하지 않으니 파랑은 이례적인 속도와 위력과 높이로 불어난다.[3] 지금까지 이곳에서 기록된 가장 높은 파랑은 7층 건물 높이였는데 환경이 워낙 혹독해 관찰이 어렵다 보니 이것도 추정치에 불과하다. 고층 건물만큼 높은 파도가 사람의 눈에 담기지 않은 세계를 에워싸는 장소에는 마법 같은 구석이 있다.

여건은 가혹하고 여정은 길었기에 대원들 사이에는 불안감이 얼마간 감돌았다. 한 트리톤서브마린 직원은 몬테비데오를 떠나기에 앞서 공황 발작을 일으켰고 하루 동안 침대에서 요양한 뒤에야 항해할 준비가 되었다. 지리적으로 따지자면 파이브딥스 탐사팀은 우주로 발사되지 않는 한, 문명과 최대한으로 단절된 해역에 가고 있었다. 남위 60도 바로 북쪽에는 어느 방향으로든 육지와 가장 멀리 떨어진 지점, 포인트니모Point Nemo가 있다. '아무도 없음'으로 번역되는 라틴어인 네모 선장의 이름을 딴 포인트니모는 선상 반란을 일으킨 바운티호 선원들이 피신한 태평양 핏케언 제도의 일부인 듀시섬에서도, 칠레의 모투누이에서도, 남극 마허섬에서도 1450해리2685킬로미터 이상 떨어져 있다. 바다에 포인트니모를 알리는 표지나 부표는 없다. 말 그대로 어디도 아닌 곳, 지도 위의 좌표 몇 개에 그치는 곳이다. 남극해는 포인트니모 못지않게 머나먼 느낌이다. 세계에서 버려진 곳, 가도 가도 사방으로 물뿐인 곳이다. 배가 건너편 케이프타운에 닿기 전까지 배에 탄 마흔네 명에게는 서로밖에 없을 것이었다.

남극해는 정확히 어디인가? 대서양, 태평양, 인도양이 끝나는 곳과 남극해가 시작되는 곳을 정확히 표시할 수 있는 대륙이 없다 보니 과학자, 정치인, 선원들 사이에서는 경계를 어디에 그을 것이냐는 문제로 갑론을박이 벌어진다. 에일린 보핸이 설명했다. "해양학자, 화학자, 생물학자에게 물으면 경계가 달라질 거예요. 계절이 변하면 생명 활동도 달라지고 화학적 성질도 날씨와 더불어 달라지죠. 해양 현상도 해류와 엘니뇨로 달라지고요. 게다가 정치적인 경계선도 제각각이잖아요."

보헨과 캐시는 결국 GEBCO와 남극 대륙을 관리하는 1959년의 남극조약에서 정한 남위 60도 경계를 따르기로 했다. 파이브딥스에게는 불편한 선택이었다. 사우스샌드위치 해구는 두 대양을 가르는 남위 60도선에 걸쳐져 있다. 심지어 이 해구의 최심부로 널리 알려진 미티어 해연은 남위 60도보다 북쪽에 위치한다. 그러면 빅터는 남극해 위치를 정하는 한 가지 기준에 따라 같은 해구에서 더 얕은 지점에 잠수하게 되는 셈이었다. 만약 육지의 한 권위자가 남극해를 다르게 정의하고 빅터의 세계 기록을 인정하지 않겠다고 하면 어쩌나? 탐사대는 만일을 위해 사우스샌드위치 해구에서는 남위 60도선 양쪽의 가장 깊은 지점 두 곳에 모두 잠수하는 것을 목표로 했다.

배가 항해하는 동안 돌고래들이 눈 시린 청백색 빙하를 배경으로 뛰어올랐다. 빅터는 탐사 블로그에 이야기를 풀었다. "우리는 종일 빙산을 피해 다녔고 방금 막 사우스샌드위치 제도의 최남단 섬인 툴레섬과 쿡 제도를 지났다. 둘 다 화산섬이라 꼭대기에서 수증기가 구불구불 피어오르고 옆으로 식은 용암류가 흐르는데 바로 앞바다에는 빙산이 있는 풍경을 봤다."

남극해가 건식 실험실에 틀어박힌 파이브딥스 탐사팀을 후려치기 시작했다. 펜과 종이가 마구 날아갔다. 누군가가 연구실을 바퀴 달린 의자로 채우는 유감스러운 선택을 한 덕에 의자들은 위아래로 들썩이는 방에서 범퍼카처럼 굴러다녔다. 몇 사람은 의자 다리 아래 고정 장치에 덕테이프를 붙여 구르는 속도를 늦춰보려 했지만 결과는 처참했다. 유독 가파른 파랑이 지나가고 나면 사람들은 소나가 있

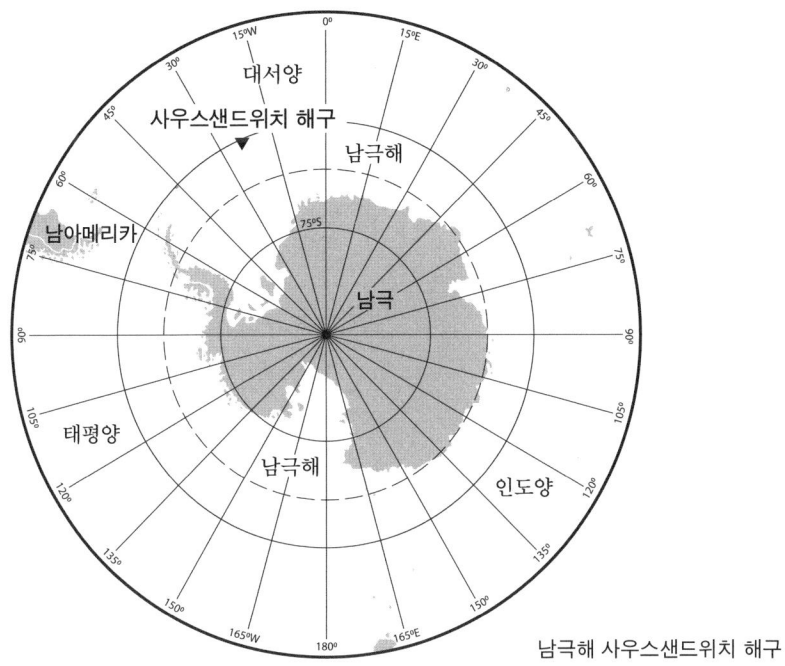

남극해 사우스샌드위치 해구

는 책상 앞에 앉아 들어오는 실시간 데이터를 지켜보고 있던 캐시와 보핸에게 생각나는 숫자를 외쳐댔다. "12!" 프레셔드롭호가 실제로 딱 12도 기울었을 때 누군가가 소리를 내질렀다.

　배가 사우스샌드위치 해구의 남쪽 끝에 도착하자 캐시와 보핸의 시간도 바쁘게 돌아가기 시작했다. 보핸은 야간 근무를 맡아 해구 위를 오가며 측선을 그었다. 아침에는 캐시가 자리를 넘겨받아 데이터를 해석하고 보고서를 작성하고 회의에 참석했다. 두 지도 제작자는 소나가 있는 책상에 붙어 오차가 나타나자마자 포착하고 제거하려 애썼다. 흘수선 위에서 얻었든 아래에서 얻었든 모든 측정치에는 불확실성이 얼마간 수반된다. 나로서는 해양 지도 제작자의 작업에서 이 부분이 가장 이해하기 어려웠다. 단단한 육지를 디딘 채 자를 들고 있다면 이 원칙을 이해하기가 어려울 것이다. 1인치는 언제든 1인치 아니겠는가? 하지만 내가 노틸러스호에서 봤듯 어떤 측정치에도 오차는 기어코 기어들고 만다. 지형이 극단적일수록 불확실성도 커지며 이를 예측하는 통계 방정식도 변한다. 남극해에서 배가 앞뒤, 상하로 흔들린다는 것은 지구 측량에서 극한의 극한 상황이다. 오차는 무조건 끼어들 수밖에 없다.

"빅터는 아주 점잖고 친절한 사람이지만 한편으로는 이런 기운을 풍기죠. '난 최심부가 어딘지 꼭 알아야겠어요. 1년 만에 틀렸단 소리가 나오는 일은 없어야 할 겁니다.'" 보핸이 말했다.

프레셔드롭호가 오기 전까지 남극해 대부분은 지도화되어 있지 않았다. 이는 사우스샌드위치 해구에도 해당하는 말이다. 해구의 91%가 지도화되지 않은 상태였고 기존 지도는 대개 위성 관측으로 그린 것이었다. EM124는 위성으로 관측한 해저의 흐릿한 지형을 주름지고 갈라지고 찢어진 선명한 3차원 지형으로 바꿔놓았다. 알려진 것과 알려지지 않은 것의 대조가 너무나 뚜렷했다. 눈에 맞는 안경을 처음으로 쓴 느낌이었다. 잔뜩 흥분한 빅터는 새 지도를 여러 장 인쇄해 배 곳곳에 붙였다. 캐시가 말했다. "지도 제작이 무엇인지 빅터에게 제대로 보여줄 수 있었던 것 같아요. 배에 탄 사람들 대부분이 (해저 지형) 지도를 본 적이 한 번도 없었고 지도 제작이 무슨 일인지도 잘 모르던 상황에서 그 여정에 이 작업이 얼마나 귀중한지를 증명할 수 있었죠."

사우스샌드위치 해구 위에 배가 도착하고 얼마 되지 않아 스코틀랜드인 선장과 독일인 빙해 도선사는 날씨가 잔잔해지고 기상 조건이 좋아지는 시기가 다가오고 있음을 포착했다. 잠수하기에 가장 좋은 날은 2019년 2월 4일 오전으로 정해졌다. 캐시는 소나 앞에서 하루를 꼬박 보낸 뒤였지만 흥분감에 잠이 오지 않았다. 그래서 해구 위로 막바지 측선을 그으며 보핸과 밤을 새우기로 했다. 캐시는 책상에 있던 공룡 포스트잇 뭉치를 집어 건식 실험실에 돌리며 공지했다. "자, 여러분, 숫자를 맞춰보세요." 그 구역에서 최심부가 있을 만한 후보는 세 곳이었다. 그날 밤 배의 대원들은 바다 전체에서 가장 깊은 지점이 어디인지 알아낼 역사적인 순간을 앞두고 있었다.

보핸은 그날 저녁 늦게까지 "캐시와 함께 그냥 컴퓨터 앞에 앉아" 숫자가 들어오는 것을 지켜봤다고 기억했다. 그러다 느닷없이, 최심부가 있으리라고 누구도 예상하지 않은 해저분지에서 최고 숫자가 나타났다.[4] 그 순간은 수많은 발견의 순간이 그랬듯 고요했다. "유레카!"를 외치거나 배의 다른 사람들을 죄다 깨우지도 않았다. 지도 제작자 두 명이 연구실에 덩그러니 있을 뿐이었다. 두 사람은 서로를 바라봤다. 보핸은 말했다. "그냥 이랬어요. '이거네요. 세상에. 이제 뭘 하죠?'"

한 전기 엔지니어가 찍은 숫자가 당첨되었다. 남극해 최심부는 7432미터, 오차 범위 플러스마이너스 13미터였다.[5] 두 사람이 남극해의 최심부를 발견한 지 겨우 몇 시간 만인 이튿날 아침 빅터 베스코보가 그곳으로 잠수했다.

남극해는 다른 면에서도 특별하다. 이곳은 인간의 영향이 미치지 않은 곳이 최대 50%인, 지구에 얼마 남지 않은 마지막 해양 원생 자연이다. 빅터는 남극해 아래로 가라앉으며 관측창을 스치는 해양 생물들에 매료되었다. 물에 뛰어드는 펭귄, 해파리 떼, 물을 촘촘하게 메운 플랑크톤. "그 추운 위도에서 생명 활동이 그렇게 활발하다는 데 놀랐다"고 빅터는 회상했다. 빅터가 보는 광경은 기업형 남획과 오염, 기후변화로 돌이킬 수 없이 훼손되기 전의 바다였다. 남극

크릴은 남극해에 특히 풍부한 생물체다. 새우를 닮은 갑각류로 빽빽하게 떼를 지어 헤엄치며 바다를 적갈색으로 물들인다. 크릴은 남극 생태계에서 더 작은 식물플랑크톤과 해빙미세조류를 먹이로 삼고 물범과 고래, 바닷새, 물고기, 오징어 같은 더 큰 동물에게 먹이가 되어주는 중요한 중간 관리자 역할을 한다.

그러나 접근성 좋은 다른 바다들을 바꿔놓은 힘 앞에 남극해라고 자유롭지는 않다. 배보다는 공장에 가까워 보이는 어선이 노르웨이, 중국, 한국 등 멀리 떨어진 곳에서 여기까지 항해해 와 매년 60만톤이 넘는 크릴을 퍼 올린다. 이 갑각류는 성장 중인 오메가3 비타민 시장으로 팔려간다. 캘리포니아는 이 자그마한 동물이 생태계에서 제 몸집보다 훨씬 큰 역할을 한다는 것을 인지하고 2006년 크릴 어획을 완전히 금지했다.[6] 남극해에서 해양 보존 협정으로 보호되는 곳은 1%가 채 되지 않으며 이 바다 대부분은 국가 관할권 밖에 있다.[7]

빅터는 해구 밑바닥에 도달해 다른 사실도 알아차렸다. 이곳 퇴적물은 밀도가 높고 거칠어, 땅콩버터처럼 매끄럽고 곱던 대서양 푸에르토리코 해구와는 딴판이라는 것을 말이다. 승선 지질학자 헤더 스튜어트는 화산암이 해저에 흩어져 있을지도 모른다고 빅터에게 말한 바 있었다.[8] 해저에서 한 해구의 밑바닥을 이 정도로 들여다본 사람이 세상에 몇 명이나 있을까. 각기 다른 바다의 해구를 두 곳 이상 본 사람은 말할 것도 없으리라. 빅터는 해저가 실제로 얼마나 다채로운 곳인지를 체험에 근거해 세상에 알릴 수 있는 보기 드문 인물이 되어가고 있었다.

사우스샌드위치 해구를 두 시간 동안 거닐고 빅터와 잠수정은 다시 수면에 떠올랐다. 수심 측정기는 7434.4미터를 기록했다. 푸에르토리코 해구 때와 마찬가지로 지도 제작자들이 예측한 값은 최종 수치와 불과 몇십 센티미터 차이였다. "아름다웠죠." 보핸이 함박웃음을 지으며 그때를 회상했다.

## 극한의 항해와 실패한 심해 생물 채집

프레셔드롭호의 승선 지도 제작자들은 날아갈 듯한 기분이었지만 과학팀의 일은 순조롭지 않았다. 스코틀랜드인 수석 과학자 앨런 제이미슨은 남극 항해 유경험자였는데도 처량하기 짝이 없는 시간을 보내고 있었다. 그의 기억이다. "날씨가 너무 나빴어요. 5, 6주 동안 매일같이 두들겨 맞기만 했다니까요." 벙벙한 생존 슈트를 입고 갑판을 돌아다니는 과학팀 위로는 축축한 눈이 두툼하게 내려앉았다. 프레셔드롭호가 파랑에 출렁일 때마다 과학자들은 뱃전 너머 영하의 바다로 내던져지지 않도록 얼음장 같은 난간에 매달렸다.

제이미슨은 철제 프레임이 달린 랜더lander라는 시료 채집 장치를 세 대 챙겨 왔다. 랜더는 심해 과학 연구의 만능 칼이다. 온도, 염도, 퇴적물, 깊이 등 거의 모든 요소를 감지하고 시료를 채집할 수 있으며 심해 생물을 포획할 수도 있다. 미끼를 달 수 있어 바다 생물을 끌어들이고 고화질 카메라도 장착되어 있어 수많은 새로운 종의 첫 모습을 기록한다. 유인 잠수정이나 노틸러스호의 허큘리스호 같은 원격 무인 잠수정과 비교하면 랜더는 심해에서 비교적 적은 비용으로 최대한 많은 데이터를 모을 수 있는 수단이다. 제이미슨은 10만 달러를 들여 프레셔드롭호에 랜더 두 대를 손수 조립했다. 보조금 10만 달러로 구입한 세 번째 랜더에는 심해 퇴적물을 확보할 수 있는 코어 채취기가 포함되어 있었다.[9]

바다로 나가 시료를 채집하려면 시간과 돈이 든다는 점 때문에 발목이 잡힌 심해 과학자들은 지리적으로 한정된 질문밖에 할 수 없을 때가 많다. 파이브딥스 엑스퍼디션은 세계의 심해 해구를 하나로 묶어주는 것이 무엇이냐는 포괄적인 질문을 제기할 수 있는 드문 기회였다. 이론적으로는 각각 떨어져 있는 해구는 갈라파고스 제도처럼 저마다 고유하게 진화한 동물들이 존재할 법도 하다. 그러나 심해 생물은 다 비슷하다. 왜일까? 탐사대의 지질학자 헤더 스튜어트는 여러 퇴적물 시료로 하달존 해구의 지질학적 과거를 종합하고 사태나 지진이 언제 또 일어날지를 예측하고자 했다. 심해에 관해서라면 지질학에서든 생물학에서든 알아야 할 것이 너무나 많기에 질문은 기초적인 발견 기반 연구로 이어지기 일쑤다. 과학자가 여기에 답하려면 명백하고 객관적인 데이터가 필요하다.

프레셔드롭호가 남위 60도선을 넘어 남대서양으로 북상하자 험악한 날씨가 덮쳤다. 다음 며칠간 배는 사우스샌드위치 해구를 따라 북쪽으로 나아가면서 965킬로미터 길이 전체를 지도화할 예정이었다. 캐시와 보핸에게는 우연한 발견이 줄줄이 이어졌다. 지도에 없던 해산 하나가 해저에서 수천 미터 높이로 솟아올랐고, 이 산이 화면에 모습을 드러낼수록 보핸의 기대도 부풀었다. 보핸의 말이다. "이 정보를 어떻게 쓸지, 누구한테 말할지 모르겠더라고요. 아무도 모르는 산이라니! 그런 순간이면 우주비행사의 심정이 이럴까 상상하게 돼요. 세상과 아득하게 떨어져 있는 기분이 들죠."

과학팀은 해구의 최심부로 여겨지는 미티어 해연에 도착하기에 앞서 프레셔드롭호 갑판에서 랜더 세 대를 투입했다. 제이미슨은 그 기술의 선구자였고 수년간 랜더 수백 대를 투입한 경험이 있었다. (제이미슨의 박사학위 논문 제목은 〈중층대, 심해저대, 하달존 수심의 생물학 연구를 위한 자율 랜더 기술)이었다.) 하지만 이렇게 악재가 겹치는 날은 처음이었다. 퇴적물 시료 채집기가 달린 랜더는 작동 이상으로 시료를 하나도 모으지 못했다. 다른 랜더는 끝까지 수면으로 올라오지 않았고 대원들은 그걸 찾느라 쌍안경을 들고 거친 바다를 훑으며 세 시간을 소모했다. 세 번째 랜더는 바다를 휘감는 파랑 속에서 떠올랐으나 대원들이 회수하려던 중에 배의 프로펠러가 배와 연결된 랜더의 줄을 끊어버렸다. 랜더는 순식간에 바다로 빠져 자취를 감췄고, 되찾을 길도 없었다.[10] 제이미슨은 망연자실했다. 몇 시간 사이에 어마어마하게 비싼 개인 장비 랜더 두 대와 지도화도 안 된 하달존 해구의 중대한 시료를 놓친 것이었다. 빅터는 새 현장에 '씁쓸해연'이란 이름을 붙이면 어떻겠냐고 제안했지만, 제이미슨은 웃을 기분이 아니었다.

다음 날에도 운수는 계속 사나웠다. 제이미슨의 잠수정 탑승 일정이 악천후로 취소된 것이다. 랜더를 심해로 투입하고, 원격 무인 잠수정을 조작하며 토막 영상과 사진, 관에 담긴 퇴적물 시료, 랜더에 포획되었으나 수면으로 올라오는 동안 버티지 못하고 죽은 동물을 모아 하달존의 생태계를 짜 맞춘 세월이 수년이었지만 그가 직접 하달존을 체험한 적은 단 한 번도 없었다. 전 세계 심해 생물학자는 약 500명으로 추정되는데 심해 잠수정은 한 손으로 꼽을 정도이다 보니 사람들은 너도나도 눈독 들이는 잠수정 승선 기회를 몇 년씩 기다려야 했다.[11] 누군가가 다른 고참 후보를 앞질러 자리를 차지했다가는 몇 년간 갈등이 곪기도 한다. 제이미슨의 실망감은 이루 말할 수 없었다.

배는 초승달 모양의 해구 가운데에 있는 미티어 해연으로 가던 길을 계속 갔다. 그 무렵 날씨는 굳다 못해 험악해졌다. 강력한 돌풍이 바다를 할퀴었고 3미터짜리 너울이 물을 휘저었다. 끔찍한 날씨는 EM124에도 길게 흔적을 남겼다. 탐사 초반의 깔끔하고 선명했던 선은 들쑥날쑥 번진 자국으로 변했다. "저희가 고생한 건 너무 심하게 배가 앞뒤로 요동쳤기 때문이에요." 캐시가 설명했다. 캐시는 그 구간에서 뱃멀미가 난다는 말은 물론이고 불편하다는 말조차 일절 꺼내지 않았다.

좌우동요roll, 선수동요yaw, 앞뒤동요pitch, 이런 말은 선박의 운동을 이르는 용어이며 각 운동은 EM124에 조금씩 다르게 영향을 미친다. 배가 좌현과 우현으로 흔들리는 좌우동요는 음향 면에서 EM124의 주사 대역 외곽에 물결과 요철을 만든다. 뱃머리가 좌우로 움직이는 선수동요가 소나에 남기는 영향은 손볼 수 있는 정도다. 앞뒤동요는 배가 선수와 선미로 흔들리는 경우인데 지도 제작에는 최악이다. 캐시가 설명했다. "배가 앞뒤로 흔들리면 골치 아파지죠. 물거품이 아래로 쫙 내려와 배 밑으로 밀려들어가거든요." 배 아래로 깔리는 물거품은 소나를 차단해 EM124와 해저의 연결을 끊어내어, 내가 노틸러스호를 타고 포인트콘셉션에서 봤던 날라리 데이터와 마구잡이로 번진 데이터를 만들었다.

빅터의 잠수는 성공적이었지만 프레셔드롭호의 사기는 땅에 떨어져 있었다. 다들 집이 그리워 죽을 맛이었다. 몇 주 동안 아무도 육지를 보지 못했다. 3미터짜리 너울 탓에 잠을 자기란 불가능이나 다름없었다. 장비는 잃어버렸고 잠수는 취소되었고 날씨는 끔찍하니 선내 분위기는 팍팍해지기만 했다. 파이브딥스가 푸에르토리코에서 키웠던 협동 정신은 너무도 아득하게 느껴졌다. 남반구의 겨울이 빠르게 가까워지고 있었기에 프레셔드롭호는 여정을 중단하고 2주 거리인 케이프타운으로 북상했다. 배가 사우스샌드위치 해구의 북단으로 나아가던 중 EM124는 중심 줄기에서 갈라져 나온 또 다른 해구 하나를 탐지했다. 위성 관측 지도에는 아예 빠져 있던 해구였다. 지도 제작자들은 이 이름 없는 새 지점을 측량하여 미티어 해연이 아닌 이곳에 사우스샌드위치 해구의 진짜 최심부가 있음을 발견했다. 두 지도 제작자는 바다에 나온 지 한 달도 안 되어 한 세기 가까이 통용되던 기초 지식을 뒤엎어 버렸다.

"일이 끝나면 위키피디아를 수정해야 할 것 같다." 빅터는 이후 들뜬 마음으로 블로그에 글을 썼다. 배가 케이프타운으로 가는 긴 항해를 시작하자 빅터는 위키피디아에서 사우스샌드위치 해구 항목을 손보는 작업에 들어갔다. "남위 60도선 아래의 최심부이자 남극해의 최심부인 이곳에 빅터 베스코보는 팩토리언 해연이라는 이름을 붙였다. 이 이름이 공식 명칭이 되기를 바라는 마음이다."[12]

그러다 갑자기, 미티어 해연 쪽의 날이 갠다는 일기 예보가 떴다. 제이미슨의 기억이다. "(빅터가) 어느 날 제 사무실로 들어오더군요." 미티어 해연에 잠수하게 뱃머리를 돌릴 수도 있다는 이야기였다. 제이미슨은 별안간 빅터와 함께하는 막판 잠수를 위해 옷을 갖춰 입게 되었다. 날씨는 거칠었지만 해볼 만했다. 프레셔드롭호는 잠수 개시를 기다리는 두 남자를 태운 잠수정을 잠수 지점 좌표로 예인했다. 그때 큰 파랑이 치솟아 잠수정이 배 선미에 들이박혔다. 제이미슨은 눈이 휘둥그레졌다. 빅터는 잠수정 제어반을 가리키며 아무 문제 없다고 제이미슨을 안심시켰다. 모든 버튼에 '진행해도 좋다'는 의미의 초록불이 켜져 있었다. 제이미슨과 빅터가 잠시 뜸을 들이는 동안 진수용 소형 보트가 잠수정으로 와 외부에서 손상을 점검했다. 이어서 무전기가 지직거리더니 잠수해도 좋다고 했다. 빅터가 밸브를 열자 잠수정의 빈 밸러스트 탱크에 물이 밀려들었고 리미팅팩터호는 파도 아래로 빨려 들어갔다. 제이미슨이 회상했다. "수면에서 멀어질 때는 3노트시속 5.5킬로미터로 갑니다. 햇빛이 들어오다가 다섯, 넷, 셋, 둘, 하나를 세고 나면 깜깜해지죠. 얼마나 운치 있는지 몰라요."

두 사람이 바다를 가르고 빠르게 가라앉기 시작해 수심 500미터에 도달하자마자 수중 전화기에서 지시가 들렸다. 잠수를 중단하라는 지시였다. 잠수정이 모습을 감춘 뒤 해수면에 남아 반짝이는 기름 유막을 한 대원이 발견한 것이었다. 아까의 충돌로 수중 카메라를 잠수정에 연결하는 케이블이 끊겼고 그 케이블에서 기름이 새고 있었다. 그러다 잠수정 정선 박스에 해수가 흘러들면 서로 연결되어 있는 데다 비용도 많이 잡아먹을 문제들이 줄줄이 터져 결국 잠수정이 바닥에 도달하지 못할 수도 있었다. 패트릭 레이히가 중단 명령을 내렸고, 두 사람은 수면으로 돌아왔다.[13]

제이미슨의 기분은 가라앉을 대로 가라앉아 버렸다. 정말 조금만 더 가면 하달존을 자기 눈으로 볼 수 있었는데 돌발 파랑 탓에 발길을 돌리고 말다니. 빅터와 함께 잠수정 밖으로 나오는 제이미슨의 얼굴에는 실망감이 가득했다. 촬영팀은 인터뷰 좀 하자며 고개를 디밀어 제이미슨의 신경을 더 긁어놓았다.

손상된 잠수함을 배에 도로 단단히 묶은 프레셔드롭호는 이제 한눈팔지 않고 남아프리카로 향했다. 12일 후 대원들은 육지를 발견했다. 해변의 고층 콘도들이 벽을 이루며 케이프타운 해안을 둘러싸고 있었다. 혹등고래 무리가 배를 항구로 안내했다.[14] 제이미슨은 장비를 잃어버렸고 잠수 기회를 날렸다는 생각에 여전히 속을 끓이고 있었다. 바다에서 수개월을 보냈건만 과학적으로는 허탕을 친 느낌이었다. 대서양 밑바닥에 잠수정 팔을 가라앉히고 남극해에서 랜더 두 대를 잃은 것이 다였다. 탐사를 그만둘지 점점 고민되었다. 배가 부두에 들어간 뒤 제이미슨은 앞으로 이 배와 파이브딥스 사람들을 다시 볼 일은 없다고 생각하며 영국으로 돌아갔다.


## 남극해 지도, 세계 지도의 귀한 퍼즐 조각

파이브딥스가 남극해에서 돌아오고 얼마 지나지 않아 나는 캐시와 줌으로 그간의 소식을 나눴다. 공유 화면으로 캐시가 대략 워싱턴 DC와 맞먹는 167제곱킬로미터 면적의 남극해 해저 지도를 회전하고 수정하고 정제하는 모습을 지켜봤다. 빨강과 주황 점이 수천 개는 있었고 각각이 해저의 약 93제곱미터를 나타냈다. 캐시가 소용돌이를 뒤로 물리자 점들은 서서히 사우스샌드위치 해구의 또렷한 V 자 모양이 되었다. 자석 그림판 장난감으로 그린 그림 같기도 했다. "원래는 손쓰기도 막막할 만큼 엉망이었어요." 캐시가 배의 앞뒤동요로 측심치가 V 모양 해구와 한참 떨어진 곳까지 번진 부분을 가리켰다. 날라리로 통하는 길 잃은 점들은 해구 옆에 둥둥 떠 있거나 해구 가운데를 맴돌고 있었다. 날라리가 통계적으로 말이 안 되기는 해도 일부가 사실일 가능성은 늘 희박하게나마 있었다. 캐시는 아주 오랜 시간 측심치를 정리해 왔기에 신속하게 작업하며 길 잃은 점들을 망설임 없이 삭제했다. 캐시는 "제가 정제하는 방식이 좀 과격할 수는 있죠"라며 시인했다. 지도가 제작되는 방식에는 정제 작업자에 따른 기교가 들어간다. "똑같은 데이터 세트를 써도 두 사람이 똑같은 지도를 내놓는 일은 절대 없어요." 캐시는 설명하며 점을 더 지웠다.

    캐시와 보핸이 남극해에서 지도화한 면적은 총 1만 5000제곱킬로미터로 벨기에 면적의 절반쯤 되었다. 이곳의 지형은 거의 전체가 과학계에는 새로웠다. 캐시가 말했다. "저희가 사우스샌드위치 해구의 완전한 데이터 세트를 처음으로 모은 게 되더군요." 제이미슨도 남극해 생활에 진저리를 내긴 했지만 새 지도가 눈부시다는 것은 인정하지 않을 수 없었다. "수련을 흐릿하게 그린 옛날 모네 그림을 떠올려 보세요. 거기에 카라바조극적인 명암 대비가 특징인 바로크 시대 이탈리아 화가가 나타나 그림을 채운 겁니다."

해저의 퍼즐을 맞추는 캐시를 지켜보고 있으면 어쩐지 마음이 진정되었다. 누군가가 세상을 다시 정돈하는 모습을 지켜보는 것만 같았다. 대원들도 그런 반응을 보였다고 한다. 캐시가 프레셔드롭호에서 날라리 데이터를 정제하고 있으면, 생물학자나 배의 사관은 정신없는 건식 실험실 한복판의 캐시 책상을 지나치면서 캐시의 작업 화면에서 합쳐지는 해산과 협곡에 흘긋 눈길을 줬다가 그 광경에 꼼짝없이 발길이 붙들리곤 했다. 이런 일이 워낙 잦아 캐시는 지도 정제 작업을 '소나 테라피'라 부르게 되었다. 작업하는 모습이 지나다니는 사람들에게 명상 비슷한 효과를 줘서이기도 했고 작업 중인 그녀에게 사람들이 감정 상태를 털어놓고 가는 경향이 있어서였기도 했다.

빅터가 시베드2030과 체결한 협약에 따라 프레셔드롭호에서 제작되는 지도는 모두 세계 지도로 들어가야 했다. 캐시는 데이터 원본을 매끈하게 손질한 다음, 수 테라바이트 분량의 새 지형 자료를 하드디스크에 업로드해 콜로라도 볼더로 부쳤다. 유리와 벽돌로 지어져 로키산맥 기슭에서 반짝이는 국립해양대기청 건물에는 국제수로기구IHO의 디지털수심측량데이터센터Data Centre for Digital Bathymetry, DCDB가 있다. 디스크 드라이브가 돌아가는 방으로 칸칸이 들어찬 이 자료 보관소에 세계에서 모인 해저 관련 집단 지식 대부분이 보관되어 있다.

1990년, 종이 지도에서 디지털 지도로 넘어가는 전환기에 설립된 디지털수심측량데이터센터는 현재 압축 파일로 40테라바이트에 달하는 해저 측심 데이터를 보관하고 있다. 데이터센터에 기여도가 가장 높은 주체는 17척 가까이 되는 미국의 학술 선단이지만, 데이터는 세계 각국의 정부와 산업계, 학계의 지도 제작자들로부터 시시각각 계속 들어오고 있다. 캐시의 하드디스크가 데이터센터에 도착하면 그 데이터는 더 큰 지도에 흡수될 것이다. 그러면 지도 뒤의 제작자 이름은 사라지고 지도는 세계의 자산이 된다. 데이터는 포인트 단위로 정리되어 누구나 자유롭고 공개적으로 이용할 수 있는 최초의 완전한 해저 지도가 되는 것이다.

시베드2030이 기존의 해양 지도와 근본적으로 다르리란 점은 아무리 강조해도 지나치지 않다. 너무도 오랜 세월 동안 해양 지도 제작은 정보를 나누고 협업하기보다는 정보를 쌓아 꽁꽁 감추는 방식이었다. 16세기의 시베드2030이라 할 수 있는 '파드론 레알Padrón Real'은 그러한 역사가 잘 드러나는 사례다. 스페인 왕국의 새로운 영토를 모두 담은 이 전도는 1503년 세계에서 제일 오래된 수로 측량 부서가 세워진 세비야의 인도 무역관 벽에 걸려 있었을 것이다. 당시 스페인은 바다에서 가장 치열한 경쟁 상대였던 포르투갈과 나란히 항해사를 파견해 신세계를 탐험하고 있었다. 크리스토퍼 콜럼버스는 1500년에 이미 항해를 세 번이나 마친 상태였다. 스페인으로 귀환한 항해사는 새로 주석을 단 지도 전부를 수석 천지학자天地學者와 무역관을 관리하던 수석 항해사에게 즉시 넘기라는 명령을 받았다. 이 두 사람은 해류와 수심, 해안선에 대해 점점 불어나던 스페인의 지식을 금고에 넣고 자물쇠를 채워 단단히 간수했다. 세작과 지도 밀

수꾼은 무역관 주위를 맴돌며 기밀 지도를 훔칠 기회를 엿봤다. 베네치아 출신 항해사 세바스티안 카보트Sebastian Cabot가 스페인의 항법 기밀을 영국에 팔려 한 뒤로 스페인 국왕은 스페인 배에 오르는 항해사와 선원이 반드시 전원 스페인 사람이어야 한다고 명했다. 포르투갈은 이보다도 극단적인 조치를 했다. 포르투갈 항해사들은 활동을 글이나 지도로 거의 남기지 않았는데, 항해 중에 발견한 사실이나 탐험 계획을 누설하면 사형에 처해졌다. 훗날 스페인과 포르투갈을 제치고 해상 패권을 장악한 네덜란드 동인도회사는 동인도 식민지로 가는 항로를 기록한 비밀 지도책을 따로 간직했다.

18세기에 이르자 그런 비밀주의는 점차 효력을 잃었다. 지도 역사 연구가 로이드 브라운은 이렇게 썼다. "'바다의 비밀'이라던 것 대부분이 이제 비밀이 아니었는데도 여전히 부실하거나 상충하는 정보로 인해 배와 귀중한 화물을 잃는 경우가 너무 많았다." 대다수 "나라는 국제적 수준에서 협력할 준비가 된 상태였고 대체로 그럴 의지도 있었다."[15] 오늘날 우리가 아는 현대 해운업계의 토대는 항법도 중심의 협업과 변화하는 해양 환경 정보의 공유에 있다.

해안선과 바다 측량이 예전처럼 은밀한 작업이 아닌 지금도 바다의 깊이는 수수께끼에 둘러싸여 있다. 해저의 4분의 1 정도만 정확히 지도화된 세상이니 지도화되지 않은 지형을 다른 나라보다 더 많이 알면 여전히 군사적으로 유리하다. 2021년 분쟁이 뜨거운 태평양의 수로 남중국해 어딘가에서 30억 달러짜리 미국 핵잠수함 코네티컷호가 해산에 충돌했다. 지난 수십 년간 중국은 국제법과 동남아시아 사람들이 이 수역을 공유해 온 천년의 관습을 무시하고 남중국해 대부분에 대한 영유권을 주장하는 근거를 만들었다. 미국은 공해 항행의 자유를 수호하는 의지를 표방하는 차원에서 남중국해에 주기적으로 해군 전함을 파견하지만, 그 잠수함 충돌 사고로 미 해군이 수면 아래에서 훨씬 더 많은 일을 하고 있을지도 모른다는 사실이 드러났다. 미 국방부는 충돌 발생 지점의 공개를 거부했지만, 스크립스해양연구소의 지구물리학자 데이비드 샌드웰은 위성으로 측정한 지구 중력장을 남중국해 지도와 중첩한 다음 GEBCO 해도와 비교해 잠수함이 충돌했을 만한 미답의 해산 스물일곱 곳을 확인했다고 CNN에 밝혔다. 이 해산 스물일곱 곳은 해도에 표기되어 있지 않았다.[16] (이후 과학자 지인에게 듣기로 해군은 샌드웰의 행동을 달가워하지 않았다고 한다.)

오늘날 많은 국가에서는 한 나라의 영해 안을 측량하는 것을 그 나라의 영유권을 침해하는 행위로 보는 사고가 지배적이다. 여기에 시베드2030이 마주한 핵심 난관이 있다. 세계가 협력하지 않는데 어떻게 완전한 세계 지도를 구축할 수 있겠는가?

## 새로 발견한 해저 지형에 이름을 붙일 권리

캐시는 프레셔드롭호에 있는 동안 우리가 발견하는 새로운 해산과 해저협곡에 모두 이름이 필요하다는 말을 빅터에게 가볍게 하곤 했다. 남극해에서만 해도 새로 발견한 해저융기부와 해산, 해연이 수십 곳이었다. 빅터는 탐사 자금을 댔기에 이런 지형에 이름을 붙일 권리가 있었다. 이 말에 빅터는 뛸 듯이 기뻐했다. "전혀 몰랐어요! 이름은 어떻게 붙이죠?" 빅터가 궁금증을 토해냈다. "실제로 접촉해야 하나요? 일정 해상도로 지도화해야 해요? 그 해상도는 얼마죠?" 캐시가 말했다. "음, 네. 앞서 누구도 확인하거나 잠수한 적이 없는 곳이니까, 그렇죠, 빅터가 이름을 붙이게 될 거예요."

빅터는 이름 붙이기에 특별한 취미가 있다. 프레셔드롭이라는 이름과 이 배의 과학 연구용 랜더 이름(플레어, 스캐프, 클로스프)은 모두 스코틀랜드 작가 이언 뱅크스Iain Banks의 SF 소설에서 따왔다.[17] 반려견에게는 모두 러시아식 이름(라스푸틴, 미샤, 니콜라이)을 지어 줬고 자동차 이름은 모두 G로 시작한다. 빅터는 이름마다 역사와 규칙, 사적인 농담을 녹이는 식으로 이름 짓기에 엄격하게 임했다.

남극해에서도 빅터는 이 전통을 이어갔다. 새로 발견한 지형에는 1920년대에 미티어 해연을 발견한 독일 조사선 메테오르호를 기리는 뜻으로 별자리에서 따온 이름을 여럿 선사했다. 다른 지형에는 별 대신 파이브딥스의 사연을 기념했다. 제이미슨이 과학 연구용 랜더를 잃어버린 해구 깊은 곳에는 약속한 대로 '쓸쓸 해연'이라는 이름을 붙였다. 빅터는 말했다. "제이미슨도 처음에는 언짢아했지만 나중에는 괜찮다고 했어요."

빅터 베스코보 같은 사람이 나타나는 것은 무척 드문 일이다. 최신 측량 장비를 갖추고 테라바이트 분량의 고품질 지도를 거저 내주는 갑부 탐험가라니. 시베드2030이 그런 기부의 보답으로 제공할 수 있는 것이 많지 않은데 명명권은 하나의 '당근'이 된다. "당장 심해 지도화에 주어지는 몇 안 되는 유인이죠." 캐시가 말했다. 파이브딥스 지도 제작 수석으로 캐시가 할 일은 빅터의 명명권을 뒷받침할 과학적 증거를 모으는 것이었다. 캐시는 해저 지도를 샅샅이 훑으며 새로 발견한 해저 지형을 식별하는 자잘한 데이터 조각을 골라냈다. 작업은 생각보다 까다로웠다. 하나의 해산이 끝나고 다른 해산이 시작하는 선을 어떻게 그려야 할지가 항상 명확한 것은 아니었다. 과학보다는 예술 활동에 가깝다는 느낌도 간간이 들었다.

캐시는 앨런 제이미슨과 함께 각각의 새로운 지형을 별도의 제 안서에 담고 새 지형을 해저에 고정할 해저 지형도, 설명서, 좌표, 다 각형을 동봉해 완성했다. 이어서 두 사람은 국가 관할권 밖 해저의 공식 명명위원회인 GEBCO의 SCUFNSub-Committee on Undersea Feature Names, 해저지명소위원회에 서류를 제출했다.

지도에 지형 이름을 끄적거리는 것이 지도를 완성하는 마지막 단계처럼 보일 수도 있다. 하지만 해양 지도 제작의 세계에서는 이보 다 훨씬 복잡하고 정치적인 문제가 얽혀 있다. ('스커핀'이라고 발음 하는) SCUFN은 GEBCO 산하의 여러 소위원회 중 하나로, 시베드 2030에서 데이터를 수집하는 역할을 한다. 이런 소위원회는 전부 SCRUM, SCOPE, TSCOM처럼 발음할라치면 알파벳 뭉치가 목에 턱 턱 걸리는 약자를 쓴다. 각각 열두 명 이상의 위원으로 구성되며 위 원 대다수는 과학자로, 기술 업그레이드나 공공 홍보 등 지도 제작의 제한된 측면에 대해 토론하고 논의한다. 이런 고된 작업은 돈이 거의 안 되고 화려한 일은 더더욱 아니다. 대개는 대학이나 수로 관련 정 부 부처의 정식 업무에 얹혀, 열정으로 맡는 프로젝트다. SCUFN의 열두 위원 역시 무상으로 활동하는 전문가들인데, 이 소위원회는 다 른 위원회보다 한층 더 형식적이고 엄격하다. 구조는 미로 같고 위원 이 되기 위한 규칙도 정해져 있다. 5개 상임이사국으로 구성된 유엔 안전보장이사회처럼 몇몇 나라는 반드시 포함되어야 한다. 그 예로 한 러시아 위원은 40년 동안 SCUFN에서 자리를 지키고 있다.[18]

"(SCUFN은) 해저 지형 명명에 훨씬 공식적인 법적 권한을 쥐고 있습니다. 그래서 대단히 정치적인 성격을 띠게 되었죠. 지금도 정치 적인 건 여전하고요." GEBCO의 오랜 회원인 로빈 팰커너가 내게 일 러줬다. "어떻게 보면 이런 점에서 해저 지도를 만드는 나머지 과정과 다릅니다."

　일반적으로 자연지리학자는 정치적 분쟁을 피하려 한다. 이들의 관심은 땅을 차지하려는 인간보다는 그 지형을 설명하는 데 더 있다.[19] 과거에 팰커너는 SCUFN의 일이 만만치 않다고 다른 과학자들에게 가입을 경고한 적이 있다. 해양 전문가들이 자원하여 구성한 조직이니 특별히 영향력 있는 단체로 보이지 않을 수 있지만, SCUFN이란 자리에는 묘한 권력이 있다. 시베드2030의 지도가 확장될수록 막후에서는 공해 해저에서 자국의 이익을 주장하기 위한 정치적 책략이 진행되고 있다. 빅터야 자신이 발견한 해산과 해연을 명명하는 데서 대단한 이득을 기대하지는 않지만, 해저를 명명하는 일에는 강력한 이해관계가 작동한다. 그러다 훗날 그 해저의 소유권을 주장할 수도 있으니 말이다.

# 6장

## 해저에 이름을
## 붙인다는 것

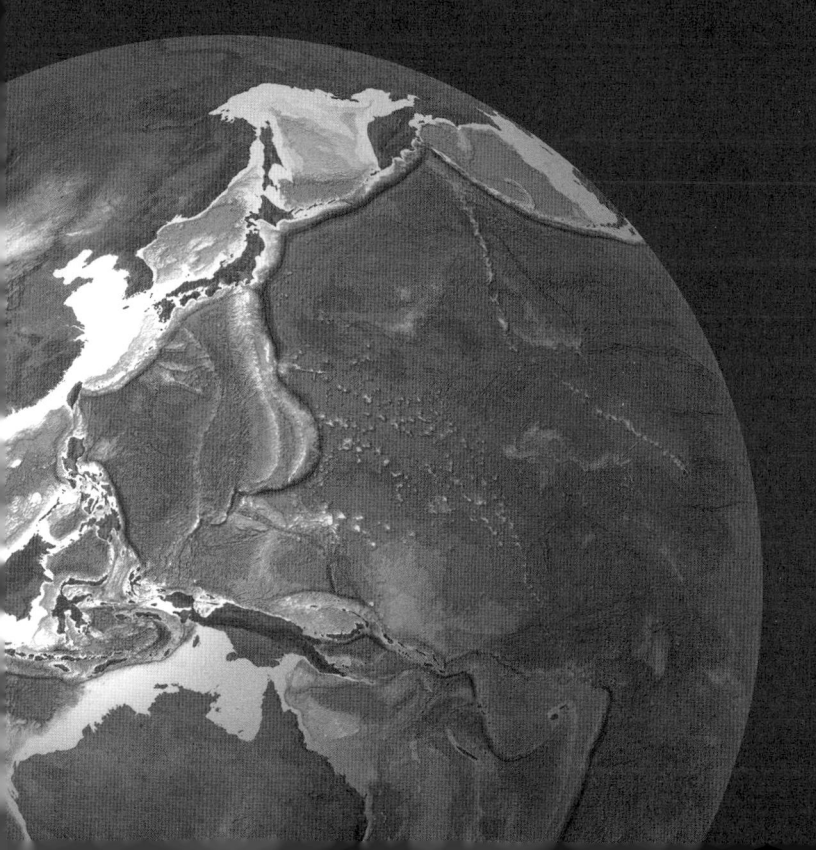

## 해저 지형의 이름을 승인하는 SCUFN 회의

"타협은 제 미들네임이 아닙니다." 건장한 체격에 직설적인 말투를 지녔으며, 미들네임이 '아서'인 뉴질랜드인 케빈 매카이Kevin Mackay가 말했다. 매카이는 SCUFN에서 발언하며 빅터 베스코보가 제안한 남극해 해저 지명을 승인하도록 다른 위원 열한 명을 설득하는 데 혼신의 힘을 쏟고 있었다.

"저는 이 이름들에 찬성합니다. 이름에 담긴 사연이 마음에 들어요." 제안된 열두 개의 지명에 대해 매카이가 자신의 의견을 이야기했다. 그는 특히 '씁쓸 해연'이라는 이름에 끌렸다. "이 사람은 랜더 두 대를 잃었어요. 하나는 배 프로펠러 아래로 떠올랐는데도요. 데이터도 죄다 놓쳤죠. 일진이 좋지 않았고, 실망감에 씁쓸했을 겁니다." 매카이가 허허 웃으며 뉴질랜드의 국립해양대기청이라 할 수 있는 웰링턴 소재 국립수자원대기연구소NIWA에서 자기 의자에 몸을 기댔다.

SCUFN 위원 몇몇은 '씁쓸 해연'이라는 이름에 별 감흥이 없었다. 태즈메이니아에 있는 한 위원은 바다에서 고가의 장비를 잃는 것은 해양과학에서 일상다반사라고 지적했다. "저희도 당장 2주 전에 아주 씁쓸한 상황에서 30만 달러쯤 하는 장비를 잃어버렸습니다." 호바트에 있는 태즈메이니아 대학교 남극해양학연구소의 해양학자 마이크 코핀Mike Coffin이 말했다. 하지만 코핀을 정말 거슬리게 한 것은 '쓸쓸 해연'이라는 이름의 고유성 부족이 아니라(물론 그가 보기에는 이것도 문제였지만) 베스코보가 제안한 이름 대부분이 'B6'라는 멋없는 문서명으로 통하는 SCUFN의 해양 지명 제정 양식을 따르지 않았다는 점이었다.

"저는 신임 위원으로서 (B6를) 따르려는 겁니다. 그래서 이의를 제기합니다." 코핀은 이렇게 말하고 문서 내용을 읊기 시작했다. 해저 지명은 "선박을 비롯한 여타 운송 수단과 탐사기관이나 과학연구 기관"을 기념해야 한다. 유명인을 기리는 이름도 가능하지만 고인이어야 하며, 어떤 식으로든 해양과학에 공헌한 인물이어야 한다. "어제 승인한 이름과 오늘 승인해야 하는 이름은 누가 봐도 이런 지침을 따르지 않았어요." 화상 통화 중인 다른 위원 두 명도 동의한다는 뜻으로 고개를 끄덕였다. 베스코보만 예외로 했다가는 다른 모두가 따라야 하는 규칙이 힘을 잃을 수도 있었다. 순간 SCUFN은 교착 상태에 빠졌다.

이러한 대화를 나는 2020년 후반 샌디에이고의 집에서 헤드셋으로 듣고 있었다. 조 바이든이 대선에서 승리한 지 며칠 지나지 않았을 때였고 SCUFN은 45년 역사상 첫 화상 회의를 열고 있었다. 러시아 상트페테르부르크에서 개최하기로 되어 있던 그해의 5일짜리 연례 회의는 코로나19 팬데믹으로 취소되었다. SCUFN 위원들은 대신 이틀에 걸쳐 빠듯하게 계획한 여섯 시간 동안 화상으로 모였다. 해저 지형에 붙이려는 50건이 넘는 새 이름의 승인을 처리할 예정이었다. 화상 회의라는 새로운 형식에 맞춰 평소보다 적어진 수였다. 대면으로 진행한 지난 세션에서 SCUFN은 200건에 달하는 새 이름을 처리한 바 있었다.

　SCUFN 회의의 시작을 알리는 의사봉 소리는 없었지만 그런 것을 두드려야 마땅할 분위기였다. 팬데믹으로 10개월째 줌을 사용하고 있는데, 이 회의는 내가 지금껏 참석해 본 화상 회의 중 가장 격식을 차린 자리였다. 위원 열두 명은 오스트레일리아, 중국, 프랑스, 이탈리아, 일본, 케냐, 말레이시아, 멕시코, 뉴질랜드, 러시아, 한국, 미국에서 각각 회의에 참석했다. 해저의 해산, 해저협곡, 해저융기부가 저마다 이름을 얻는 것을 지켜보려는 참관인도 열두 명 남짓 모였다. 나는 그중에서 유일한 기자로, SCUFN 회의에 입회하는 최초의 기자였다. 내 요청을 놓고 위원 사이에는 얼마간 갈등이 있었던 듯했다. 일부 위원은 회의를 비공개로 유지해야 한다는 입장이었다. 그래도 최종적으로 참관 허가는 떨어졌다. 회의가 끝날 때까지 질문하지 않으며, 인터뷰는 동의한 위원에게만 한다는 조건이었다.

　통화에 참여하는 사람들의 시간대를 전부 맞추기란 현실적으로 불가능했으므로 회의는 중부유럽 표준시 기준 오전 7시에 시작되었다. 샌디에이고 기준으로는 오후 10시 시작이었다. 늦은 시각이긴 하지만 최소한 한밤중에 자다 깰 필요는 없었다. 현지 시각이 오전 1시를 넘어가던 동부 해안에서는 한 참관인이 느른한 얼굴로 책상 앞에 구부정하게 앉아 있었다. 컴퓨터에서 나오는 빛이 안경에 반사되어 이 사람이 깨어 있는지는 분간하기 어려웠다. 한국에서는 사람들이 마스크를 쓰고 사무실에 앉아 있었다. 일본에서는 SCUFN 위원이 깃대에 걸린 두 깃발 사이에 끼어 있었다. 베트남에서는 대표가 유엔 회의에라도 참석하듯 '베트남'이라고 쓴 현수막을 앞에 걸고 있었다. 미국의 분위기는 조금 더 느슨했다. 미국 SCUFN 위원은 버지니아 스프링필드에 있는 집의 어둑어둑한 식당에서 아이들이 그린 그림

액자가 가득한 벽을 배경으로 회의에 참석했다. 이 위원은 거의 모든 발언 끝에 "이상"이라는 말을 덧붙여 군대 복무 경험을 드러냈다.

회의가 진행되는 동안 나는 화면 가까이 몸을 붙인 채 머리 위 지붕을 격렬하게 때려대는 빗소리를 뚫고 사람들의 목소리를 들으려 안간힘을 썼다. 캘리포니아는 기록적인 산불이 발생한 여름을 보내고 첫 겨울 폭풍을 맞는 참이었다. 옆방에서는 남편이 잔잔하게 코를 골았다. 가까이에서 몸을 웅크린 개는 간간이 눈을 끔벅이며 "지금까지 안 자고 뭐 해?"라고 나무라듯 나를 올려다봤다. 그날 밤은 이름 하나하나가 모여 해저 지도가 만들어지는 과정을 보면서 지새울 작정이었다. 회의 둘째 날, 남극해에서 발견된 새로운 지형에 빅터가 제안한 열두 가지 이름을 놓고 회의가 시작되었다.

"진행 관련한 질문입니다. 만장일치로 동의해야 합니까?" 케빈 매카이가 끼어들었다. 매카이가 있는 웰링턴은 이제 저녁 7시 30분이었다. 매카이 뒤로 보이는 사무실 창 너머로는 해가 뉘엿뉘엿 기울어 역광이 환하게 비치던 산이 어둠에 잠기고 있었다. 논의는 엉뚱한 길로 빠져 SCUFN의 바이블인 B6의 단어 선택을 놓고 옥신각신하는 판에 이르렀다. 호바트에 있는 마이크 코핀은 B6에서 명명 규칙을 '원칙'이라고 부르는데, 그렇다면 원칙은 신성해야 하지 않느냐며 지적했다. 코핀과 매카이는 원칙의 참된 정의를 따지며 몇 차례 말을 주고받았다. 참을성 많은 한국의 지구물리학 교수 한현철 SCUFN 위원장은 '쓸쓸 해연'을 둘러싼 토론으로 돌아가 결론을 냈으면 한다는 뜻을 밝혔다. 그래야 결정한 내용을 빅터가 제안한 열한 가지 다른 이름에도 적용하고 회의를 계속할 수 있었다. 승인을 기다리는 신규 해저 지명이 산더미처럼 쌓인 채 대기 중이었다. SCUFN이 2013년에 처리한 신규 제안은 53건이었다. 2018년에 이 수는 281건까지 올라갔다. 몇 년 사이 다섯 배나 뛴 것이었다. 2021년 초로 예정된 SCUFN의 다음 화상 회의에 캐시 본지어바니는 빅터 베스코보 한 사람 이름으로 신규 제안서를 90건 낼 계획이다. 베트남과 중국은 매년 기록적인 수로 제안서를 제출한다. 필리핀과 말레이시아도 이를 따라잡고 있다.

30분 후 '쏠쏠 해연'이 승인되었고 소위원회는 빅터 베스코보가 제출한 이름을 모두 의결했다. '팩토리언 해연'은 승인되었고 '프로즌 해저융기부'는 수정되었다. 이 지형은 엄밀히 따지자면 해저융기부가 아니라 해저구릉이라서 훨씬 덜 인상적인 '프로즌 해저구릉'이 되었다. '하이드리스 해연'은 수정, '트리톤 해연'은 보류였다. 지형에 영리 조직에서 따온 이름은 붙일 수 없기에 트리톤서브마린의 이름은 보류된 것이다. 이런 과정은 밤늦게까지, 혹은 위원이 있는 지역에 따라 한낮까지 계속되었다.

SCUFN 위원들은 모두 해저 지명 제정에 어느 정도 이해관계가 엮인 기관에서 일하고 있다. 각 회의가 시작되기 전에 위원들은 교통 신호 체계에 따라 빨강은 거부, 초록은 승인, 노랑은 수정으로 제안서를 구별했다. 회의는 길고 딱딱했으며 약간은 별났다. SCUFN 위원이 된다는 것은 곧 사람들이 거의 볼 수 없고 아무도 살지 않는 장소의 지도를 제작하는 데 심혈을 기울여야 한다는 의미다.

케빈 매카이는 확실히 그런 사람이다. 지난 20년 동안 매카이는 뉴질랜드의 지리학 지명 사전*에 관여해 왔다. 국가에서 펴낸 지명 사

---

* 모르는 사람을 위해 설명하자면(나도 이 책을 쓰기 전에는 전혀 몰랐다) 지명 사전gazetteer은 지리학적 지명을 모은 명부다. 지명 사전에는 이름의 역사나 기원, 공식 혹은 비공식적 상태에 대한 주석, 장소 설명 같은 정보도 들어갈 수 있다. 지명 사전은 대개 어떤 장소에 관한 정보를 더 얻고자 지도와 나란히 놓고 사용한다.

전은 세계적으로 얼마 없으며 현재도 활발히 쓰이는 사전은 그보다도 적지만, 뉴질랜드는 해저 지명 제정에 매우 활발히 임하고 있다고 매카이는 말한다. 이는 와이탕기 조약 덕분이다. 이 조약은 1840년 영국 왕실이 마오리족과 체결한 것으로 마오리족의 권리와 언어를 법으로 보장하고[1] 새로운 땅을 명명할 때는 마오리족과 공동으로 주관하며 협의하도록 뉴질랜드를 구속한다. 매카이의 말을 빌리면 "뉴질랜드가 가는 곳 어디든 마오리족도 함께 간다"는 의미다. 현재 SCUFN 지명 사전에는 쿠마라 해저구릉(마오리어로 '쿠마라'는 고구마를 뜻한다.) 같은 이름을 비롯해 뉴질랜드(마오리어로 아오테아로아)에서 내놓은 해저 지명이 200건 이상 등재되어 있다.

매카이가 SCUFN 활동에 참여하게 된 계기는 이 소위원회가 뉴질랜드 배타적 경제수역에 속하는 지형의 이름을 뉴질랜드와, 나아가 문화적으로 바다와 깊은 유대를 가진 마오리족과 협의 없이 짓고 있다는 것을 알게 된 후였다. 매카이와 그가 속한 국립수자원대기연구소 팀은 원래 SCUFN의 명칭을 그냥 무시하려 했다. 뉴질랜드는 대부분의 나라가 수 세기 동안 해온 방식대로 자체 명칭을 사용한 자체 지도를 발행하면 될 것이었다. 인터넷이 생기기 전에는 그렇게 하기가 쉬웠다. 해저 지도 다수가 디지털화된 지금 세상에서는 국제적으로 통용되는 SCUFN 지명이 지역에 한정된 소규모 활동보다 더 강력한 힘을 발휘한다. 매카이는 뉴질랜드의 마오리어 명명 관행이 더 널리 인정받으려면 SCUFN에 합류해 내부에서부터 힘을 모아야 함을 깨달았다. 그는 2018년에 위원이 되었다.

얼마 전만 해도 해저에 이름을 붙이는 작업은 혼란스러웠다. 어떤 사람들은 지금도 그렇다고 할 것이다. 해양지질학자 헤더 스튜어트의 기억에 따르면 자신이 영국 지질조사국에서 일을 시작한 2000년대 초에도 과학자들이 새로 발견한 지형에 마음에 드는 이름을 아무렇게나 붙이는 일이 허다했다. 과학자는 새로운 해산이나 해저계곡을 기술하는 논문을 작성할 때 그곳에 이름을 붙이고 다음으로 넘어갔다. 몇 년 뒤면 다른 과학자가 같은 지형을 '발견'해 다른 과학 논문에서 새 이름을 붙였고, 이런 과정이 무한 반복되었다. 스튜어트가 말했다. "내가 아는 한 남자는 연안의 조그만 화산 구조물의 이름을 '히첸의 방망이'로 하고 싶어서 안달이었답니다."

해저 지도에 음란한 이름이 슬쩍 들어오는 것은 작은 고민에 불과했다. 해저를 기술하는 표준화된 정의부터가 부족했다. 육지에서는 계곡은 이래야 하고 협곡은 이래야 한다는 합의가 일정 수준 이루어져 있다. 협곡과 계곡은 누구나 눈으로 직접 볼 수 있는 데다 땅위에서는 이를 측정하고 확정하기도 훨씬 수월하니까. 하지만 수중에서는 그만큼 시야를 확보하기가 더 까다롭다. 소나 기술이 개선되어 더 선명한 그림이 보이기 시작한 것은 고작 60년쯤 된 일이다.

해저 수심을 측정하는 가장 초기 방식은 측심작대나 측심줄을 사용하는 것이었고 이런 방식은 측량하는 배의 바로 아래에 있는 단일 지점을 측정하는 것으로 한정되었다. 초기 측량사는 일반적으로 무게추를 단 줄을 바닷속에 내리다가 줄이 바닥에 닿으면 그곳의 수심을 읽었다. 유독 깊어 보이는 지점을 발견하면, 해저의 아주 작은 부분만 한 번 엿본 것일지라도 그곳에 '챌린저 해연'이나 '통가 해연' 같은 이름을 붙였으리라. 기술이 개선되면서 멀티빔 소나는 지도 제작자에게 해저를 한층 넓게 훑을 수 있는 조망을 선사했다. 해양 지도 제작자들은 마리 타프가 1950년대와 1960년대에 지도를 제도할 때처럼 측심치의 자잘한 점 사이에 무엇이 존재하는지를 상상하는 대신 물속 영역 전체를 보고, 아니, 측심하고 바다의 풍경을 3차원으로 재구축할 수 있었다.

많은 경우 '해연'영어로 해연은 deep, 말 그대로 깊은 곳을 의미한다은 사실 가장 깊은 지점이 아닌 것으로 밝혀졌다. 스튜어트가 설명했다. "뭔가를 '해연'이라고 하는 데는 함의가 있죠. 거기가 끝이라는 뜻을 내포해요. 그 구역에서 제일 깊은 지점이란 거죠. 결국은 실질적인 의미가 없는 해연들이 여기저기 널리게 되었지만요." 프레셔드롭호에서 캐시 본지어바니가 맡은 일의 한 가지 난관은 바다에서 실제로 가장 깊은 해연과, 해저를 측량할 더 나은 방법이 없던 시절 가장 깊어 보였던 해연을 식별하는 것이었다.

SCUFN은 무질서한 해저 지명에 질서를 부여하기 위해 설립되었다. 몇몇 해양 지도학 협의체가 이 문제를 맡아보려 했으나 이해관계자를 모두 찾는 데는 시간이 너무 많이 걸렸다. 세계의 공해에는 지구상 모든 나라에서 온 과학자, 측량사, 선원, 어민, 선장이 계속 드나든다. 한번 바다로 나가면 몇 주나 몇 개월씩 머무는 이들에게 연락하거나 이들의 위치를 추적하기는 어렵다. 설사 연락이 닿더라도 이런 이해관계자가 관심을 두는 대상은 특정 지역의 바다를 명명하는 일, 또는 예를 들면 믈라카 해협에서의 항해나 남극 대륙 서부 해안의 해빙 면적 같은 특정 사안에 그칠지도 모른다. 나머지 세계지도의 사정에는 관심이 전혀 없을 수 있는 것이다.

미국의 해저지명자문위원회ACUF나 뉴질랜드지리위원회NZGB처럼 일부 국가는 자체 명명 위원회를 꾸려 빠르게 일을 진행했다. 하지만 공해에서는 더 큰 문제가 계속 남아 있었다. 표준 규칙과 정의에 합의하려면 국제적인 단체가 필요했다. 마이크 코핀과 케빈 매카이 사이의 토론에서 분명히 드러났듯 SCUFN의 해저 지명 명명 규칙에는 여전히 해석의 여지가 많았다.

굳이 해저에 이름을 붙이는 이유는 뭘까? 그곳에 사는 동물들에게 영향이 가는 것도 아닌데 말이다. 헤더 스튜어트가 설명했다. "이름 짓기는 상당히 인간적인 활동입니다. 자기 정원 모퉁이든 어디든 인간은 그냥 이름을 짓는 데 흥미를 느껴요." 부모는 좋아하는 할머니나 삼촌을 기리기 위해, 또는 세대를 거슬러 보이지 않는 끈을 묶어보려는 마음으로 갓난아이 이름을 짓느라 심사숙고한다. 우리처럼 언어를 쓰는 종에게 이름은 실용적이고 또 필요한 것이기도 하다. 이름이 없었다면 우리는 사람과 장소와 사물에 대한 지나친 묘사, 절망적으로 과한 설명의 구렁텅이에 빠졌을 것이다.

하지만 지구와 우주의 극한 험지에 이름이 대체 왜 필요하단 말인가? 보통은 자연 세계를 범주화하고 정의하려는 과학자들이 이름 짓기의 선봉에 선다. 우주에서는 SCUFN에 해당하는 조직으로 국제천문연맹IAU이 있으며, 천체 명명을 감독하는 천문학자들이 실무 조직을 운영한다. 남극에서는 남극연구과학위원회SCAR가 얼음 대륙에서 활동하는 22개국이 제출한 이름을 승인한다. 과학자들의 처음 목적은 장소에 이름을 붙여 인식과 항행을 더 쉽게 하려는 실용적인 것이었으나, 이름이 붙은 장소는 접근성이 높아진 인간의 장소가 된다. 이 거래에는 득과 실이 모두 따른다.

1975년 SCUFN의 전신은 캐나다 노바스코샤에서 처음으로 모였다.[2] 첫 회의에서는 할 일이 너무 많아 티에라델푸에고에 있는 해저협곡 한 곳의 이름을 승인하는 것이 고작이었다. 10년 후에 스크립스해양연구소 소속 지질학자 로버트 피셔Robert Fisher를 수장으로 하는 SCUFN이 등장했다. 다음 30년 동안 피셔는 SCUFN을 엄정하게 지휘하며 해저 지명은 이렇게 명명해야 한다는 규칙과 지침을 정립했다. SCUFN은 지구 표면의 약 50%에 대한 명명을 감독할 전문가를 전 세계에서 모집하려 했으므로, 앞서 등장했던 여타 해저 지명 위원회와는 근본적으로 달랐다. 피셔는 《GEBCO의 역사》에 이렇게 썼다. "탐사와 발견에 전통적으로 전제되는 조건 한 가지는 발견한 지형을 명명할 '권리'다. 일부 외딴 지역의 지도에는 족벌주의와 자기 과시 혹은 거친 농담 등 개인적인 흔적이 가득 남아 있다. …일부 구역에서는 해저 역시 그러하다."[3]

여기서 피셔는 측량의 어두운 면을 내비쳤다. 구체적으로 말해 탐험가가 자신의 '발견' 대상에 이름을 붙이고 그 과정에서 토착민이 이미 사용하던 이름을 대체한다는 점이었다. 유럽식 지명으로 뒤덮여 토착민이 사용하던 지명이 지워진 아메리카 대륙의 지도는 이를 잘 보여주는 사례다. 식민 지배국은 그 새로운 이름과 기하학적으로 정확한 지도에 기대어 영유권 주장을 강화하고 지역민을 예속할 수 있었다. 지도 역사 연구가 J. 브라이언 할리J. Brian Harley는 이렇게 쓴다. "지도는 총포와 전함 못지않은 제국주의의 무기였다."[4]

제국주의의 과거는 특히 영토 분쟁과 관련하여 오늘날 국제법에서도 여전히 존재감을 드러낸다. 남중국해에서는 과거 제국이었던 영국과 프랑스가 영유권을 다투는 섬들에 대해 인근 국가들보다도 더 강하게 영유권을 주장할 수 있었을 것이다. 베트남과 중국 같은 나라의 어민과 선원이 그 수역에서 일해온 세월이 수천 년이 넘는데도 말이다. 남중국해 분쟁 전문가인 기자 빌 헤이턴Bill Hayton은 "수 세기에 걸쳐 국제법은 영토 획득을 정당화할 체계를 원하는 지배국들의 요구를 유럽 민사법원의 법률적 관행과 결합시켰다"고 쓴다. 헤이턴에 따르면 이런 법체계는 한 민족이 조상 대대로 그 지역을 향유했거나 그 지역에 문화적 의미를 둔다는 사실보다 지도와 지명 같은 서면 증거를 우선시한다.[5]

SCUFN의 새 수장이 된 로버트 피셔는 이러한 논란의 여지가 있는 과거를 피해 과학을 해저 지명 명명의 길잡이로 삼고자 했다. 그는 SCUFN의 명명 바이블에서 정치적 동기가 들어간 이름을 금지했다. 해양 탐사와 하등 관계없는 해군 제독의 이름을 따서 해저를 명명하는 일은 더 없을 것이었다. 브랜드 이름이 붙은 해저협곡도, 유명인 이름이 붙은 해산도 없을 것이다. 대신, B6가 개괄하는 지침과 규칙과 원칙이 적용될 것이다. SCUFN 위원은 "편파적·정치적이지 않고 맹목적인 애국심이 없어야 하며, 영민함과 적절한 농담을 잘 알아보고 조잡함, 아첨, 족벌주의를 기민하게 지탄해야 한다"고 피셔는 썼다.[6] 간단히 말해 위원은 해저의 전문가 역할을 해야지 국가 대표 역할을 해서는 안 된다는 것이다.

그러나 SCUFN 위원들조차 해저처럼 국경을 넘어선 경기장에서는 국가주의가 어느 정도 작동한다는 사실을 인정한다. 매카이도 동의했다. "저희가 국가 대표는 아니지만, 현실적으로 자국의 이익을 최우선으로 하고 싶은 유혹을 항상 느낍니다."

해저지명소위원회의 회의는 샌디에이고가 야심한 새벽일 때 끝났다. 이름 53건은 모두 의결했지만, 제안서 430건이 줄지어 대기하고 있었다. 3개월 뒤, 위원들은 해저 지명을 검토하는 이 과정을 고스란히 되풀이해야 했다. 나는 컴퓨터를 끈 다음 꾸역꾸역 침대로 갔다. 몸은 피곤하고 정신은 혼미했다. 회의는 문제를 일으키지 않으려고 조심하는 분위기가 있어서 일부러 연출한 듯한 느낌마저 들었다. 만약 기자가 참관하지 않았더라면 일이 다르게 흘러갔을지도 모르겠다는 생각이 들었다.

다음 SCUFN 회의도 꼭 지켜보겠다는 다짐을 머리에 새기고서도 잠들기까지는 몇 시간이 더 걸렸다.

# SCUFN의 작은 지도, 큰 아쉬움

영국 사우샘프턴에 있는 시베드2030 글로벌 센터에서는 헬렌 스네이스Helen Snaith가 세계 해저의 슈퍼지도를 하나로 엮는 소규모 팀을 감독한다. 새 지도들은 독일, 미국, 스웨덴, 뉴질랜드에 있는 세계의 지역 센터에서 물밀듯 들어온다. 각 센터는 일정 해역을 담당한다. 새로 명명된 해저 지형이 들어간 아주 작은 지도도 SCUFN으로부터 들어온다. 스네이스는 SCUFN의 공헌을 높이 평가하면서도, 작은 해산이나 해저융기부 지도를 훨씬 크고 대부분이 비어 있는 해도에 집어넣기란 지도 제작자에게는 악몽과도 같다고 말한다.

스네이스가 전혀 짜증스럽지 않다는 듯 쾌활하게 말한 "좀 짜증스러운 구석"은 제안자가 각자의 특정 지명을 뒷받침하는 지도만 제출하면 된다는 점이었다. "제안자가 해산이나 유독 작은 만 같은 지형에 이름을 붙인 경우, 고작 2제곱킬로미터 정도의 데이터만 저희에게 제공됩니다. 지형 주위로 더 많은 데이터를 확보했어도 그 작은 조각만 공개하면 되니까요." 스네이스에게 주어진, 미지의 바다에서 발견한 자그마한 오아시스 같은 정보는 저기 어딘가의 누군가가 더 넓은 지도를 쥐고 있다는 것을 의미한다. 그 사람들은 다만 공유할 마음이 없을 뿐이다, 아직은.

시베드2030이 출범한 2017년에는 완전한 해저 지도를 만드는 데 30억 달러에서 50억 달러 정도의 비용이 들 것으로 추산하였다. 일본재단은 시베드2030를 개시하는 데 1800만 달러를 기부했고, 이 돈은 지역 센터와 글로벌 센터의 네트워크를 구축하고 관리 직원을 채용하는 데 들어갔다. 하지만 당연하게도 1800만 달러는 30억 달러의 프로젝트를 완수할 자금으로는 어림도 없다.

예산을 아끼고자 시베드2030이 택한 방법은 조사선과 해양 산업체, 수로 관련 정부 부처로부터 지도를 수집하는 것이다. 이 방식은 지금까지 눈부신 성과를 거두었다. 2019년 시베드2030은 내부적으로 '글로벌 그리드'라 불리는 프로젝트의 최신 지도가 2년 만에 두 배 이상 커져 약 1000미터 해상도로 해저의 15%를 포함하기에 이르렀다고 발표했다.[7] 하지만 중요한 유의 사항이 있다. 엄밀히 따져서 '새로운' 데이터는 거의 없다는 점이다. 대부분이 어딘가의 하드디스크에 이미 존재하던 데이터이고 시베드2030은 그 지도를 찾아 공개 허가를 요청하는 과정을 거친 것이다. 뻔하고 단순한 듯하지만 여러 국가가 지도를 몰래 비축해 온 역사를 생각하면 비범한 일이다. 환경적인 이점도 있다. 측량선은 디젤유를 연료로 사용하며 해양 포유류에게 영향을 미치는 음파를 방출한다. 이미 있는 지도를 취합하면 측량선을 추가로 내보낼 때 생길 수 있는 소음 공해와 해양 탄소 배출이 줄어든다.

2020년 후반에 이야기를 나눴을 때 헬렌 스네이스는 시베드2030이 "(데이터를) 확보해 (지도에) 넣는 건 고사하고, 저 밖에 있는 걸 실제로 발견하는 데만도 꼬박 1년은 걸릴 것"이라고 평했다.

"그보다도 한참 더 남았죠." 며칠 뒤 비키 페리니Vicki Ferrini가 말했다. 페리니는 뉴욕 팰리세이즈에 있는 러몬트-도허티지구관측소(러몬트지질관측소의 이름은 1969년에, 그리고 다시 1993년에 변경되었다)의 지리정보학 연구원인 동시에 시베드2030 대서양·인도양 지역 센터의 책임자다. 페리니는 자기가 맡은 까다로운 사례를 간추려 설명해주었다. 최근 한 과학 연구팀이 카나리아 제도를 항해하여 지

---

* 시베드2030은 2022년에 해저 지도 제작 방식을 수정했다. 이제 프로젝트의 목표는 가장 얕은 수역과 가장 깊은 수역 모두에서 100~800미터의 더 선명한 해상도를 구현하는 것이다.

도를 제작하였다. 페리니는 조사선이 카나리아 제도로 갔다는 사실을 알았고, 그 배가 제도 주변을 지도화했다는 것도 알았다. 지도화한 구역이 어디인지도 대강 알고 있었다. 하지만 데이터가 누구 손에 있고 그 사람을 어떻게 찾아야 할지는 몰랐다. 그 사람을 찾는다고 해도 가공하거나 활용할 수 있는 형식으로 데이터를 가져오는 데에는 더 많은 문제가 발생할 수 있었다. 페리니에 따르면 시베드 2030의 세계에서 이런 일은 비일비재하다. 일은 많이, 보수는 적게 받는 해양 지도 제작자들은 이렇게 깜깜한 바다에서 빵 부스러기 흔적을 좇는다.

비밀로 보관된 지도를 추적하는 시베드2030의 방식은 여간 수고스러운 일이 아니다. 스네이스는 따로 노는 해저 지도들이 "지독하게 손에 안 들어온다"고 했다. 언론의 관심과 홍보 활동이 늘어 미래에는 이 관계가 역전되는 것이 스네이스의 바람이다. 시베드 2030으로 사람들이 먼저 찾아올 수도 있지 않겠나. "여러분의 컴퓨터 USB에 놓고 있는 측심 데이터가 있다면 *제발 부탁이니* 저희에게 주시면 안 될까요?" 스네이스는 농담과 진담을 섞어 간청했다. "저희에게 말씀해 주세요. 그걸로 뭔가 해볼 테니까요."

스네이스는 SCUFN의 명명 제안서가 비교적 큰 지형을 다루기를 바랐다. 더 크고 덜 알려져 있을수록 좋았다. "누가 (남극 근처) 웨들해에서 100제곱킬로미터쯤 되는 구역에 이름을 붙이려 한다면 참좋겠죠. 하지만 보통은 해산이나 해저협곡 정도에 불과하지요."

글로벌 그리드에서 데이터가 급감하는 부분은 무시하기 어렵다. 사우샘프턴 글로벌 센터에 있는 스네이스의 팀은 지도화가 된 곳과 되지 않은 곳을 한 지도에 합칠 방법을 놓고 내부적으로 속앓이가 심하다. SCUFN이 제출한 아름답고 정밀한 해산 지도를 그 주위의 흐릿한 위성 관측 지도에 맞춰야 하나? 그 반대인가? 지도에 난 커다란 구멍은 어떻게 처리하지? 마리 타프가 지도의 빈틈을 가리는 데 범례를 써먹은 이후로 60년이 지났지만 해양 지도 제작자들은 여전히 같은 문제로 씨름한다.

시베드2030 웹사이트에는 일반인이 오류를 신고할 수 있는 정오표 페이지가 있다. 스네이스는 이렇게 말했다. "저희는 특정한 지역에 흥미가 있어서 지도를 가져다 살펴보다가 '어라, 잠시만요…' 하고 나오는 분들에게 의지하는 셈이에요. 대개는 과학자들이 특정 구역을 연구하는 데 그 데이터를 활용하죠." 한 과학자가 최근 인도양에서 잡아낸 오류도 보여주었다. 몰디브 근처의 지도에 산호초가 엉뚱한 곳에 표시되어 있는 것을 발견한 것이다. 시베드2030 출범 전만 해도 GEBCO가 받은 오류 신고는 1년에 한두 건 정도였다. 이제는 오류가 거의 매주 들어오는데, 스네이스는 이를 좋은 징조로 받아들인다. "지도의 질이 몇 년 전보다 확 나빠진 것의 방증은 아니라고 생각해요. 이제는 지도를 사용하는 사람이 그만큼 많다는 사실이 반영된 거라고 봅니다."

시베드2030은 오류 소식에 귀 기울이고 대중의 힘을 활용하는 데 열심이다. 위키피디아 편집자들이 집단 지성을 활용하여 전 세계 무료 온라인 백과사전을 운영하는 것처럼 말이다.

대부분의 오류는 평범하게 사람의 실수로 인한 것이지만, 냉전 시대의 지도 검열이 남긴 의도적인 오류도 잊을 만하면 한 번씩 튀어나온다. 지금이야 스마트폰을 소지한 미국인이면 모두 위성위치확인시스템인 GPS을 사용하지만 그리 멀지 않은 과거에는 GPS에 대한 접근이 엄격하게 제한되었다. 미군은 탄도 미사일이나 핵미사일을 정확한 위치로 유도할 GPS 개발에 수십억 달러를 쏟아부었다.

최초의 GPS 위성은 1980년에 발사되었다.[8] 냉전이 끝나갈 무렵에는 민간 과학자들도 이 정보에 점차 접근할 수 있게 되었다.

헬렌 스네이스는 1995년 남극해에서 측량선의 GPS를 사용한 기억이 있었다. 선박 위치 추적 담당이었던 그는 선박 좌표에서 알 수 없는 결함을 봤다고 기억했다. "느닷없이 여기로 500미터, 저기로 500미터 널을 뛰는 식이었죠." 이것이 GPS 기만이다. 위성 신호를 고의로 교란하는 행위로, 정치적 긴장이 팽팽하던 시기에 미군이 구사한 초기 전자전 전술이었다. 지도 제작자들은 측량선을 인근 기지국과 연결하고 삼각측량을 활용해 위치를 구하는 식으로 GPS 기만을 우회할 방법을 찾았다. 하지만 지도 제작자가 주의를 조금만 소홀히 하면 기만은 해저 지도에 조용히 스며들었다. 이런 작은 결함은 오늘날 시베드2030의 글로벌 그리드에도 여전히 남아 있다.

SCUFN처럼 시베드2030 역시 무슨 수를 써서라도 정치와 최대한 거리를 유지하려 한다. 글로벌 그리드는 국경선을 포함하지 않고 공해 측량에만 집중한다. 이 일만 해도 시베드2030은 여러 해 동안 바쁠 것이다. 이 단체는 지역 센터 간에 경쟁이 붙거나 위계가 생기는 일도 피하려 한다. 영국에 있는 시베드2030 글로벌 센터가 다른 지역 센터 네 곳의 중추 역할이냐고 내가 묻자 스네이스가 내 말을 정정했다. 시베드2030 센터는 모두 대등한 위치에서 운영된다는 것이었다. SCUFN의 뉴질랜드 위원이자 시베드2030의 남서태평양 지역 센터를 이끄는 케빈 매카이도 비슷한 말을 했다. 그의 지역 센터가 지금까지 세계 지도에 기여한 정도를 물었을 때 매카이는 정확한 숫자를 말하길 망설였다. 국가 간 경쟁을 방지하는 방침이 있어서 시베드2030에서는 지역 센터의 진도 보고서를 대중에게 공개하지 않는다고 설명해주었다. 지도를 통제하거나 데이터를 숨기는 나라가 어디냐고 대놓고 물어보면 시베드2030의 지도 제작자들은 대체로 대답하기를 꺼렸다. 그저 언젠가는 모든 나라가 금고를 열고 가진 것을 나누면 좋겠다는 아쉬움 섞인 바람을 표현하며 화제를 돌리곤 한다.

## 영유권 주장에 이용되는 지명과 지도의 힘

며칠 후, 지난번에 참석한 SCUFN 회의가 내게는 마지막이라는 사실을 알게 되었다. 앞으로는 모든 회의가 기자에게 비공개로 이뤄진다고 했다. SCUFN 일은 원래 신속하게 절차를 따라 진행되어야 하며 위원회는 160건의 제안을 처리하느라 눈코 뜰 새 없이 바쁘다는 것이 이유였다. 의사를 지연시키는 일은 절대 없도록 하겠다고 약속해도 대답은 여전히 거절이었다. 기자에게 회의를 비공개하자고 위원회가 만장일치로 결정한 듯했다. 당황스러웠다. 지난 회의는 그만하면 우호적인 것 같았는데 말이다. 나는 합의한 규칙을 모두 따랐는데, 왜 참관을 허가할 수 없다는 것일까?

회의가 어떻게 진행되었는지는 추후 온라인에 공개되는 회의록을 참고하는 방법이 있다. 행간의 숨은 의미까지 생각하며 회의록을 읽어보니, 내가 2021년 1월 초에 놓쳤던 SCUFN 회의가 매우 흥미진진했으며 해저 지형에 이름을 붙이는 데 있어서 매우 격렬했음을 알 수 있었다. 베트남과 중국과 말레이시아가 일제히 남중국해의 신규 지명 제안서를 제출했던 것이다. 이 지구에서 가장 뜨거운 논쟁이 벌어지고 있는 바로 그 수역이었다. 베트남은 신규 지명을 70건 제안했다. 말레이시아는 11건, 중국은 3건을 내놓았다.

역사적으로 동남아시아 국가들은 남중국해를 공유해왔다. 베트

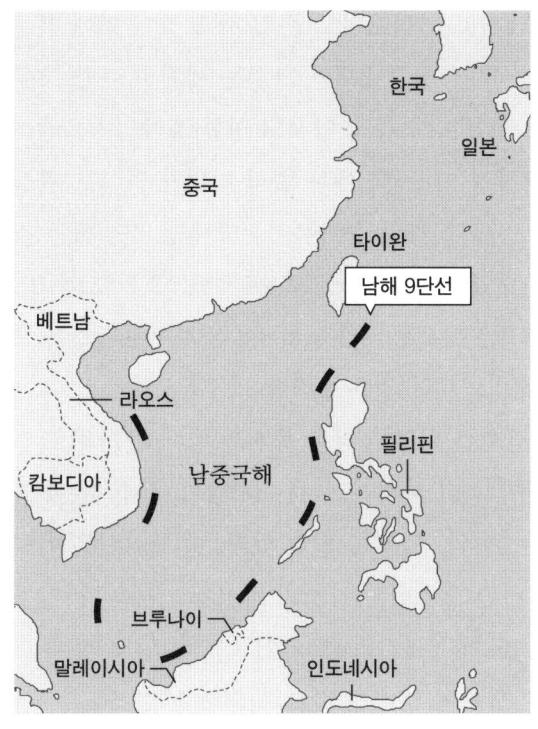

남해 9단선.
중국이 남중국해에서
영유권을 주장하며
설정한 해상 경계선

남, 필리핀, 인도네시아, 말레이시아, 한국, 브루나이, 중국의 어민과 선원이 모두 이 바다에 드나들었다. 하지만 이 수역의 대장 물고기는 늘 중국이었다. 지난 10년 사이, 지역의 거물이었던 중국은 다른 나라가 이 수역에 들어오지 못하게 막을 힘을 갖춘 세계적 초강대국으로 탈바꿈했다. 중국 해경선과 해군함은 주권국 연안 배타적 경제수역 내에서 작업하는 석유 조사선을 괴롭히고 방해했다. 중국 해경선은 중국의 이른바 '남해 9단선' 내에서 발견된 베트남 어선들을 들이받아 침몰시켰다.[9] 이 9단선이 분쟁의 핵심이다.

중국이 내세우는 9단선은 중국 본토 해안에서 시작해 베트남, 말레이시아, 브루나이, 필리핀, 타이완 해안을 따라 남쪽으로 파고들어 해역의 80~90%를 멕시코 면적보다도 큰 U 자 모양 구역에 가둔다.[10] 2016년 헤이그의 국제상설중재재판소[PCA]는 세계 바다를 모두 아우르는 최초의 국제 조약[11]이자 중국 역시 조인한 조약인[12] 유엔해양법협약[UNCLOS]에 의거하여 이 9단선에는 법적 지위가 없다고 판결했다. 또한 중국이 암초 위로 모래를 쏟아부어 인공섬을 건설하는 것은 해양 환경의 파괴로 보았다. ('첨부'국제법상 영토의 취득권원 중 하나로, 자연현상이나 인공에 의한 영역의 증가는 새로운 테라 눌리우스인 해저에서 땅을 훔쳐 영토를 취득하는 또 하나의 유서 깊은 술책이다.)

해상 경계는 수륙경계선 위로 올라온 육지의 양에 근거해 그려지므로 해양 영토를 얼마나 더 차지하느냐는 (사람이 살 수 없는) 암초와 (사람이 살 수 있는) 섬의 구분*에 달려 있다. 빌 헤이턴은 이렇게 썼다. "해양 자원과 관련하여 섬과 암초의 차이는 막대하다. 암초 주위로 생기는 영해는 452제곱해리($\pi \times 12 \times 12$)약 1550제곱킬로미터에 그친다. 섬이라면 주위로 생기는 영해는 같으나 최소 12만 5600제곱해리($\pi \times 200 \times 200$)약 43만 제곱킬로미터의 배타적 경제수역까지 생길 수 있다."[13]

수산업은 남중국해에서 중요하다. 해저에 매장된 미개발 석유 수십억 배럴과 천연가스 수백억 세제곱미터도 그렇다. 그러나 미 국방부 보고서에 따르면 이 분쟁은 사실 중국이 해운 접근권을 확보하고 제조 강국으로서의 지위를 유지할 수 있는지의 문제다.[14] 운동화와 회로판을 제조하여 전 세계로 운송하는 고도로 산업화된 중국의

---

* SCUFN은 수륙경계선 위의 해양 지형 명명이나 해상 경계 설정을 감독하지 않는다. 유엔해양법협약이 제시하는 규칙을 적용하는 일은 유엔 대륙붕한계위원회[CLCS]가 맡는다. 다만 대륙붕한계위원회가 규칙을 강제하는 것은 아니다. 이 위원회는 각국이 대륙붕의 외측 한계를 설정할 위치를 권고하는데 이 외측 한계에 따라 한 나라가 해저 자원에 대해 배타적인 권리를 지니는 영역이 확장될 수 있다.

해안은 동남아시아 섬나라들로 둘러싸여 있다. 여기에는 인도네시아, 필리핀 등의 나라가 해당하며 중국이 이미 자국 영토라 주장하고 있는 타이완도 물론 포함된다.

중국이 지배력을 행사하고자 취하는 비교적 부드러운 전략 중하나가 해저 지형에 이름을 붙이는 것이다. 2020년 중국은 베트남대륙붕에서 발견된 지형에 신규 지명 55건을 발표했다.[15] 게다가 그이름은 물론이고 그곳의 섬과 암초 수백 곳의 형태까지도 상표로 등록했다. 법적 의미가 없어 보이는 움직임이지만, 영유권 주장을 강화하는 지명과 지도의 힘을 생각하지 않을 수 없다.[16]

따지고 보면 이런 행태를 보이는 나라가 중국뿐인 것도 아니다. 몇몇 보도에 따르면 일본도 자국 해안에서 1600킬로미터 이상 떨어진 환초 오키노토리沖の鳥를 개발하느라 수십억 엔을 들였다.[17] 태평양의 작은 두 곳에는 아무도 살지 않으며 둘 중 큰 곳의 크기가 아담한침실쯤 된다.[18] 그러나 일본은 오키노토리가 섬이며 따라서 200해리의 완전한 배타적 경제수역과 그 안의 모든 해양 자원에 대한 권리가 일본에 있다고 주장한다.[19] 2004년 중국 정부는 오키노토리가 단순 '암초'이며 그 주위로 확장된다는 일본의 해상 경계를 더는 인정하지 않겠다고 말했다.**

아시아 태평양 지역의 지명과 경계에는 대개 논란이 따른다. 배타적 경제수역이 중첩되는 연안국과 섬나라가 워낙 많기 때문이다. 러시아와 한국, 일본 사이에 낀 태평양 해역에는 국제적으로 합의된명칭이 없다. 한국에서는 '동해'라고 하지만 일본에서는 '일본해'라

---

** 중국의 도발에 대응해 일본재단은 일본 정부가 직접 하지 않겠다면 자신들이 100만 달러를 들여 오키노토리에 등대를 건설하겠다고 나섰다. 등대는 배를 뭍으로 안내해 이 작은 섬의 경제적 지위를 강화한다.

고 한다.[20] '남중국해'라는 명칭은 국제적으로 통용되지만 이 지역 안에서는 나라에 따라 이름이 변한다. 필리핀에서는 해역의 일부 구역을 '서필리핀해'라고 주장하며 인도네시아는 다른 구역을 '북나투나해'라고 명명했다. 베트남에서는 이 바다가 '동해'다.

SCUFN에서는 여러 나라가 영유권을 놓고 경쟁하는 지역을 '상호 관심 지역'이란 용어로 통칭한다. 피를 보지 않으려는 이 외교적인 용어에는 북극해 일부와 포클랜드 제도(말비나스 제도)도 해당되지만 "그런 곳은 연안 지역"이고 대개 분쟁 지역에 들어가기 때문에 "SCUFN이 (수역에) 별 관여를 하지 않았다"고 국립수자원대기연구소의 케빈 매카이는 설명했다. 이 소위원회는 오직 공해의 해저만 관할한다.

내가 참석 허가를 받지 못한 2021년 1월 회의에서 SCUFN은 남중국해에 제안된 명칭 거의 전부를 '상호 협의'라 불리는 절차로 이관했다. 지명을 승인하지도 거부하지도 않고 이해관계자끼리 해결책을 강구할 것을 권고하는 절차다. 매카이는 2018년 SCUFN에 합류한 이래 이 절차가 효과를 내는 것을 본 적이 없다고 말했다. 협상에는 보통 해당 국가의 국무부가 개입한다. 매카이와 다른 위원들에 따르면 실제로 여러 나라가 분쟁 대상인 해저의 이름을 SCUFN이 승인하지 않을 것이 뻔한 것으로 제안하는 등의 꼼수를 쓴다. 그러고는 막후에서 자신들의 명칭이 채택되도록 환심을 사려 애쓴다. 남중국해 국가 사절들은 스웨덴과 뉴질랜드로 날아가 직장이나 집에 있는 SCUFN 위원에게 접근했다. 태즈메이니아에 있는 해양학자 마이크 코핀은 SCUFN 신임 위원으로 아직 대면 회의에 한 번도 참석한 적이 없지만 2020년에 배후 포섭 공작을 몇 차례 경험했다.

"특정 (남중국해) 국가에서 로비가 들어와 캔버라에 있는 대사

관으로부터 지지를 요청하는 전화를 여러 통 받았습니다. 특히 개발도상국에서는 이 자리를 자국이 지금껏 목소리를 전혀 내지 못했던 바다에 발자국을 남길 기회로 보는 것 같더군요. …미국, 독일, 영국, 프랑스는 이미 한 세기도 넘게 해저의 많은 부분을 지도화하고 명명해 왔죠. 한 나라의 배타적 경제수역 안인데 그곳의 주인인 국가와는 아무 상관도 없는 이름이 붙은 지형이 잔뜩 있다고 하면, 저도 (개발도상국들의) 불만이 이해됩니다."

그러나 SCUFN 위원장은 생각이 달랐다. 한국지질자원연구원의 지구물리학자 한현철 위원장은 제일 끈질기게 제안을 내놓는 나라 두 곳이 중국과 일본이라고 짚었다. 한 나라는 개발도상국, 다른 한 나라는 선진국이다. 한 위원장은 해저 지명을 명명하려는 노력이 늘어나는 것은 과학을 우선시하는 나라임을 보여주는 표지라고 여긴다. 물론 과학은 정치의 영향에서 자유롭지 않다. 그 옛날 영국 챌린저호가 원정에 나선 1870년대부터 우주 경쟁이 펼쳐진 냉전기에 이르기까지 과학은 오래도록 국제 사회에 한 나라의 위세와 군사적 우위를 과시하는 도구였다.

SCUFN 위원장으로 한국인이 선출된 데에는 논란이 없지 않았다. 남중국해에 경제적으로나 외교적으로나 이해가 엮인 나라 출신이기 때문이다. 한 위원장은 한 표 차로 당선되었다. 위원장이 된 이후로는 위원 사이에서 신뢰를 쌓고자 열심히 일했다. 그런데도 그는 2회 연임이 일반적인 그 자리에서 1회 임기를 다하고 그만둘 계획이다. 그의 말이다. "위원장 자리에 더 있고 싶단 마음이 없습니다. 너무 어렵거든요. 저는 (SCUFN을) 바로 세우려 노력했습니다. 특히 (상호) 관심 지역의 제안서와 SCUFN이 그 제안을 처리하는 방식에서요. 그 문제에 일정한 규칙과 규정을 만들고 사임할 겁니다. 제 방침은 그래요."

　시베드2030이 세계 해저의 완전한 지도를 최초로 제작하면서 정치를 피하려 아무리 애를 써도 정치는 자꾸 개입하려 든다. 사우샘프턴에 있는 시베드2030 글로벌 센터의 헬렌 스네이스는 데이터를 '충돌이 없도록 조정'하고 두 데이터를 병합하여 가장 정확하게 표현하는 것이 상충하는 지도를 다루는 방침이라고 말했다. 그러나 언제일지는 몰라도 SCUFN이 해저 지명 명명에서 어려운 결정을 내려야할 시기는 분명 올 것이다.

## 비공개 지도, 공유되지 않는 바다

학회장에서는 산들거리는 에어컨 바람 위로 소문이 떠돈다. 패널 토론 이후 와인이 곁들여지는 저녁 파티장에서는 오프 더 레코드 비밀이 흘러나온다. 해양 지도 제작자 사이에도 나름의 음모론이 있다. 어떤 나라가 외부로 공개하는 것보다 더 많은 데이터를 쥐고 있을 수도 있다. 어쩌면, 정말 어쩌면이지만 해저 전체가 이미 지도화되었고 어딘가의 정부 하드디스크에 그 내용이 죄다 감춰져 있을 수도 있다. 당연히 유력 용의자는 이런 일을 해낼 선박과 돈을 가진 글로벌 노스주로 북반구의 유럽, 북아메리카의 선진국들의 부유한 나라들이다. 맵더갭스를 운영하는 캐나다인 지도 제작자 팀 컨스는 영국과 미국, 러시아 연방이 해저 지도화에 투자를 가장 많이 하는 나라라고 생각했다. 특히 영국 선박 스콧호는 1998년 진수된 이래로 매년 300일 이상을 바다에서 보내며 해저를 측량했다.[21] 6000일 넘게 해저를 측량한 결과물은 어디로 갔단 말인가? 컨스가 들은 바에 따르면 아는 사람은 아무도 없다.

물론 어떤 나라가 지도를 숨기고 있다고 증명하기는 어렵다. 모든 나라가 어느 정도는 다 그렇게 하니 비판하는 것조차 조금 우스워 보인다. 실제보다 정보를 더 쥐고 있는 양 행세하는 것이 전략적 이점이 되기도 한다. 비용이 많이 드는 해상 사업 뒤에 종종 세계 강대국의 군사적 목표가 도사리고 있는 해양 지도 제작 분야에서는 무슨 말이 들려도 일단 의심하는 것이 상책이다. 브루스 히젠과 마리 타프가 활동하던 시절 벨연구소는 북대서양을 지나는 전신 케이블을, 적 잠수함을 감시하는 미 해군용 비밀 케이블과 함께 설치하지 않았는가. 군이 실종된 핵잠수함을 먼저 찾는 조건으로 로버트 밸러드의 타이태닉호 수색에 자금을 지원한 일도 있었다. 태평양 해저 채굴이 목적이라고 했으나 실은 러시아 핵잠수함을 조사하는 비밀 작전이었던 하워드 휴스Howard Hughes의 글로머익스플로러호 원정은 또 어떤가. 사후 수년이 지나서야 공개된 비슷한 이야기는 무수히 많다. 그러니 이런 이론에도 신빙성이 없지는 않다. 회의적인 과학자들의 좌뇌에서 나온 생각인 동시에 과거에 실제로 있었던 일이니까.

1980년대에 뉴욕 팰리세이즈 러몬트-도허티지구관측소 연구원 윌리엄 핵스비William Haxby는 기밀이 해제된 NASA의 시샛 위성 데이터로 최초의 위성 관측 해저 지도를 제작했다. 1978년에 발사되었으나 3개월 후 추락한 위성이었다.[22] 1999년에는 스크립스해양연구소의 데이비드 샌드웰과 국립해양대기청의 월터 스미스가 기밀이 해제된 지오샛 위성 데이터를 구해 핵스비의 기술을 개량했다. 1985년 해군에서 발사한 지오샛 위성은 해표면 고도와 지구 중력장을 측정했다. 잠수함과 탄도 미사일의 경로 유지라는 군사적 의도가 명백한 측정이었다. 스미스와 샌드웰은 기밀 해제 데이터를 종합해본 결과, 미 해군이 세계의 해저를 지도화했음을 확인했다. 하늘에서 내려다보는 방식인 것이 의외였지만. 필요한 것은 데이터를 조금 더 파고들 민간 과학자뿐이었다.[23] "스미스와 샌드웰이 결국 위성 데이터로 위성 기반 (해저 지도) 작업을 하는 법을 알아내긴 했지만 그게 위성을 쏘아 올린 목적은 전혀 아니었죠." 캐시 본지어바니가 말했다. "두어 명이 어쩌다 아무도 안 쓰는 무작위 데이터를 어떻게 써먹을지 알아냈을 뿐이에요."

2020년 데이비드 샌드웰과 이야기했을 때 그는 자신이 시베드 2030 세계에서 아웃사이더라고 생각했다.* 내가 인터뷰한 시베드 2030의 지도 제작자들이 한결같이 조심스러웠던 것과는 달리 샌드웰은 어느 나라가 해저 지도를 감추고 있는지 대놓고 말했다. "우리가 데이터를 공유하고 있는 것처럼 보이지만 실제로는 그렇지 않습니다." 미국 이야기였다. "냉전기에 지도화 작업을 하면서 배와 시간을 한껏 들여 모은 군사 데이터를 지금까지도 기밀로 유지하고 있죠. 북태평양과 북대서양에서 지도화 작업을 대규모로 진행해 거의 100% 지도화했는데요. 그 모든 데이터가 아직도 어딘가의 금고에 단단히 잠겨 있습니다."

미국만 이런 방침을 취하는 것이 아니라고 샌드웰이 말을 덧붙였다. 지도를 만들 수 있는 거의 모든 나라가 비밀 저장소를 가지고 있다는 것이었다. "예전에는 (지도를 숨기는 나라가) 일본이었습니다. 하지만 이 나라는 몇 년 전에 모든 걸 공개했으니 지금은 아주 잘하고 있어요. 영국은 썩 좋지 않죠. 지금도 남극 데이터를 전부 공유하지 않고 있어요. 프랑스는 영 아닙니다. 인도양 레위니옹섬 주위로

---

* 스크립스해양연구소는 2021년 시베드2030과 업무협약을 체결했다. 데이비드 샌드웰은 이제 해저 지형도 공유와 취합을 위해 시베드2030과 더 긴밀히 협업하고 있다.

거대한 지도를 쥐고 있고 이 나라가 어디에 갔는지도 대강 보이는데 데이터를 전혀 내놓지 않고 있죠."**

그 무렵 나는 샌드웰이 말한 비밀 지도를 볼 수 있게 정보 공개를 몇 건 청구할지 고민하고 있었다. 물론 앞으로 수십 년이 흘러 기밀이 해제되기 전까지는 그 지도를 볼 수 없겠지만 말이다. 그러던 중 해양 지도 제작 경쟁을 완전히 새로운 시각에서 바라보는 미국인 해양 지구물리학자 존 홀과 인터뷰하게 되었다. 몇 시간씩 자유롭게 대화를 나누는 동안 홀은 오늘날 해양 지도 제작에 관여하는 주체를 골고루 신랄하게 비판했다. SCUFN(최근 홀이 제안한 해저 지명을 거부했다)부터 국제수로기구("해군 대장들이 은퇴하고 가는 곳이죠")까지, 홀이 보기에는 시베드2030 프로젝트가 제때 완수되도록 충분히 힘쓰는 곳은 하나도 없었다. 이스라엘 지질조사국에서 은퇴한 홀은 이스라엘에 있는 자택에서 매일 13시간씩 해저 지도 작업에 매진했다. 그는 "2030년이면 아흔 살이 됩니다"라며 자신이 죽기 전에 시베드2030이 사명을 완수하는 것을 볼 수 있을지 잘 모르겠다고 했다.

홀은 그 지도가 완성될 수 있도록 개인 시간은 물론이고 사비도 상당한 금액을 쏟아부었다. 본인 추산에 의하면 GEBCO에 30만 달러 정도를 기부했다고 한다. 또 영국 돈 100만 파운드가 조금 넘는 금액을 북극해와 남극해의 극지 해빙 주변을 지도화할 호버크라프트바닥에서 압축공기를 뿜어내는 수륙양용배로 상표명에서 나온 이름 개발과 운용에 투입했다. 시간과 돈을 그렇게 들였건만, 지도화의 진도는 여전히 빙하의 이동 속도만큼이나 느렸으니 홀로서는 답답함을 감출 수 없었다. 그가 개인적으로 관심을 갖는 프로젝트는 수백만 년 전 소행성

** 프랑스는 2020년과 2021년, 그간의 노선을 뒤집고 인도양에서 확보한 지도를 공유했다.

충돌 지점일 가능성이 있는 북극 해저의 한 수역을 탐사하는 작업으로,[24] 수년간 다양한 정보원을 통해 북극 지도를 수집해왔다. 나는 그가 뭔가 흥미로운 이야기를 들려줄지도 모른다고 기대했으나, 내가 자세한 내용을 캐물으면 홀은 마치 간첩이라도 대하듯 손을 내저었다. "해저 99%에서는 은밀한 활동이란 게 전혀 없습니다. 엄청나게 많은 생물이 사랑을 나누는 걸 빼면요." 그때쯤 홀은 분명 짜증을 내고 있었다. 그는 마지못해 인정했다. 야바위가 있긴 하다고. 그러면서 소련 붕괴 이후 기밀이 해제된 러시아 지도가 자기 손에 들어온 이야기를 조금 들려주었다. 이어서 사우디아라비아에서 일하는 영국인 지도 제작자 이야기도 해주었다. 그 영국인 말로는 지도 제작자가 정당한 이유 없이 지도를 들고 다니면 국왕이 제작자의 목을 치겠다고 했다고 한다.

하지만 그런 갖가지 정치적 음모는 중요하지 않다고 홀은 역설했다. "미국 잠수함 대부분이 자기 위치를 알리지 않았던 이유가 뭔지 압니까? 자기 위치를 쥐뿔도 몰랐기 때문이에요. GPS가 있기 전에는 말이죠." 홀의 확고한 견해에 따르면 비밀 지도는 그저 주의를 분산시키는 방해물이자 시베드2030이 당면한 더 분명한 난관을 가리는 연막이었다. 난관은 바로 바다의 규모 자체였다.


## 거대 바다를 헤쳐 나갈 묘안


시베드2030을 지지한 해양 지도 제작자들이 처음 계획을 구상할 당시 상상한 그림은 모든 나라가 다 같이 마지막 거대한 개척지에 도전하기 위해 각자의 배를 내놓는 것이었다. 야심찬 구상이기는 해도, 당시 사용 가능한 전용 측량선의 수를 근거로 2030년을 달성 가능한 목표 시점으로 설정한 것이었다. 하지만 그 배경에는 줄곧 다른 아이디어도 부상하고 있었다. 바로 크라우드소싱대중들의 참여로 해결책을 얻는 방법이다.

항공모함부터 작은 어선에 이르기까지 바다 위의 배에는 어지간하면 해저 측심용 소나 장비가 설치되어 있다. "이미 바다에 있는 자산을 활용하면 이 배들이 실질적인 국제 조사선단 역할을 하면서 글로벌 그리드에 등재할 측심 데이터를 수집해 시베드2030에 기증할 수 있습니다." 시베드2030의 초기 홍보 책자에 적힌 글이다. 기초적인 어탐 소나만 있어도 위성 관측보다 더 정확한 측심치를 모을 수 있다.

측량선은 하루 운용 비용이 5만 달러도 넘어가므로 비싼 측량선이 없는 가난한 개발도상국으로서는 시베드2030에 참여할 방법이 거의 없다시피 하다. 안타깝게도 이런 나라가 고품질 지도로 혜택을 가장 많이 볼 것이며 저품질 지도로 손해를 가장 많이 본다. 해수면의 상승으로 해안선이 변할수록 팔라우, 키리바시, 마셜제도 공화국 같은 태평양의 작은 섬나라는 개선된 새 해도가 절실히 필요하다. 크라우드소싱은 선진국의 대규모 예산 없이도 지도 제작의 세계에 발을 들일 수 있는 길을 열어준다. 현지의 작은 측량용 보트는 커다란 측량선이라면 어딘가에 걸려버리거나 가끔만 찾아올 접근성 떨어지는 얕은 해안에도 자주 갈 수 있다.

제니퍼 젱크스Jennifer Jencks는 크라우드소싱으로 해저의 정보를 모을 가능성에 기대를 품었다. 시베드2030 지도를 모두 보관하고 있는 콜로라도 볼더의 국립해양대기청 데이터 센터를 감독하는 젱크스는 국제수로기구에서 크라우드소스수심측량실무그룹의 의장도

맡고 있다. 수년간 해양 지도화 회담과 워크숍에 수없이 참석해온 젱크스는 늘 같은 얼굴들만 보게 된다고 말한다. 그렇다고 그들이 싫다는 것은 아니다. 젱크스는 해저 지도화로 고심하는 열정적인 소수의 사람들을 무척 아낀다. 다만 사람이 늘지 않는다는 것, 그래서 지도 역시 커지지 않는 것은 분명했다. 젱크스가 보기에 이는 서로 연결된 문제였다.

"크라우드소싱 수심 측량이 등장한 건 몇 년 전이었습니다. 국제수로기구에서 '이 속도로 바다 전체를 지도화하는 건 어림도 없다, 기발한 수를 찾을 필요가 있다'는 말이 나올 때였죠." 젱크스의 기억이다. 자신의 실무 그룹이 크라우드소싱 프로젝트를 주도하기 시작하자 해양 지도화 행사에서 새로운 얼굴들이 점점 눈에 띄기 시작했다. 우리가 대화를 나눈 시점은 젱크스가 카리브해 지도화 워크숍을 막 마친 참이었다. 워크숍 기간에 코스타리카는 자국 관할 수역에서의 크라우드소싱을 허용하기로 합의하였다. "이 문제에 관심을 갖고 모이는 사람들이 이제 훨씬 다양해졌답니다."

젱크스는 팔라우, 남아프리카공화국, 그린란드에서 시작하는 크라우드소싱 프로젝트 몇 가지를 언급했다. 오스트레일리아에서 이미 진행 중인 한 활동에서는 해양지질학자 로빈 비먼Robin Beaman이 낚싯배와 관광용 보트 여남은 척에 데이터 기록 장치를 설치했다. 그레이트배리어리프오스트레일리아 북동부에 위치한 세계 최대 산호초 지대의 지도에는 여전히 커다란 공백이 남아 있다. 현대식 측량선으로는 접근하기 힘든 깊숙한 환초호와 수로 그리고 암초들이 있는 구역이 특히 그렇다.

"여기 그레이트배리어리프에는 아마도 수천 명의 사람이 배를 갖고 있을 겁니다. 그들 배에는 전부 음향 측심기가 있고요." 비먼이 통화에서 말했다. "대부분은 그냥 자신이 제일 좋아하는 낚시터의 변침점變針点, 항로를 변경하는 지점을 기록하죠. 정확한 지점을 입력하고 거기로 배를 몰고 가 물고기를 잡고 집으로 돌아와요. 그 장치로 들어오는 디지털 데이터를 모아두지는 않죠." 비먼의 데이터 기록기가 설치된 후로는, 관광용 보트와 낚싯배는 그레이트배리어리프를 종횡으로 누비며 지도의 공백을 채우고 있다. 비먼은 자원한 보트에서 새 지도 데이터가 들어찬 USB를 회수할 때면 크리스마스인 것 같다고 말했다. 어떤 선물이 들어 있을지 전혀 알 수 없으니까 말이다.

　캐나다 북극해에서도 또 다른 프로젝트에 시동이 걸리고 있었다. "거기 (해운) 교통량이 엄청 늘고 있죠." 지난 6년 동안 25%나 증가했다고 했다. "지도화는 거의 안 되어 있지만요."25 남극해와 마찬가지로 북극해 역시 거대하고 거친 미지의 세계다. 기후변화와 해수면 상승의 영향을 먼저 느끼고 있는 태평양의 작은 섬나라처럼 북극의 원주민 공동체도 변화하는 환경을 헤쳐 나가기 위해 고군분투하고 있다. 캐나다 누나부트 준주의 이누이트 마을 아비아트에서는 보트 사고가 잇따라 발생하자 주민들이 직접 조치를 취하기로 했다. 정부나 산업계가 바다의 지도를 대신 그려주기를 더 이상 기다릴 수 없었던 것이다. 그들이 직접 지도 작업에 나섰다.

# 7장

## 크라우드소싱으로
## 만드는 북극 지도

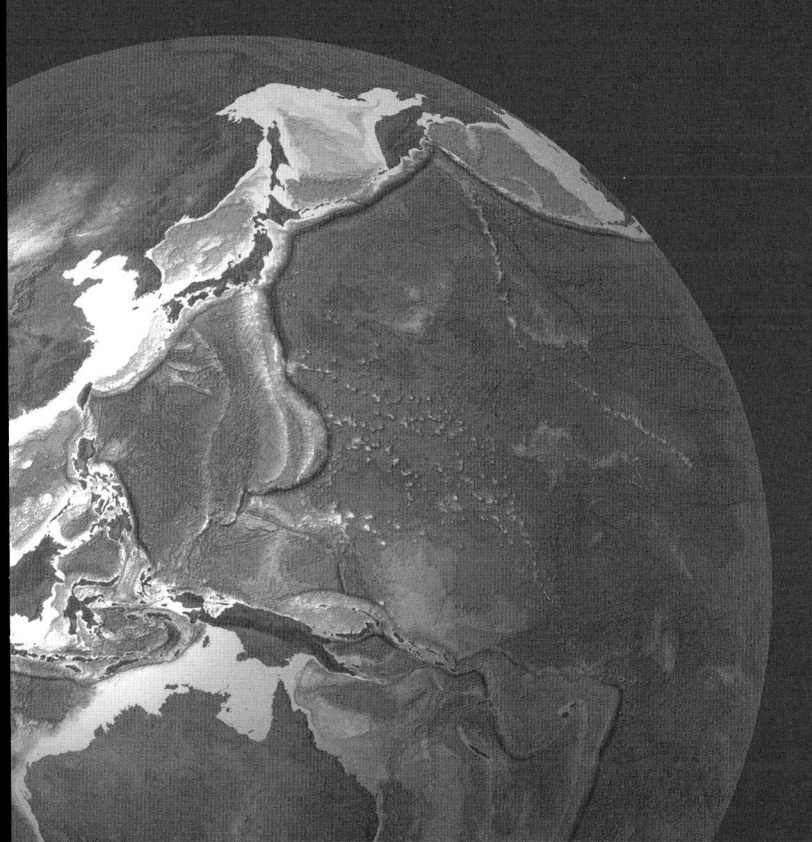

문명은 혼돈이라는 깊은 바다 위 얄팍한 얼음층과 같다.

– 베르너 헤어초크Berner Herzog


## 급변하는 북극해 연안을 가다

나는 캐나다 허드슨만 서부 해안의 이누이트Inuit, 북극해 연안에서 주로 어로·수렵을 하며 사는 사람들. 흔히 '에스키모'라고 하는데 '이누이트'가 맞는 표현이다 마을 아비아트Arviat를 쌍프로펠러 비행기의 둥근 창 너머로 처음 보았다. 카리브해 같은 푸른빛을 선명하게 발하는 얕은 만을 따라 집이 대여섯 줄로 늘어서 있었다. 물가에는 엷은 녹색의 툰드라가 슬며시 바다로 접어들더니 그렇게 팡파르 한 번 없이 육지는 바다가 되었다. 나는 해양 지도 크라우드소싱의 선봉대를 만나기 위해 이곳에 왔고, 덕분에 정부와 산업계가 모두 간과한 미지의 해역에 이르렀다.

　북극해는 오대양 중 가장 작고 얕은 바다다.*[1] 내가 도착했을 때는 흰돌고래 사냥이 한창인 늦여름이었다. 이맘때면 흰돌고래가 만으로 헤엄쳐 들어오고 범고래, 북극곰, 그리고 이누이트 사냥꾼이 그

---

* 하달존 해구가 없는 바다는 북극해뿐이다. 최심부인 몰로이 해연의 깊이는 약 5500미터에 그쳐 조건에 못 미친다.

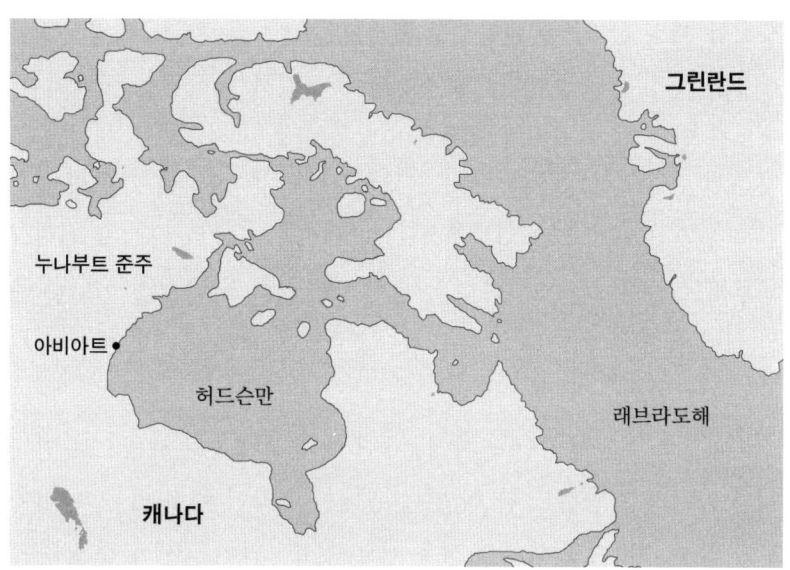

아비아트는 캐나다 북쪽 끝 누나부트 준주에 위치한 작은 해안 마을로 이누이트족이
거주한다.

뒤를 쫓아 추격전을 펼친다. 여름은 화물선이 전 지형 차량 ATV와
건설 장비, 건축 자재 같은 대형 물품을 운송하는 철이기도 하다. 다
만 이런 화물선이 아비아트가 있는 만에 들어오지는 못한다. 수심이
너무 얕고, 해마다 얕아지고 있기 때문이다. 또한 해도 역시 너무 오
래되어 현재와 맞지 않는다. 화물선은 멀리 떨어진 허드슨만 연안에
정박하는데, 때로는 약 3킬로미터 떨어진 깊은 바다에 닻을 내리기
도 한다. 1년치 화물은 선저가 평평한 바지선에 실려 여러 날에 걸쳐
육지로 운반된다.

　　이것이 전 세계 해운업계가 외진 바다를 항행하는 방식이다. 멀
리 떨어져 지나간다. 업계는 지도화가 잘되어 있는 해안선과 대양 횡
단 해운로를 벗어나지 않는다. 네덜란드 로테르담에 있는 유럽 최대
의 항구[2]에서는 마스강의 달라지는 바닥을 기록하고자 매일매일 지

도화를 새로 한다.[3] 런던항으로 흘러드는 템스강에서도 측량사들이 비슷한 일정을 고수한다.[4] 보스턴항에서 일하는 직원들은 매달 새 지도를 만든다. 이곳처럼 교통량이 많은 항로의 지도화는 세밀한 관심의 대상이다. 하지만 오늘날 해저의 4분의 1가량만이 지도에 표시되어 있음을 생각하면 지도화가 잘된 해역은 상례가 아니라 예외다. 대부분의 바다에는 지나다니는 배가 거의 없다. 해운로를 이탈한 배는 이내 암흑 속으로 들어가며, 지도상으로는 선체 아래로 미지의 지형이 지나간다.

　지구의 가장자리인 극지에는 1년 내내 존재하는 해빙으로 인해 지금껏 어떤 측량선도 간 적 없는 광대한 해역이 여럿 있다. 아비아트가 있는 캐나다령 북극의 경우 해도 중 15%만이 국제 표준을 충족하고[5] 미국령 북극의 경우 고작 2.5%만이 현대적인 기법과 장비로 지도화되어 있다. 측심 정보가 존재하는 곳도 그 측정치가 19세기에 전설적인 북서항로북대서양에서 북아메리카 북쪽 해안을 거쳐 태평양으로 연결되는 항로. 19세기에 이 항로 개척을 위해 많은 탐험대가 나섰다가 목숨을 잃었고, 1906년 아문센이 처음으로 항해에 성공했다를 찾던 선박의 목재 뱃전 너머로 측연 줄을 내려 측정한 구시대의 유물일 수 있다. 지도가 없는 북극의 해협과 후미를 더듬더듬 통과하는 현대 화물선은 15~16세기에 바다를 건너려는 유럽 탐험가와 비슷한 처지에 놓인다.[6] 세계의 극지방에서 해도는 좋게 말해 미덥지 못하며 최악의 경우 백지 상태나 다름없다. 현지인들은 대개 지도보다 기억과 전통 지식에 의지하는 경우가 많다.

　북극은 지구에서 온난화가 유독 급속도로 진행되는 곳으로 꼽히며, 기온이 지구 평균보다 3~4배 빠르게 상승하고 있다. 유럽과 아시아를 잇는 더 빠른 항로인 북서항로를 찾겠다는 꿈이 마침내 실현되고 있지만, 환경으로 치르는 대가는 어마어마하다. 얼어붙은 지구의 이마가 해마다 조금씩 녹아 해수면이 상승하고 국경이 새로 정해진다. 영구동토가 해동되면서 더 많은 온실가스가 대기 중으로 방출되고 있다.[7] 점점 더 많은 선박이 조심조심 북서항로를 통과하려고 시도하고 있다. 지난 수십 년에 걸쳐 선박 수, 관광객 수, 방문 지역,[8] 항로의 길이[9] 모두 증가하고 있다. 30척의 선박이 북서항로를 통과한 2012년은 분수령이 된 해였다. (그 이전에는 매년 2~7척 정도가 이곳을 지나갔다.)[10] 2040년이면 북극은 얼음이 거의 없는 여름을 맞이할 것으로 전망된다. 그러면 이 미지의 얕은 바다는 전과 달리 상업적 운송과 개발을 위해 이전과는 다른 방식으로 개방될 것이다. 북극해의 지도화 여부와 관계없이 배들은 북극해로 향하고 있다.

1989년에는 역사상 최악의 환경 참사가 이곳에서 발생했다. 초대형 유조선 엑손밸디즈호가 알래스카 연안에서 암초를 들이받은 것이다. 원유 1100만 갤런4164만 리터이 청정하기 그지없던 프린스윌리엄 해협에 유출되어 바닷새가 독성 슬러지를 뒤집어썼고 지역 수산업이 파산했다. 공식적으로 알려진 사고 원인은 과로와 피로였으나 북극해의 지도화가 얼마나 미흡했는지는 보고서에 빠져 있었다.[11] 한 세기도 안 된 과거에는 증기선 한 척이 같은 암초에 충돌하여 꼬박 10년 동안 버려진 채 방치되어 뱃사람들에게 함부로 가까이 오지 말라고 경고하는 역할을 톡톡히 했다.[12] 2009년에는 다른 목적도 아니고 프린스윌리엄 해협 내의 추가 참사를 방지하도록 투입된 안전예인선 한 척이 블라이 암초와 충돌해 수면에 5킬로미터 길이로 번들거리는 디젤 기름띠를 남겼다.

더 나은 북극해 지도는 해운업계와 크루즈업계에도 필요하지만 아비아트 같은 공동체에서 1년 내내 살아가는 사람들에게도 필요하다. 삶은 물을 중심으로 돌아가고, 아비아트의 만은 입구이자 출구이며 지역 사회의 젖줄이다. 과거에는 이누이트 원로들이 '이누이트 코이마야투캉기트', 약칭 IQ라는 전통 지식의 저장소 역할을 하며 이 환경을 헤쳐 나갔다. 하지만 이제 사흘씩 이어지는 눈보라와 화이트아웃 현상은 아비아트에서 옛날 일이 되었다. 만의 결빙은 늦어지고 해동은 빨라지고 있다.[13] 어떤 동물은 번성하고 어떤 동물은 허우적거린다. 지식을 나누는 원로들은 기후변화로 인해 세계가 너무 빠르게 변하고 있어서 자신들이 전하는 IQ가 현재에 맞지 않아 신뢰성이 떨어질 수 있다고 경고한다. 캐나다령 북극 누나부트 준주準州 오지에서 부상 당하고 구조되는 사례는 지난 10년 사이 두 배로 증가했다. 이런 응급 상황은 사냥하기에는 좋지만 얼음 상태가 불안정한 따뜻한 겨울날에 주로 발생한다.[14] 환경 변화도 변화지만 알 수 없는 지질 현상이 동토층과 해저를 들어올리고 있다. 변화가 가장 뚜렷한 곳은 아비아트만으로 지금껏 전혀 보이지 않던 섬과 모래톱이 수면 위로 비어져 나오고 있다. 혹자가 말하듯 땅이 돌아오니 물이 얕아지면서 해가 갈수록 사고가 누적되고 있다. 누나부트의 지역 공동체 스물다섯 곳을 연결하는 도로가 없기 때문에 작은 공항을 제외하면 방문자들은 제일 가까운 마을인 북쪽 누나부트의 랭킨인렛이나 남쪽 매니토바의 처칠 중 한 곳에서 작은 배를 타고 아비아트에 온다.

비행기가 멈추자 승객 50여 명이 한 명씩 줄지어 내려 작은 공항의 먼지 날리는 활주로를 걸어갔다. 거의 대부분 이누이트족이었고 다이어트콜라, 낚싯대, 위생용품 등 남쪽에서 가져온 물자로 그득그득 채운 가방을 메고 있었다. 아이들은 공항 건물 통창 앞에 모여 밖을 구경하며 기다리고 있는데 도착한 사람들이 문에 가까워질수록 기대에 찬 몸짓을 보여주었다. 공항에 들어서자 고향에 돌아온 것 같은 기분이 들었다. 왁자지껄한 소리와 활기가 폭발하는 작은 공간은 젊은 가족과 뛰어다니는 어린이, 어르신, 멍멍대는 개, 짐 더미로 빽빽했다.

가방을 내려놓고 휴대전화를 켰다. 내 위치는 구글 지도의 텅 빈 격자 위에 파란 점으로 떠 있었다. "서비스 없음. 네트워크에 연결할 수 없음." 휴대전화의 메시지가 얼마나 유용하던지. 나는 이곳에 도착하기 전에 퀘벡 출신 해양 지도 제작자로 아비아트에서 지도화 작업을 지휘하는 쥘리앵 데로셰Julien Desrochers에게 데이터도 없고 인터넷도 잡히지 않으면 당신을 어떻게 찾아가야 하냐고 미리 물어봤었다. 데로셰는 지도 제작자답게 정확한 위치를 알려주는 것에는 관심이 없었다. "그냥 아무나 붙잡고 셜리네 집이 어디냐고 물어봐요." 셜리는 변화하는 해안선을 지도로 만드는 법을 현지 사냥꾼들에게 가르쳐달라고 데로셰에게 일을 맡긴 공동체 지도자 셜리 타갈리크Shirley Tagalik였다.

나는 곧 아비아트의 주도로를 배회하며 셜리 타갈리크의 집을 알 만한 사람을 찾았다. 만을 따라가면 나오는 어딘가에 그의 집이 있으리란 것은 알았지만 그게 전부였다. 자갈 깔린 도로에는 인적이 없다시피 했다. 이따금 ATV 차량이 나를 지나쳐 내달렸다. 이어서 한 무리의 아이들이 지나가는 것이 보였다. 나이는 열둘이나 열셋쯤 될 것 같았고 다들 애슬레저 스타일 운동화와 맨투맨 차림으로 검은 색과 흰색 사이에서 형광색이 톡톡 튀었다. 아이들은 자갈길 한가운데로 당당하게 발걸음을 옮겼고, 그중 한 명은 북극의 상쾌한 공기를 향해 작은 음악을 발사하는 휴대폰을 들고 있었다.

아비아트는 평균 연령 25세, 인구의 약 40%가 14세 이하인 젊은 마을이다.[15] 이곳 청년들은 지도 제작자이자 해안 지도화 작업의 자극제다. 휴대전화와 GPS를 비롯한 신기술은 북쪽에 편리함과 더

불어 가짜 안전감을 가져다주었다. 물론 주의 산만한 10대 청소년은 아비아트만의 문제가 아니다. 인류 사회 전체가 집중력 저하라는 세계적인 유행병으로 신음하고 있다. 그러나 아비아트 주변 북극 툰드라에서는 위성 전화 충전을 깜박하는 단순한 일로도 목숨이 위태로워질 수 있다. 집 대문을 나서면 바로 거친 자연이 시작된다. 북극곰이 집 쓰레기통에서 먹이를 찾고 있을지도 모른다. 깜깜한 길에서 ATV 차량이 내 옆을 질주할 수도 있다. (내가 떠나고 며칠 되지 않아 바로 옆 마을인 랭킨인렛에서 음주 운전자가 10대 청소년을 치어 숨지게 하는 사고가 있었다.)[16] 격자처럼 짜인 마을 도로에서 멀리 벗어나는 위험을 무릅썼다가는 눈에 띄는 지형지물 하나 없는 평평한 툰드라에서 길을 잃을 수도 있다. 한 해의 대부분 동안 이어지는 겨울에는 저지대가 하얀 눈에 덮여 길을 찾기가 더욱 어렵다.

"관찰력이란 기술이 점점 잊히고 있습니다. 여기서 살아남으려면 필요한 기술인데도요." 쿠키크 베이커Kukik Baker가 말했다. 베이커와 어머니 셜리 타갈리크는 다른 이들과 함께 아비아트의 비영리단체 아키우마비크협회Aqqiumavvik Society를 운영하고 있다. 아키우마비크협회는 새로운 구상을 품고 들이닥쳤다가 원하는 것만 얻고 사라지는 외부 전문가를 경계하며 현지를 중심으로 접근한다. "저희가 하는 일은 모두 이곳 공동체에서 직접 제기한 문제에서 출발하죠." 셜리가 설명했다. 선대는 소규모 이누이트 무리로 유목 생활을 하며 관찰력과 자립심을 연마했다. 오늘날 청년들은 따뜻해지는 기후, 새로운 기술, 늘어나는 선박 교통량과 같은, 전 지구적인 힘에 의해 뒤바뀐 북극 환경을 헤쳐 나가야 하는 현실에 직면해 있다. 아키우마비크협회는 전통 지식과 해양 지도화 같은 혁신적인 수단을 결합해 변화하는 세계에 적응하고자 노력 중이다.

아비아트는 주민이 3천 명도 안 되는[17] 작은 마을치고는 불공평하리만치 많은 문제를 떠안고 있다. 만연한 식량 불안,[18] 끝이 안 보이는 혹독한 빈곤,[19] 60년 전 정부가 지은 낡은 성냥갑 같은 주택에 여러 세대가 거주하는 만성적인 주택 부족[20] 등. 누나부트 공동체에서 끔찍한 속도로 퍼져나가는 자살률도 이와 무관하지 않다. 30세 미만의 사람들이 가장 심하게 타격을 받아 가장 많이 목숨을 끊는다.[21] 누나부트가 독자적인 나라였으면 전 세계에서 자살률이 가장 높았을 것이다.[22]

아키우마비크협회는 연방 보조금을 지원 받아 이누이트식 가르침에 뿌리를 둔 목적의식과 정체성을 심어주는 다양한 프로그램을 개발했다. 남쪽에서 운송해 오는 데 비용이 많이 드는 과일과 채소를 지역 내에서 재배할 수 있도록 온실을 지었다. 양념에 재운 마크타크(고래 껍질) 샐러드와 투크투(순록) 볶음 등의 조리법을 활용해 이 땅에서 사냥하고 채집한 재료로 지역 요리를 가르치는 수업도 운영 중이다. 지금까지 가장 성공한 것은 '우지크수이니크 청년 사냥꾼' 프로그램이다. 아이들은 이르면 여덟 살부터 경험 많은 사냥꾼과 툰드라로 나가 자연을 관찰하고 돌보는 법인 우지크수이니크를 배운다. 2012년 이 프로그램이 시작된 이래로 참가자 중에서 자살한 사람은 한 명도 없었다.

전 세계 해저는 70% 이상이 아직 지도화되지 않았다. 이 수치에는 많은 이가 떠올릴 법한 육지와 멀리 떨어진 공해의 깊은 해저뿐 아니라 토착민이 생활하고 이동하고 일하는 캐나다 같은 선진국의 벽지 해안까지 포함된다. 이 지도화되지 않은 해안을 비로소 지도화하는 것이 아키우마비크협회에서 최근 추진하는 활동이다. 노련한 사냥꾼이 모래톱에서 좌초하고 물 밖으로 갑자기 암초가 솟아올랐다는 사고 소식이 수년째 마을에 떠돌고 있다. 때로는 치명적인 사고도 있었다.

## 지도 제작에 나선 이누이트족

2014년 8월 어느 날 저녁, 사냥꾼 세 명이 배 두 척을 타고 아비아트 북쪽으로 48킬로미터쯤 떨어진 인기 어장으로 그물을 확인하러 갔다. 샌디포인트로 알려진 어장에 도착한 후 한 사람은 자신의 배를 타고 다른 두 사람과 헤어졌지만, 두 팀은 생활 무전기로 계속 연락을 주고받았다. 두 사람의 무전이 잠잠해지자 혼자 있던 남자가 둘을 찾으러 돌아갔는데 발견한 것은 배에서 완전히 내던져진 익사체였다. 배는 암초나 모래톱에 부딪힌 것으로 보였다.[23] 갑작스러운 죽음은 아비아트 같은 북쪽 지역 공동체에 특히 큰 상흔을 남긴다. 이곳에서 비극은 생활 무전기를 통해 온 마을에 실시간으로 전해진다. 누군가가 사라진 친구들을 찾아다니며 그들을 부르고 또 부르고, 침묵이 끈질기게 이어지고, 사람들은 다 같이 귀 기울이며 소식을 기다린다.

두 남자가 샌디포인트에서 익사하기 불과 1년 전, 조 카레타크 Joe Karetak는 아비아트 인근 바다에서 죽을 뻔한 경험을 했다. 일생을 사냥꾼으로 살아온 카레타크는 60년도 더 전에 아비아트에서 태어나, 결빙 여부와 관계없이 이곳 바다를 항해하며 평생을 보냈다. 계절에 안 어울리게 따뜻했던 2013년 1월의 어느 날, 카레타크는 아들과 2인승 소형 나무배를 타고 물범 사냥에 나섰다. 오후가 되자 바람이 급속도로 거세지면서 두 남자를 바다 쪽으로 날려 보냈다. 얼마 못 가 아버지와 아들은 부빙浮氷에 갇혀 표류했다. 두 사람을 구조하기 위해 출동한 헬기는 얇은 얼음 위에 착륙한 후 카레타크의 바로 앞에서 바다에 추락했다. 카레타크는 가라앉는 조종석에서 빠져나와 부빙 쪽으로 헤엄쳐 오는 조종사를 속수무책으로 바라볼 수밖에 없었다. 얼음 위의 두 명은 세 명이 되어 축축하게 젖은 몸을 바들거리며 다른 헬기가 오기를 기다렸다. 세 사람 모두 목숨은 건졌지만 현재 60대인 카레타크는 젖은 옷을 입고 긴 시간 얼음 위에서 기다린 여파에서 아직도 몸이 회복되지 않았다고 한다. 아비아트 주변에는 더 이상 낚시를 할 수 없는 예측할 수 없는 장소가 생겨나고 있는데, 수심이 너무 얕아서 북극곤들매기도 발길을 끊었다.[24]

"어느 정도는 자초한 일이죠. 우리는 얕은 바다에서 고래를 사냥하니까요." 아비아트 인근에서 발생한 보트 사고 이야기였다. "하지만 이번 여름에는 썰물 때 해안에서 충분히 멀리 나갔다고 생각했는데도 부딪혔습니다." 그는 휘어진 프로펠러 샤프트는 건졌지만 보트 엔진의 필수 부품인 하부 유닛이 파손되었다고 말했다. 마을에서는 흔히 있는 일이었다. 하부 유닛 수리에는 수천 달러의 비용이 들고 새 부품을 남쪽에서 운송해 오려면 시간도 걸린다. 이 시간과 비용 때문에 사냥꾼은 몇 달 동안, 심하게는 몇 년 동안 일을 못 할 수도 있다. 조 카레타크처럼 노련한 사냥꾼이 더 이상 바다에서 안전하게 다닐 수 없다면 이누이트의 기술과 사냥 문화는 위험에 처한 것이다.

산만한 청소년, 기후 온난화, 높아지는 해안 지대, 미덥지 못하거나 백지 수준인 해도, 모두 참사가 발생하기 좋은 요인들이다. "모래톱과 암초가 어디에 새로 생겼는지 볼 수 있도록 지도를 제작해야겠다고 판단했습니다." 쿠키크 베이커가 말했다. 만을 벗어나면 해안지도는 거의 없다시피 해 지역 주민들은 위험을 피할 기술과 요령을 공유하며 살아간다. 캐나다 정부가 아비아트만을 지도화한 지는 25년도 더 지났고 이후로 수심은 엄청나게 얕아졌다. 연방 예산에서는 상업 항로와 조업 구역이 항상 더 높은 우선순위를 차지할 것이며 예산은 한정되어 있다. "정부는 우리 연안 해역을 지도화하는 데 관심이 없었죠." 셜리가 말했다. 셜리와 쿠키크는 굴하지 않고 퀘벡의 작은 회사인 엠투오션M2Ocean에 연락을 취했고, 이를 계기로 이 회사의 전 최고운영책임자 쥘리앵 데로셰와 연이 닿았다. 엠투오션은 연안 수역을 자체적으로 지도화하려는 비전문가를 위해 조작이 쉬운 소나를 제작한다.

아비아트 주변 바다가 어떻게 달라졌는지는 숙달된 뱃사람이 아니어도 알 수 있다. 셜리의 집을 찾아 마을의 자갈길을 걷고 있을 때 아비아트 주도로의 건물 사이로 만의 바닷물이 살짝 눈에 들어왔다. 현지인들은 해안가를 걷지 말라고 경고했다. 북극곰이 어슬렁거린다나. 하지만 잠깐 본다고 무슨 탈이 나겠는가? 바다는 도로와 너무 가까워서 감탄사가 절로 나왔다. 거대한 흰곰이 녹색 평지인 툰드라를 건너 다가오면 어련히 보이지 않을까? 나는 위험을 감수해 보기로 마음먹고 해안으로 향하는 짧은 돌투성이 경사로를 내려갔다.

아비아트 주변 육지와 해저는 지난 세기에 걸쳐 90센티미터 이상 융기했다. 집들이 물가에서 9미터 정도 떨어져 있는 해안선에서 그 모습이 내 눈에도 똑똑히 보였다. 그 간격은 매해 8~13밀리미터씩 커지고 있다. 아비아트에서 마지막 빙하기의 빙하가 녹은 것은 약 8천 년 전이지만, 두께 3.2킬로미터에 이르는 얼음층 아래에 있었던 영향은 이곳 지형에서 여전히 느껴진다.[25] 후빙기 반동으로 알려진 이 현상은 빙하가 녹으면서 그 아래에 있던 육지와 해저면이 사람이 일어난 후 원래 모습으로 돌아가는 침대 매트리스처럼 차츰차츰 융

캐나다 누나부트 서부의 누나부트만. 빙하가 녹은 후 '빙하 지각균형 조정'으로 층층이 쌓인 모래 해변의 2013년 모습으로 지금도 조정이 진행 중이다.

기한다. 고대의 빙상이 어떤 지점에서는 비교적 두껍고 어떤 지점에서는 비교적 얇았기 때문에 해발 상승은 균일하지 않고 예측도 어렵다. 변칙적인 면은 또 있다. 지형은 빙하 반동으로 융기하기만 하는 것이 아니라 침강하기도 한다. 체서피크만미국 대서양 연안에 있는 큰 만은 다음 세기 동안 46센티미터쯤 침강할 것으로 예측된다. 인근의 고대 빙하가 얇아지면서 지형에 융기부가 생겼는데 이것이 서서히 무너지는 탓이다. 그래서 지질학자들은 빙하 *지각균형 조정*glacial isostatic adjustment, GIA이라는 용어로 수천 년 전 메가톤급 빙하에 의한 지구의 미세운동을 설명한다.[26]

학창 시절 지질학 수업에서 후빙기 반동을 배운 적이 없다. 해저에서 일어나는 다른 놀라운 움직임도 다루지 않았다. 마리 타프가 발견한 대양중앙해령의 확장, 오래된 해저가 지구 맨틀 속으로 빨려 들어가는 심해저 해구, 열점에서 솟아오르는 해산도 나오지 않았다. 바다가 지질 활동의 대부분을 감추고 있기에 우리는 대개 지구를 형성하는 데 있어 해저의 역할을 간과하고 있다. 화산 분화는 80% 이상이 해저에서 일어나지만 쓰나미가 유발되거나 새로운 섬이 형성되지 않는 한 우리가 그 소식을 들을 일은 거의 없다. 후빙기 반동을 비롯해 미묘한 조정은 감지하기가 한층 더 어렵다. 그러나 환경을 주의 깊게 관찰하는 것이 전통적인 삶의 방식인 이누이트족은 유럽인이 오기 한참 전부터 해안선이 달라지는 것을 알아차렸다.[27] 원로에게서 전승된 이야기 속 오래지 않은 시절에는 내가 아비아트에서 걷던 길이 물 아래에 있었다. 이누이트의 세계는 한 세대 만에 바뀌었다.

아비아트를 포함한 누나부트의 지역 공동체 스물다섯 곳은 대부분 20세기 전반에 조상 대대로 살던 땅에서 이주하거나 강제로 내몰린 이누이트족들이 모여 시작된 곳이다. 아비아트에는 공동체 세 곳이 존재하는데 그중 하나가 아히아미우트다. 이 내륙 부족은 허드슨만 서쪽으로 322킬로미터 정도 떨어진 곳에서 순록을 사냥하며 살았다.[28] 1940년대 후반 캐나다 작가 팔리 모왓Farley Mowat이 이들을 만났을 땐, 불과 수십 년 전만 해도 수백 명이었던 부족의 인구가 60여 명으로 줄어들어 있었다.[29] 정부는 부족을 보호한다는 명목 아래 아히아미우트족을 주거지도, 물자도, 사냥할 순록도 없는 100킬로미터 떨어진 지역으로 이주시켰다. (이주의 진짜 이유는 인근 기상 관측소 직원들이 그들을 추방하려 했기 때문이라는 소문도 있었다.) 3개월 후 부족의 다수가 병에 걸려 사망하자 아히아미우트족은 예로부터 살았던 땅으로 걸어서 돌아갔다. 몇 년이 지나 정부는 이들을 다시 이주시켰다. 이번에는 약 160킬로미터 이상 떨어진 곳이었고 절망적인 여건에서 일곱 명이 더 사망했다.[30] 캐나다 정부는 북쪽에서 다른 여러 부족도 이런 식으로 이주시켰으나 아히아미우트족의 경우는 특히 심각한 사례로, 팔리 모왓의 베스트셀러《잊혀진 미래 People of the Deer》를 통해 그들의 절멸 위기가 널리 알려졌다. 오늘날 이 부족의 이름은 북쪽에서 자행된 문화 말살을 상징하게 되었다. 생존한 아히아미우트족은 결국 아비아트와 인근 지역 공동체 두 곳에 정착했다. 2019년 캐나다의 한 부처 장관은 아비아트 마을회관에서 스물한 명의 생존자에게 공식적으로 사과했다. 정부 요원이 자기 가족의 집을 들어내 툰드라로 내모는 것을[31] 지켜볼 때 어린 여자아이였던 생존자 메리 아노탈리크Mary Anowtalik는 그날 얼굴을 손에 파묻고 흐느꼈다.[32]

오늘날 아비아트에서는 옛것과 새것, 과거와 현재가 물속의 기름처럼 휘돈다. 주도로에는 커피 전문점 팀홀튼과 KFC가 있다. 마을의 식료품점 세 곳에서는 젊은 엄마들이 이누이트 전통 파카 차림으로 아기를 업고 밝은 조명의 통로를 따라 쇼핑카트를 이리저리 밀고 다닌다. 집 지붕에는 순록 뿔이 얹혀 있고 현관에는 순록 가죽이 걸려 있다. 내가 물가로 내려갔을 때에는 잘린 꼬리와 흉터로 얼룩진 회색 가죽 등 최근 흰고래를 사냥한 흔적이 자갈 해변에 산재해 있었다. 근처에는 남쪽 물자를 실어 온 목재 운송용 운반대를 재활용한 수제 썰매가 있었다. 아비아트에서 '카무티크'로 통하는[33] 이런 썰매는 어떤 재료로든 만들 수 있고 고래 사체를 육지로 운반하는 데 쓰인다. 나중에 알았지만 아비아트에서 잡힌 흰고래의 등에는 해안을 어슬렁거리던 북극곰이 할퀸 발톱 자국이 거의 어김없이 남아 있다고 한다.

북극곰은 여름 대부분을 헤엄치며 보내고 악어처럼 순식간에 물에서 튀어나올 수 있다. 2018년에는 딸들을 데리고 아비아트 외곽

섬에 새알을 채집하러 간 젊은 아빠가 북극곰의 공격을 받아 사망하는 사건이 있었다. 북극곰이 가족을 향해 돌진해 올 때 이 남자는 총을 들고 있지 않았고 아이들은 가까스로 위험을 모면했다.[34] 이런 사실을 알고 나니 현지인들의 경고를 무시하고 혼자 무기도 없이 태평하게 해안을 거닌 내가 참으로 멍청했다는 생각이 뒤늦게 들었다.

차가운 바람이 만을 휩쓸었고, 나는 장갑을 가져왔으면 좋았겠다고 생각하며 주머니에 손을 찔러 넣었다. 곧 해가 질 것이다. 어두워지기 전에 셜리의 집을 찾아야 했다.

셜리와 쿠키크가 엠투오션의 퀘벡 출신 지도 제작자 쥘리앵 데로셰에게 연락했을 때, 데로셰는 이미 해양 지도화용 초기 프로토타입을 북극 지역 공동체 세 곳에 제공한 상태였다. 아쉽게도 이 도구는 데로셰의 기대만큼 인기를 얻지 못했다. 측량 장비가 창고에 버려진 채 방치되어 있는 곳도 있었다. 하지만 아비아트는 다를 수 있다고 데로셰는 생각했다. 이번은 자신이 아니라 지역 공동체에서 먼저 손을 내민 경우이니 말이다. 그는 캐나다의 불편한 식민지적 남북 관계를 잘 인식하고 있었다. 남쪽은 북쪽을 '고치기 위해' 전문가를 파견하고 원주민 공동체가 부탁하지도 않은 지원을 제공해 왔다.[35] 그러나 이번은 셜리와 쿠키크가 데로셰를 초청한 것이니 상황이 달랐다. 그야말로 천지개벽이었다.

나는 바다를 뒤로하고 다시 터덜터덜 해안가로 올라갔다. 어디 공공기관에서 나온 듯한 트럭 한 대가 아비아트 주도로와 가까운 건널목에서 내 옆에 멈춰 섰다. 내가 손을 흔들자 차에 탄 남자가 창문을 내렸다. "셜리 타갈리크 씨가 어디 사는지 아세요?" 내가 묻자 남자가 고개를 끄덕이며 설명하려는 듯 입을 떼더니 이내 차에 타라고 손짓했다. 그제야 데로셰의 조언이 이해되었다. 이곳에서는 휴대전화의 지도에 의존하느니 도움을 청하는 편이 훨씬 쉬웠다.

## 현지인이 직접 만드는 지도

다음 날 오전, 데로셰는 셜리네 거실에서 해저 지도화에 대한 속성 강의를 펼쳤다. 해저의 항해용 해도를 제대로 제작하는 데는 수십 가지의 변수가 작용하지만 (시베드2030에서 앞으로 10년 동안 완성하려는 종류인) 기초적인 수중 지형도를 제작하는 데 필요한 것은 수심, 시각, 위치라는 세 가지 요소가 전부다. 데로셰와 엠투오션이 개발한 간이 소나 하이드로블록은 사용자가 투입하는 정보는 최소한으로 하면서도 이런 데이터 포인트를 다른 것과 더불어 수집하도록 디자인되었다.

내가 노틸러스호에서 마주했던 멀티빔 소나 벽면과 달리 하이드로블록은 기내용 가방보다 작은 경량 하드케이스에 들어 있는데 그것만 있으면 되는 독립형 측량 시스템이다. "단일빔 (음향 측심기) 데이터가 멀티빔 데이터보다 반드시 더 나쁘거나 더 좋은 것은 아닙니다. 단지 그 양이 적어서 지도화하는 데 시간이 더 걸릴 수 있을 뿐이죠." 시베드2030 책임자이자 크라우드소싱의 강력한 지지자인 제이미 맥마이클필립스Jamie McMichael-Phillips가 말했다. "(측심치의) 질이 조금 떨어지더라도 (시베드2030의) 지도에서는 엄청난 가치를 지닌다는 것이 크라우드소싱의 마법입니다. 관찰자 데이터가 전혀 없는 것보다는 있는 것이 낫죠."

다음은 그날 오전 교육에서 해저 지도화에 관해 배운 것이다. 첫째, 썰물 때면 말라붙는 얕은 곳까지 더 구석구석 측량할 수 있도록 바다에는 밀물 때 나갈 것. 둘째, 소나가 동일한 수심을 따라 움직이지 않고 아래로 깊어지는 수심의 단면을 포착할 수 있도록 측선을 해안과 수평이 아닌 수직으로 그릴 것. 셋째, 측선 간격은 평균 수심의 3배 거리로 벌릴 것. (아비아트에서는 만이 워낙 얕아서 측선이 약 9미터 간격으로 촘촘하게 붙어 있다.) 마지막으로 중요한 사항, 엔진 시동을 걸지 말 것. 측량에는 달리기와 비슷한 4~5노트시속 7.4~9.3킬로미터의 속도가 가장 적합하다.

앤드루 묵파Andrew Muckpah에게는 마지막 가르침이 가장 따르기 어려웠다. 교육을 마치고 묵파와 아키우마비크 소속 강사 넷은 그날 오후 함께 아비아트의 만에 측선을 그리러 나갔다. 주황색 하이드로블록 가방은 아키우마비크 배의 뱃전 위에 금속 죔쇠로 고정되어 있었고 막대기가 두 개 붙어 있었다. 하나는 삼각측량으로 위치와 시각을 구하는 위성 센서가 삐죽 솟은 것이고, 바닷물을 향해 아래로 튀어나온 다른 하나는 핑 신호를 해저로 전송하고 수신해 수심을 측정하는 것이다. 하드케이스에는 하이드로블록의 위치를 추적하고 배의 앞뒤동요, 선수동요, 횡동요의 영향을 제거하는 관성 측정 장치 IMU도 들어 있다. 수심, 시각, 위치, 됐고, 됐고, 됐다. 발룸(이누크티투트어로 '뚱뚱하다'는 뜻)이라는 애칭으로 통하는 묵파가 속 터지는 5노트 속도로 만을 가로질러 배를 몰기 시작했다. 이렇게 배를 느리게 모는 일은 절대 없다고 했다. 보통은 어장에 최대한 신속하게 도달하는 것이 목표다. 평소처럼 만을 질주하는 대신 직선으로 천천히 배를 몰려니 발룸은 인내심을 있는 대로 끌어 모아야 했다. 앞의 계기반에 얹힌 노트북에는 지금까지의 측량 진도가 표시되었다.

강사들 중에서도 발룸은 해저 측량으로 얻을 것이 제일 많다. 몇 년 전 그는 물범을 사냥하고 돌아오는 길에 배 하부 유닛이 파손

된 적이 있다. 만에 살얼음이 끼는 가을철, 물범들이 햇볕을 쬐려고 새로 생기는 얼음에 몸을 올려놓는 순간 사냥꾼이 행동에 나선다. 발룸은 그날 물범 다섯 마리를 잡았다. 개인 최고 기록까지는 아니지만 그래도 괜찮은 날이었다. 사냥꾼 집안에서 자란 강인한 사냥꾼인 발룸은 어린 시절의 젖살이 빠진 지 오래였다. 좀처럼 벗지 않는 스포츠 선글라스를 벗자 눈 주위로 진하게 그을린 선이 드러났다. 북극의 밝은 태양이 쨍하게 반사되는 물과 얼음과 눈 위에서 보낸 시간이 길다는 표시였다. 그러나 이목구비에는 어쩐지 유한 구석이 있었고, 햇볕에 생긴 주근깨가 뺨 곳곳에 흩뿌려져 있었다. 그래서 어릴 때의 애칭이 성인이 된 후에도 따라붙었나 싶었다.

사고가 있던 날 해안으로 돌아갈 때는 발룸의 친구가 배의 조타륜<sub>배의 키를 움직이는 바퀴 모양의 장치</sub>을 잡았는데, 바다로 나갈 때 살얼음을 갈라놓았던 길을 따라갔다. 살얼음이 끼는 물범 사냥철에 지도화되지 않은 아비아트의 만을 항행하는 통상적인 방식이지만 그날은 이 수가 통하지 않았다. 사냥하느라 멀리 나가 있는 동안 조수가 빠지면서 살얼음을 가른 길이 달라졌고, 이들은 배가 바위에 닿고 나서야 이 사실을 깨달았다. 두 남자는 어쩔 수 없이 얕은 물에 뛰어내려 배를 밀어서 뺐다. "물이 엉덩이까지 왔죠. 수온은 영하 20도쯤, 아니면 그보다도 낮았을 겁니다"라고 발룸은 기억했다.

발룸은 금이 간 모터 하부 유닛을 수리할 1500달러를 언제 마련할 수 있을지 막막했다.[36] 우리가 만났을 때는 그의 여자친구가 딸을 출산한 지 얼마 되지 않은 상황이었다. 그 후 두 사람은 결혼해 지금은 아들도 있다. 그러니 배 수리비를 모으기란 한층 더 가망 없는 일로 느껴졌다.

일반적인 통념대로라면 뉴햄프셔 대학교 연안및대양지도화센터 같은 엘리트 수로학 교육 기관에서 훈련받은 해양 지도 제작자가 제일 훌륭한 지도를 만들어야 한다. 그러나 연안및대양지도화센터 부소장인 브라이언 콜더Brian Calder는 이렇게 말했다. "수로학 데이터 가 최상이어야만 판단을 내릴 수 있는 건 아닙니다. 그런 건 환상에 가깝죠." 콜더는 전문적으로 제작된 지도에 포함된 불확실성에 대해 광범위하게 글을 써왔으며 직접 크라우드소싱을 실험하고 있다. 훈 련된 수로 측량사가 지도를 잘 만드는 것도 맞지만, 교육은 받지 않았 어도 이 일에 몸과 마음을 바치는 크라우드소싱 참여자, 콜더의 표현 으로는 '슈퍼 관찰자' 역시 좋은 지도를 만들 수 있다고 그는 말했다.

콜더와 데로셰 두 사람 모두 크라우드소싱이라는 이름표를 싫 어했다. 그 이름표를 달면 세계에서 가장 유명하고 가장 성공한 크라 우드소싱 활동인 위키피디아와 자연스럽게 비교하게 된다. 이 온라 인 백과사전에서 무보수로 활동하는 작성자와 편집자 부대는 서로 의 작업을 집단적으로 검토, 승인하여 결국은 진실의 근사치에 도달 한다. 위키피디아 항목을 읽어보면 가장 권위 있는 설명은 아니라는 인상을 받지만 가족 사이에 생긴 의견 충돌을 해결하기에는 대개 그 정도면 족하다. 해저 지도 크라우드소싱도 비슷한 원리를 따른다. 수 많은 자원봉사자들이 동일한 해저를 측량하여 마침내 상당히 정확 한 측정치에 이르는 것이다.

하지만 하이드로블록의 방식은 그렇지 않다고 데로셰가 설명했 다. 과정을 수행하는 동안 전문가가 비전문가를 안내하고, 더 정밀한 GPS를 갖춘 측량 장비를 통해 더 나은 지도를 만들 수 있다고 한다. 일반적인 스마트폰 GPS가 위치를 잡아내는 범위는 최대 4.9미터 이 내다. 하이드로블록 GPS는 몇 센티미터 단위까지 위치를 잡아낸다. 놀라울 정도로 정밀하고 정확하다.[37]

발룸이 만을 가로질러 배를 몰면 데로셰는 측량하는 그에게 이따금 조언을 건네거나 고칠 점을 말해주었다. "측량하려고 선을 그릴 때는 직선이 전부가 아니잖아요?" 데로셰가 바람 너머로 외쳤다. 전날만 해도 쨍쨍했던 여름 하늘은 구름 낀 회색으로 바뀌었고 흐린 날씨에 바람이 몰아쳤다. 데로셰는 만이 '작은 양떼'로 뒤덮였다고 말했다. '작은 양떼'란 '백파白波'를 뜻하는 프랑스어 단어를 거칠게 번역한 표현이다. "바다는 온통 물이잖아요. 물은 움직이니 우리도 조류와 바람 같은 걸 모두 고려해 항로를 조정해야 합니다."

　　"많이 어려운가요, 발룸?" 내가 바람 너머로 물었다. 배가 기다렸다는 듯 파랑 위에서 들썩이기 시작했다. 노트북이 배 계기반에서 미끄러졌지만 떨어지기 전에 데로셰가 낚아챘다. 다시 제자리에 놓인 노트북 화면에서는 배가 항로를 몇 미터 이탈했다는 것이 보였다. 발룸은 잠시 조타륜과 씨름했다.

　　"매번 달라요. 바람이 이리 갔다 저리 갔다 하거든요." 발룸은 대답과 함께 배를 원래 항로로 돌려놓았다. 휴대전화를 보는 등 다른 일은 할 수 없을 정도로 집중해야 했다. 그러는 동안 조수가 빠져나갔다. 우리가 만을 한 바퀴 돌 때마다 조수는 조금씩 물러나며 모래에 축축한 테두리를 남겼다.

　　당시 데로셰의 계산에 의하면 만 전체를 측량하는 데는 이틀(작업 시간으로는 14시간)이 걸릴 예정이었다. 최소한 서류상 계획은 그랬다. 현실에서는 일이 더 복잡했다. 여름은 흰고래를 사냥하는 시기고, 우지크수이니크 청년 사냥꾼에게는 사냥이 다른 어떤 일보다도 우선한다. 흰고래는 아비아트에서 중요한 지역 식량원으로, 고기는 공동체가 나눠 먹으며 긴 겨울을 나기 위해 저장한다. 또한 강사들은 고래의 생체 검사도 실시해 환경 모니터링을 위한 표본을 채집한다.

강사들의 비공식 리더이자 당시 유일한 여성 강사였던 아우파 어코크Aupaa Irkok는 강사들이 교대로 근무하면 만이 결빙되기 전에 지도화 작업을 마칠 수 있는 이틀의 시간을 낼 수 있으리라 계산했다. 내년 여름, 얼음이 녹아 배들이 다시 사냥에 나설 때까지 아키우마비크 협회는 업데이트한 지도를 공동체에 공유할 계획이었다. 이는 이누이트 정체성의 핵심 신념과 맞닿아 있다. 원로들이 말하듯, 정보는 공유하지 않으면 아무런 가치가 없다.[38]

해양 지도 크라우드소싱을 반대하는 편견은 지난 10년 동안 점차 약해졌다고, 하이드로블록 개발을 도운 쥘리앵 데로셰의 동료 마티외 롱도Mathieu Rondeau가 말했다. 롱도는 2010년 지도 크라우드소싱을 막 시작하던 무렵 어떤 수로학 학회에서 이 주제로 발표한 적이 있었다. 참석자는 아주 적었고 발표가 끝났을 때 질문하는 사람도 아무도 없었다. 학계에서는 이를 죽음의 입맞춤이라 불렀다. 롱도는 현재 캐나다수로국CHS에서 근무하고 있는데 공동체 내 큰 변화가 느껴진다고 말한다. 일부 정부 측량사들은 여전히 크라우드소싱을 꺼리고 있지만, 시베드2030을 비롯한 여타 주요 지도화 단체들은 이 활동을 지원하는 데 총력을 기울이고 있다.

훈련된 수로학자도 자체적으로는 시베드2030 프로젝트를 완수할 수 없다는 사실을 마지못해 인정하는 것일 수도 있다. 존 홀이 지적했듯 지도화해야 할 바다가 너무 많으니까. 캐나다수로국은 북극해에서 약 207만 2000제곱킬로미터를 지도화해야 하는 과제를 안고 있는데, 이 중 정확히 측량된 것은 15%에 불과하다. "남쪽에서 측량선을 준비한 다음 북쪽으로 가서 수로 측량사를 태우고 측량하려면 비용이 아주 많이 듭니다." 롱도가 설명했다. 쇄빙선이 지난겨울에 생긴 얼음을 부수고 길을 내려면 며칠이, 심하면 몇 주가 걸린다.

식량, 연료, 직원, 운항 시간, 고가의 장비 대여 비용까지 더하면 북극해 탐사 경비는 100만 달러를 우습게 넘어간다. "그 지역에 사는 사람들의 힘을 빌려 그들에게 장비와 교육을 제공하고 우리가 해야 할 작업을 맡기면 비용이 줄겠다 싶었습니다." 롱도가 설명했다.

북극해에서는 해운 교통량이 증가하여 새로운 지도가 한층 더 절실해졌다. 캐나다수로국은 캐나다령 북극을 통과할 때 42% 정도 지도화가 되어 사정이 나은 기존 항로를 따를 것을 선박에 권장한다. 그러나 크루즈선 선장들이 늘 고분고분 말을 듣는 것은 아니다. 승객들이 '진짜' 북극을 체험할 수 있도록 크루즈선은 미지의 피오르와 후미로 방향을 틀어 우뚝 솟은 회청색 빙하, 엄니가 길쭉한 바다코끼리, 무리 지어 다니는 흰고래를 보여준다. 2010년에는 크루즈선 클리퍼어드벤처러호가 누나부트 연안에서 수중 절벽에 부딪치는 사고가 발생했다. 쇄빙선이 크루즈선까지 가서 승객들을 구조하는 데에는 이틀이 걸렸다.[39] 그보다 1년 전에는 클리퍼어드벤처러호가 남극에서 좌초된 자매선 오션노바호를 구조한 적이 있다.[40] 북극으로 오는 배는 점점 더 많아지고 커진다. 2016년에는 크리스털세레니티호가 초대형 크루즈선 최초로 북서항로를 통과했다.[41] 2020년 북극권에서 발생한 선박 사고는 58건으로 지난 3년 중 최고치였다.[42]

캐나다수로국의 마티외 롱도는 크라우드소싱의 장점을 상관에게 납득시키려 애쓰고 있다. 사고 건수의 증가, 측량해야 할 구역의 엄청난 양, 북쪽으로 배를 보내는 데 드는 막대한 비용만 따져보아도 이득이었다. 일반적으로 크라우드소싱이 대형 선박 사고로 이어질 수 있다는 반론도 있다. 항해용 해도는 엄밀히 말해 법적 문서이며, 국제 해양 산업계를 지원하고 손해 배상 청구를 뒷받침할 수 있도록 지속적으로 업데이트된다. 해양 사고에는 천문학적인 비용이 발생하고 심하면 관련 기업과 지역 경제가 완전히 붕괴될 수도 있다. 2021년 컨테이너선 에버기븐호가 수에즈 운하를 엿새 동안 막았던 적이 있는데, 이때 약 100억 달러 규모의 물동량이 멈췄고 보험 및 법률 비용이 수억 달러에 이르렀다. 크라우드소싱 지도가 에버기븐호 좌초 사고를 초래한 것은 아니지만, 이 사건은 수로 측량사들이 비전문가가 지도에 관여하는 문제를 경고할 때 제시하는 헤드라인급 사고의 한 유형이다. 일이 아주 심각하게 잘못될 경우 그 책임은 누가 진단 말인가?

크라우드소싱 지도를 옹호하는 가장 설득력 있는 논거는 비용이나 효율성이 아니라 북극에서 식민지 측량의 역사를 반복할 위험이 있다는 것이다. 과거 남쪽의 정부들은 북쪽을 제 입맛에 맞게 분할해 전통적인 영토 사이에 경계선을 그었다. 그 예로 사미족은 스웨덴, 노르웨이, 핀란드, 러시아에 흩어져 있고[43] 그위친족은 알래스카와 유콘과 노스웨스트 준주 사이 미국과 캐나다 경계에 걸쳐 있으며 이누이트족은 미국, 캐나다, 그린란드, 러시아에 퍼져 산다. 또 북극 지도에는 폭스 해협, 프로비셔만, 허드슨만처럼 유럽 탐험가들의 이름이 곳곳에 새겨져 있다.[44] 심지어 일부 지형의 이름은 북극에 발도 들인 적 없는 부유한 후원자의 이름을 따기도 했다. 부시아 반도와 필릭스항은 1829년 북서항로를 찾으려 했던 영국인 존 로스John Ross 의 탐험 비용을 댄 인물인 증류주 진 업계의 큰손 필릭스 부스Felix Booth의 이름을 딴 것이다.[45] 길과 경로와 지형의 토착 지명이 지도에서 사라지면서, 북서항로를 찾는 유럽인의 좁은 시각은 북극을 이해한 원주민의 깊은 지식도 지워버렸다.[46]

극지의 빙관이 녹고 북극해의 항해가 점차 가능해지면서 북방 국가들은 북극점이라는 새로운 목표를 향해 시야를 좁혀가고 있다.

2007년 러시아 국가두마러시아 연방의회 하원 의원이자 탐험가인 한 러시아인이 북극 해저에 자국의 국기를 꽂았다.[47] 당시 캐나다 외무장관은 국기를 꽂은 이 행위를 15세기 유럽 식민지 지배자들이 영토를 점령한 것에 빗대었으나[48] 사실 캐나다도 비슷한 수작을 부렸다. 캐나다 연방 정부는 북극에 사는 산타클로스 할아버지와 할머니에게 캐나다 여권을 발급했다.[49] 전 총리 스티븐 하퍼의 보수 정부는 영국인 탐험가 존 프랭클린John Franklin의 사라진 배를 찾아 북극을 수색하는 데 수백만 달러를 지출했다. 2014년 프랭클린의 기함 에러버스호가 발견되자 하퍼는 직접 이 소식을 발표하며 프랭클린 탐험대가 200년도 더 전에 "캐나다 북극 영유권의 토대를 닦았다"고 선언했다. 북서항로 항해에 성공한 최초의 유럽인이자 비영국인 탐험가 로알 아문센의 난파선은 배가 침몰한 누나부트 지역 사람들의 바람과 난파선 고고학자들의 의견에도 불구하고 노르웨이로 반환되었다.[50]

남중국해를 둘러싼 뜨거운 분쟁에 비하면 북극해의 지정학적 분위기는 비교적 차분하다. 현재는 그렇다는 말이다. 하지만 북극권 국가들은 지금도 만년설 없는 미래를 대비하고 있다. 러시아, 캐나다, 덴마크(자치령 그린란드)는 모두 국제법에 따라 북극 영토를 확장하려는 신청서를 유엔 대륙붕한계위원회CLCS에 제출했다. 유엔해양법협약에 따르면 연안국의 배타적 경제수역은 해안선에서 200해리까지다. 그러나 한 국가가 대륙붕이 더 멀리 뻗어 있다고 증명할 수 있다면 더 넓은 해저에서 배타적 경제권을 주장할 수 있다. 그러려면 해저를 지도화하고 상세한 측심 이미지와 해저면의 퇴적물 표본을 모아 증명 자료로 제출해야 한다. 이런 측량에는 돈이 많이 든다. 캐나다는 지금까지 열일곱 차례의 북극 지도화 탐사에 1억 1700만 캐나다달러 이상을 썼다. 그러나 한 나라가 얻을 수 있는 해양 자원은 값을 매길 수 없을 만큼 귀중하다. 오스트레일리아와 뉴질랜드는 대륙붕한계위원회에 제출한 권리 주장에 성공하여, 오스트레일리아는 2008년 해저 약 259만 제곱킬로미터, 뉴질랜드는 육지 영토의 6배에 달하는 해저 약 170만 제곱킬로미터의 통제권을 얻었다.[51]

아비아트의 만을 지도화하는 데에는 국제적인 이해관계가 개입되어 있지 않다. 이 만의 새 해도는 현지인이 현지인을 위해 만든 지도가 어떤 모습일지 보여주는 좋은 사례가 될 것이다. 발룸과 아우파를 비롯한 아키우마비크 강사들은 수로가 이 지역 사회에 얼마나 중요한지를 알기에 먼저 만을 측량하기로 했다. "아비아트 지역 공동체가 주도적으로 나서서 측량 장비를 구비해 스스로 작업을 시작했다는 것은 매우 강력한 사례입니다." 캐나다수로국의 마티외 롱도는 말했다.

만을 가로질러 측선을 몇 줄 그린 뒤 쥘리앵 데로셰와 강사들은 훈기가 도는 셜리네 거실로 함께 돌아왔다. 커피를 홀짝이는 동안 강사들은 방금 만든 지도를 찬찬히 뜯어보며 이누크티투트어로 서로 대화를 나누었다. 이들은 데로셰와 나 같은 외부인이 없으면 이누크티투트어를 썼다. 데로셰는 내가 캐시의 작업 화면과 노틸러스호에서 익히 본 측심치의 소용돌이를 셜리의 TV 화면에 띄웠다. 그는 날라리 데이터를 정리하면서, 검토를 위해 자신에게 전송하기 전에 데이터를 어떻게 가공해야 하는지 설명했다. 데로셰의 설명이 너무 전문적으로 흐르자 강사들은 각자의 휴대전화로 빠져들었다. 바다를 지도화하는 일은 북쪽의 일상과는 너무 멀게 느껴졌다.

아비아트에서는 사냥이 멋의 상징이다. 남녀 할 것 없이 머리부터 발끝까지 위장복을 입는다. 들고 다니는 휴대전화 케이스와 가방도 위장 무늬다. 훌륭한 사냥꾼은 좋은 부양자이자 이누이트의 일원으로 존경받는다. 큰 사냥감을 잡은 사람은 먼저 무전으로 소식을 알리고, 그러면 사람들이 막 잡은 흰고래 토막을 얻으려 부두로 달려온다. 사냥과 나눔은 이곳 지역 공동체에 녹아 있다. 강사들은 만을 오가며 측선을 그리는 것이 지루하다고 간간이 불평했다. 이게 사냥하고 무슨 상관이 있다고? 얼음 상태를 관찰하는 것도 아닌데? "저는 그냥 우리가 해야 할 일이라고 말해요. 최종 결과물이 우리가 목표로 하는 것이라고요." 쿠키크가 말했다. 직접 만든 지도를 눈으로 보고 아비아트의 600여 가구[52]와 공유하게 될 이듬해 봄이면 강사들도 보람을 느끼리라고 쿠키크는 확신했다.

## 크라우드소싱의 한계와 새로운 동력 찾기

2017년 시베드2030이 출범했을 때만 해도 향후 10년이 끝나기 전까지 해저 지도를 완성할 수 있으리라는 낙관론뿐이었다. 공격적이긴 해도 해볼 만한 기한이라고 사람들은 말했다. 내가 인터뷰한 전문가들은 2017년 6%였던 완성도가 2021년에 20% 이상으로 껑충 뛰어 올랐다며[53] 시베드2030의 엄청난 초반 진도에 주목했다. 주요 크라우드소싱 협력업체들이 발표되었다. 해양 측량업체 푸그로는 작업 현장 간 이동 시에 수집한 지도를 모두 기증하기로 서약했다. 뉴햄프셔 대학교의 한 이스라엘 출신 지도 제작자는 세계 방방곡곡을 여행하면서 크라우드소싱으로 지도를 모아줄 억만장자와 그들의 슈퍼요트를 모집하기 시작했다.

2020년대가 시작하면서, 코로나19 팬데믹이 터지고 공급망이 붕괴되고 제2차 세계대전 이래 최대 규모의 지상전이 유럽에서 발발하자 시베드2030의 전망은 다소 어두워졌다. 내가 2021년에 팔라우와 남아프리카공화국의 크라우드소싱 프로젝트는 어떻게 되어 가냐고 제니퍼 젱크스에게 문의했을 때, 두 나라 모두 공급망 문제로 인해 무기한 연기된 장비의 배송을 기다리고 있었다. 시베드2030 말고도 원대한 야심이 좌절된 경우는 더 있었다. 기후변화와의 싸움 같은 덜 구체적인 장기 목표 역시 시급한 단기적 사안에 밀려났다.[54]

해양 지도화 공동체 내에서도 낙관론이 저물기 시작했다는 말이 들렸다. 맵더갭스의 캐나다인 지도 제작자 팀 컨스는 시베드2030 프로젝트를 제시간에 완수할 실행 가능한 계획안이 여전히 보이지 않는다고 말했다. "진심으로 2030년까지 해양 지도화를 마칠 생각이라면 계획이 필요합니다." 슈퍼요트에 데이터 기록기를 달거나 금고에 숨겨져 있는 지도를 추적하는 등의 단편적인 프로젝트도 물론 도움이 되었으나, "그런 방식으로는 손길이 닿지 않는 어마어마하게 넓은 영역을 절대 다룰 수 없습니다." 오스트레일리아 그레이트배리어리프에서 크라우드소싱 프로젝트를 이끄는 해양지질학자 로빈 비먼도 비슷한 말을 했다. 크라우드소싱은 대륙붕을 따라가는 수심 얕은 구역에는 통했지만, 시베드2030이 전 세계 바다에 접근하려면 심해 멀티빔 소나를 확보해야 했다.

일부 지도 제작자는 시베드2030 프로젝트가 실현 가능성이 희박할 뿐만 아니라 어쩌면 불가능할 수도 있겠다는 생각을 내비치기 시작했다. "그게 실현 불가능하다는 건 오래 생각하지 않아도 알 수 있어요." 아비아트의 만을 측량하는 일정이 끝나갈 무렵 췰리앵 데로셰가 한 말이다. 북극 지도를 보라고, 아니, 그냥 서부 해안에 아비아트를 둔 허드슨만을 보라고 그는 말했다. 허드슨만은 텍사스보다도, 캘리포니아보다도 크다. 캐나다 하천의 3분의 1이 하류로 흘러 허드슨만에 이르고 미국의 주요 하천 몇 곳도 그렇다. 허드슨만 해도에 초점을 맞춰보면 지도화된 구역은 놀라우리만치 작다. 해안을 따라 현대식으로 측량된 곳도 일부 있고 만을 건너는 안전한 해운로도 있지만 약 123만 제곱킬로미터의 해저 대부분은 아직 지도화되지 않았다. 아비아트는 대부분이 지도화되지 않은 세계에서 대부분이 지도화되지 않은 바다에, 대부분이 지도화되지 않은 만에 있는 작은 마을일 뿐이다. 나는 지도 제작자들에게 지도화를 해야 할 바다가 얼마나 남았는지 보여달라고 종종 이야기한다. 허드슨만은 지도화되지 않은 바다의 규모를 투명하게 드러낸다. 이곳을 알고 나니 시베드2030이 잡은 기한은 내가 봐도 불가능해 보였다.

결국 크라우드소싱은 시베드2030을 완수하는 데 주요 동력이 되지는 못할 듯하지만 애초에 그게 중요한 게 아니었을지도 모른다. "자체적으로 수심을 측량하는 활동은 공동체 내에서 뭐라도 해보자는 의욕을 갖게 하는 좋은 계기가 될 수 있다고 봅니다. 어떻게 보면 이게 그 일의 가치겠죠. 안 그래요?" 뉴햄프셔 대학교의 브라이언 콜더가 말했다. 아비아트만의 지도를 만드는 사냥꾼들을 지켜보며 나는 예로부터 생활해온 수역을 지도화하는 데서 엄청난 힘이 생겨남을 이해했다. 시베드2030이 기한을 지키지 못할 수도 있지만, 만의 지도가 개선되면 아비아트 사람들은 시베드2030보다 더 큰 변화를 맞이하게 될 것이다.

자욱한 안개와 결항된 항공편을 뚫고 36시간 만에 비로소 아비아트를 벗어난 나는 더 빠르고 정신없는 남쪽 세계에 들어섰다. 휴대전화에 다시 신호가 잡혔고 확인하지 못한 문자 메시지와 전화 알림이 딩동 소리와 함께 밀려들었다. 텅 비었던 구글 지도의 격자에는 잘 지도화된 도로가 다시 들어찼다. 전 세계를 돌아다니며 나의 위치를 추적하는 작은 파란색 점이 다시 나타났다. 지도 밖으로 떨어져 보니 다른 의문이 생겼다. 크라우드소싱이 시베드2030의 마법 같은 해결책이 되지 못한다면 또 다른 해결책은 무엇일까?

시베드2030이 출범하던 시기에 크라우드소싱과 함께 종종 언급된 것으로 자율 지도화가 있다. 드론이나 여타 원격으로 작동하는 장비로 해저를 지도화하는 방식이다. 2020년대에 접어들면서 크라우드소싱처럼 인력을 활용하는 해결책 이야기는 점점 줄어들고, 거대한 기술 혁신에 대한 논의가 많이 들린다. 지구온난화로 인한 기온 상승의 폭을 섭씨 1.5도 이하로 억제하겠다는 원대하고 야심 찬 목표가 흐릿해지면, 사람들은 종종 이를 보완하기 위해 흔히 기술에 의지하게 된다.

드니 헤인스Denis Hains는 자신을 천성적인 낙관론자라고 설명하며, 시베드2030의 목표 역시 같은 방식으로, 낙관적으로 설명한다. 캐나다수로국의 전직 수로 측량 총괄과 국장으로서 자국의 해양 지도화 역량에 대해 남다른 통찰력을 가진 그는 캐나다가 시베드2030을 지원하기 위해 배를 내놓는다는 걸 상상하기 어렵다고 말했다. "지금 캐나다에서 그 작업을 할 수 있는 배는 루이S.생로랑호뿐인데 이 배의 시간을 국제적인 일에 투자하겠다는 정치적 의지가 있지 않고서는, 이 선박이 국가적 우선순위 밖에 있는 다른 작업에 배치될 가능성은 거의 없습니다." 그럼에도 그는 시베드2030이 성공하기를 바랐다. 그가 말하는 최선의 방법은 드론을 도입하는 것이었다.

"제가 기대를 거는 건 무인 수상정입니다. 세일드론Saildrone 같은 사업 모델이요." 해양 드론만으로 태평양 절반을 건너는 데 성공한 캘리포니아의 스타트업을 이야기했다. 이스라엘에 있는 존 홀도 동의했다. "그걸 해낼 방법은 세일드론을 활용하는 길뿐입니다." 형광 오렌지색 탄소섬유로 만든 돛이 특징인 세일드론은 해양 지도화에 새로운 미래를 예고했다. 이 미래에서 사람은 아예 바다에 나갈 필요가 없다.

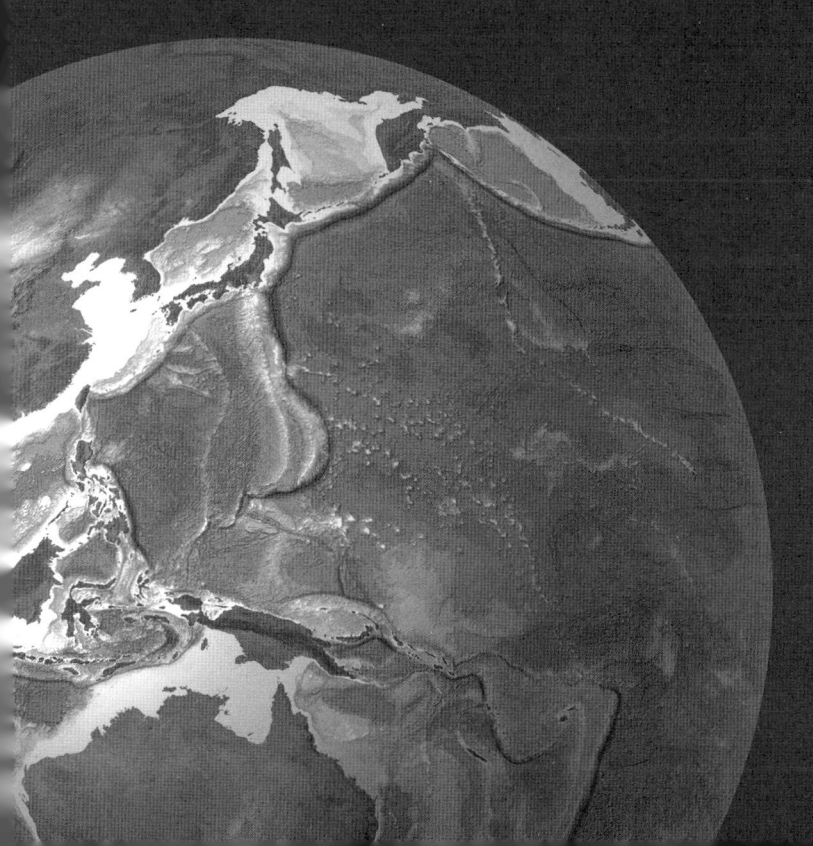

# 8장

## 바다에서 펼쳐지는
## 로봇 혁명

## 해저 지도의 강력한 도구, 무인 해양 드론

해저 지도화의 미래는 어떤 모습일까? 세일드론의 창립자이자 CEO 인 리처드 젱킨스Richard Jenkins에게는 샌프란시스코만이 내려다보이는 햇살 가득한 회의실에 앉아 커피를 마시며 컴퓨터 화면의 아이콘이 160킬로미터 떨어진 앞바다에서 미지의 해저를 돌아다니는 것을 지켜보는 모습이다.

어느 날 오전, 캘리포니아 앨러미다에 있는 이 스타트업 본사를 방문해서 내가 한 일이 바로 이것이다. 전날 세일드론은 '서베이어'라는 이름이 붙은 첫 번째 기종, 길이 22미터의 해양 드론을 테스트하기 위해 처음으로 앞바다에 내보냈다. 젱킨스와 내가 이야기를 나누는 동안 서베이어는 캘리포니아 해안에서 160킬로미터 남짓 떨어진 해저 구역을 오가며 완벽한 간격의 측선을 묵묵히 그리고 있었다.

젱킨스는 이따금 의자에 앉은 몸을 앞으로 숙여 태평양에서 움직이는 자그마한 세일드론 아이콘을 터치했다. 서베이어의 '기관실'을 확인하는 것이다. 계기가 모인 대시보드에 내장 태양광 패널 충전 잔량과 디젤 예비량, 풍력과 풍향이 표시되었다. 다른 페이지에는 서베이어의 센서가 기록한 풍속, 풍향, 파도 높이가 나오고 있다. 서베이어의 친척으로 좀더 아담한 기종인 길이 약 7미터의 '익스플

세일드론사의 무인 해양 드론, 익스플로러

로러'는 말하자면 거대한 해양 측정기로, 해수 온도, 염도, 상대습도, 기압, 용존산소, 엽록소를 비롯한 여러 가지를 기록하는 센서 20여 개가 탑재되어 있다. (회사의 모토는 '언제 어디서 어떤 센서든'이다.)

젱킨스는 다른 화면에서 스크롤을 움직여 서베이어에서 모든 각도로 촬영한 사진들을 훑었다. 매 순간 새롭게 찍은 사진이 분 단위로 연달아 들어왔다. 수년간 각종 드론을 바다에 보내온 세일드론은 스스로 세계에서 가장 방대한 해양 이미지 모음이라 부르는 사진 수천만 장을 축적했다. 이 사진들은 사람이 주석을 달아, 보이는 것을 기준으로 상황을 판단하도록 드론을 훈련시키는 특허 받은 알고리즘에 공급된다. 근처에 화물선이 들어오면 드론은 항로를 바꿔야 하나? 수상한 배를 출입국 관리소에 신고할까? 이러한 질문이 육지에 있는 실제 조종자에게 전달되어 조종자가 최종 결정을 내린다. 젱킨스가 설명하기로 자신들의 목표는 인간이 직접 바다로 나가 해저를 지도화할 필요성을 줄이고 해양 지도화의 속도를 높이며 비용을 낮추는 동시에 환경 친화성을 향상하는 것이라고 한다.

젱킨스는 물 위 15미터 상공에 떠 있는 서베이어의 돛 꼭대기에서 바라본 실시간 화면으로 전환했다. "(육지에서) 의자에 앉아 커피를 마시면서도 배 선교에 서 있을 때와 동일한 영역을 인식하는 것이 목표입니다." 이렇게 말하는 젱킨스의 억양이 너무 부드러워서 나는 그의 말을 알아들으려고 자리에서 몸을 빼야 했다. 시연을 마치자 그는 의자에 기대어 앉았다. 서베이어가 일을 잘하고 있다니 우리는 다시 대화를 이어나갔다. 기이하게도 해양 지도화의 미래는 요즘 SNS를 확인하는 등 휴대전화를 만지작거리는 일과 무척 닮은 듯했다.

시베드2030을 제때 완수할 유일한 방법으로 드론이나 무인 수상정USV을 거론할 때 해양 지도 제작자들이 말하는 것은 서베이어 같은 심해용 모델이다. 연해용 작은 모델이 두 종 있지만 수심 1만 1000미터 가까이 신호를 내려 보낼 수 있는 콩스버그 멀티빔 소나가 장착된 모델은 서베이어가 최초다. 이 정도면 마리아나 해구의 최심부 깊이도 살짝 넘는다. 드디어 기나긴 기다림 끝에 전 세계 해저 지도를 완성할 도구가 나왔다!

지난 몇 년 동안 세일드론은 인상적인 임무를 연이어 수행했고 모두 성공적이었다. 대서양 횡단, 완료. 남극 일주, 완료. 최대 크기 무인 수상정으로 캘리포니아에서 하와이까지 왕복 항해, 완료.[1] 마지막 임무에는 시베드2030이 자금을 일부 지원했다. 뉴햄프셔 대학교 연안및대양지도화센터 소장인 래리 메이어Larry Mayer가 프로젝트를 감독했고 가능한 한 해저가 지도화되지 않은 곳으로 서베이어의 항로를 계획했다. 서베이어는 샌프란시스코와 하와이 사이 미지의 해저에서 하와이 빅아일랜드의 두 배쯤 되는 면적인 총 2만 720제곱킬로미터 이상의 데이터를 수집했다.[2] 해양 지도 제작자들이 세일드론에 반한 것은 부정할 수 없다.

"세일드론 서베이어가 태평양에서 해온 일을 보세요. 무인기가 앨러미다에서 하와이까지 쭉 항해하여 돌아오다니, 5년 전만 해도 다들 터무니없는 소리라고 생각했을 겁니다." 연안및대양지도화센터 부소장 브라이언 콜더가 말했다. "지도화에서는 흑마법을 부린 거나 다름없는 일이니까요."

2021년 여름, 세일드론의 소형 모델이 푸에르토리코에서 발생해 그해 가장 강력한 폭풍으로 기록된 4등급 폭풍 허리케인 샘의 눈을 뚫고 항해했다.[3] 임무 중에 촬영된 영상이 삽시간에 퍼져 허리케인의 눈이 실제로 어떻게 생겼는지 공개되었다. 허리케인을 통과해 항해하는 풍경은 어떨까? 난장판도 그런 난장판이 없는 것으로 드러났다. 영상은 무엇이 위고 아래고 앞인지 알기 어려운 원초적인 혼돈이었다. 해양 드론은 물 위 15미터 상공에 떠 있는 것처럼 보일 정도로 높은 파도를 타다가 무시무시한 속도와 힘으로 다시 수면에 처박혔다. 번개가 번쩍였고 바람이 파랑을 할퀴었으며 하늘은 숨이 막히도록 낮게 내려와 희뿌연 벽처럼 바다를 덮고 있었다. 시야는 기껏해야 8미터나 될까 싶었다. 앞서 누구도 본 적 없는 광경이었다. 지금까지 이런 것은 배가 침몰하기 직전에 망자가 보는 장면일 것이다.

"그거 괜찮았죠. 허리케인을 뚫고 달렸잖아요. 재미있는 게, 이제 (해양 드론의) 내구성 관련 질문은 전혀 안 들어옵니다." 세일드론의 해양 지도화 임원인 브라이언 코넌Brian Connon이 말했다. 코넌은 은퇴한 해군 대령으로 미 해군 지도화 부서인 해군해양국에서 근무한 경력이 있었다. 존 홀을 만났을 때와 마찬가지로 나는 해양 지도화의 비밀스러운 면을 알려달라고 코넌을 채근했다. 해군이 금고에 숨겨둔 해저 데이터는 얼마나 되죠? 미국이 이미 바다 전체를 지도화했나요? "해군에 데이터야 많지만 그걸 공유하지는 않을 겁니다. 다 그럴 만한 이유가 있어요." 코넌이 끝까지 노련한 뱃사람답게 대답했다.

세일드론은 미 해군과 다른 쪽으로도 연이 닿아 있다. 2022년 미 해군이 페르시아만에 투입한 세일드론 익스플로러를 이란 전함이 잠시 탈취하여, 그렇지 않아도 팽팽했던 양국 관계가 더욱 악화된 일이 있었다. 미 해군 전함과 헬기가 접근하자 이란 전함은 드론을 풀어주고 수역을 떠나버렸다. 세일드론은 샌프란시스코를 면한 항구 도시 앨러미다에서 미 해군이 비행장으로 쓰던 부지 내 건물에 본사를 두고 있기도 하다. 앨러미다 시내 거리 대부분에는 버려지고 낙서가 그려진 해군 격납고가 빼곡하며, 그 중 상당수 건물에는 이 지역에서 급증하는 노숙자들이 살고 있다. 세일드론 창고는 예외다. 한 면이 선명한 주황색으로 칠해진 이 창고는 활기차게 북적거린다. 창고에 들어서자 단상에 놓인 아이패드가 나를 맞이하며, 건너편에서 보게 될 특허 기술을 유출하지 않겠다는 기밀 유지 서약서에 서명해달라고 요청을 해왔다.

입구를 지나 거대한 항공 격납고에 발을 들이니 바로 세일드론 조립 라인이 나왔다. 앞에는 탄소섬유와 유리섬유 시트를 말아놓은 커다란 롤이 있었다. 저쪽으로는 돛 모양의 육중한 탄소섬유 금형에서 탄소섬유 돛을 굽는 거대한 오븐이 있었다. 야외용 탁자가 격납고 곳곳에 있었고 임원이 일반 직원과 자유롭게 어울렸다. 복장은 유행하는 청바지와 비니, 파타고니아 플리스였다. 그들의 모습을 한 컷 찍으려는데 마케팅팀 사람이 황급히 달려와 나를 저지했다. 사진을 찍으면 세일드론의 경쟁력인 특허 받은 날개 기술이 유출될 수도 있다고 했다. 창립 10주년을 앞둔 회사였는데도 스타트업의 설레는 기운이 고스란히 살아 있었다.

"2012년에는 만 건너편에 있는 5.5제곱미터쯤 되는 방에서 저 혼자 1호(해양 드론)를 만들고 있었죠." 리처드 젱킨스의 기억이다. 젱킨스는 10년을 들여 2009년에 랜드세일링 세계 기록을 세운 뒤 드론 기술을 개발했다. 모를 수도 있으니 설명하자면(나는 몰랐다) 랜드세일링은 간단히 말해 육지에서 바람을 동력으로 하는 레이싱이다. 직접 만들고 단련시킨 초록색 탄소섬유의 돛을 단 요트를 타고 네바다의 평평한 사막을 건넌 젱킨스는 최종적으로 시속 202.9킬로미터 속도에 도달했다.* 이 세계 기록 덕에 젱킨스에게는 멋진 신뢰감과 함께 실리콘밸리 창업가에게 걸맞은 탄생 비화가 생겼다. 그는 허황되게 들리는 목표를 이루는 데 꼭 필요한 연구와 개발을 보태어 몇 년 후 세일드론을 출범했다.

세일드론 초기에 젱킨스는 마침 해양 조사선 팔코호를 꾸미던 구글 창업자 에릭 슈밋과 그의 아내 웬디를 만났다. 세상에 공헌하려는 억만장자들이 해양 보호에 한창 투자하던 시기였다. 그러나 젱킨스는 바다에서 늘 하던 과학 활동 방식에는 감흥을 느끼지 못했다. "초기 해양 드론의 경우 슈밋 부부와 협업했습니다. 두 사람의 측량 조사선 준비를 도왔죠. 그런데 두 사람이 하려는 건 그저 단순 측정이라는 게 분명해지더군요. 커다란 배에서 30명의 사람들이 해저를 지도화하겠다고 작은 센서 하나를 눌러댈 이유는 없잖습니까." 젱킨스는 관련된 과학자들에게 이렇게 질문한 것을 기억했다. "수억 달

---

* 2022년 후반 세일링 클럽인 뉴질랜드 에미리트팀이 오스트레일리아 염호를 가로지르며 최종 속도 시속 222.4킬로미터에 도달해 젱킨스의 기록을 뛰어넘었다.

러의 돈이 들고 연료도 왕창 태우는 배 대신 작은 로봇으로 이 작업을 할 수는 없냐고 물었죠. 과학자들이 모인 협의체의 답은 이랬어요. '불가능합니다. 작은 무인기로 바다를 건널 수는 없어요.' 저한테 그런 말은 황소한테 빨간 천을 흔드는 거나 같습니다."

젱킨스는 무인 해양 드론이 무사히 바다를 건널 수 있음을 꿋꿋이 증명해냈다. 이전의 그 과학 협의체는 이제 바다 횡단은 그렇다 쳐도, 무인 드론이 바다에서 과학자 수준으로 뭔가를 측정하지는 못할 거라고 말했다. 젱킨스는 이어서 해양 드론 측정치를 조사선 측정치와 직접 비교하는 새로운 임무에 착수했고, 드론이 배에 탄 과학자 못지않은 솜씨로 표본을 채취할 수 있음을 입증했다.[4] 젱킨스는 말했다. "불가능하다고 말하는 누군가의 도전이 이 활동에서 원동력이 된 것 같습니다." 그의 창업 스토리는 오늘날 많은 기업가들의 이야기와 비슷하게 들릴 수도 있지만, 젱킨스는 세일드론은 진짜배기라고 힘주어 말한다. 다른 스타트업은 스프레드시트로 무언가를 증명하는 반면 자신은 드론이 바다를 건너고 허리케인을 견디며 먼바다에서 복잡한 측정 작업을 수행할 수 있음을 실제로 보였다는 것이다. 이보다 더 혹독한 시험대가 있겠는가?

이 해양 지도화의 신세계에서 사람은 바다에 불필요한 존재다. 전 세계 바다에서 최심부를 측량하는 캐시 본지어바니부터 캘리포니아 앞바다에서 해저를 지도화하는 노틸러스호, 아비아트의 만 밑바닥을 지도화하는 발룸에 이르기까지 내가 지금껏 봐온 지도화 작업에서 한 가지 요소는 항상 같았다. 주도권은 언제나 사람이 쥐고 있었다. 젱킨스는 이 생각을 완전히 뒤집었다. 사람에게는 배가 필요하고, 배에는 연료는 물론 선원들의 생존과 행복을 위한 모든 편의시설이 필요하다. 인적 요소로 인해 측량 비용은 하루에 수만 달러로 올라간다. 사람은 결국 집으로 돌아가야 하니 바다에 머무는 시간에도 제약이 생긴다. 세일드론은 전통적인 측량선에 드는 비용에 비하면 티끌 수준의 비용으로 운영된다. 해양 드론은 더 경제적일 뿐 아니라 소음 공해, 연료 소비, 탄소 배출을 줄여 더 친환경적이기도 하다.

세일드론에는 더 높은 목표가 있다고 젱킨스는 말했다. "이 회사는 지구를 구하겠다는 목표로 설립되었습니다." 그러고는 중요한 부연 설명을 덧붙였다. "이 문제의 규모를 감당할 수 있는 회사를 만들어야 합니다. 그렇게 할 수 있는 방법은 영리 기업뿐이죠. 동기는 지구의 건강과 기후지만, 영리 기업이어야 변화를 만들 수 있어요. 정부 지원금으로는 충분하지 않습니다."

세일드론의 몇몇 경쟁사를 언급하자 젱킨스는 눈을 내리깔고 미소를 지었다. 뭔가가 못마땅할 때 하는 행동이었다. "지금 우리 화면에 보이는 일을 따라잡을 수 있는 상대는 아무도 없습니다." 젱킨스는 부드럽게 말하며 태평양에 나가 있는 세일드론 아이콘을 가리켰다. 그러나 경쟁이 치열한 것은 사실이다. 우리가 대화를 나눈 지 불과 몇 개월 후에 스웨덴 회사 사브는 자체 개발한 자율 지도화 잠수정 세이버투스로 사라진 어니스트 섀클턴의 배 인듀어런스호를 남극에서 발견했다. 또 다른 자율 해양 지도화 기업인 오션인피니티 역시 정부 및 산업계로부터 지도화 계약을 수주하려고 경쟁 중이다. 서베이어가 하와이에서 귀환한 지 얼마 되지 않아 세일드론은 1억 9천만 달러의 벤처 캐피털 자금을 확보해[5] 대대적으로 직원을 채용했다. 내가 방문했을 때의 직원 수는 100명 언저리였으나 1년 뒤에는 그 수가 배로 뛰었다. 세일드론의 항공 격납고를 돌아다닐 때에도 그 기세가 느껴졌다. 회사가 성공 가도의 문턱까지 온 것일까? 아니면 수많은 테크 스타트업처럼 무참히 추락할 운명일까?

# 지도 제작의 혁신, 인간에서 로봇으로

"됐어요?" 노틸러스호의 해양 지도 제작자 에린 헤프런이 EM302 소나를 제어하는 거대한 전자 장비 벽에서 한 발짝 물러났다. 큼직한 '가동' 버튼을 막 누른 참이었다. 아무 일도 없었다. 폭풍이 몰아쳐 캘리포니아 북부 해안을 측량하려던 시도가 전부 막혀버린 하루가 지나갔으니 이제는 소나를 다시 가동할 시간이라고 헤프런은 생각했다. 둘이서 전자 장비를 잠시 지켜보고 있으니 빨간 불 하나가 다시 켜졌다. 옆방인 데이터실에서는 프로그래밍 명령이 컴퓨터 화면을 가득 채웠다. 기기에 새로 시동이 걸리는 것을 각각 실시간으로 표시했다. 헤프런은 이어서 지도화 소프트웨어를 켰다. 큼지막한 빨간 경고 표시가 이 컴퓨터 저 컴퓨터 할 것 없이 반짝였다. 헤프런은 컴퓨터 사이를 황급히 오가며 설정을 수정하고 경고 신호를 잠재웠다.

리처드 젱킨스가 세일드론으로 펼쳐낸 해양 지도화의 미래는 인상적이었다. 오늘날 해저 지도화의 현실을 돌아보면 더욱 그랬다. 직접 측량선 깊숙이 기어들어와 작은 해저 지도를 얻으려면 얼마나 많은 수고와 시간을 들여야 하는지 보기 전에는 세계 바다를 지도화하는 데 왜 이렇게 오랜 시간이 걸리는지, 또 세일드론이 얼마나 엄청난 대약진이 될 수 있는지를 설명하기 어렵다. EM302 시스템을 켠 헤프런과 나는 회로판이 전부 똑바로 작동하는지 확인하러 배 내부 아래로 향했다.

우리는 사다리를 타고 내려가 대다수가 우크라이나인인 선원들의 선실이 늘어선 좁은 복도를 따라갔다. 복도에는 강렬한 생선 냄새가 고여 있었다. 우크라이나인 선원들이 고등어를 직접 잡아 염장하는 것을 좋아한다고 헤프런이 설명했다. 고등어는 휴무일 때 낚아 올리는 것이었다. 사다리를 또 타고 내려가 흘수선 아래에 이르렀는데 이곳은 시간이 거꾸로 흐르는 것 같았다. 싹 수리된 위층과 비교하면 방치된 느낌이었다. 먼지가 두둑이 앉은 낡은 다이얼식 전화기가 한 쪽 벽에 걸려 있었다. 노틸러스호가 동독의 수산 조사선이었던 과거에 붙여 놓은 독일어로 된 표지판도 있었다. 우리는 '프로비안트퀼란 라거(식품 냉동소)'라고 쓰인 워크인 냉동고 바로 옆에 있는 '소나 실'에 도착했다.

헤프런은 튼튼한 산업용 손전등을 바닥에 내려놓고 양손으로 철문을 돌려 열었다. 반대쪽은 작고 차가운 벽장 같은 공간으로, 옆 냉동고에 자리가 없을 때 주방 직원들이 남겨둔 양파 상자나 우유 통이 쌓여 있는 것을 이따금 볼 수 있었다. 이날은 '보드'가 보관된 1.8미터 높이의 금속 캐비닛만 있었다. '보드'란 EM302의 모든 핑 신호를 송신하고 수신하는 수십 개의 회로판을 말한다.

"이게 워낙 오락가락해서요. 케이블이 풀린다거나 하거든요." 헤프런은 회로판에 꽂힌 이더넷 케이블 뭉치 위로 손전등을 비췄다. "백만 달러짜리 소나가 이렇답니다." EM302에 심각한 문제가 발생 하면 헤프런은 으레 여기로 왔다. "대부분의 문제 해결은 케이블을 살살 빼냈다가 도로 꽂아주고서 효과가 있기를 비는 게 전부예요." 그는 이렇게 말하면서 실제로 시범도 보였다. 지난해 탐사에서는 보 드 하나가 고장 나는 바람에 헤프런이 소나 캐비닛 뒤에서 몇 시간 씩 몸을 구겨 넣고 있어야 했다. 그녀는 몇 차례 수리를 하는 동안 파 이프 위에서 균형을 잡으며 머리를 천장에 대고 다른 지도 제작자들 과 무전으로 이야기했던 지저분한 공간을 가리켰다.[*]

***

[*]  노틸러스호는 이후 콩스버그 심라드 EC150-3C 150킬로헤르츠 변환기와 EK80 분리빔 어업용 소나 를 설치하여 수중을 연구하는 소나 시스템을 업그레이드했다.

노후한 모습을 강조라도 하듯, 헤프런은 한 발짝 물러나 소나실 바닥에 있는 철망을 들어 올리고 해치 아래로 사라졌다. 내가 아래로 손전등을 건네자 그는 90센티미터 높이의 바닥 통로에 고출력 광선을 쐈다. 한쪽에는 전자레인지쯤 되는 크기의 방수 금속 상자인 해수상자가 있었다. 외부 밸브를 통해 바닷물이 해수상자에 들어와 엔진을 냉각시킨다. 해수상자 내부의 센서는 외부에서 유입된 물의 수중 음속 변화를 측정했다. 헤프런은 항해를 마칠 때마다 이곳으로 내려와 해수상자를 열고, 딸려 들어온 해양 생물들이 자라면서 내부 센서에 생긴 두툼하고 끈적한 막을 닦아낸다. "여기서 얼마나 많은 게 순식간에 자라나는지 놀라울 따름이에요." 그녀는 온도계처럼 생긴 센서를 들고 말했다.

노틸러스호에 탑승한 첫날 밤, 막 잠이 들 무렵 나는 이상한 소리를 들었다. 누군가 고무 오리 장난감을 밟는 듯한 소리였다. 노틸러스호 내부에서 내가 본 것은, 아니 들은 것은 측량선의 방해꾼이었다. 덜컹거리는 에어컨부터 칙칙거리는 디젤 엔진까지 배에서 나는 모든 잡음은 해저를 측심하는 소나와 경쟁한다. 배 내부로 내려갈수록 내가 들었던 꽥꽥 소리가 점점 더 커졌다. 소리의 정체는 선내에 있는 소나 중 하나로 노틸러스호의 강철 선체 바로 옆에 설치된 천부지층 탐사기sub-bottom profiler, SBP로 드러났다. 인간이 들을 수 없는 주파수의 음향을 방사하는 멀티빔 소나와 달리 천부지층 탐사기는 오르내리는 가청의 연속음을 낸다. 멀티빔 소나는 배 밑의 해저를 드러내지만 천부지층 탐사기는 그보다 더 깊이 들어가 퇴적물 아래에 묻힌 것을 밝혀낸다. 그것은 매장된 석유나 매설된 케이블일 수도 있고 오래전에 사라진 문명의 유물일 수도 있다.

소리에 관해서는 해양 드론이 그 어떤 측량선보다 우위를 점한다. 작은 디젤 엔진을 제외하면 드론은 빳빳한 탄소섬유로 만든 돛한 번 펄럭이지 않고 고요하게 미끄러진다. 노틸러스호에서는 우르릉대며 켜진다고 '토르'라는 별명을 얻은 성깔 있는 낡은 엔진이 최근 교체되었다. 새 엔진은 훨씬 조용할 것으로 예상했지만, 설치 후 배의 배경 소음은 오히려 늘었다. 어둡고 갑갑한 기관실을 한참 기어다닌 뒤 해양 지도 제작자들은 소음의 범인을 찾아냈다. 연료 흡입관이 덜그럭거린 것이었다.

공간은 빡빡하고 바닥 통로는 비좁으며 냉방실은 서버로 윙윙대는 와중에 해저를 측량하려면 인간의 노동력이 많이 필요하다. 바다에서 일하는 해양 지도 제작자는 늘 새로운 환경에 적응하고, 문제를 해결하고, 임시방편을 짜내고, 그리고 많은 모자를 써야 한다. 마지막은 정말 말 그대로다. 하루는 안전모를 썼다가 다음 날에는 땡볕에 몇 시간을 서 있어야 하니 밀짚 솜브레로를 쓰는 식이다. 현대 항해의 첫 번째 규칙은 좋아하는 옷을 절대 입지 말라는 것이다. 기름이든 페인트든 뭔가가 즉시 튀기 때문이다. (나는 막 페인트를 칠한 벽에 기댔다가 이를 몸으로 배웠다.)

해양 지도화가 놀라우리만치 구식으로 이뤄지는 것 같다는 내 말에 에린 헤프런은 웃음을 터뜨렸다. 그녀는 정부 측량선에서 어류 계수용 단일빔 소나를 보정하는 매우 구식인 과정을 본 적이 있다며, "그걸 처음 봤을 때 제 반응도 그랬어요. '이게 진짜일 리 없어. 정말 이렇게 한다고?'" 바다에서는 신고식이 흔하니 선원들이 자기를 골탕 먹이는 것일 가능성도 실제로 있었다. 제일 유명한 사례는 '선 넘기 의식'인데 적도를 처음 건너는 신참들은 이 신고식을 치러야 당당히 적도를 건넌 뱃사람이 된다. 400년의 역사를 지닌 이 의식은 과거에는 군함과 상선에 오르는 신입을 대상으로 호되게 치러졌다. 요즘에는 머리에 대걸레를 뒤집어쓰고 로마 신화 속 바다의 신 넵투누스 흉내를 낼 좋은 구실일 때가 대부분이지만. 해양 지도 제작자들의 특화된 신고식으로는 고참이 신참을 속여 고글, 헬멧, 무릎 보호대 등 온갖 안전장비를 화려하게 입혀놓고 바다의 온도를 측정하는 것처럼 다칠 염려라곤 조금도 없는 조사에 투입하는 경우가 있다. (헤프런은 친절하게도 내게 이런 시련을 주지 않았다.)

하지만 헤프런이 본 소나 보정은 공들여 짠 신고식이 아닌 것으로 드러났다. 하루 종일 과학자들은 무지갯빛 낚싯줄로 골프공 크기의 탄화 텅스텐 구를 고정할 틀을 엮었다. 그런 다음 뱃전에 장착된 튼튼한 권양기를 지지대 삼아 여러 번 걸리도록 구를 매달아 배의 소나보다 몇 미터 아래에서 대롱거리게 했다. 배 아래에서 한참을 움직인 후 마침내 탄화 텅스텐 구에 소나 핑 신호가 튕겨 나오면, 이제 소나가 물고기 수를 계산할 수 있도록 올바르게 보정된 것이었다.

2020년 미 국립해양대기청은 코로나19 팬데믹을 이유로 알래스카 명태 어장에 배를 보내서 하는 연례 측량을 취소하고 대신 세일드론에서 익스플로러 해양 드론 세 대를 대여해 음향 측량을 실시했다.[6] 보통 30~40명쯤 되는 선원이 한 번에 몇 주씩 배를 타고 수행했던 측량 작업을 조종자 한두 명이 육지에서 여러 드론을 동시에 감독하며 수행했다. 브라이언 코넌은 이 드론의 어탐 소나도 마찬가지로 고된 방식으로 보정해야 하며, 어류를 대규모로 조사하고 표본을 채취하는 등 일부 음향 조사에는 여전히 인간의 노동이 필요하다고 말했다. 그러나 일단 해양 드론이 제대로 가동하고 나면 식량, 휴식, 연료, 물자 재보급을 위해 육지로 복귀할 필요가 없다. 육지에서 드론을 다루는 조종자는 24시간 교대 근무를 하면 된다. 인력의 필요성이 대폭 감소할 테니 오늘날 여러 직업군에서 그렇듯 해양 지도 제작자도 자동화로 인해 일자리를 잃을까 걱정하는지 궁금해졌다.

코넌은 이 질문을 자주 받는다면서, 대답은 '아니오'라고 했다. "제가 바라는 건 (해양 지도 제작자들이) 생각을 자유롭게 열고 더 어려운 일, 사람의 개입이 필요한 일에 집중하는 겁니다. 시간을 엄청 잡아먹는 자잘하고 까다로운 일로 속을 태우지 않고요. 전 이 일이 변화하고 있다고 생각합니다. 국제수로기구에서 하는 표준 교육을 저도 받았어요. 머신러닝이나 인공지능을 활용하는 내용은 전혀 없었죠." 노틸러스호에서 헤프런이 했던 식으로 고장을 해결하는 것은 조만간 과거의 유물이 될 가능성이 농후했다.

피와 살을 지닌 해양 지도 제작자가 드론과 알고리즘으로 대체되리란 전망은 솔직히 조금 서글펐다.* 전선을 흔들어대고 회로판 뒤로 기어다니며 선내에서 현실의 문제를 해결하는 그 모든 일이, 그러니까 실제로 *바다 위에* 있는 것이 휴대전화 앱으로 지도화 드론을 확인하는 것보다 훨씬 재미있어 보였다. 가장 먼저 내 관심을 끌었던 것은 시베드2030의 지도 제작자들이었다. 한때 나는 해저 지도를 지구 곳곳에서 모인 수많은 사람이 함께 짠 일종의 태피스트리라고 상상한 적이 있다. 나더러 낭만주의자라 해도 할 말은 없지만, 여태 지도는 항상 그런 방식으로 만들어졌다. 데니스 우드Denis Wood는 《지도의 힘The Power of Maps》에서 하나의 지도는 그 자체로 완성된 문서가 아니라, "현재 살아 있는 사람도 많지만 이미 저세상으로 간 더 많은 사람들이 보고 파악하고 발견한 것을 모은 것으로, 그들이 알게 된 사실을 켜켜이 쌓아놓았기에 아무리 단순해 보이는 그림이라도 그

---

* 세일드론은 자사 기술이 해양 지도 제작자를 대체하려는 것이 아니라 해양 지도 제작자의 능력을 "증강하고 확장"하기 위한 것이라고 명시했다. 그러나 발명품은 종종 의도하지 않은 결과를 가져와 산업과 사회를 바꿔놓는다.

것을 연구하는 것은 오랜 시간에 걸쳐 습득된 문화를 거슬러 응시하게 되는" 편집본이라고 말한다.[7] 인간이 탐험을 떠나 무지에서 지식으로 더듬더듬 길을 내는 대신 로봇이 우리를 위해 그 일을 할 것이라니, 누가 그런 멋진 일을 기꺼이 포기한단 말인가?

　자동화에 찬성하는 논거 중 하나는 해양 지도화의 접근성을 확장할 수 있다는 점이다. 역사적으로 바다 측량은 선진국 백인 남성의 영역이었다. 마리 타프를 비롯한 초기 여성 지도 제작자들의 노력 덕분에 지금은 바다로 나가는 여성이 늘었지만 이들도 주로 북반구 선진국 출신 백인 여성이다. 반면 해양 드론 조종자는 말 그대로 인터넷만 연결되어 있으면 전 세계 어디의 누구든 될 수 있다. 청각 장애가 있거나 휠체어를 탄 지도 제작자가 기여할 수 있는 기회가 생긴다고 상상해 보라. 게다가 무인 수상정을 쓰면 비용이 줄어드니 예산이 한정적인 개발도상국 형편으로도 자국 해안을 지도화할 수 있을지 모른다. 지금까지는 오직 선진국만이 대륙붕 측량 비용을 감당하고 유엔 대륙붕한계위원회를 거쳐 자국 해상 경계를 확장할 수 있었다. 드론이 해저를 지도화하면 상황이 완전히 달라질 수 있다.

　뉴햄프셔 대학교 연안및대양지도화센터 소속 래리 메이어는 드론을 이용한 해저 지도화에 반감이 전혀 없었다. 나는 이렇게 물었다. "해저 지도화를 교육하고 있는데, 이런 기술로 지도 제작자가 쓸모없어질까봐 걱정되지는 않나요?"

　"전 바다를 지도화할 필요가 있다는 게 옛말이 되었으면 합니다." 메이어의 대답은 매우 진지했다. 메이어는 해양 지도화에 몸담은 40년 동안 조사 항해를 90회 이상 떠났다. 여름마다 미국 쇄빙선 힐리호를 타고 북극의 북서항로를 통과했다. 모험이 계속되기를 바랄 법도 한데 그는 지금까지 한 탐사만 해도 평생 충분하다고 여기는 듯했다. 바다에서 수개월을 생활하며 지도 조각을 모으는 낭만도 나쁘지 않으나 이 일은 이만 마무리 짓고 더 급한 다른 사안으로 넘어갔으면 하는 것이 지금 메이어의 바람이었다. "사람들의 일자리가 없어질 것을 걱정하지는 않습니다. 그저 더 나은 지도를 더 많이 만들면 될 것 같아요. 그게 출발점이고, 그 밖에도 더 많은 일이 있습니다. 우리는 지구를 조금 더 이해하게 될 거예요. 그렇게 수수께끼를 발견하고 해답을 찾을 겁니다."

## 20세기 초, 대륙 지도 완성의 꿈과 좌절

시베드2030의 전신이 있다면 '백만분의 일 지도Millionth Map'로 더 잘 알려진 국제세계지도International Map of the World일 것이다. 1891년에 빈 대학교의 젊은 지리학 교수 알브레히트 펭크Albrecht Penck가 구상한 국제세계지도는 세계의 모든 대륙을 1 : 100만의 축척(지도상 1센티미터가 실제로 10킬로미터, 1인치는 약 16마일)으로 지도화하는 것을 목표로 했다.[8] 우리가 해저보다 화성의 지형을 더 많이 안다는 사실이 놀랍듯, 1891년에 세계 대륙을 모두 담은 완전한 지도가 없었다는 사실 또한 마찬가지로 놀랍다. 19세기 후반이면 땅을 측량하는 도구가 나온 지 한 세기도 넘었을 때였다. 프랑스는 1789년 세계 최초로 근대적 방식의 전국 지형 측량을 마쳤는데[9] 이는 카시니Cassini 가문의 지도 제작자들이 수십 년간, 여러 세대에 걸쳐 이루어낸 성과였다.*[10] 1815년에는 윌리엄 스미스William Smith가 첫 영국 지질도를

---

* 루이 14세는 초안에서 프랑스가 자신의 기대보다 작은 것으로 드러나자 실망을 금치 못했다. "학자들에게 돈을 두둑이 줬건만 내 왕국을 줄여 놓았구나." 프랑스 왕의 말에서는 적잖은 앙심이 느껴졌다.

발행했다. 각 암석층을 세밀하게 손으로 채색한 지도는 세계 최초이자 아름답기까지 했다. 그로부터 15년 후 (지금은 왕립지리학회로 알려진) 런던지리학회가 세계를 과학적으로 지도화하겠다는 분명한 목적을 품고 설립되었다.

때는 제국주의 시대의 절정기였고, 식민 지배국들은 공식 지도에서 자기 영토를 부풀리는 데 열중하느라 나머지 지역을 지도화하는 데는 소홀했다. 이 '나머지'란 대개 접근이 어렵거나 가는 데 비용이 아주 많이 들거나 측량하기 너무 힘든 지구의 극단을 뜻하기에, 기본적인 지리적 질문에 대한 해답은 얻지 못한 채 남아 있었다. 나일강의 발원지는 어디인가?[11] 에베레스트산의 높이는? 남극 대륙은 지구의 일곱 번째 대륙일까, 아니면 그냥 커다란 얼음덩이일까?[12] 지도 역사 연구가 로이드 브라운은 이렇게 썼다. "1885년까지도 측량되었거나 측량 중인 면적은 1554만 제곱킬로미터를 넘지 않아 지구의 총 육지 면적의 9분의 1에도 못 미치는 것으로 추정되었다. 관심 부족과 엄청난 측량 비용 탓에 많은 나라가 자국 영토의 정확한 지형도를 제작하지 못했다."[13]

1891년 알브레히트 펭크는 베른에서 열린 제5차 국제지리학회에서 백만분의 일 세계지도를 제안하기 위해 스위스령 알프스산맥을 따라 여행했다. 펭크는 이 지도가 "인류 전체를 위한 공동의 지도"라고 했다. 한 세기도 더 지나 전 세계 바다를 완전히 지도화하겠다는 시베드2030의 사명과 일맥상통하는 말이다.[14] 펭크의 동료들은 이 구상에 열렬히 박수를 보냈다. 왜 자신들은 세계지도를 미처 생각하지 못했는지 의아해할 정도였다.

백만분의 일 세계지도가 해결하려는 문제는 대륙의 지도화가 고르지 않다는 것만이 아니었다. 지도 제작자가 중요하게 여기는 또 다른 사안은 통일성이었다. 기호, 색상, 언어, 측정 단위, 지구를 두르는 자오선을 동일하게 써야 한다. 마지막 두 가지, 측정 단위와 자오선은 당대 제국주의 열강들의 국가적 자존심이 걸린 문제가 되었다. 영국은 그리니치를 본초자오선의 기준으로 설정하고 야드파운드법을 사용했다. 프랑스는 미터법을 따랐고 본초자오선 기준을 파리로 설정했다. 다른 나라들도 나서서 각자의 자오선 기준을 제시했다. 브라운의 글에 따르면 "대다수는 정치적 시기심과 과도한 애국심 혹은 지적 왜곡 외에는 별다른 이유가 없는 제안"이었다. 진정 중립적인 영역은 바다가 유일했지만 공해에 관측소를 건립하고 유지하기란 당연히 너무 어려울 것이었다.[15] 민족주의 열기가 치솟던 시기 국가의 규칙과 표준을 둘러싼 그 모든 갈등은 조만간 유럽을 집어삼킬 제1차 세계대전이라는 대재앙의 전조였다.

　　베른에 처음 얼굴을 비치고 13년이 지난 1904년에 펭크는 국제세계지도를 다시 한번 추진했다.[16] 워싱턴 DC에서 개최된 제8차 국제지리학회에서[17] 그는 자신이 제안한 표준을 따라 제도한 세 개의 시범 지도를 선보였다. 그 자리에 모인 대표들은 시범 지도에 설득되었고 국제세계지도에는 굼뜨게나마 진전이 보이기 시작했다. 언어는 라틴 문자를 쓰기로 정하고, 그리니치 자오선을 국제 본초자오선으로 삼았다. 1720년대부터 수로국을 운영해온 프랑스는[18] 기존의 지도 삼천 장을 다시 그려야 했다. 그러나 측정 단위 싸움에서는 영국이 패배해 축척은 미터법으로 정해졌다.

　　10년이 더 흘렀고 대표단은 1913년 파리에 다시 모였다. 국제세계지도 회의에 참석한 35개국은 마침내 백만분의 일 세계지도의 모든 규칙에 합의했다.[19] 실제로 작업이 본격적으로 시작되는 단계에 도달하기까지 펭크는 20년도 넘게 기다려야 했다. 국제세계지도를 취합할 중앙 사무국은 영국 사우샘프턴에 있는 영국 지리원 본부에 세워졌다. (우연이지만 이곳은 헬렌 스네이스와 그의 팀이 시베드2030에 들어오는 해저 지도를 감독하는 국립해양학센터와 불과 수 킬로미터 떨어져 있다.) 그 순간만큼은 펭크의 꿈이 비로소 실현될 것만 같았다.

6개월 후 한 젊은 남슬라브계 민족주의자가 사라예보의 군중 사이에서 튀어나오더니 권총을 뽑아 오스트리아-헝가리 제국 황제의 조카인 프란츠 페르디난트 대공과 그의 부인 조피를 쏘았다. 이 암살로 제1차 세계대전이 촉발되었고 전쟁은 다음 몇 년 동안 수백만 명의 목숨을 앗아갔다. 국제세계지도, 그리고 통합 지도 제작을 촉구하던 목소리는 즉시 뒷전으로 밀렸다. 지도는 이제 전쟁을 치르기 위해 필요한 것이지, 세계를 한데 모으기 위해 필요한 것이 아니었기 때문이다. 1914년, 사우샘프턴의 중앙 사무국은 전쟁이 벌어지는 동안 문을 닫았다. 훗날 사무국이 다시 문을 열었을 때 국제세계지도 프로젝트를 재개하기란 쉽지 않았다.

국제세계지도를 되살리려는 열정은 20세기 내내 불타올랐지만, 오래도록 방치되고 정체되었다. 알브레히트 펭크는 제2차 세계대전이 끝날 무렵 프라하에서 사망했으나 전 세계 대륙을 지도화하겠다는 그의 꿈은 이후로도 반세기 동안 제2차 대전 이후에는 유네스코가 이 프로젝트를 담당했다 느릿느릿 이어졌다. 그러다가 다른 지도가 먼저 완성되면서 국제세계지도 프로젝트는 결국 막을 내렸다. 제2차 세계대전 종전 이후 비약적으로 발전한 항공 지도화는 1940년대 후반 아프리카와 남아메리카를 사진 촬영하던 수준에서[20] 1970년대에는 아마존 분지 전체를 최초로 측량하는 데 정교한 이미징 레이더를 사용하는[21] 수준까지 발전했다. 이어서 비행기 여행이 대중적으로 부상하자 세계의 대륙을 최대한 빨리 지도화하는 일은 이윤 추구를 위해 급선

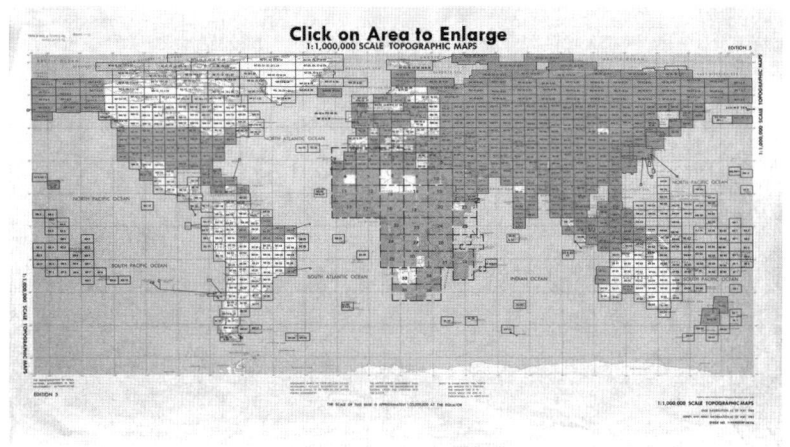

국제세계지도의 색인지도. 1939년까지 지도 1000장을 완성할 계획이었으나 달성하지 못했고, 결국 1989년에 프로젝트는 완전히 중단되었다.

무가 되었다. 항공업계는 조종사와 승객이 산과 충돌하는 일이 없도록 안전을 보장해야 했다. 대다수 국가에서 새 지도 제작을 중단했고, 1989년 유네스코 보고서에서 유엔의 프로젝트 모니터링 중단을 권고함으로써 알브레히트 펭크의 제안으로 시작된 백만분의 일 세계지도 프로젝트는 조용히 끝이 났다. 그 후 그 자리는 세계항공도가 대체했는데, 이는 전 세계 육지를 완전히 포함하고 지속적으로 업데이트되는 최초의 지도다.

산업계가 과학계나 정부보다 더 빠르게 움직였다는 것은 어쩌면 놀라운 일이 아닐 수 있다. 하지만 국제세계지도가 실패한 이유는 무엇이었을까? 세계항공도보다 훨씬 더 고무적인 프로젝트였음에도 끝은 실패였다. "(국제세계지도의) 진행 과정은 온갖 파문을 고스란히 달고 반복된 지도 제작의 역사이자 변화를 기피하고 제집 뒷마당에만 집착하는 인간 천성의 기록이다." 지도 역사 연구가 로이드

브라운이 1949년 국제세계지도가 또 한 번 좌절했을 때 낙담하여 쓴 글이다.[22]

　시베드2030과 국제세계지도는 공통점이 많다. 둘 다 역사적으로 정치적 갈등이 극심하던 시기에 개시되었다. 국제세계지도는 민족주의가 부상하던 20세기 초, 시베드2030은 포퓰리즘이 부상하고 민주주의가 퇴보하는 21세기 초다. 두 지도는 모두 지구를 이해하자는 보편적인 목표 아래 국가들을 통합하고자 했다. 그럼에도 국제세계지도가 실패한 것은 불가능한 과제여서가 아니라 사람들의 관심이 부족했던 탓이다.


## 해저 지도가 미완일 때 잃게 되는 것들

자율 지도화가 시베드2030을 제시간에 완수할 유일한 방법이라면, 세일드론 리처드 젱킨스의 생각은 어떨까? 모나코 대공 알베르 1세가 한 세기도 더 전에 상상했던 해저 지도를 해양 드론이 최초로 완성할 수 있을까? 젱킨스는 이 질문에 대해 이미 몇 차례 계산을 해보았다. 내게는 이렇게 말했다. "서베이어 20대가 있으면 9.6년 내로 세계를 지도화할 수 있습니다." 그때가 2021년 후반이었으니 기한을 맞출 시간은 아슬아슬하게나마 있었다. 서베이어 20대가 아직 없다는 사실을 무시한다면 말이다. 당장은 1대가 전부였다. 가정하기로는 아직 시베드2030에 가능성이 있지만, 현실적으로는 힘들어 보였다.

　젱킨스는 해양 드론 없이 시베드2030이 가능할지도 몇 차례 따져 보았다. "절대 불가능합니다. 그냥 말이 안 돼요. 비용은 너무 비싸고 시간은 너무 오래 걸리죠. 작업할 배도 이 지구에는 부족하고요. 그러니 내가 보기엔 허튼소리입니다." 그가 직설을 날렸다. 그러더니 약간은 누그러졌다. "(시베드2030의) 동기와 에너지에는 저도 감탄합니다. …그걸 해내려고 수천만 달러를 투자했죠. 저도 믿음이 없는 건 아니지만, 세일드론 같은 것(무인 수상정)이 (시베드2030 작업을) 수행하지 않고서는 안 될 일이라는 겁니다. 환상은 이제 접고 시베드2090 프로젝트라고 부릅시다."

2030년은 최초의 세계 해저 지도를 완성하기 위해 임의로 정한 마감 기한이다. 기한을 못 맞춘다고 수수료나 벌금을 무는 것은 아니다. 수많은 미지의 발견을 놓치게 될 뿐이다. 전 세계 육지를 모두 측량하는 데는 거의 한 세기가 걸렸지만, 그 과정에서 발굴한 놀라운 새로운 사실들은 고생한 보람을 느끼고도 남을 정도로 가치가 있었다. 이후 우리는 지리학의 오랜 논쟁을 해결했다. 남극은 섬이나 빙상이 아니라 대륙이 맞다. 몇몇 지류가 아직 경쟁 후보로 논의되고 있기는 하지만 나일강의 발원지는 빅토리아호라는 것이 중론이다.

우리는 꿈에도 생각지 않았던 발견을 해내기도 했다. 1976년 인공위성을 통해 캐나다령 북극에서 지도에 없던 201킬로미터 길이의 섬을 발견했다.[23] 이곳은 지도화에 사용된 위성 이름을 따서 랜드샛 섬으로 불리게 되었다. 1년 후에는 과테말라 열대 우림을 항공 측량하다가 운하망의 존재가 드러났다. 마야에는 유럽인이 당도하기 한참 전부터 정교하게 발전된 농경 체계가 있었음을 보여주는 첫 번째 확증이었다.[24] 시베드2030은 면적만 따져보아도 백만분의 일 세계지도보다 훨씬 야심차다. 물에 잠긴 지구 표면의 절반을 지도화하는 동안 무엇이 밝혀질지는 짐작조차 할 수 없다. 그럼, 시베드2030을 완수하지 못한다면 우리는 무엇을 놓치게 되는 걸까? 이를 알아보고자 나는 플로리다로 날아갔다.

# 9장

바다 아래
잠든 역사

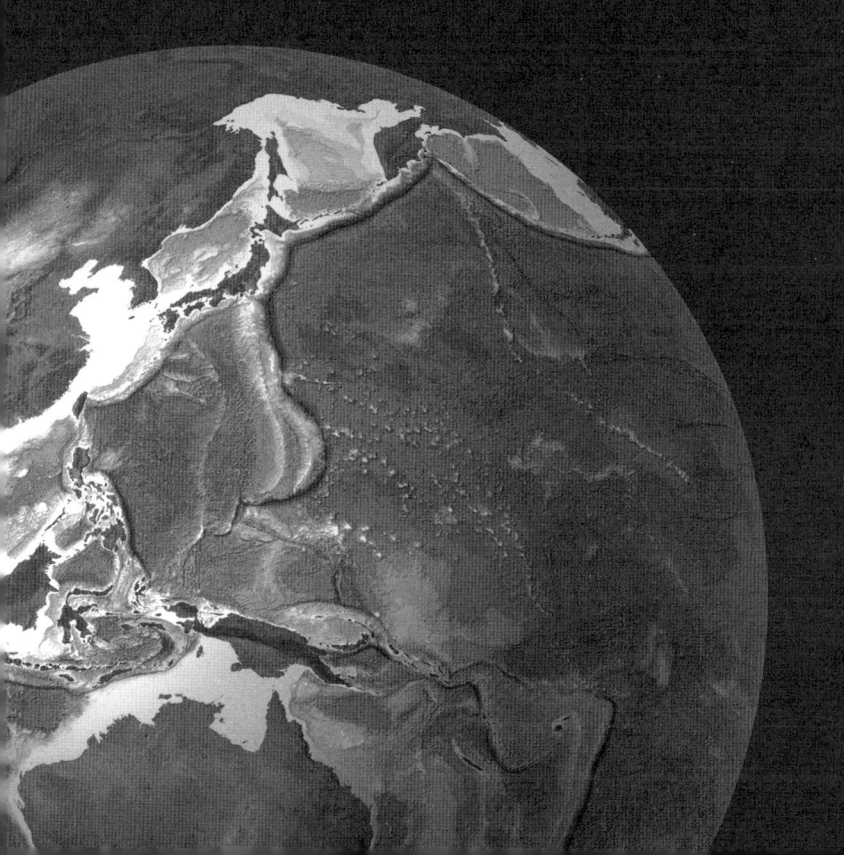

## 바다에서의 우연한 발견들

이 책을 집필하는 몇 년 동안 나는 해저에서의 발견과 신기한 현상을 모은 목록을 만들었다. 목록은 얼마 못 가 너무 길어져 특히 마음에 드는 하이라이트만 남기고 줄여야 했다.

- 2017년 국제 연구진이 세계에서 가장 깊은 곳에 사는 물고기를 확인했다. 마리아나 해구 최대 8000미터 깊이에 서식하는 마리아나꼼치프세우돌리파리스 스위레이Pseudoliparis swirei였다.[1]
- 2018년 탐사선 노틸러스호가 캘리포니아 앞바다 수심 3200미터쯤 되는 지점의 심해 온천에서 암컷 문어 1천 마리가 길쭉한 흰색 알을 품고 있는 '문어 정원'을 발견했다.[2]
- 2020년 오스트레일리아인 해양지질학자 로빈 비먼과 슈밋해양연구소의 조사선 팔코호에 승선한 그의 팀원들이 그레이트배리어리프에서 엠파이어스테이트빌딩보다 높은 산호초를 발견했다.
- 2021년 과학자들이 북극해에서 지도에 없는 섬에 상륙했고 이곳은 세계 최북단 육지로 밝혀졌다.[3]
- 2021년 알프레트베게너연구소의 쇄빙 조사선 폴라스턴호에

승선한 과학자들이 수심 약 300미터 남극 해저에서 거대한 뱅어 군집을 발견했다. 활성화된 산란소 6천만여 곳이 238제곱킬로미터에 걸쳐 분포해 있었다.

- 2022년 다국적 팀이 남극에서 전설적인 탐험가 어니스트 섀클턴의 배 인듀어런스호가 잠든 곳을 발견했다.[4]
- 2022년 유네스코와 한 해양 지도화 단체가 타히티섬 인근에서 청정한 심해 산호초를 찾았다.[*][5]

이 목록에서 가장 매력적인 부분은 발견 대부분이 좋든 나쁘든 우연의 결과라는 것이다. 가령 세계 최북단 섬을 발견한 팀이 그 사실을 깨달은 것은 몇 개월이 지나 지도를 자세히 들여다봤을 때였다. 이 섬이 진작 지도화되지 않은 이유는 누구도 정확히 말할 수 없었다. 유빙流氷에 덮여 있었을 수도 있고, 해저를 헤집은 결과 난빙대라는 지형을 형성하는 해빙海氷이 폭풍에 밀려 수륙경계선 위로 나온 것일 수도 있다.

해양과학에서는 이렇게 상식을 뛰어넘고 뜬금없는 일이 예사로 발생한다. 획기적인 놀라운 발견을 할 가능성이 그냥 있는 정도가 아니라 상당히 높은 몇 안 되는 분야다. 로버트 밸러드는 말했다. "다음 세대, 그러니까 지금 중학교에 다니는 세대의 탐험가들은 이전 세대 탐험가를 모두 합친 것보다도 지구를 더 많이 탐험할 겁니다. 바로

---

* 이후 이 발견을 놓고, 정확히는 '발견' 주체를 누구로 보느냐는 문제를 놓고 논란이 폭발했다. 프랑스령 폴리네시아 현지 어민과 잠수사는 자신들이 오래전부터 심해 산호초의 존재를 알고 있었다고 지적했고, 관련 연구자들은 언론이 '과학적 발견'을 잘못 묘사했다고 했다. 오타와 대학교 소속 환경법 연구자인 토머스 버렐리Thomas Burelli는 이 사건에서 '지도에 없으면 인정 안 한다'식의 테라 눌리우스 기조가 떠오른다고 잡지 《하카이》에 말했다. https://hakaimagazine.com/news/discovering-what-is-already-known/를 보라.

이 세대가 심해에 보존된 200만, 300만 년 인류 역사의 자물쇠를 풀 거예요."

유엔의 보수적인 추산에 따르면 난파선 300만 척이 발견되지 않은 채 해저에 남아 있다.[6] 매년 더 많은 선박이 침몰하고 있지만 인양되는 난파선은 1% 미만이다. 실종된 말레이시아 항공 370편을 수색하기 위해 27만 9000제곱킬로미터가 넘는 인도양을 지도화했는데 그 과정에서 19세기 난파선 두 척을 발견했다. 역시 전적으로 우연한 발견이었다.[7]

난파선은 시베드2030이 해저의 완전한 지도를 완성하게 되면 밝혀낼 수 있는 인간사의 한 부분에 지나지 않는다. 인류 역사의 90% 동안 지구에는 지금보다 훨씬 많은 육지가 있었다. 마지막 빙하기의 빙하는 대략 2만 년 전('마지막 최대 빙하기'로 알려진 시기)에 절정에 달했다가 이후로는 녹아내리기 시작했고, 담수가 바다로 흘러들어 해수면은 높아지고 대륙붕은 물에 잠겼다. 그 결과 약 1500만 ~1900만 제곱킬로미터의 해안 지대가 파도 아래로 들어가, 남아메리카와 얼추 비슷한 면적의 아틀란티스가 사라졌다.[8] 지형에 따라 어떤 지역에서는 다른 곳보다 더 많은 육지를 잃었다. 바다가 유럽 대륙의 40%를 집어삼켰고, 덴마크는 현재 해저 세계를 탐험하는 수중고고학의 선두에 서 있다.[9] 오늘날 우리가 알고 있는 플로리다 역시 과거에는 지금보다 훨씬 넓었으나 마지막 빙하기 이후 육지의 대략 절반을 잃었다.

플로리다에서는 수중 이탄 습지 매장지가 육지에서 발견된 역사가 깊다. 1982년에는 케이프커내버럴 인근에서 연못을 준설하던 건설 노동자들이 인간 유해를 찾아내어 상고서대 무덤의 발견으로 이어진 적이 있다. 발굴된 유해 168구 중 절반 이상은 산소 없는 이

탄 속에서 보존이 아주 잘되어 두개골 속에 뇌질이 아직 남아 있을 정도였다.[10] 2016년에는 플로리다 베니스비치 근처에서 한 잠수사가 해저면에 있던 사람 턱뼈를 건졌다. 이를 계기로 해안과 약 270미터 떨어진 곳에서 7200년 된 상고시대 전기의 무덤을 발견할 수 있었다.[11] 매너소타키오프쇼어 유적지는 완전한 해양 환경에서 발견된 유럽인 도래 이전의 매장지로 아메리카 대륙 전역에서 최초이며 세계적으로도 드문 사례이다. 이 발견으로 플로리다 앞바다의 고고학은 두각을 나타내게 되었다.

역사적으로 고고학계는 접근과 탐사가 쉬운 육상 유적에 집중해 왔다. "(기존) 고고학자들이 하는 중대한 오해 중 하나는 해수면이 상승하면 모든 게 지워진다고 생각하는 겁니다." 플로리다에서 활동하는 고고학자로 해수면 상승과 멕시코만의 선주先住, precontact 시대 수중 유적을 중점적으로 연구하는 숀 조이Shawn Joy의 말이다. 조이는 해양 지도 제작자의 도구를 활용해 해저의 수중 유적을 추적하는 스쿠버 다이버 고고학자라는 새로운 세대의 일원이다.

2021년 여름, 나는 조이와 그의 공동 연구자이자 테네시 대학교 채터누가 캠퍼스의 조교수인 모건 스미스Morgan Smith를 만났다. 당시 두 사람은 멕시코만 플로리다 해역의 애팔래치만 일부를 지도화한 직후였고, 그 결과 상고시대 후기약 5000~2500년 전로 추정되는 유적지 20여 곳을 찾아냈다.

두 사람은 난파선 찾기는 별로 어렵지 않다고 말한다. 그에 비해 물에 잠긴 플로리다 대륙붕에 묻혀 있는 선주시대 유적을 찾는 일은 정말 힘든 일이다. 매너소타키오프쇼어의 발견으로 두 사람의 탐사는 새롭게 관심을 받았지만, 대륙붕에 얼마나 많은 역사가 묻혀 있는지를 알리는 것에는 여전히 어려움을 느낀다. 오늘날 세계 인구의 약 40%는 해안에서 약 100킬로미터 이내에 거주한다.[12] 이 통계치는 플로리다에서는 두 배 가까이 높아져 인구의 약 76%인 1500만 명이 해안가에 산다. 까마득한 옛날부터 사람들은 강이든 함몰지든 해안이든 늘 물이 있는 곳으로 이끌렸다. "사람들을 해안에 데려다 놓으면 사냥, 채집, 예술, 문화 등 삶에 활력이 붙는 걸 볼 수 있죠. 근데 내륙에 사람들이 있다고 생각해보세요. '젠장, 당장 오늘을 어떻게 넘기지?' 싶을 겁니다." 조이가 네안데르탈인처럼 투박하게 어깨를 으쓱했다. 초기 플로리다인 중 일부라도 오늘날의 플로리다 사람들처럼 바다를 좋아했다면, 여기서 발견되기를 기다리는 인류 역사는 하나의 세계를 이룰 것이다. 바다로 더 멀리 나아갈수록 더 먼 과거로 거슬러 올라가게 된다.

플로리다 초기 주민에 관해서는 알려진 것이 거의 없지만, 마지막 빙하기의 빙하가 녹아내리면서 멕시코만으로 물이 유입되고 해수면이 상승하여 초기 플로리다인이 내륙으로 후퇴할 수밖에 없었다는 사실은 확실히 알고 있다. 그로부터 수천 년이 지난 지금, 바다는 인간이 화석 연료를 태운 결과로 해수면이 다시 올라가면서 전 세계 4억 명이 넘는 사람들의 보금자리와 생계를 위협하고 있다.[13] 그래서 플로리다를 비롯하여 전 세계 수몰 지역의 역사를 조사하는 작업은 한층 더 시급해진다. 지금은 해저가 된 그곳에서 살았던 사람들에게 무슨 일이 있었을까? 가라앉는 세계를 헤쳐 나가는 것에 관해 이들에게 무엇을 배울 수 있을까? "기후변화를 믿고 해수면 상승을 이해하는 사람들조차 심감을 잘 못하죠." 플로리다에 온 내게 모건 스미스가 말했다. "여기가 죄다 마른 땅이었단 겁니다." 그러면서 애팔래치만을 가리켰다. "플로리다가 쭉 이어진다고 상상해 보세요."

# 물속에 잠긴 인류 역사의 흔적을 찾다

정확한 위치를 파악했다. 목적지가 바로 코앞이었다.

그날 아침 잠수하는 고고학자팀이 플로리다 세인트마크스에서 보트에 올라 멕시코만으로 출발했다. 해가 떠오르고 아침 안개가 걷히는 사이 폰툰 보트는 굽이치는 세인트마크스강을 따라 맹그로브 나무 사이를 헤치고 갔다. 배가 칙칙 소리를 내며 지나가자 악어들의 눈이 염분 섞인 물에 잠겼고 목청 좋은 왜가리들이 하늘로 날아올랐다. 17세기 스페인 사람들이 세인트마크스강과 와쿨라강이 합류하는 지점에 지은 요새 산마르코스 데 아팔라체가 오른쪽으로 지나갔다. 이 요새는 수 세기에 걸쳐 불타고 재건되었다. 해적에게 약탈당하고 영국이 점령했다가 스페인이 탈환했으며 이후에는 미국 7대 대통령 앤드루 잭슨이 점거했다.[14] 한때 위풍당당했던 요새는 허리케인과 역사에 깎여나가 수풀 무성한 곳에서 바위를 두른 습지가 되었다. 소나무와 낙우송이 섞인 잡목림이 곳곳에서 습지 위로 높다랗게 올라와 있었다. 잡목림 하나하나는 모두 뿌리 쪽에 굴 패총이 묻힌 고고학 유적지일 가능성이 있었다. 빅벤드 현지인들이 즐겨 말하듯, 이곳은 마이애미의 화려한 매력과는 거리가 멀어도 풍부한 역사를 간직한 '진짜' 플로리다.

엽서에 나올 법한 완벽한 자태의 하얀 등대가 앞에 나타나 우리가 애팔래치만에 진입했음을 알렸다. 그날따라 만은 잠잠했다. 잔잔하고 맑은 수면에는 잔물결조차 없었다. 2주 전 조이와 스미스는 조이의 요트를 타고 여기서 밤을 지새우며 바닥면 위에서 앞뒤로 천부지층 탐사기(노틸러스호의 강철 선체에서 내게 꽥꽥 소리를 들려준 것과 비슷한 소나)를 가동했다. 두 사람은 그날 밤 수중 유적을 찾아 앞뒤를 반복해 오가며 '잔디를 깎았'다. 그렇게 발견한 유적지 총 열여덟 곳이 조이가 배를 모는 대로 GPS 화면 곳곳에 흩뿌려졌다. 앞으로 며칠 동안 이곳에 전부 잠수하는 것이 우리의 목표였다.

"25미터요." 조종석에서 조이가 외쳤다. 해안과의 거리는 이제 3킬로미터쯤 되었고 첫 번째 유적지가 가까워지고 있었다. 조이가 엔진을 껐다. 잠시 침묵이 이어지는 동안 배는 남은 추진력으로 미끄러져 나갔다. 나는 뱃전 너머로 몸을 기울여 초록빛 얕은 물을 내려다봤다. 선명한 녹색으로 소용돌이치는 거머리말 해초지와 큼직한 산호 뭉텅이 그리고 물결 자국에 하얀 가리비 껍데기들이 곱게 박힌 사구 위로 햇살이 환하게 비쳤다.

"10미터요." 조이는 이렇게 외치며 형광 초록색 선글라스 너머로 GPS를 봤다.

"어느 쪽이죠?" 스미스가 들뜬 목소리로 답했다. 스미스는 조이의 말이 떨어지는 즉시 팔에 안은 닻을 던질 준비를 하고 뱃머리에 서 있었다.

"좌현이요." 조이가 외쳤다. 스미스는 배 왼쪽으로 갔다. 스미스, 조이, 자원 잠수사 시메나, 그리고 나까지 배에 탄 우리는 모두 물속을 들여다보며 유적의 흔적을 찾았다. 모래, 거머리말, 산호, 지금껏 지나온 곳과 똑같아 보였다.

우리를 여기로 이끈 것은 천부지층 탐사기의 관측 정보에 나타난 희한한 형체였다. 천부지층 탐사기는 보통 해저면의 퇴적물을 스캔하기에 이름에 '지층'이 들어간다. 관측 결과는 시트를 층층이 쌓고 흘러내리는 아이싱을 연출한 회색조 케이크처럼 생겼다. 각 층이 저마다 다른 퇴적물 판이라 보면 된다. 해양 지도 제작자는 이 천부지층 탐사기로 매설된 케이블을 찾거나 교량을 건설할 튼튼한 지형을 포착한다. 이 기술을 활용해 고대 석기 유물도 찾아보면 어떨까? 사실 고고학자들이 벌써 시도한 일이지만 성과가 미미했다. 1982년 세계적으로 유명한 덴마크 베이시스트 후고 라스무센Hugo Rasmussen 은 석기시대 격지돌을 때리거나 누르면서 떨어진 돌조각와 돌날 16점을 뱅앤올룹슨의 음향 연구소로 가져갔다. 수차례 실험 끝에 라스무센은 음파 진동으로 각 유물을 타격하면 특정 음이 나온다는 사실을 발견했다. 전문가들은 소리를 이용해 수중 유적지를 추적할 수 있으리라고 추론했지만, 그 방법은 알아내지 못했다.[15]

2014년, 천부지층 탐사의 가능성을 확인하고자 이스라엘과 스칸디나비아의 고고학자와 지구물리학자들이 힘을 합쳤다. 이스라엘과 덴마크에서 확인된 수중 유적 두 곳에서 현장 실험을 진행하던 중 천부지층 관측 정보에서 희한한 형체를 발견했다. 그것은 물기둥 내부에 떠 있었는데 위는 두툼하고 아래로 갈수록 가늘어지며 건초더미를 닮아 '건초 더미'로 불리게 되었다. 건초 더미들은 움직이지 않으니 물고기 떼는 아니었고, 해저에 묻힌 석조 유물 바로 위에 떠 있는 상태로 발견되었다. 이로써 천부지층 탐사기로 수중고고학 유적을 찾아내는 것이 가능한 일로 밝혀졌다. 그러나 전문가들이 유물을 발견하리라 기대하며 흔적을 찾았던 곳은 해저면이었지 그 위의 물은 아니었다.[16]

할리우드 영화는 석기시대 사람들을 우가우가 소리를 내며 동굴에 사는 야수 같은 모습으로 그리기 일쑤지만 그들이 만든 도구는 다른 이야기를 들려준다. 석기시대 사람들은 돌과 소리에 대한 정교한 감각을 가지고 있었다. 먼저 돌을 두드려 알맞은 소리가 나는지 확인하여 화살촉과 칼을 만들기에 적합한 재료를 신중히 선별했다. 알맞은 음색은 초기 인류의 도구 제작자들에게 돌에 흠이나 금이 없다는 것을 알려주었다. 채석지에서 가지고 온 뒤에도 오래도록 사용할 수 있는 질 좋은 돌조각인 것이다. 그 돌의 청각적 특성은 수천 년 후 해양 지도를 제작하는 고고학자에게 남겨진 단서가 되었다. 이곳 플로리다에서 스미스와 조이는 멕시코만 북동부 해저면에 잠긴 고대 유적지로 자신들을 곧장 이끌어줄 이 기술, 오늘날 인위변형석기 탐지HALD 기법이라 알려진 기술을 활용했다.[17]

"던집시다! 던져요!" 조이가 소리쳤다. 스미스는 배에서 가능한 한 멀리 닻을 힘껏 던졌다. 첨벙 소리와 함께 닻이 가라앉았다. 배는 닻줄 끝까지 간 다음 속도를 낮춰 천천히 멈췄다. 스미스는 카키색 셔츠와 바지를 입은 채로 곧바로 뛰어들었다. 물이 튀는 소리에 이른 아침이라 몽롱하던 나도 정신이 번쩍 들었다. 그래, 그렇지. 이건 그저 즐겁기만 한 뱃놀이가 아니었다. 우리의 목적은 잠수였다.

스미스는 배 주위에서 잠시 참방거리다가 고개를 숙이고 물안경을 낀 다음 바닥을 살폈다. "제대로네요." 스미스가 물 밖으로 고개를 내밀며 말했다. 푹 젖은 앞머리가 이마에 들러붙어 있었다. "사방에 유물이 있어요." 스미스는 허리를 접어 바닥으로 잠수했다. 오리발이 공중에 높이 솟았다가 서서히 바닥을 향해 미끄러졌다. 잠시 후 돌아온 스미스의 손에는 자그마한 무언가가 들려 있었다. 그는 물안경을 빼고 그 물체를 조금 더 자세히 살폈다.

"뭔가요?" 나는 안달이 나서 뱃전 너머로 몸을 빼고 물었다. 그건 처트석영 입자로 된 단단한 퇴적암이었다. 돌을 만지던 초기 인류가 귀하게 여겼던 재료다. 플로리다 초기 주민은 처트 몸돌격지를 떼어내고 남은 돌덩어리에서 조각을 떼어가며 부싯돌 깨기*라 알려진 공정으로 홈날, 찌

---

* 유튜브에는 부싯돌 깨기를 비롯한 이른바 원시 생존 기술 전문 채널이 놀라우리만치 많다. 돌을 깨어 각종 석기를 만드는 방법을 처음부터 끝까지 알려주기도 한다.

르개, 긁개, 찍개를 다양하게 만들었다. 스미스의 손에 들린 격지는 그런 것을 만들고 남은 부스러기였다. 배로 헤엄쳐 온 스미스는 쭉 내민 내 손바닥에 격지를 떨궜다. 그날의 첫 발견이었다. 새까만 돌은 크기도 모양도 토르티야 칩 같았다. 한쪽 모서리 두께는 2.5센티미터쯤 되었고 조각은 점점 좁아져 끝이 얇디얇은 세모꼴을 이루는데 이 부분을 쨍쨍한 플로리다 햇빛에 비춰 보니 거의 투명했다.

스미스를 제외한 그 누군가가 마지막으로 이 격지에 손을 댄 것은 3천 년 전의 일이었다. 이렇게 생각하자 전율로 몸이 떨렸다. '최초'라는 것은 어쩐지 중독성이 있다. 앞서 누구도 하지 않았던 뭔가를 보고, 뭔가를 만지는 것이다. 빅터 베스코보가 푸에르토리코 해구를 최초로 탐사하며 느꼈던 감정도 이와 같았다. 빅터에게 무엇보다 황홀했던 것은 대서양 최심부의 평평한 바닷속 풍경이 아니라 자신이 최초로 발을 디뎠다는 인식이었다. 바로 이 욕망이 원동력이 되어 그토록 많은 탐사가 시작되고 그토록 많은 지도가 채워진다. '최초'를 주장하는 데서는 소유욕도 느껴진다. 내게는 '처녀지' 같은 말에 움찔하게 되는 것과 비슷한 느낌을 연상시켰다.

물론 내가 투탕카멘의 무덤을 들여다본 하워드 카터Howard Carter라도 되었다는 것은 아니다. 내가 들고 있는 돌은 비숙련자의 눈에는 여느 돌과 다를 바 없어 보였다. 이 돌이 3천 년 전 선주시대 사냥꾼이 바위를 내려치고 남은 돌인지 내가 어떻게 알겠는가? 스미스는 "헤르츠 접촉 역학"이라고 말했다. 배 선미의 사다리에 매달린 채였다. 돌멩이를 가격하면 특정한 움직임이 나타난다고 그는 설명했다. "총알이 유리창을 박살내는 거랑 비슷합니다." 스미스는 내게서 격지를 가져가더니 날카롭고 곧은 면을 손가락으로 훑었다. "여기를 타면이라고 부릅니다. 물체를 때린 곳이죠. 그리고 이 면 바로 밑을 만지면요." 스미스가 돌멩이에서 더 두툼한 부분을 가리켰다. "여기서 돌이 팽창한 게 느껴집니다. 둥글납작하죠. 이렇게 하려면 아주 단단한 물체로 돌을 내려치는 방법뿐입니다."

지질고고학 교육을 받은 스미스와 조이는 지질학의 원리와 방법을 활용해 유적지가 어떻게 형성되었고 언제 버려졌으며 또 유물이 왜 그곳에 가라앉았는지를 확인한다. 이처럼 해양학과 해양지질학에 대한 깊은 이해는 수중고고학을 의심의 눈초리로 보는 사람들을 설득하는 데 매우 중요하다. 실제로 몇몇 해안 지대에서는 저절로 떨어져 나온 격지인 '지공물'사람이 만든 것처럼 보이는 천연석이 만들어질 만큼의 에너지가 생긴다.[18] 캘리포니아에서는 갑작스러운 폭우로 메말랐던 강이 불어나면 에너지가 폭발해 지공물이 만들어진다. 모하비 사막 칼리코 초기 인류 유적지에서는 고고학자들이 5만 년 혹은 그 이상 거슬러 올라가는 석기 유물을 발견했다고 주장했으나 유속이 빠른 강의 지질 퇴적물에서 발견되었다는 이유로 이후 반박되었다.[19] 그러나 멕시코만은 경우가 다르다고 스미스는 설명했다. 지공물이 만들어지기에 이곳의 물은 너무 느리기 때문이다.

허리케인은 어떠냐고 나는 물었다. 5등급 허리케인이면 돌을 격파할 위력이 충분하지 않을까? "허리케인이 닥치면 이 동네는 정말 아수라장이 돼요." 조이가 조종석에서 목청을 높였다. 2018년 마지막 '대재난'이었던 허리케인 마이클이 플로리다 빅벤드 지역을 덮쳤을 때는 세인트마크스에 바람과 파도가 밀려들어 나무와 도로가 갈가리 찢겼고 전력선이 끊기며 집에는 물난리가 났다. 하지만 놀랍게도 애팔래치만 밑바닥은 그다지 변화가 없었다. 조이는 자신이 잠수했던 한 장소에서 격지 두 점이 나란히 놓여 있는 것을 발견했는데, 이 두 조각을 합치면 꼭 맞았다고 했다. '되맞추기'라고 하는 이 방법으로 두 조각이 서로에게서 떨어져 나왔음을 알 수 있다. 조이는 격지 두 점을 해저면에 나란히, 찾았던 자리에 그대로 내려놓았다. 그리고 1년쯤 지나고 다시 와보니 두 점이 정확히 같은 위치에 놓여 있는 것을 볼 수 있었다. 조이는 말했다. "(수중고고학을 못마땅하게 보는) 오해를 없애려는 노력을 하고 있습니다. 보세요, 이게 우리의 진실성이라고요. 해수면이 상승한 이래로 이 물건들은 별로 움직이지 않았습니다."

요컨대 내가 들고 있는 돌은 사람의 손으로 만들어진 것이었다. 애팔래치만은 선주시대 사람들이 일하고 생활했던 채석지 유적이 물에 잠긴 곳으로 보인다. "채석지를 찾으면 이 지대에서 하나의 닻을 찾은 셈입니다. 돌은 아주 무겁잖아요? 이걸 멀리 옮기려 하지는 않죠. 그러니 근처 어딘가에 근거지가 있을 겁니다." 스미스가 말했다. 근거지를 발견하면 석기 모음을 발견할 수 있고, 그 석기 모음이 고대인의 생활상에 대한 이해를 높이는 데 기여할 수 있다. 출발점은 내 손에 들린 이 격지였다.


## 흔들리는 클로비스 가설, 해답은 해수면 아래에

아메리카 대륙에는 어떻게 사람들이 살게 되었을까? 오늘날 이 질문은 고고학계에서 논쟁의 여지가 있지만, 수중 전문가 다수는 바다에 삼켜진 땅에 그 해답이 기록되어 있다고 믿는다. 대부분의 사람들이 학교에서 배운 이야기, 즉 약 1만 3000년 전 한 무리의 사람들이 아시아에서 베링 육교를 따라 아메리카 대륙으로 이주해 왔으리라는 클로비스Clovis 이론을 수십 년간 고수했다. 마지막 빙하기에 해수면

클로비스 유적지에서 발견된 석기 유물

이 낮아지자 육로가 바다 위로 드러나 시베리아와 알래스카가 잠시 연결되었고, 아메리카 대륙에 다다른 최초의 이주민은 북아메리카 내륙으로 열린 부동 회랑을 따라 남쪽으로 이동했다.[20] 클로비스 이론은 내륙에서 처음 발견된 고대 유적과도 부합했다. 이 초기 인류 이름의 유래이기도 한 뉴멕시코 클로비스 인근의 1만 3000년 된 유명 유적지가 그 예다.[21]

　　20세기 후반의 대부분 동안 클로비스 이론은 우세한 설로 군림했다. 마리 타프의 지도가 그렇지 않다는 것을 보여주기 전까지 대륙 이동설이 강경하게 거부되었던 것처럼, 클로비스 이론은 격렬하게 옹호되었다. 신진 고고학자들은 자신의 경력에 해가 될까봐 대안적인 아이디어를 추구하지 못했다. 이 이론에 부합하지 않는 유적은 반박되었고 부합하는 유적은 수용되었다.[22] 애팔래치만에서 자동차로 30분 거리에 있는 오실라강 유역의 함몰지에도 오랫동안 논란이 된 유적지가 묻혀 있다.

　　1960년대부터 취미로 오실라강을 탐험하던 다이버들이 있었다. 초코우유처럼 탁한 강물에서 이들은 악어와 매너티와 더불어 물속을 돌아다녔고, 고대 들소와 낙타 뼈에 더해 자동차 타이어만큼 커다란 마스토돈 이빨을 건져냈다. 현지인들은 그곳에 역사가 묻혀 있다는 것은 알고 있었지만, 그 역사가 얼마나 오래되었는지는 잘 몰랐다. 그러던 와중에 '페이지-래드슨'이라는 이름으로 알려진 깊이 9미터의 함몰지에서 1만 4550년 된 유적이 발견되었다.

플로리다가 올라앉은 석회암 지반은 페이지-래드슨 같은 함몰지가 벌집처럼 뚫려 있다. 시간이 흐를수록 빗물에 함유된 미량의 산에 의해 구멍들의 크기는 커지고 경도는 약해진다. 끝내 땅이 물에 무너지면 물은 주택이 되었든 아파트 건물이 되었든 마침 그 순간 그 자리에 있는 것들을 집어삼킨다. 현대 플로리다에서 함몰지는 주택 보험의 중대 사안이며 사람들은 이 문제로 목숨도 잃는다. 그러나 초창기 플로리다에서 함몰지는 젖줄이었다. 건조하고 먼지 날리는 사바나에서 물이 가득한 오아시스가 되어주었고 거대동물과 인간을 불러 모았다. 함몰지의 퇴적물은 그 장소의 순간을 고스란히 보존하기도 한다. 1983년 페이지-래드슨에 연구팀이 집결했는데 이후 15년 동안 이 팀의 자원봉사자, 취미 다이버, 학생, 교수가 교대로 함몰지를 체계적으로 발굴한 끝에 유적에서 가장 빛나는 발견물을 세상에 내놓았다. 사람의 손길이 닿은 듯한 홈이 측면에 기다랗게 긁혀 있는 마스토돈 엄니였다.[23] 그러나 클로비스 이론이 우세한 분위기에서 이 유적은 그토록 일찍이 사람이 살았으리라는 것을 누구도 기대하지 않았던 남동부에 있었기에 페이지-래드슨에서 출토된 유물은 수년간 의심을 받았다.

1997년 칠레에서 한 유적이 발견되면서 클로비스 이론에 결정적인 타격을 주었다.[24] 칠레의 아남극남극 바로 북쪽 지역 끄트머리에 있는 이탄 습지에 보존된 몬테베르데 수중 유적은 감탄을 금할 수 없는 유물을 무더기로 품고 있었다. 나무 구조물과 벽에 거는 동물 가죽 잔해, 야생 감자 분말과 열매 찌꺼기 등이다.[25] 탄소 연대 측정 결과 1만 4800년은 되었다고 추정되는 몬테베르데 유적은 가장 이른 클로비스 유적보다 1천 년 이상 앞선다. 이로 인해 페이지-래드슨 유적처럼 클로비스보다 앞서 있다는 이유로 오래도록 무시되었던 유적들이 전면적으로 재평가되었고[26] 페이지-래드슨 유적은 현재 방사성 탄소 연대 측정 기준으로 1만 4550년 묵은, 북아메리카 남동부에서 가장 오래된 유적으로 확인되었다.[27] 무엇보다 중요한 것은 몬테베르데 유적 덕분에 이제 클로비스 이론이 더 이상 논쟁을 지배하지 못하게 되었다는 점이다. 이제 베링 육교 이주설이라는 전통적인 이론은 다른 세 가지 대안과 치열하게 경쟁하고 있다. 각 대안은 연안 이주설, 대양 횡단설 등을 내세우고 있으니 수중고고학이 이 논쟁의 종결에 주요한 역할을 할 수 있을 듯하다.

첫 번째 연안 이주설은 연안 켈프다시마의 일종인 대형 해초류 하이웨이 이론으로 동북아시아와 북서아메리카 사이의 베링 해협을 따라 태평양 연안 이주가 이루어졌다고 본다. 초기 인류는 켈프 숲에서 발견되는 익숙한 해양 생물을 식량 삼아 도보나 배로 이동했으며, 이들의 이동 경로는 마지막 빙하기 이후 해수면이 높아지면서 바닷물에 덮였다. 두 번째 태평양 횡단설은 추정컨대 아시아와 남아메리카 사이를 배로 항해했으며 역시 해수면 상승으로 증거가 묻혔을 것이라고 주장한다.[28] 세 번째 대안인 솔루트리언Solutrean 가설은 사람들이 동쪽에서 진입했다는 설을 제안한다. 유럽의 수렵·채집인들이 1만 8500년에서 2만 년 전 유빙을 따라 항해하여 북아메리카로 왔다는 것이다.[29] 그러나 다수의 전문가들은 솔루트리언 가설이 고고학적,

유전적 증거에 근거하면 가능성도 없거니와 백인 우월주의자 사이에서 인기를 얻고 있는 만큼 위험하다고 본다.

　"(대안 이론에) 실제로 답을 찾으려면 물속을 봐야 할 겁니다." 애팔래치만 주위를 차로 돌며 유적을 더 확인하던 중 모건 스미스가 말했다. "뭐가 될지는 몰라도 답은 물속에 있을 거예요. 그 구역을 조사하기 전에는 진상을 알 수 없겠죠." 그러나 그날 우리가 탐사하던 해저면에서 중요한 것은 아메리카 고고학의 거대한 질문에 대한 답이 아니었다. 스미스와 조이가 잠수한 목적은 더 깊은 질문, 아메리카 대륙의 최초 주민이 '누구'냐는 극렬한 논쟁에서 잊기 십상인 질문에 답하는 것이었다. 말하자면 이런 질문이다. 해수면이 상승하고 유럽의 식민지가 되기 전 초기 플로리다의 생활은 어떠했는가?

　공식적으로 기록된 플로리다 역사에서 유럽인 도래 이전 수천 년간의 인류 역사인 선주시대에 할애된 분량은 대개 한 문단에 그치거나 운 좋으면 두 문단인 수준이다. 만 이름의 유래가 된 아팔라치족은 한때 이 지역의 다수 부족이었고 이들의 역사는 못해도 1천 년은 거슬러 올라간다. 용맹한 전사이자 번창하는 농사꾼으로 이름났으며 종교적 의식인 동시에 스포츠였던 구기의 일종을 즐겼다. 이들이 조개류를 많이 먹었기에 내륙 탤러해시 주민들은 집 뒷마당에서 고대 굴과 고둥 껍데기를 캐내는 일이 잦다.[30]

　1528년 이곳에 도착한 스페인 사람들은 여러 농촌 마을에 흩어져 살았던 총 5~6만 명에 이르는 아팔라치족과 접촉했다.[31] 그곳에서 발견한 생활양식도, 유럽에서는 철기시대와 청동기시대에 진작 버려진 석기도 유럽인의 눈에는 대단할 것이 없었다. 플로리다 고고학자 바버라 A. 퍼디Barbara A. Purdy는 이렇게 썼다. "그 탐험가들이 이러한 '난해한' 관습의 의미를 자신들의 세계와 관련지어 이해하지 못했기에, 그들이 쓴 기록은 겸허함도 호기심도 없이 원주민의 제작물을 그저 보고할 뿐이다."32

오늘날 플로리다에서 아팔라치족은 파도처럼 연달아 덮쳐온 폭력적인 추방과 노예화, 접경지 분쟁, 외부에서 들어온 치명적인 질병에 내몰려 거의 자취를 감췄다. 1720년대 북아메리카 남동부 지도를 보면 아팔라치족은 서쪽으로는 프랑스, 남쪽으로는 스페인, 북쪽으로는 영국이 경합하는 접경지에 살았다고 나온다.33 1704년에는 영국이 스페인 선교소를 습격해 토코바가족 몇 명을 비롯하여 아팔라치족 수천 명을 살해하고 포로로 잡았다. 이들은 전원 사우스캐롤라이나에 노예로 운송되었다.34 몇몇 아팔라치족은 탈출하여 서부로 도망가 프랑스가 차지한 앨라배마 모빌에 이르렀다. 또 다른 무리는 펜서콜라 인근 스페인 선교소에서 조금 더 오래 저항했으나 1760년대에는 강제로 내쫓겨 멕시코 베라크루스 북부 마을로 추방당했다.35 플로리다에 그나마 남아 있던 아팔라치족도 1830년 앤드루 잭슨 대통령이 서명한 인디언 강제 이주법에 쓸려나갔을 것이다. 연방 정부는 이 법안에 따라 남동부 아메리카 원주민 부족의 토지를 점유하고 오늘날 '눈물의 길'로 알려진 집단 학살과 다름없던 이주 행렬로 이들의 등을 떠밀 수 있었다. 오늘날 소수의 아팔라치족 생존자들은 두 개 주를 건너간 루이지애나에 거주하면서 1996년부터 연방 정부에 주권국 인정을 청원하고 있다.36

플로리다에서 아팔라치족이 사라지면서 이 지역에서 발견되는 규질암의 고유한 성질에 맞춘 이들의 석공 기술도 사라졌다. 포로로 잡힌 이웃 티무쿠아족 한 명이 자신에게 채워진 쇠사슬을 석기로 끊으려 했다는 가슴 저미는 기록(무수히 많은 기록 중 하나)이 있다.37 애팔래치만 밑바닥에 산재하는 채석지에서는 아팔라치족 여명기 직전의 석공 전통을 엿볼 수 있다. 이곳에서는 도구 제작자의 기술 수준은 어땠는지, 이들이 어떻게 생존하고 환경을 활용했는지, 사용할 재료는 어떻게 선정했는지, 어떻게 작업을 조직하고 활동별로 작업대를 구분하여 작업장을 계획했는지도 고스란히 드러난다. 날카로운 날을 따라 조그맣게 파인 자국이 있는 격지를 보면 무언가를 써는 데 한두 번 쓰이고 버려졌음을 알 수 있다.

　모건 스미스는 이 격지가 얼마나 날카로울 수 있는지 몸소 겪어서 알고 있다. 몇 년 전 애팔래치만과 멀지 않은 곳에서 고고학 실습을 하느라 대형 망치로 바위를 쪼개던 중 튀어 날아온 돌조각에 손을 베였던 것이다. 지도 교수는 스미스를 얼른 응급실로 데려갔다. 스미스의 손에는 아직도 부싯돌 조각 하나가 봉합 흉터 몇 개와 나란히 박혀 있다.

　채석지에서 알게 되는 것이 아무리 많더라도 스미스와 조이는 유적 하나에서 추론을 과하게 도출하지 않도록 신중해야 한다. 때때로 고고학자들은 석조 유물에서 문화적 결론을 과하게 끌어낸다는 비판을 받는다. 어찌 보면 내구성에 따른 결과다. 돌은 단단해서 부드러운 재료보다 고고학적 기록에 오래 남을 가능성이 크며 연안 환경에서는 더더욱 그렇다.[38] 이런 이유로 스미스는 이곳의 3천 년 전 생활상을 묘사해 달라고 부추기는 내 앞에서 조심스럽고 신중한 태도를 보였다. "우리는 (대륙붕 위) 채석지만 확인했을 뿐입니다. 그 사람들이 뭘 먹었고 어떤 조직을 이루고 살았는지, 뼈나 나무와 같은 다른 재료는 어떻게 사용했는지는 몰라요. 일단은 돌만 볼 수 있죠." 그러나 해저에서 찾고 회수한 유적과 유물이 다양해지면 유럽인의 식민 지배와 해수면 상승이 시작되기 전 초기 플로리다의 생활상이 드러날 수도 있다.

# 수중 유적 탐사, 잠수 현장에서

산소통을 등에 메고 호흡기를 입에 밀어 넣은 나는 돌덩이처럼 묵직해진 기분으로 물에 들어갔다. 바다가 나를 붙들었고, 목욕물처럼 뜨뜻한 멕시코만의 바닷물은 상쾌하진 않았어도 무척 편안했다. 조끼에서 공기를 빼고 가라앉기 시작하자 소금물이 머리를 휘감았다. 쨍쨍한 햇볕이 수면을 가르고 색색의 빛줄기를 내 팔다리에 흩뿌렸다. 무중력 상태로 떠 있는 듯 유영하며 위에서 투과된 햇빛을 받는 이 아래는 천국 같았다. 이런 해저를 어떻게 어둡고 지옥 같은 곳으로 상상할 수 있단 말인가?

　4.6미터 정도 내려가자 숀 조이가 해저에 기준점을 설정하는 것으로 그날의 작업을 시작했다. X-Y 그리드로 유적을 지도화할 때 중심이 될 원점을 정하는 것이다. 이 현장의 기준점은 암석 노출면 위로 노랗고 새빨간 산호가 무리 지어 자라는 곳 옆에 꽂아둔 핀이었다. 조이가 산호 근처를 맴돌며 손바닥을 펼쳐 암석 하단 주변에서 휘젓자 퇴적물이 연기처럼 뭉게뭉게 피어올랐다. 이러한 손부채질은 육지에서 고고학자가 손상되기 쉬운 유물의 먼지를 털어낼 때 쓰는 부드러운 솔과 같은 효과를 수중에서 낸다. 먼지가 잠잠해지니 산호 하단에서 작게 뭉친 까만 규질암 격지들이 마법처럼 나타났다. 조이는 잠수용 시계형 컴퓨터를 흘긋 보더니 손목에 묶어둔 수중 메모판에 좌표를 적었다. 이어서 허리춤에서 덜렁거리는 망사 가방에 유물을 넣었다.

　고고학자들은 유적을 기록하는 일을 범죄 현장 조사에 빗대곤 한다. 경찰이 도착하기 전에 함부로 탄피를 줍거나 여기저기 튄 피를 닦아내지 않듯, 고고학 유적도 훼손이 적을수록 좋다. 고고학자는 유적에서 실제 인간 활동이 일어났음을 확증하는 세 가지 데이터, 즉 맥락, 유물, 확실한 연대를 확보해야 한다. 망사 가방에 담는 유물이 많아지고 있으니 조이는 한 가지 요건은 이미 충족했다. 다음은 확실한 연대였다.

　바로 여기서 일이 난감해졌다. 규질암은 탄소를 함유하고 있지 않아 방사성 탄소 연대 측정법을 쓸 수 없다. 숀 조이가 플로리다 주립대학교에서 쓴 석사 논문 주제는 멕시코만 주변 산호의 방사성 탄소 연대 측정과 새로운 통계 기법을 적용해 이곳 해수면 상승의 모델링을 개선하는 것이었다. 그의 추정에 따르면 이 지역이 마지막으로 사람 손을 탄 것은 일러도 3천 년 전이었다.[39]

　조이는 벨트에서 커다란 노란색 줄자를 풀어 자원봉사 잠수사 시메나에게 끝부분을 잡으라고 했다. 시메나가 끝부분을 산호가 있는 노출지에 가깝게 두자 조이는 시메나에게서 멀어지도록 반대 방향으로 헤엄쳐 가며 줄자를 풀었다. 나는 한순간도 놓치고 싶지 않았고, 저 아래에 홀로 남겨질까 봐 불안해 조이에게 바짝 붙어 따라갔다. 고고학자들은 작업하는 동안 명랑한 돌고래 무리가 주위에서 헤엄칠 때도 있다고 했다. 괜찮은 이야기다. 내게도 그런 일이 일어났으면 했다. 하지만 내가 아는 다른 사실은 세계에서 가장 위험한 상어 3종인 뱀상어, 황소상어, 백상아리가 모두 이 해역을 통과한다는 것, 그리고 이 나라에서 플로리다만큼 상어에게 공격당하는 사고가 빈발하는 지역이 없다는 것이었다. 물에 처음 잠수했을 때 받았던 천국에 온 듯한 느낌은 금세 희미해졌다. 이제 나는 불안한 마음으로 주위를 흘끔거리며 지나갈 수도 없을 듯한 탁한 어둠을 들여다보고 있었다. 6미터쯤 되는 가시권을 벗어나니 시야가 아예 차단되었다. 나는 어둠 속에서 끈질기게 떠오르는 상어 생각을 밀어내고(왜 이런 악몽 속 상어는 늘 사악한 광대처럼 입이 찢어지게 웃고 있을까?) 조이를 놓치지 않도록 발차기를 더 열심히 했다.

줄자가 끝까지 뽑히자 조이는 줄자를 도로 감으며 온 길을 되짚어갔다. 가는 길에 발견한 유물은 모두 망사 가방에 흘려 넣고 좌표를 메모했다. 간간이 체인 달린 펜을 해저면에 꽂아 넣어 기반암 위로 퇴적물이 얼마나 쌓여 있는지 측정했다. 세 번째이자 마지막 요건인 '맥락'에 보탬이 될 것이었다. 육지에서라면 고고학자는 퇴적물을 한 층씩 제거하는 방법으로 유적지 주변의 환경을 확인한다. 물속에서도 절차는 비슷하지만, 유물이 이렇게 해저에 노출되어 있으면 연대를 파악할 맥락이 부족하므로 아래에 깔린 해저면을 더 심도 있게 기록해야 한다.

지난 세기의 전환기까지, 북아메리카의 선주시대 수중 유적은 비용이 너무 많이 들고 기술적으로 까다로우며 무엇보다 해수면 상승으로 모두 파괴되어 기록할 가치가 없다고 여겨졌다. 그래서 육상고고학과 난파선고고학을 연구하는 학자들에게 무시당하기 일쑤였다. "'수중고고학'이라고 하면 다들 난파선을 떠올립니다. 요즘도 여전하죠." 고고학자이자 플로리다 주립대학교 전 연구원으로 조이와 스미스의 선배인 마이클 포트Michael Faught가 말했다. 1986년 당시 대학원생이었던 포트는 애팔래치만에서 첫 잠수를 했다. 그 시절에는 학생이 아래를 보는 자세로 보트 꽁무니에 매달려 다니면서 유적이 있을 법한 해저를 물색했다. 조종사는 학생의 물안경이 날아가지 않도록 배의 속도를 늦춰야 했지만, 헤엄치는 것보다는 훨씬 빠른 속도였다. "우리가 뭘 찾아야 하는지도 몰랐습니다. 매달려 다니면 해초와 해초밭이 계속 깊어지다가 모래밭이랑 더 깊이 있는 해초가 보이고 그러다 얕은 곳의 해초밭이 나왔어요. 그러면 '이런, 저거구나. 저게 고수로paleochannel구나'라고 알게 되었죠."

고수로는 빙하가 녹고 해수면이 상승하면서 물에 잠긴 고대의 강이다. 고수로가 고고학적으로 중요한 것은 고대인이 강에 이끌렸고 수로를 따라 혹은 그 사이로 다녔기 때문이다. 인위변형석기탐지 기법이 개발되기 전에 고고학자들은 앞바다에서 고수로를 따라가다가 근처에서 유적을 찾는 방식으로 수몰 유적을 발견했다. 개발한 연구자의 국적을 따라 '덴마크식 기법'으로 알려진 기술이다. 덴마크식 기법은 고고학과 학생을 만 이곳저곳으로 무작정 끌고 다니는 것보다는 나았으나 확인해야 할 해저가 많이 남아 있는 것은 매한가지였다. 스미스가 말했다. "결국에는 다 어림짐작이죠. 강이 있다고 해서 꼭 거기에 사람이 살았다는 법은 없으니까요."

1980년대에 처음으로 애팔래치만에 갔던 포트는 현장의 위치 파악이 쉽지 않았다. 아직 GPS가 널리 보급되지 않았던 때라 발견한 지점을 기록하기가 어려웠다. "(애팔래치만에) 처음 간 1986년에는 유적을 놓쳤습니다." 포트는 추측 항법을 써보려 했다. 해안의 지형지물을 기준 삼아 삼각측량으로 자신의 위치를 구하려 한 것이다. 그러나 그가 한숨을 내쉬며 말했듯 "그 방법은 통하지 않았"다. 연구원들은 작업 표시용 막대를 여럿 남겨뒀지만 그것도 잃어버렸다. 심지어 작업 도중에 잃어버릴 때도 있었다. 포트는 유적을 표시하려고 조명을 밝혀 놓은 부잔교 판을 기억해내고 다음 날 아침 그 자리로 돌아갔다. "표시된 곳을 잠수했더니 글쎄, 유적이 온데간데없더군요." 부잔교 판이 밤새 떠내려간 것이었다.

그날 잠수한 나머지 지점에서는 금세 규칙이 잡혔다. 조이는 지도상 위치까지 몇 미터 남았는지 세었고 스미스는 닻을 던졌다. 모든 유적에서 닻은 선주시대 사람들이 돌을 캤던 노출지와 바짝 맞닿은 곳에 내려앉았다. 어떤 잠수에서는 조이가 닻줄을 따라 해저까지 내려갔더니 닻이 규질암 격지 더미 바로 위에 걸려 있었다. 조이는 수중 메모판에 "누워서 떡 먹기"라고 적었다.

인위변형석기탐지 기법 덕에 작업이 수월해 보였다. 그러나 포트의 사연을 들어보면 지금의 수준에 도달하기까지 개선의 시간이 수십 년 필요했음을 알 수 있다. 1990년대 후반과 2000년대 초반에는 포트도 천부지층 탐사기로 채석지 유적과 고수로를 찾았으나 오늘날 인위변형석기탐지 기법만큼의 정밀도를 얻지는 못했다. 고고학자는 이제 배 꽁무니에 매달려 다니지 않는다. ("그게 알고 보니 위험한 일이더군요. 그런 건 이제 못 하죠"라며 포트는 껄껄 웃었다.) 그래도 조이와 스미스의 배에는 유적을 살피는 용도의 수중 스쿠터가 한대 실려 있다. 스미스는 "물속에서 맛볼 수 있는 최고의 재미"라고 말한다. 앞쪽에 팬이 있고 양쪽에 손잡이가 달린 작은 어뢰 모양의 스쿠터는 자크 쿠스토의 영화에 나올 법한 물건처럼 생겼다. 나도 타보지 않을 수 없었다. 스쿠터에 올라 힘차게 손잡이를 잡고 부릉거리며 날아갈 마음의 준비를 하고 만에 뛰어든 순간, 나는 돌덩이처럼 바닥에 가라앉고 말았다. 배터리 충전을 빼먹었지 뭔가.

난파선은 플로리다 고고학에서 언제나 관심을 독차지하는 주제다. 대서양을 면한 트레저코스트와 경쟁하기란 쉽지 않다. 1715년 보물을 실은 스페인 갤리언선 선단이 허리케인을 만나 트레저코스트 지역의 비로비치에서 침몰했다. 폭풍우가 지나간 뒤 금화와 은화가 해안으로 떠밀려왔고, 보물 사냥꾼들은 지금까지도 유실된 금화를 찾아 이곳 모래사장을 샅샅이 뒤지고 있다. 하지만 플로리다 베니스 비치에서 발견된 매너소타키오프쇼어 유적은 수중고고학을 향한 일부 편견을 물리치는 데 도움이 되었다. "선사시대 수중 역사에 정말이지 엄청난 호재였습니다. 그걸로 다들 눈을 떴죠. 저도 그랬고요."
마이클 포트가 말했다. 자기 때보다 발전한 해저 탐사 도구와 기법을
쓸 수 있는 스미스와 조이는 그에게 부러움의 대상이다. "그 친구들
은 알려진 것을 밑거름 삼아 알려지지 않은 것에 이를 겁니다. 멋진
걸 찾아낼 거예요." 포트는 후임들이 새로운 도구를 활용해 바다로
더 멀리 나가고 더 먼 과거를 탐험하기를 바란다. 어쩌면 1만 년도
더 전에 처음으로 이 지역에 살았던 팔레오 인디언Paleo-Indians, 아메리카
최초의 원주민들. 콜럼버스가 아메리카 대륙을 인도로 착각해 원주민을 '인디언'이라 부른 데
서 유래한다에게까지 닿을 수 있지 않을까.

스미스와 조이는 학회에 가면 여전히 의심 섞인 질문들을 받게
된다. 수천 년 동안 해저에 잠겨 있던 고고학 유적을 어떻게 입증할
수 있냐는 식이다. 하지만 두 사람은 발표에 모이는 관중과 이들이
보이는 관심이 점점 늘어나는 것 역시 느끼고 있다. 플로리다공공고
고학네트워크FPAN 지역장 바버라 클라크Barbara Clark도 사람들의 열정
이 점점 자라나고 있다고 느낀다. 클라크의 말이다. "(매너소타키) 이
야기를 하면 다들 눈이 휘둥그레지는 게 보여요." 그러나 늘어난 흥
미와 관심은 양날의 검이 되기도 한다. 애팔래치만에 들어갔다 나가
면서 우리는 고기잡이배를 줄줄이 지나쳤는데, 그런 배는 우리가 잠
수한 바로 그 암석 노출지를 표시할 수 있는 어군탐지기를 저마다
장착하고 있다. 한 유적에는 잠수사의 오리발이 찍힌 자국이 모래에
남아 있었다. 다른 유적에서는 어선의 부러진 뱃전이 바닥에 떨어져
있었다. 만의 조수가 빠지면 현지인들은 모래톱에서 파티를 즐긴다.
빨간 플라스틱 컵을 손에 들고 발목까지 오는 소금물을 찰박이며 해
저면을 거닌다. 이들이 유물을 찾아다니지는 않겠지만, 하나쯤 집어
가려 할 때 저지할 방법이 있을까?

## 거래되고 유실되는 유물들

"이런 유적 어디에도 실제 도구가 없다는 것은 저희도 충분히 인지하고 있습니다." 애팔래치만 잠수 마지막 날 손 조이가 알쏭달쏭한 말을 했다. 해가 뉘엿거렸고, 같이 잠수한 사람들끼리 송별 저녁 식사를 하려고 세인트마크스의 리버사이드 카페에 모여 있었다. 우리는 하나같이 까무잡잡하게 그을린 피부로 도수 낮은 맥주를 마시며 사흘간의 성공적인 잠수에 축배를 들었다. 이번 여름의 현장 작업이 성공적이지 않다고 할 사람은 아무도 없었다. 기법이 완벽하게 통한 덕에 애팔래치만의 신규 유적은 거의 모두 확인했다. 조이와 스미스는 가방을 유물로 여럿 채웠고 하나하나 주석을 달아 분석용으로 준비했다. 진단 유물, 그러니까 인간이 사용했다는 반박할 수 없는 증거가 남은 유물을 찾으리란 기대는 전혀 없었다. 채석지 유적은 주로 돌을 쪼개는 장소였으니 채광 부스러기 틈에 완성된 도구가 남겨졌을 가능성은 적었다. 그렇다고 해도 진단 유물이 없는 것은 그것대로 묘하다고 조이는 말했다. 누군가가 먼저 유적지에 와서 더 나은 유물을 가져갔다는 표시인지도 몰랐다.

플로리다에는 길고 복잡한 약탈의 역사가 있다. 1715년 비로비치 근처에서 스페인 갤리언선이 침몰했을 때는 고작 몇 개월 만에 약탈자와 해적, 노예 잠수부가 아래로 내려가 동전과 총포를 두둑하게 챙겨 도주했다. 이곳 빅벤드에서는 다른 유형의 보물 사냥도 이루어지고 있다. 한밤중에 생뚱맞게 트럭 여러 대가 주립공원 밖에 주차했다거나, 새벽에 삽과 가방을 든 사람들이 수풀에서 튀어나왔다는 등의 공익 제보가 여럿 접수되었다. 그러던 2013년 어느 날 오전, 플로리다 어류및야생생물보호위원회 소속 요원들이 플로리다 북부와 조지아에서 여섯 집을 급습하여 열세 명을 검거하는 일이 있었다. 이는 지역 원주민 이름을 따서 '티무쿠아 작전'이라 불렸다. 검거된 일당은 상고시대와 구석기시대의 첨두기끝이 뾰족한 석기를 온라인과 박람회에서 판매한 것으로 드러났다. 일부 첨두기의 판매가는 10만 달러[40]를 호가했지만, 어떤 것은 15달러밖에 하지 않았다. 잠복 요원들은 불시 단속을 준비하며 일당을 면밀히 추적했다. 체포에 앞서 친분을 쌓았고 그들이 파는 물건을 구매했으며 비밀리에 이들의 대화를 녹음했다.[41]

단속 당일 주 당국은 탤러해시 시내에 있는 플로리다역사박물관에서 티무쿠아 작전 관련 기자 회견을 개최했는데, 대중의 반응은 시큰둥했고 적대적이기까지 했다. 티무쿠아 작전 이후 《탬파베이 타임스》의 사설 편집인은 이렇게 썼다. "피의자 한 명은 위장 요원에게 90점쯤 되는 각종 유물을 총 100달러에 판매한 것으로 전해진다. 파블로 에스코바르(역사상 최악의 마약 범죄자로 여겨지는 인물) 수준은 아니다. 수사망 이름으로는 뻥튀기 작전이 더 어울리지 않았을까?"[42]

대중과 언론은 모두 돌멩이 수집가 몇 명을 단속하는 데 납세자의 돈을 쓰는 것을 더 우려하는 듯했다. 티무쿠아 작전의 강압적인 전술이 미국 법 집행기관의 전형적인 방식이라고 해도, 범죄 기록도 없고 무해하다고 생각되는 취미를 즐기는 백인 남성을 그런 전술의 표적으로 삼는 것은 일반적이지 않았다. 티무쿠아 작전은 수집가들 사이에서도 논란이 되었다. 플로리다에서는 아마추어가 공공장소에서 발견한 유물을 신고하면, 주 고고학자의 승인을 받는 조건으로 유물을 소유할 수 있게 하는 프로그램을 운영한 적이 있었기 때문이다. 그러나 너무나 많은 사람들이 발견한 유물을 신고하지 않는다는 사실이 밝혀지면서 이 프로그램은 2005년에 폐지되었다.[43]

바버라 클라크는 피의자들에게 일말의 동정심도 느끼지 않았다. "티무쿠아 작전으로 체포된 사람들은 10만 달러 단위로 돈을 벌고 있었습니다. 커다란 배와 값비싼 장비도 갖추고 있었죠. 빈곤층이 아니었어요. 입에 풀칠하려고 그런 게 아니라고요. 그 인간들은 떼돈을 벌고 있었어요. 플로리다 시민 모두의 재산을 훔치고 근본적으로는 우리의 문화 경제를 파괴하면서 말입니다." 그러나 많은 지역 주민들의 생각은 다른 듯했다. "정부가 나더러 뭘 하면 안 된다고 다짜고짜 명령하다니 아주 좋아 죽겠다니까." 티무쿠아 작전에 달린 흔한 인터넷 댓글이었다. 아이러니하게도 공동체 구성원의 다수는 정부가 공익을 위해 행하는 문화 자원 보호를 큰 정부가 소시민의 자유를 짓밟는 또 다른 사례로 봤다. 플로리다에서 유실된 유물의 총계는 영영 알 수 없을 것이다.

리버사이드 카페에서는 해적처럼 머리에 두건을 두른 종업원이 주문을 받으러 왔다. 전날 저녁 이 종업원은 난간을 뛰어넘어 1.5미터쯤 되는 뱀을 양동이로 잡아 완력으로 제압하는 모습을 보여줬다. 그런 사람이 지금은 허시퍼피옥수수가루로 만든 둥근 튀김 빵, 감자샐러드, 코울슬로, 감자튀김, 드레싱 여섯 종을 선택할 수 있는 샐러드 등 머리가 어질어질해지는 사이드메뉴를 속사포처럼 안내하고 있었다. 옆 테이블에서는 요란한 외침이 터져 나왔다. 악어 한 쌍이 난간 바로 아래 강둑에 나타난 것이었다. 사람들은 아래에서 턱을 딱딱거리는 주둥이를 향해 굴튀김과 관자튀김을 던지기 시작했다.

모건 스미스는 애팔래치만에서 비도덕적인 일이 벌어지고 있다고는 생각하지 않는다고 말했다. 잠수사는 매년 여름이면 가리비 철을 맞아 만의 이곳저곳을 누비며 해저에서 이 하얀 조개를 모은다. 가리비는 이따금 자기를 잡으려는 잠수사의 손을 피해 껍데기를 달그락거리며 물살을 타고 캐스터네츠 소리를 낸다. 이 일을 하려면 잠수사들은 해저면을 가까이서 살피며 내가 본 조이와 스미스의 작업처럼 그곳을 훑어야 한다. 잠수를 함께했던 사람들 말로는 자신들이 갔던 유적을 누가 약탈했다고 해도 마침 보여서 그런 것이지 일부러 한 행동은 아니었을 거라고 했다. 가리비를 채취하는 잠수사가 자신의 행동이 연구에 얼마나 큰 피해를 줄지 미처 모르고 예쁜 첨두기를 챙겨왔을 수도 있는 것이다. 나 역시 잠수 첫날 스미스가 격지를 건넸을 때 비슷한 행동을 했다. 격지를 들고 햇빛에 비춰 보며 참 매끈하고 얇다고 감탄하고 있었다. 그러다 "이거 제가 가져도 되나요?"라고 묻자 스미스가 흠칫 놀랐다. 그리고 격지를 봉투에 흘려 넣으며 말했다. "안 되죠. 그건 불법입니다."

스미스를 비롯한 고고학자들은 아마추어 고고학 공동체에서 선의로 활동하는 사람들을 티무쿠아 작전처럼 소외시키는 것을 바라지 않는다. 스미스는 탤러해시에서 한 시간 거리인 동네에서 자랐고 부모님은 아직 그곳에 산다. 5분만 같이 걸어도 그가 얼마나 진성 빅벤드 토박이인지 알 수 있다. 스미스가 방금 인사한 저 남자, 알다마다. 스미스에게 배를 판 사람이다. 우리가 앉아 있던 리버사이드 카페는 스미스가 어렸을 때부터 다닌 곳이다.

여기서 고향 인맥은 유용하다. 지역 어민들은 외지인과는 나누지 않을 법한 유적 이야기를 스미스에게는 알려준다. 현장에는 늘 전문가보다 비전문가가 많기 때문에, 플로리다의 유적 대부분을 발견한 사람은 아마추어 수집가일 가능성이 크다. 고고학자에게는 유적을 이야기해줄 선의의 행위자가 필요하다. 그렇지 않으면 유적지들은 평생 발견되지 않을지도 모른다. "저희에게는 고고학과 그 보존에 흥미를 갖는 대중이 필요합니다. 하지만 대중이 직접 나서서 작업하거나 이걸 돈벌이 수단으로 보는 건 원하지 않죠. 유물이 도난이나 약탈, 판매의 대상이 되면 그 유물이 어디서 나왔는지는 영영 알 수 없어요."

주문한 음식이 플라스틱 바구니에 수북하게 쌓여 나왔다. 새우튀김과 굴튀김, 해만가리비관자튀김, 겉을 그을려 구운 참바리, 레몬과 후추로 양념한 숭어가 차려졌다. 우리가 기름기 묻은 손가락을 냅킨이 투명해지도록 닦으며 기분 좋게 뻥 소리 나도록 맥주병을 따는 동안 차츰 해가 지기 시작했다.

당장은 비밀을 유지하는 것이 고고학자가 유적을 보호할 수 있는 최선책인 듯하다. 이런 이유로 스미스와 조이는 모든 좌표를 비밀로 간직했다. 공유지의 고고학 유적에는 1966년 제정된 국가유적보존법 제304절에 따라 한층 더 강력한 기밀이 보장된다. 역사 자원의 위치는 일반 대중의 정보 공개 청구 대상이 되지 않는다. 스미스는 애팔래치만 연안 유적은 접근성이 워낙 낮아 안전한 편이라고 생각했다. 해안과 8킬로미터쯤 떨어진 깊은 바다에 있는 한 유적에 대해서는 "약탈자들이 여기까지 온다면 저도 놀랄 겁니다"라고 했다. 그러나 플로리다공공고고학네트워크의 바버라 클라크는 생각이 달랐다. "육지에서는 유물을 주워갈 생각을 아예 안 하는 사람도 잠수하면 완전히 다른 태도를 보이죠. 난파선 조각 같은 걸 서슴지 않고 가져가요. 아마 환경이 달라서 그렇겠죠. 행동을 지켜보는 사람이 아무도 없잖아요."

인위변형석기탐지 기법을 활용해 유적을 최대한 빠르게 확인하는 것도 유적을 보호할 수 있는 한 가지 방법이다. 광섬유 케이블 산업계는 수십 년 동안 대륙붕을 측심한 소나 데이터를 쥐고 있으며 그 속에는 아직 발견되지 않은 수많은 연안 유적의 정확한 위치를 알려줄 '건초 더미'들이 너울거리며 묻혀 있다. 조이가 말했다. "우리가 수십 년씩 그 많은 데이터를 모아놓고 거기서 결론을 뽑아낸 적이 없다는 게 믿기지 않습니다. 인위변형석기탐지로 독특한 표지를 똑같이 봐온 게 몇십 년째인데 그 정체를 아는 사람이 아무도 없어요." 그는 인공지능이 옛 천부지층 탐사 데이터를 뒤지고 고고학자가 각 유적에 잠수해 직접 관찰한 정보를 모으는 그림을 상상했다. 서베이어 같은 무인 지도화 드론이 유용하게 쓰일 수도 있다. 실제로 세일드론은 최근 세인트피터즈버그에 해양 지도화 본부를 개설했다.[44] 플로리다에서 수중 유적이 수두룩하게 발견되는 바로 그 위치로, 베니스비치의 7천 년 전 매너소타키오프쇼어 유적지도 이곳에 있다.


## 대규모 모래 채굴, 연안 유적의 파괴

가리비 채취 잠수사 한두 명이 해저에서 유물을 줍는다고 미발견 수중 유적에 중대한 위협이 되지는 않을 것이다. 문제는 모래 채굴이다. "이 아래에서 준설 공사를 하고 모래를 조달해요"라고 조이가 말했다. 해변 모래 보충이라고도 하는 모래 채굴은 연안 모래톱에서 모래를 준설해 허리케인이 지나간 해변이나 해안 부동산을 보강하는 일이다. 그 과정에서 해당 해저면에 있는 해양 생물과 유물이 모조리 파괴된다.

조이는 문화 자원 관리회사 서치에서 근무하며 해양 산업계에 문화적으로 민감한 해저를 보호하기 위한 자문을 제공한다. 연방 정부는 대륙붕을 소유하고 기업에 개발용으로 부지를 임대해주는데,

기업은 국가유적보존법에 따라 반드시 조이 같은 자문위원을 고용해 개발해도 괜찮은 부지라는 확인을 받아야 한다. 그러려면 유형 구분 없이 모든 고고학 유적을 조사해야 하지만, 미국에서는 난파선 고고학이 워낙 우세하고 두드러지다 보니 선주시대 수중 유적은 놓칠 때가 많다. "아마 우리는 오래전부터 이 유적들을 파괴해 왔을 겁니다." 조이가 1990년대에 난파선 고고학자들이 준설을 승인한 뉴저지 해변 이야기를 꺼냈다. "준설하자마자 상고시대 유적 한 곳이 통째로 해변에 내던져졌어요." 무엇이 파괴되었는지 알아차린 것은 이후 한 여성이 해변을 산책하다가 약 200개의 화살촉이 모래사장에 널려 있다고 제보했을 때였다.[45] 나중에 알아보니 뉴저지 해안과 약 1.6킬로미터 떨어진 귀중한 수중 유적이 조사에서 누락된 듯했다. 내가 찾은 가장 이른 연안 유적 파괴 사례는 1950년대까지 거슬러 올라간다. 탬파만의 한 기업이 굴 양식 사업장을 만들려고 준설하던 중 고대 패총과 팔레오 인디언의 유물, 상고시대 전기의 진단 유물을 발견한 것이었다. 아폴로비치와 터틀크롤포인트, 테라세이아만 등 지대가 낮아 반쯤 물에 잠긴 탬파만 해안에서는 이런 일이 되풀이되었다. 텍사스 갤버스턴비치, 코네티컷과 뉴욕 사이 롱아일랜드 해협 인근의 다른 유적도 여러 해에 걸쳐 파괴되었다.[46]

조이와 동료들은 새로운 인위변형석기탐지 기법으로 연안 유적 발견과 보호에 획기적인 변화가 일기를 기대한다. 앞서 사용된 덴마크식 기법은 고고학자에게는 물론이고 개발업자에게도 갑갑한 방식이었다. 고대의 강이 그곳을 통과했다는 이유만으로 정부로부터 빌린 부지를 전혀 개발할 수 없다는 통보를 받기도 했기 때문이다. 북아메리카 대륙붕에서 개발이 가속화됨에 따라 사라진 고대 세계의 유물을 잃어버리지 않으려면 해저 지도화와 수중 유적 확인을 선행

해야만 한다. 그러다 보면 인류가 아메리카 대륙에 어떻게 첫발을 들였는지에 대한 흥미로운 질문의 답을 찾을지도 모른다.

리버사이드 카페에서 우리는 미지근한 맥주를 마지막 한 모금까지 털어 마시고 다 식은 감자튀김까지 먹은 다음 작별 인사를 했다. 며칠만 있으면 메모리얼 데이고 덩달아 허리케인 시즌이 공식적으로 시작될 것이다. 과거 허리케인이 초래한 홍수의 최고 수위선이 리버사이드 카페의 나무 기둥 곳곳에 표시되어 있었다. 꼭 부모가 문틀에 아이들 키를 기록한 것 같았다. 2005년 데니스, 2016년 허민, 2018년 마이클.

자리를 파하기 전에 고고학자들에게 모래 채굴은 조금 비생산적이지 않냐고 물어봤다. 다음 폭풍에 다시 쓸려갈 모래를 왜 해변으로 옮겨 놓냐는 질문이었다. 뭐, 그렇긴 하다고 고고학자들은 웃으며 수긍했다. 하지만 플로리다가 그렇다. 부동산은 사수해야만 한다. 이는 다가올 여러 해에 걸쳐 값비싼 비용을 치를 싸움이 될 것이다. 플로리다는 사방이 물로 둘러싸여 있다. 매년 최대 152센티미터씩 하늘과 멀어지고 있다. 만조 때는 '화창한 날의 홍수'라는 밝은 이름으로 알려진 현상으로 인해 다공성 토양에 물이 스민다. 그리고 바다에서 폭풍우가 덮쳐온다.[47] 플로리다에 살았던 고대인들은 이곳 저지대가 물 앞에 무방비하다는 것을 알고 물러났다. 우리도 그렇게 해야 할까? 아니면 바다를 상대로 시시포스 같은 분투를 이어가며 더 많은 모래를 준설해야 할까?

몇 개월 후 나는 자메이카 킹스턴으로 가는 길에 플로리다를 다시 지나갔다. 덤프트럭 부대가 플로리다 해안을 따라 털털 굴러가며 해변으로 모래를 나르는 것을 상공에서 지켜봤다. 해변 모래 보충은 해저를 채굴하는 한 가지 이유에 지나지 않는다. 나는 또 다른 이유를 논의하고자 자메이카에서 열리는 정부 간 회의를 보러 가는 길이었다. 여기서 또 다른 이유란 공해에서 이루어지는 심해 채굴을 말한다. 세계 각국의 정부는 국경을 넘어선 해저 채굴 문제를 논의하기 위해 몇 개월에 한 번씩 킹스턴 소재 유엔 산하 기관인 국제해저기구에 모인다. 채굴 옹호론자는 세계가 재생 에너지로 전환하려면 희귀금속 채굴이 필수라고 말한다. 그러나 지구상 어느 곳보다도 탐사와 지도화가 이루어지지 않은 심해에서 우리가 무엇을 파괴할지 우리는 알지 못한다. 플로리다 해안에서 작업하는 트럭들을 내려다보니 육지의 밝은 불빛이 거대하고 시커먼 바다에 비해 너무나 작아보였다.

# 10장

## 심해 채굴

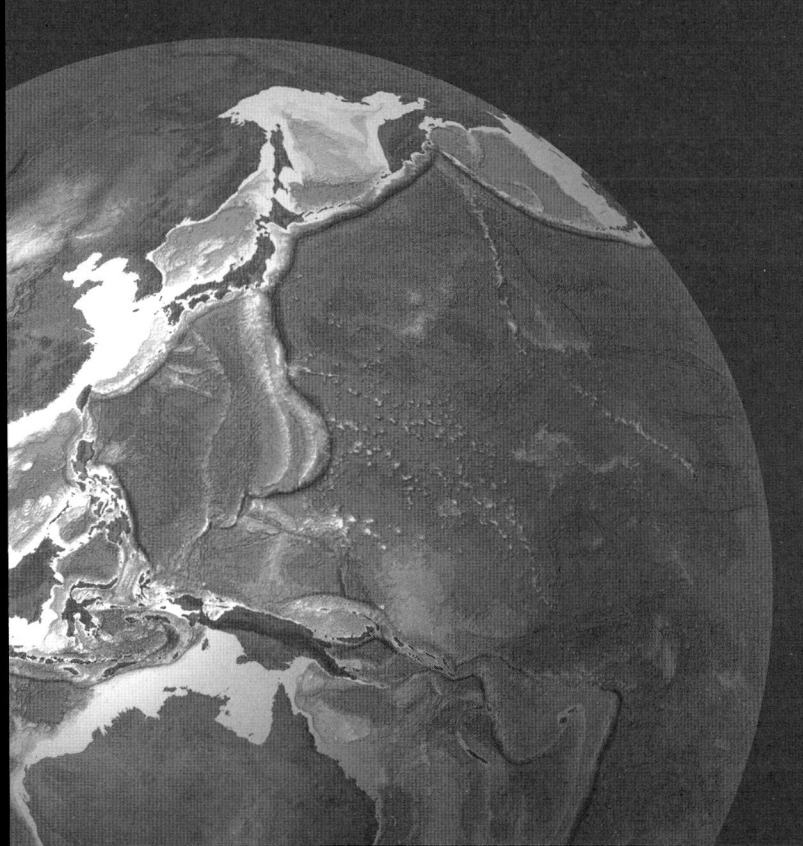

지도를 가져오라. 세계에 내가 정복할 곳이 얼마나 남았는지 보겠다.

– 크리스토퍼 말로Christopher Marlowe, 《탬벌레인 대왕Tamburlaine the Great》, 1590년

## 해저 지도 완성과 심해 채굴의 그림자

시베드2030과 관련해 초반에 읽은 한 기사에서 생태학자들은 지도가 완성되면 해저가 심해 채굴용으로 개방되리라고 경고했다.[1] 이는 자연스러운 연결이다. 역사적으로 용감한 탐험가들은 지도에 없는 땅으로 내려가 아스트롤라베와 세오돌라이트 같은 관측기구를 끌고 주위를 살피며 좌표를 모았다. 의도했든 의도하지 않았든, 그들은 식민지 개척과 착취, 대규모 산업 개발이라는 다음 단계로 나아갈 수 있는 토대를 마련했다. 스티븐 홀은 저서 《다가올 새천년의 지도화 Mapping the Next Millennium》에 이렇게 썼다. "루이스와 클라크미국 대통령 토머스 제퍼슨의 지시로 대륙 중부를 횡단해 태평양 해안에 도달하는 길을 개척한 메리웨더 루이스와 윌리엄 클라크에게 뚜렷한 악의가 있었던 것이 아니다. 탐험가들이 영역을 도표화하여 지도로 만드는 것은 그 영역을 다르게 보는 이해관계, 즉 금광이든 목재든 인류 문화든 발견한 자원을 필연적으로 소비하고 고갈시키고 소멸시키는 이해관계에 그 영역을 개방하는 것

이다."[2]

세계의 땅이 모두 지도화되어 회전하는 위성의 감시를 받고 있는 지금, 이렇게 지도화가 잘된 세상은 우리를 어디로 이끌었는가? 오늘날 과학자들은 생물 다양성이 사라지고 원생 자연이 줄어드는 파괴 경로를 위성과 지도로 추적하고 있다. 최근 한 연구에서 바다에 남은 원생 자연을 조사했더니 아직 인간의 영향을 전혀 혹은 거의 받지 않은 원생은 세계 바다에서 단 13.2%(약 5000만 제곱킬로미터)뿐인 것으로 확인되었다. 해양 원생 자연 대부분은 남반구 남극해 같은 세계의 극한과 저 깊은 곳의 질퍽한 심해저 평원에 있다.[3] 그렇다 보니 시베드2030이 미완으로 남는다면, 더 많은 자원을 채취하려는 자본주의적 동기로부터 이 마지막 개척지를 보호할 수 있을지도 모른다는 생각이 든다.

심해는 세계에서 가장 잘 모르는 생태계라고 하지만, 이 분야의 최고 전문가들 대다수는 금속과 광물을 대규모로 채굴하면 이 서식지가 빠르게 회복하지 못할 것이라고, 어쩌면 아예 회복하지 못할 수도 있다는 데 의견을 같이하고 있다. 한 충격적인 보고서는 "채굴 대상이 되는 심해 생태계 대부분의 자연적인 회복 속도가 매우 느리다는 것을 고려하면 심해의 생물 다양성 손실은 불가피하며 인간의 시간으로 볼 때 손실은 '영구'하다고까지 할 수 있다"라는 결론을 냈다.[4] 1970년대와 1980년대에 태평양에서 일련의 채굴 실험을 실시하고 남은 갈퀴 자국은 여전히 해저에 새겨져 있으며 원상태로 회복한 동물 개체군은 거의 없다.[5]

심해 채굴업자들은 수십 년 동안 대서양, 태평양, 인도양을 탐사했는데 지금껏 관심이 가장 많이 쏠린 곳은 태평양 해저의 한 구역인 클라리온-클리퍼턴 해역Clarion-Clipperton Zone, CCZ이다. 하와이와 멕

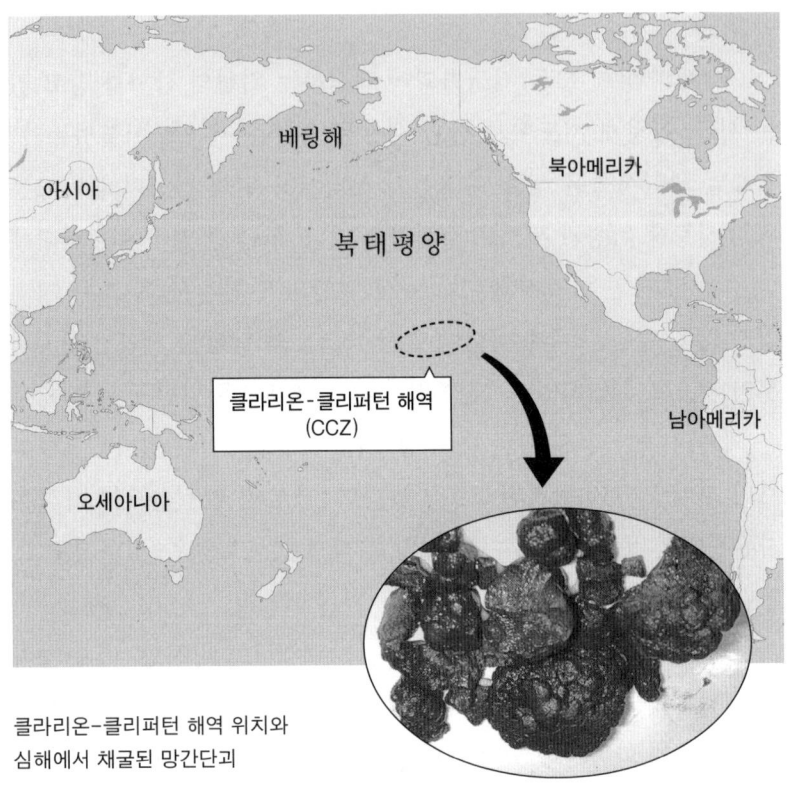

클라리온-클리퍼턴 해역
(CCZ)

베링해

아시아

북아메리카

북태평양

남아메리카

오세아니아

클라리온-클리퍼턴 해역 위치와
심해에서 채굴된 망간단괴

시코 사이에 있는 이 깊은 심해저 평원은 면적이 대략 유럽과 비슷하다. 제일 가능성 있는 채굴 시나리오는 무인 단괴 집광기를 배에서 조종해 심해 초원을 밭처럼 갈아 엎는 방식이다. 집광기는 탱크처럼 생겨 무한궤도로 굴러가는 거대한 중장비[6]로 그 아래의 생명체를 모조리 짓밟으면서 망간단괴를 추출한다.[7] 클라리온-클리퍼턴 해역에는 단괴가 널려 있는데 뭉쳐진 덩어리가 어찌나 빽빽하게 모여 있는지 바다 밑바닥이 런던 자갈길처럼 보일 정도다. 단괴에는 망간이 풍부하며 니켈, 코발트, 구리, 희토류까지 함유되어 있다.[8]

이 심해의 보물은 수중 세계의 시간이 얼마나 느리게 흐르는지를 보여주는 증거다. 단괴는 완두콩부터 감자까지 다양한 크기이며 속을 가르면 오래된 나무의 나이테 같은 층이 보인다. 울퉁불퉁하게 생긴 이 까만 돌은 사실 응결체로, 수백만 년 동안 바다에서 광물과 금속이 밀도 높게 축적된 것이다.[9] 그 중심에서 오래된 조개나 상어 이빨 조각이 보이기도 한다. 어쩌면 지금까지 살았던 상어 중 가장 거대한 상어, 2300만 년 전에 세계 바다를 유영했던 메갈로돈의 이빨일 수도 있다. 단괴는 단단한 중심부 주위로 100만 년에 2.5센티미터의 속도로 광물이 쌓인다.

내가 이 글을 쓰고 있는 2022년 후반에는 상업적인 심해 채굴이 아직 시작되지 않았지만, 변화는 아주 이른 시일 내에 닥칠지도 모른다. 2021년 6월 태평양 도서국 나우루의 대통령은 한 국가가 요청하면 2년 안에 채굴 규정을 신속히 심사하여 확정하게 하는 유엔 해양법협약의 모호한 조항을 발동했다.[10] 수십 년 간의 논쟁 끝에, 자메이카 킹스턴에서 열린 국제해저기구International Seabed Authority, ISA 정부 간 협상에서는 2023년 6월까지 광업규칙Mining Code 성안을 완료하는 것을 목표로 했다.[11] 그러나 참관인 다수는 너무 촉박하며, 불가능하지는 않더라도 무리한 일정이라고 여겼다. 코로나19 팬데믹 이전 마지막 국제해저기구 회의에서는 47개국을 대표하는 아프리카 지역그룹이 주요 의결 위원회의 지리적 다양성 문제라는 오랜 우려 사항이 해결되지 않으면 회의에서 빠지겠다고 엄포를 놓을 정도로 긴장이 고조되었다. 외교 세계에서 이는 총성이 울린 것과도 같았다.

시베드2030이 세계의 마지막 개척지로 향하는 보물 지도가 될까? 시베드2030에 반대하는 심해 생태학자들은 더 많은 데이터와 지식을 요구하며, 궁극적으로는 더 많은 관리를 요구하는 과학적 전통에도 비판적인 시각을 드러냈다. 지구를 보호하는 데 있어 자연은 그대로 두었을 때 가장 잘 회복한다는 사실이 여러 연구로 드러났다. 아예 개발하지 않는 것이 최선이다. 원생 보호 지역은 상호 연결된 생태계가 제 기능을 할 수 있도록 돕고, 지구 다른 곳에서는 찾아볼 수 없는 동물과 유전적 다양성이 높은 종을 보유하고 있다. 이런 요소는 복원하거나 관리한 생태계보다 더 탄력적으로 기후변화에 대응할 수 있는 기반을 제공한다.[12] 가령 노숙림인위적인 교란을 받은 적 없는 극상림은 옮겨 심은 단작농장보다 탄소를 더욱 잘 흡수하고 저장하며, 이차림기존 숲이 파괴된 뒤 재생된 숲도 자연적으로 회복했을 때 더 빠른 속도로 탄소를 격리한다.[13] 지도화되지 않은 미지의 심해는 원형을 간직한 세계 최대의 원생 자연 보호 지역이자 지구를 뒤흔드는 기후변화의 폭주를 막는 보루가 될지도 모른다.

매혹적인 꿈이었다. 하지만 나는 국제해저기구 도서관에 들어선 후 그 꿈이 얼마나 헛되었는지 깨달았다. 도서관에는 해저 지도가 가득했다. 정부 지원을 등에 업은 채굴 기업들은 이미 해저에서 가장 풍요로운 구역을 지도화하고 그곳에서 권리를 주장하고 있었다. 시베드2030의 해상도는 해저에서 새로운 광물 매장지를 정확히 찾아내기에는 너무 거칠었다. 더 나은 지도를 보유한 쪽은 시베드2030의 학계 지도 제작자가 아니라 채굴업자였다. 아무 서류 캐비닛이나 열어 특대형 지도책을 꺼내 펼쳐보니 남태평양의 해산들을 보여주는 면이 나왔다. 내 눈에도 익숙해진 3차원 무지개 해저 지형도로 면마다 새로운 해산이 자세히 표시되어 있었다. 각 지도 옆에는 망간, 철, 코발트, 니켈, 구리 수율로 해산의 광물 조성을 분석한 범례가 있었다. 일본 측량선이 그 지도를 만든 1980년대[14]에 세계 시장은 금속 공급 과잉 상태였고 해양 채굴 사업은 대부분 보류되었다.[15] 40년이 지난 지금은 금속 수요가 급격하게 변했다. 니켈, 코발트, 철, 구리 수요는 아이러니하게도 전기차, 풍력 터빈, 태양광 패널처럼 탄소 저감 기기의 부상 덕에 치솟고 있다.[16] 보물 지도가 이미 그려졌다면 아래층에 있는 정부 대표들이 이 실험적인 신규 산업에서 심해를 보호할 최선의 안을 내놓을 수도 있을 것이다.

정부 대표들은 심해 채굴 규제를 협상하려고 지난 25년간 국제해저기구에 모였으나 오늘날처럼 시급하게 논의가 진행된 적은 없었다. 심해에 대한 이해 부족과 심해의 거대한 규모 때문에 대다수는 이런 협상이 진행되고 있는지조차 모른다. "대중이 의견을 내지 않는 건 대다수가 심해 채굴이 무엇인지 모르기 때문입니다." 해양학자 제프리 드레이즌Jeffrey Drazen이 '딥시 팟캐스트'에서 앨런 제이미슨에게 말했다.[17] 드레이즌의 설명에 의하면 한 채굴 계약업체가 수익을 내려면 매년 300~600제곱킬로미터의 해저를 채굴해야 한다.[18] 클라리온-클리퍼턴 해역만 해도 17개의 계약업체가 탐광하고 있으며 계약 기간은 각 15년이다. 우리는 인류 역사상 최대 규모로 지구 표면을 변형하는 일을 시작하려 하며, 탐사를 마치기도 전에 해저를 훼손부터 하게 될 가능성이 무척이나 크다.


## '인류의 공동 유산' 해저를 보호할 수 있을까

제26회기 국제해저기구 회의가 열리는 일주일 내내 나는 그린피스 미국지부의 선임 해양 활동가 알로 헴필Arlo Hemphill 옆에 앉아 있었다. 그는 첫인상으로는 신경이 다소 예민한 사람 같았다. 앞에서 협상이 벌어지는데 고개를 거의 들지 않고 노트북을 맹렬한 속도로 두드렸다. 휴대전화를 진동 모드로 전환하기 전 그의 벨소리는 경찰차

사이렌 소리였다. 하지만 이런 국제회의에서 그린피스처럼 공격적인 역할을 맡게 된다면 나 역시 신경이 곤두설 것 같았다. "그린피스는 국제기구에서 전개되는 양상에 대하여 심각한 우려를 안고 국제해저기구 제26회기에 참석합니다." 헴필은 회의 초반에 자리에 모인 대표들을 향해 말했다. 그린피스가 요구하는 것은 다름 아닌 심해 채굴의 일시 중단이었으나[19] 당시에는 어떤 나라도 이에 동참하지 않았다. 환경 보호에 열을 올리는 코스타리카조차 아직은 일시 중단이라는 말을 꺼낼 준비가 되어 있지 않은 듯했다.* 헴필이 불안해 할 이유가 몇 가지 더 있었음은 그 주 후반에 알게 되었다.

자메이카의 코로나19 규제로 참석자가 100명도 안 되었던 제26회기는 다소 한산한 느낌이었다. 목재 패널로 마감된 자메이카 컨벤션센터 회의실은 뉴욕에서 열리는 유엔총회의 위엄을 재현한 곳이었다. 연단이 공간 중앙에 솟아 있었고 책상은 중요도 순으로 참석자가 배치되도록 부채꼴 형태로 퍼져 있었다. 나는 그린피스와 퓨자선기금, 심해관리이니셔티브에서 나온 다른 참관인들과 함께 뒤쪽에 자리를 잡았다. 옆에서 발휘할 수 있는 영향력에는 한계가 있다

---

* 2022년 칠레는 공해 해저 채굴의 15년간 일시 중단을 지지한 첫 번째 나라가 되었다. 이후 팔라우, 피지, 사모아, 프랑스, 스페인, 뉴질랜드, 캐나다, 독일, 코스타리카가 모두 해양 생물에 미치는 영향을 더 알기 전까지 심해 채굴을 금지하는 조치, 즉 일시 중단 혹은 '예방적 중지'를 지지하고 나섰다. 다음을 보라. 심해보존연합, https://deep-sea-conservation.org/solutions/no-deep-sea-mining/momentum-for-a-moratorium/governments-and-parliamentarians/; 엘리자베스 클레어 앨버츠, 〈1년 뒤 심해 채굴 개시 가능성, 시공 일시 중단 요구〉, 《몽가베이》, 2022년 6월 30일, https://news.mongabay.com/2022/06/a-year-before-deep-sea-mining-could-begin-calls-for-a-moratorium-build/; 캐런 맥베이, 〈필수 규제 확정 위한 전 세계적 속도전 중 심해 채굴 둘러싸고 의견 대립 폭발〉, 《가디언》, 2023년 3월 21일, https://www.theguardian.com/environment/2023/mar/21/row-erupts-over-deep-sea-mining-as-world-races-to-finalise-vital-regulations; 〈캐나다, 해양 보존 세계 회의에서 심해 채굴 일시 중단 선언〉, 《캐나다스 내셔널 업저버》, 2023년 2월 9일, https://www.nationalobserver.com/2023/02/09/news/canada-declares-moratorium-deep-sea-mining-global-conservation-summit

고, 퓨자선기금에서 온 참관인이 말했다. 가장 중요한 것은 반대 의견을 기록으로 남기는 것이다.

의장이 의사봉을 두드려 제26회기를 시작하자 참석자들은 통역기를 귀에 꽂고 좌석 아래의 다이얼을 돌려 알맞은 언어를 찾았다. 스페인어와 프랑스어도 쓰였으나 사람들 사이의 공용어는 영어였다. 격식을 한껏 차린 존칭과 난해한 법률 용어가 잔뜩 들어간 영어였지만 말이다. "유엔해양법협약 부속서 3 제6조 규정 21 제3항에 입각해" 같은 말이 나오면 나는 부랴부랴 국제해저기구 웹사이트에 들어가 해당 문서를 다운로드해야 했다. 내가 6~10장쯤 되는 문서를 다 훑으면 협상은 이미 다음으로 넘어가 있었다.

국제해저기구 사무총장 마이클 로지Michael Lodge가 연단 중앙에 앉았다. 그는 국제해저기구 임기 내내 채굴에 찬성했고, 한 심해 채굴업체 홍보 영상에 회사 로고가 전면에 새겨진 안전모를 쓰고 출연하기도 했다.[20] 모두 발언에서 로지는 각국에 해저 채굴권을 부여할 것을 국제해저기구 이사회에 촉구했으며 그렇지 않으면 국제해저기구는 심해 채굴업 감독관으로서의 책무를 다하지 못한 것이 된다고 말했다. 국제해저기구가 갖는 이중 책무의 두 번째 부분은 짤막하게만 언급했다. 유엔해양법협약에 따라 세워진 국제해저기구의 책무는 모든 인류를 위해 공해 해저 자원을 개발하는 것 그리고 그 개발로 환경이 훼손되지 않도록 보장하는 것이다.[21] 그러나 2018년 세계자연보전연맹IUCN 심해 채굴에 관한 보고서의 필진은 상업 목적의 심해 채굴이 점차 현실로 다가올수록 "심해 개발을 촉진하는 기구가 그곳의 환경을 보호하는 규칙까지 제정하는 것이 과연 바람직한지 의문을 품는 사람과 정부가 늘고 있다"[22]고 썼다. 비평가들 역시 국제해저기구에서는 이해관계의 충돌이 노골적으로 나타난다고 지적

했다. 채굴 규제 기관이면서 채굴 로열티에 의존해 운영되고 있지 않은가.[23]

대표단이 본론으로 들어가자 이번 회기에서 해저 채굴 규제라는 핵심 의제가 거의 다뤄지지 않으리란 것이 이내 분명해졌다. 해저가 언급되기나 할까 싶었다. 에어컨 바람을 쐬며 컴퓨터와 휴대전화를 타닥거리는 변호사와 정책 전문가가 가득한 회의실에서 협상은 예측 가능한 방식으로 전개되었다. 발언하고자 하는 대표는 자리 앞쪽에 자국의 명패를 90도로 세워놓았다. 의장은 내부를 둘러보고 대표들에게 차례대로 발언 기회를 부여했다. "독일 대표님, 말씀하십시오." 그러면 해당 대표의 마이크에 빨간색 불이 들어오고, 대표가 준비해 온 발언문을 읽은 후 회의가 계속 진행되었다. 발언은 보통 2분에서 5분 정도 이어졌고 '똥 샌드위치'좋지 않은 본론을 듣기 좋은 말들 사이에 배치하기 방식을 따랐다. 대표자는 총장의 연임을 축하하거나 회의를 주최한 자메이카에 감사를 전하는 등 형식적인 인사말로 시작했다. 이제 똥이 나올 차례다. 그 나라의 입장을 드러내는 날카로운 견해와 비판, 제언이 나왔다. 그런 다음 축하나 치하로 마무리되었다. 세계적인 팬데믹이라는 혼란을 겪으며 공중 보건 규칙이 공공연히 무시되는 3년을 보냈더니 요즘은 규칙을 지키는 것이 좋았다. 그러나 이 회의는 바다에서 일하는 험난한 현실과 우스꽝스러울 정도로 동떨어져 있었다.

바다에는 범죄를 감시하고 신고하는 사람이 거의 없고 그래서 더 많은 범죄가 처벌받지 않고 자행된다. 해양 전문 기자 이언 어비나Ian Urbina는 "육지에서는 수 세기에 걸친 세심한 말 다듬기, 치열한 관할권 싸움, 강건한 집행 체제로 법치가 강화되고 견고하지만 바다에서는 유동적이며 아예 없을 수도 있다"라고 썼다.[24] 비료는 유출되어 바다로 스며든다. 플라스틱으로 잔뜩 오염된 쓰레기더미는 육지와 멀리 떨어진 곳까지 밀려온다. 저인망 어선은 해저를 긁어내어 서식지를 파괴하고 고갈된 어족 자원을 남획한다. 어업인이 규정을 따르는지 감시하는 수산 옵서버는 의문의 죽음을 당하거나 실종된다.[25] 이 혼탁한 바다에 실험적인 신규 산업이 진입하는 것은 해양 환경에 불길한 전조다. 심해 채굴은 육지와 멀리 떨어진 어둠 속, 옵서버도 거의 없는 환경에서 이루어질 것이다. 피해 정도를 모니터링하기 위해 허큘리스호 같은 원격 무인 잠수정을 투입할 수도 있겠지만 아마 그렇게 하지 않을 것이다. 한다고 해도 필요한 규모에는 못 미칠 것이다. 예정된 광구는 방대하며 원격 무인 잠수정은 엄두가 안 날 정도로 비싸고 기술적으로도 조작이 까다롭다. 회의 첫날 칠레 대표단은 채굴 운용사가 환경 규정을 제대로 준수하는지 감사를 해야 한다고 제안했다. 좋은 의견이었으나 그 후 다시 제기되는 것은 끝까지 듣지 못했다.

국제해저기구에서 발언하는 헴필의 말은 대표단의 원만한 외교적 어조에 비하면 몽둥이처럼 내리꽂혔다. 나우루의 제안으로 촉발된 2년 시한을 맞추기 위한 일정을 논의하는 데 시간을 거의 다 쏟아부은 둘째 날이 마무리되어 갈 무렵, 마침내 참관인에게도 발언 기회가 주어져 흔히 '개입'으로 통하는 성명서를 낭독할 수 있었다. 헴필은 그린피스의 개입 발표문을 읽었다. "지난 6월 나우루에 의해 2년 시한의 규칙이 발동되면서, 국제해저기구는 인류의 공동 유산인 해저를 비롯한 해양 환경을 보호해야 할 최우선적인 법적 의무가 있음에도 불구하고 심해 채굴에 돌입할 우려가 생겼습니다."[26]

'인류의 공동 유산'이라는 거창한 어구는 헴필이 생각해 낸 것이 아니다. 이 어구는 유엔해양법협약의 기틀을 다진 유명한 연설에서 나왔고 공해를 관리하는 국제 협약에 들어가 있다. 1967년 유엔의 몰타 대표 아르비드 파르도Arvid Pardo가 뉴욕 유엔총회에서 발언대에 올라 세계 해양 자원을 주제로 장장 세 시간짜리 연설을 펼쳤다.[27] 그는 해저를 점차 군사화하고 해산에 핵무기를 배치하는 문제를 논했고[28] 양식업이 부상하고 세계에 식량을 공급할 양식 기술을 익히는 과학자들에 대해 상술했다. 지금 보기에는 지나간 이야기지만 1조 톤이 넘는 희귀금속이 해저에 매장되어 있을 것으로 추정한 논문을 인용했다.[29] 그의 요지는 더 이상 17세기 네덜란드 법률가가 고안한 법적 개념인 '공해의 자유'에 이 모든 자원을 맡겨둬서는 안 된다는 것이었다.[30] 현 상황이 이어진다면 부국은 더욱 부유해지고 빈국은 더욱 빈곤해지리라고 그는 경고했다. 또 한 차례 자원 쟁탈전이 펼쳐질 것이라며, 지난 세기의 전환기에 아프리카를 향했던 식민지 쟁탈전을 이번에는 무대만 바다 밑바닥으로 바꾸어 되풀이하는 격이라고 지적했다.[31]

파르도는 1967년 연설에서 유엔이 지금 행동에 나서서 공해 해저에 '인류의 공동 유산'이라는 법적 지위를 부여한다면, 자원 반출이 시작되기 전에 국제기구가 이를 통제할 수 있을 거라고 했다. 그는 수년 후 여러 인터뷰에서 말했다. "저는 이것이 미래로 가는 일종의 다리 역할을 할 수 있고, 후대를 위해 우리 지구를 보존한다는 사명하에 세계 공동체가 통합될 수 있으리라 생각했습니다."[32] 해저를 채굴할 돈과 과학과 기술을 보유한 부유한 국가는 파르도의 제안에 큰 관심을 보이지 않았다.[33] 그러나 이 연설은 최근 독립을 쟁취한 아프리카의 많은 개발도상국, 그리고 서구에서 선호하는 자본주의적 무한 경쟁이 아닌 사회주의적 접근을 선호하는 소련과 동유럽 국가에 큰 반향을 일으켰다.[34]

파르도의 연설은 이후 10년 동안 이어진 협상의 불씨가 되었고 그 결과가 바로 유엔해양법협약이다.[35] 공해 관리 협상에 착수한 대표들은 당시의 최신 과학에 기반해 입장을 정하려 했으나, 해저 생물에 관해서라면 과학은 정립되지 않은 것이나 다름없었다.

수 세기 동안 전문가들은 애당초 바다 밑바닥에 생명이 존재할 수 있냐는 문제로 갑론을박했다. 빅토리아시대의 해양 전문가들은 수심이 300패덤(약 550미터)을 넘어가면 아무것도 살 수 없다고 본 무생론을 따랐다.[36] 어부와 포경업자들이 300패덤을 한참 넘어선 깊이에서 생물을 낚아 올렸다는 것을 박물학자들이 받아들이는 데에는 수년이 걸렸다.[37] 1960년, 두 사람이 바티스카프라는 이름의 어색하게 생긴 잠수정을 타고 마리아나 해구 밑바닥에 최초로 도달했다. 수심 1만 916미터에 내려갔을 때 한 명이 관측창에서 가자미가 스치는 것을 봤다고 보고했다. 역사적인 잠수를 둘러싼 언론의 호들갑 속에서 이 목격담은 더 이상 깊을 수 없는 바다에도 생명체가 존재한다는 증거가 되었다. 몇 년 지나지 않아 전문가들이 이 목격담에 의문을 제기했다. 오늘날 생물학자 대다수는 그것이 어류가 아닐 가능성이 높다는 데 의견을 모으고 있다. 어류는 8500미터 이상의 수심에서는 생리적으로 생존할 수 없다는 새로운 가설 때문이다.[38]

그런데 1977년 로버트 밸러드와 그의 회사가 갈라파고스 인근 태평양 열수분출공에서 풍성한 심해 동물 군락을 발견하고 그곳에 에덴동산이라는 이름을 붙였다. 20세기의 위대한 업적으로 인정받는 이 발견은 지구 생명체에 관해 인간이 알고 있던 모든 것을 뒤엎었다.[39] 완전히 새로운 화학합성의 세계가, 햇빛이 조금도 필요하지 않은 별개의 수중 생태계가 눈앞에 나타난 것이다. 지리학과 교수이자 더럼 대학교 국경연구센터 IBRU 소장인 필립 스타인버그Philip

Steinberg가 내게 한 말을 빌리면, 1970년대에 "유엔해양법협약을 협의할 때는 어느 누구도 상상하지 못한 것"이었다.

채굴업자들이 심해에서 노리는 영역은 세 곳이다. 해산, 심해저 평원, 그리고 해저융기부와 단열대를 따라 형성된 열수분출공이다. 해산과 열수분출공의 경우 심해 채굴업자는 분출공을 갈아 무너뜨리고 해산 꼭대기를 깎아낼 것이다. 둘 다 광물이 껍데기처럼 붙어 있는 곳이다. 심해저 평원에서는 무한궤도가 장착된 탱크 같은 장비를 보내 해저를 가르거나, 흔히 감자로 비유되는 질퍽한 해저 위에 널리 퍼진 망간단괴를 빨아들이려 한다.*

에덴동산이 발견된 이후 심해 과학자들은 세 영역이 하나같이 풍부하고 다양한 해양 생물의 보금자리임을 보여주는 증거를 계속해서 밝혀내고 있다. 열수분출공에서는 화합물이 다량 함유되어 관벌레와 새우 그리고 알려지지 않은 다양한 생물종을 먹여 살리는 물이 샘솟는다. 이 분출공 혹은 이와 아주 유사한 환경에서 지구 최초의 생명이 탄생했을 가능성이 농후하다. 해산은 육지와 멀리 떨어진 곳에서 먹이 활동지와 산란지 역할을 하는 생물 다양성의 핫플레이스다.[40] 망간단괴는 심해 대평원 생태계가 구축되는 단단한 기반이다.[41]

유엔해양법협약이 비준 대상이 된 1982년, 협약의 아버지로 알려진 아르비드 파르도는 후손들에게 실망할 대로 실망한 상태였다.[42] "세계에서 조인된 어느 협약도 이 정도로 불평등하지는 않을 것이다"라고 넌더리를 낸 것이 1981년이었다. 유엔해양법협약 초안

---

* 광산업계에서는 열수분출공의 금속 광상鑛床, 유용한 광물이 많이 묻혀 있는 부분을 '해저 거대 황화물 seafloor massive sulfides' 또는 '다금속 황화물polymetallic sulfides'이라 하며, 해산에 있는 것은 '고 코발트 철망간각cobalt-rich ferromanganese crusts' 또는 '다금속각polymetallic crusts'이라 부른다.

작성에는 미국이 핵심적인 역할을 했는데 파르도는 접근성이 가장 좋은 수중 구역을 부유한 국가에 할당하는 식으로 협약이 부국의 이익에 맞춰졌다고 봤다.[43] 미국은 마지막 순간에 협약 서명을 철회했다. '인류의 공동 유산'이라는 '사회주의적' 어구, 그리고 심해 채굴이 이루어졌을 때 그 어구가 지니게 될 의미가 주된 이유였다. 미국은 다른 국가들도 같은 입장을 취하도록 설득했다.[44] 유엔해양법협약은 답보 상태에 머물러 있다가 1994년 선진국들의 요구를 수용하는 방향으로 여러 차례 수정된 끝에 비준에 필요한 서명을 모을 수 있었다. 미국은 이때도 조인을 거부했고 지금까지도 서명하지 않고 있다.[45]

파르도가 처음 내놓은 어구는 최종 개정안에서도 살아남았고, 해저는 누구의 소유도 아니며 국제해저기구가 관리하는 국제 공유지로서의 법적 지위는 그대로 유지되었다. '인류의 공동 유산'은 이제 다른 공유지인 남극과 달, 심지어는 인간 게놈에까지 적용되는 법적 틀이 되었다. 그러나 심해 채굴에서 '인류의 공동 유산'이 지니는 정확한 의미는 질문 상대에 따라 달라진다. 킬 대학교 정치학 교수 알레타 몬드레Aletta Mondré는 이렇게 말했다. "서구와 북부 국가는 그 말을 '먼저 도착하는 사람이 차지한다'는 의미로 씁니다. 글로벌 사우스는 '우리 모두의 것이며, 누가 먼저 도착하든 공유해야 한다'는 의미로 썼죠. 그게 현실에서 어떤 의미인지 우리는 모릅니다."


## 생명의 바다, 기후변화 저항의 보루

역사의 변곡점에서는 탐험과 착취의 대상으로 무르익은 공백이 지도에 나타난다.[46] 메탈스컴퍼니Metals Company 직원에게 태평양의 클라리온-클리퍼턴 해역이 어떤 곳이냐고 물으면 아마 지도에 있는 또 하나의 공백이라는 말이 나올 것이다. 이 회사 CEO 제러드 배런Gerard Barron은 "그곳 풍경은 상당히 황량합니다. 지구상 최대의 사막이에요. 어쩌다 물속에 있을 뿐이죠"라는 말을 표현만 바꿔가며 인터뷰에서 수없이 반복했다.[47] 메탈스컴퍼니는 오늘날 공해 해저에서 탐광하는 22개 채굴업체 중 3개 업체의 배후에 있다. 배런은 언론 인터뷰에 종종 망간단괴를 챙겨 다니며 이를 "돌멩이 속에 들어 있는 배터리"로 표현한다.[48] 내가 보기에 배런이 제시하는 선택지는 명확하다. 지구를 살리고 싶다면, 또 우리가 살고 싶다면 바다 밑바닥의 황량한 사막만 희생하면 된다는 것이다.

탐험과 착취를 부추기는 지도상 공백의 가장 유명한 사례는 유럽 식민 지배 이전에 아메리카 대륙이 텅 비어 있었다는 오래된 신화일 것이다. 콜럼버스가 카리브해에서 아메리카 대륙을 처음 발견한 당시 이미 5000만~7000만 명이 살고 있었는데도 초창기 지도에는 사람이 살지 않는 야생으로 그려지기 일쑤였다.[49] 대영제국의 힘이 절정에 달했을 때 쓰인 조지프 콘래드Joseph Conrad의 중편 소설 《어둠의 심연Heart of Darkness》에도 유명한 사례가 나온다. "그 당시 지구에는 공백이 많았고, 나는 지도에서 유독 마음이 가는 공백을 보면 (사실 다 그렇게 보였다만) 손가락을 대고 말했어. 나중에 크면 저기에 가겠다고." 콩고강을 따라 무시무시한 여정을 떠나게 되는 불운한 식민지 개척자 말로의 말이다.

나 역시 어릴 적 돌아가는 지구본을 손으로 훑으며 머나먼 곳의 생활은 어떨지 상상하고는 했다. 내 기억으로는 순수하고 재미난 놀이였다. 키가 작아 조리대나 식탁도 내려다볼 수 없는 어린이에게 지도는 신의 시선으로 온 세상을 굽어보는 희열을 선사한다. 그러나 지

클라리온-클리퍼턴 해역의 망간단괴 위에서 발견된 해삼(왼쪽)과 캐스퍼문어

도 역사 연구가 J. 브라이언 할리는 공백에 끌리는 말로에게서 어두운 면을 본다. 그의 글이다. "이러한 관점에서 세계는 영국인이 언제든 점령할 수 있는 공백으로 가득하다."[50] 새로운 개척지의 지도에는 항상 탐험과 착취 사이의 갈등이 자리 잡고 있다. 진정으로 비어 있는 공백은 결코 없지만, 직접 경험하지 않은 진공 상태를 사람들은 자신의 야심에 가장 도움이 되는 이야기로 채운다.

태평양의 클라리온-클리퍼턴 해역이 얼핏 공백 같을 수는 있다. 화성이나 달에서 볼 법한 텅 빈 풍경처럼 보이기도 한다. 그러나 과학자들은 이곳이 눈부신 생물 다양성의 보금자리임을 알아가고 있다. 자메이카에서 국제해저기구의 협상이 펼쳐지는 동안 내 옆자리에 앉았던 심해생물학자 파트리시아 이스케트Patricia Esquete는 클라리온-클리퍼턴 해역으로 세 차례 조사 항해를 나간 적이 있다. 그곳에서 조개, 달팽이, 새우, 벌레, 갑각류 등 맨눈으로 볼 수 있는 작은 무척추동물 위주로 심해의 대형동물macrofauna, 육안으로 볼 수 있는 크기의 동물을 연구했다. 생태계를 파악하고자 상자형 채니기라는 강철 상자를 바다 밑바닥까지 내리면 상자가 해저면을 네모반듯하게 뚫는다. 그런 다음 상자를 다시 끌어 올리면 그 안에 동물들이 고스란히 보존되어 있다.

과학자들은 클라리온-클리퍼턴 해역에만 존재하는 고유한 생물종이 수천 종에 이를 수도 있다고 본다. 이스케트가 조우한 동물 상당수는 과학적으로 설명되지 않은 것으로, 전체 광구의 1%도 안 되는 구역에서 채취된 것이었다. 비교적 몸집이 큰 동물의 절반 가까이는 부드러운 퇴적물 위에서 망간단괴에 의지하여 견고한 서식지를 유지하고 있다.[51] 2016년에 발견된 유령처럼 하얀 캐스퍼문어는 단괴에서 자라는 해면 위에 알을 낳는다.[52] 단괴의 균열과 구멍 안에는 선충[53]과 완보동물 등 더 작은 동물이 산다. 완보동물은 다른 세계에서 온 것 같은 사랑스러운 생김새 때문에 '물곰'으로도 알려져 있다. 이스케트가 설명했다. "간단히 말해 단괴를 없애면 이 생태계도 사라지는 겁니다." 문제는 단순히 미지의 생태계를 훼손하는 데 그치지 않는다고도 힘주어 말했다. "윤리를 빼고 말해도 채굴하지 말아야 할 타당한 이유는 여럿이에요."

퇴적물 플룸은 심해 채굴을 둘러싼 환경 문제 중에서도 특히 중대한 사안이다. 단괴 집광기가 해저를 긁고 광물 찌꺼기가 바다에 도로 내뿜어질 때 피어오르는 플룸은 채굴 구역에서 수백 킬로미터 떨어진 곳까지 이동할 수 있다.[54] (심해 채굴업자들은 고작 10킬로미터 정도라고 말한다.[55]) 바다에는 소용돌이치는 플룸을 막을 물리적 경계가 없다. 나는 예전 노틸러스호에 탑승했을 때 원격 무인 잠수정 허큘리스호가 샌타바버라 해저분지 밑바닥에서 분가루처럼 고운 퇴적물 위를 쌩하니 지나가자 먼지 흔적이 길게 올라오는 장면을 본 적이 있다. 그 장면 덕에 길이 15미터[56]에 무게 25톤[57]에 달하는 단괴 집광기가 심해의 로봇청소기처럼 해저에서 망간단괴를 흡입하면서

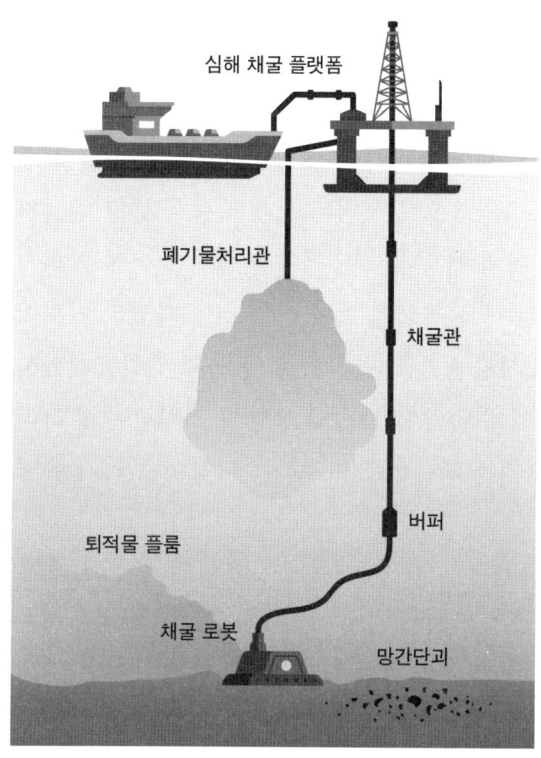

심해 채굴 플랫폼

폐기물처리관

채굴관

버퍼

퇴적물 플룸

채굴 로봇

망간단괴

심해 채굴이 일으키는
퇴적물 플룸은 해저
생태계에 큰 위협이다.
기계의 빛과 소음 역시
위협 요소이다.

일으킬 수중 모래 폭풍을 쉽게 상상할 수 있었다. (다른 단괴 집광기
는 일렬로 붙은 금속 이빨로 해저를 몇 센티미터씩 파고 나가면서 단괴
를 추출하는 디자인이다.) 슬러리광물 입자가 포함된 고체와 액체의 혼합물를 수
상정으로 퍼 올리고 단괴를 캐어낸 다음 불필요한 찌꺼기는 배출관
을 통해 다시 바다로 내려보낸다. 채굴 현장이나 그보다 높은 수심
100미터쯤에 있는 물기둥에 방출될 것이다.[58] 이 과정에서 파쇄된
광석은 독성이 있을 수 있는 금속을 방출하며 바다로 버려질 것이다.
그 먼지가 어디에 가라앉든 그곳에 살고 있던 심해 동물에게 피해를
줄 가능성은 매우 크다. 이 퇴적물로 인해 물기둥 안을 떠다니는 섬

세한 심해 문어와 고사머벌레는 기운을 잃을 것이다. 여과 섭식을 하는 해면과 해파리, 조개의 부속기관이 막힐 것이다. 발광 동물이 먹이를 확보하고 의사소통하기 위해 사용하는 빛을 흡수할 것이다.[59] 고래상어, 장수거북, 바닷새도 클라리온-클리퍼턴 해역의 대규모 채굴 예정지를 통과한다. 중금속으로 오염된 모래 폭풍을 뚫고 헤엄치는 것이 거북이나 다랑어의 건강에 어떤 영향을 줄지는 아직 밝혀지지 않았다. 큰 동물은 더 작은 동물을 먹이 삼는 것이 자연의 이치이니 광업 폐기물은 먹이 사슬을 타고 올라와 큰 동물과 인간에게까지 전해질 수 있다.[60] 전 세계 다랑어 자원의 절반이 서식하는 클라리온-클리퍼턴 해역 주변에는 대규모로 이주하는 다랑어 무리가 유영하고 있다.[61]

심해 채굴로 클라리온-클리퍼턴 해역에 방출될 수 있는 퇴적물 플룸이 인간에게 어떻게 느껴질지 상상할 때 나는 1930년대에 더스트볼dust bowl을 겪은 농민 사회를 떠올린다. 공격적인 농법으로 평원의 표토를 거덜낸 것이 원인이었던 이 종말과도 같은 모래 폭풍은 오클라호마부터 서스캐처원에 이르는 농촌 마을의 삶을 깡그리 앗아갔다.[62] 유리의 구성 성분인 규소가 풍부한 미세한 실트는 사람과 가축을 죽이고 작황과 생활을 파괴했으며 캘리포니아로 향하는 '오키'1930년대 오클라호마에서 서부로 이주한 농민의 대이동을 촉발했다. 산처럼 높고 넓은 거대한 규모로 치솟은 모래 폭풍은 평원을 휩쓸며 전진했고 태양을 가리고 마을을 몇 시간씩, 때로는 며칠씩 어둠 속에 몰아넣었다. 생존자 다수는 이 모래 폭풍을 임박한 지구 종말의 전조로 알았다고 회고했다. 사실 많은 사람에게 실제로 그랬다. 폭풍이 지나간 자리에는 폐허만 남았으니까.[63] 해저 퇴적물 플룸은 이런 모래 폭풍보다도 더 끔찍할 수 있다. 해양학자 제프리 드레이즌은 퇴적물 플

1930년대 모래 폭풍, 더스트볼. 심해 채굴로 인한 해저 퇴적물 플룸의 위력을 간접적으로 알 수 있다.

룸이 일면 바닷물이 몇 년씩 흙탕물 상태가 될 수도 있음을 발견했다. "확실히 바다라서 우려가 더 큽니다. 대기와 비교하면 바닷물에서는 부유 입자가 훨씬 느리게 가라앉거든요."[64] 그 와중에 이 연약한 군락의 기반을 이루는 단괴도 떨어져 나간다.

산업 기계가 들어가면 수십억 년 동안 어둡고 고요했던 생태계에 빛과 소음까지 더해진다. 수중 기계에서 깜박이는 불빛은 어둠 속 생활에 익숙한 심해 동물을 혼란에 빠뜨릴 것이다. 채굴 탱크를 수면 위 배와 연결하는 파이프에서 단괴가 달그락거리는 소음은 고요한 물속을 뚫고 울려서, 앞을 보지 못하고 소리로 길을 찾고 사냥하는 생물의 방향 감각을 흐트러뜨릴 가능성이 있다.[65]

메탈스컴퍼니는 흔히 석유 및 가스 산업을 대신할 기후 친화적인 대안으로 자신을 포지셔닝한다. 제러드 배런은 2021년 한 청정 기술 잡지에서 말했다. "저는 추출 산업에 영원한 종지부를 찍는 방향으로 무조건 나아가야 한다고 생각합니다. …(심해 채굴을 비판하는 비정부 단체는) 제일 큰 위협이 무엇인지 무시하는 것 같습니다만, 문제는 지구온난화와 (이산화탄소) 배출입니다."[66] 이런 주장은 심해를 채굴할 때 생길 수 있는 기후 위험을 고려하면 힘을 잃는다. 산업 시대 이래 세계의 바다는 기후변화로 발생한 열의 대부분을 격리해 왔다. (최근 NASA 보고에 따르면 2022년은 기록된 역사상 바다가 가장 뜨거웠던 해다.) 바다는 이미 열기를 처리하느라 고전하는 와중에 산성화, 탈산소화, 오염, 남획 등 인간이 초래한 다른 부담의 맹공에도 시달리고 있다.[67] 심해는 탄소 흡수원이라는 중요한 역할을 하는 곳이며 수천 년 동안 동물 사체가 가라앉아 퇴적물에 안치되어 왔다. 또한 심해는 생태계 내 탄소 순환에서 잘 알려지지 않은 작용을 하는 미생물 군집의 보금자리기도 하다.[68] 해저의 넓은 구역들이 장기간에 걸쳐 채굴되면 기후변화를 완화하는 데도 심각한 영향이 갈 수 있다.[69] 2022년 해양 전문가 30명은 심해 채굴의 알려지지 않은 영향에 대해 우려를 표하는 논문을 발표했다. 기후 시나리오의 변화와 대규모 채굴 작업이 피해를 기하급수적으로 심화시킬 수 있다고 지적했다.[70]

단순히 말해, 국제 사회가 탄소 배출량을 줄이기 위해 고군분투하고 있는 이 아슬아슬한 시기에 탄소를 격리하고 순환시키는 바다가 힘을 잃거나 약화된다면 기후 혼란으로 치달을 위험을 각오해야 할 것이다.

심해 채굴은 자원 추출을 멈추고 순환 경제를 유지하는 것이 아니라 추출 형태만 바꾸는 모양새다. 메탈스컴퍼니는 스위스의 파트너사 올시즈와 함께 브라질 석유회사 페트로브라스 소유였던 초대형 시추선을 단괴 집광기로 한창 개조하는 중이다.[71] 해양 석유 및 가스 산업에서 개발한 기술과 사업 절차 일부는 그대로 심해 채굴에 이식될 것이다.[72] 채굴선은 장기 운항으로 먼 현장을 오가고 태평양 한복판에서 대대적으로 자원을 추출하는 동안 중유를 연료로 쓸 것이다.[73] 상업적 채굴이 아직 시작되지 않았기에 심해 채굴로 생길 배출량이 얼마나 될지 정확히 말할 수 있는 사람은 없다. 그러나 태평양에서 망간단괴 300만 드라이톤재료의 건조 무게을 산출하는 가상의 작업을 수행했을 때 이산화탄소는 최대 48만 2000톤이 배출되는 것으로 나왔다.[74] 이는 미국에서 5만 5079가구가 1년 동안 에너지를 소비할 때 생기는 배출량과 같다.[75]

이 실험적인 신생 업계에서 거둘 수 있다는 이익은 그만한 가치가 있어 보이지 않는다. 2020년 국제동식물보전협회FFI는 심해 채굴의 가치를 연 20억 달러 정도로 추산했지만, 이는 인근 태평양 도서국의 소규모 어업에 훨씬 더 큰 타격을 줄 수 있다. 작은 도서국에서 영세 어업은 주요 일자리를 창출하는 분야이며 이곳에서 소비되는 단백질의 최대 90%를 공급한다. 또한 어업은 태평양 도서국 문화에서 대체 불가능한 요소이기도 하다. 파푸아뉴기니에 늘어선 해안 마을 주민에게는 상어를 사냥하기에 앞서 상어에게 노래를 불러주는 '상어 부르기' 풍습이 있다. 지역 원로들은 이곳 바다에서 장비를 시험한 심해 채굴 작업으로 인해 상어가 겁을 먹고 떠났으며 주민을 바다와 맺어주던 풍습이 위태로워졌다고 비난한다.[76]

아직 제대로 궤도에 오르지도 못한 심해 산업이 채굴 때문에 탈선할 위험도 있다. 2025년이면 그 가치가 64억 달러에 이를 것으로 추산되는 해양생명공학 시장이 그 예다. 지금껏 만들어진 약 중 특히 유명하고 유익한 항바이러스제로 1987년 출시된 최초의 HIV 치료제는 크립토테티아 크립타Cryptotethia crypta라는 해면 내부에서 발견되는 두 가지 화합물에서 나온다.[77] 내가 사는 샌디에이고에서는 북쪽 로스앤젤레스로 이어지는 주간고속도로 제5호선을 따라 생명공학 기업들이 잡초처럼 움트고 있다. 신약에 들어가는 해양 유래 화합물 대부분은 채집이 가장 용이한 산호와 해면동물에서 추출된다. 2020년에는 해양 산물에서 얻은 의약품 6종이 이미 승인되었고, 28종이 추가로 임상 시험 중이며[78] 더 많은 약이 줄기차게 개발되고 있다. (제약회사들은 해양 유래 화합물을 합성으로 만들 수 있게 되어야만 신약 생산에 투자하므로, 대량 생산에 야생 동물이 필요한 것은 아니다.[79]) 심해 육방해면에서 얻은 어떤 화합물은 MRSA라고도 하는 악착같은 슈퍼 세균, 메티실린 내성 황색포도상구균 퇴치에 도움이 될 수 있다.[80] 세계보건기구는 항생제 내성을 세계 공중 보건의 10대 위협 중하나로 지정했다. 최근의 코로나19 팬데믹과 항생제 내성 슈퍼 세균의 급증을 생각하면 전 세계는 여기에 맞설 신약이 절실히 필요하다.[81] 생명공학업계는 가축의 메탄 배출량 감축에 홍조류를 사용하고 주식 작물에 영양소를 첨가하는 등 전 세계가 직면한 난관을 타개할 새로운 해양 유래 제품을 다양하게 실험하는 중이다.[82]

미발견 생물종과 북적이는 생물 다양성, 그리고 신구를 막론한 해양 활동의 경제·문화적 가치를 고려하면, 메탈스컴퍼니의 주장과는 달리 심해저 평원이 황량한 사막이 아니란 사실은 분명하다. 그러나 제일 중요한 문제는 해저가 텅 비어 보일 때가 많다는 것이다. 우리는 바다를 그렇게 보도록 세계 지도로 훈련되어 왔다. 전통적인 세계 지도에서 이곳은 파란색이 납작하게 칠해져 있을 뿐이라, 눈은 육지를 찾아 지구 최대의 '공백'인 바다를 건너뛰게 된다. 해저는 텅 비었고 생명체도 없어 탐사할 가치가 없다는 신화는 이렇게 강화된다.

심해 채굴 옹호론자는 추출을 잠시 중단하고 먼저 심해 서식지에 대한 데이터부터 수집하기를 바라는 파트리시아 이스케트 같은 과학자의 우려를 종종 외면한다. 과학자는 허구한 날 더 많은 데이터를 원한다며, 과학은 원래 그렇다고 채굴 옹호론자는 말한다. 심해를 얼마나 잘 알아야 채굴을 시작할 수 있을까? 그 정도면 충분히 안다는 판단은 누가 할까? 내가 이런 질문을 하자 이스케트는 대답하지 못했다. 그러나 과학에서 한 가지는 이미 분명하다고 말했다. "많은 것을 잃을 겁니다." 이스케트가 가장 열띠게 반대하는 사항이자 포르투갈에서 자메이카까지 와서 국제해저기구 회의에서 해저 채굴을 규탄하는 성명서를 연달아 낭독한 이유는 나우루가 개시한 2년의 시한 때문이다. 그 시한은 어떻게 봐도 너무 이르다고 이스케트는 말했다.

## 부국과 빈국, 과학자와 채굴업자의 불편한 동거

회의 마지막 날의 협상은 참관인에게 비공개로 진행되었다. 대표들이 밀실에서 2년 시한을 맞추기 위한 작업 일정을 타결하는 동안 나는 이스케트와 킹스턴 시내에서 간단히 점심을 먹으려고 국제해저기구 건물 밖을 돌아다녔다. 참석자는 회의 내내 주최국의 곤궁함을 가리는 보호막 안에 있는 것이 보통이다. 대표단은 경찰 호송대가 호텔 안팎으로 태우고 다녔다. 회의장 복도에는 보안 요원이 늘어서 있었다. 그러나 건물 벽 밖으로 발을 내딛자마자 자메이카의 거친 현실이 훅 밀려들었다. 도로 곳곳은 분화구만 한 크기로 파여 갈라져 있었고, 거리에는 하수와 매연 냄새가 퍼져 있었다. 킹스턴 부두에서는 낚싯대 대용으로 빈 플라스틱 병에 줄을 감아 낚시하는 남자와 마주쳤다. 잡은 물고기를 봐도 되겠냐고 묻자 그는 죽으로 갈아서 저녁으로 먹을 생각이라며 자잘한 은색 물고기 몇 마리를 보여주었다. 납작한 발에서 피를 흘리며 죽어가는 개가 그늘에 누워 마지막 숨을 몰아쉬는 광경도 지나쳤다. 이 모든 광경이 번쩍이는 고층 빌딩이 늘어선 킹스턴 시내 항구 지역의 한 블록에서 펼쳐졌다. 카페에 도착한 우리는 중학교에 다녀야 할 듯 보이는 여자아이에게 점심을 주문했다.

아르비드 파르도의 꿈은 언젠가 해저 채굴로 부자와 빈자가 동등한 기회를 누리게 되는 것이었다. 그러나 국제해저기구는 오히려 부유한 섬이 바깥의 빈곤한 바다에 바리케이드를 치고 있는 것처럼 느껴졌다. 과거 1980년대에 자메이카는 사회적 형평성에 힘쓰는 기구라면 개발도상국에 본부를 둬야 한다고 주장해 국제해저기구 유치에 성공했다. 그러나 국제기구의 부는 보안의 경계를 거의 넘어서지 못한 듯했다. 공해 해저를 놓고 현재 진행 중인 협상이 부국과 빈국, 글로벌 노스와 글로벌 사우스 간 투쟁에서 인화점이 될 가능성은 희박해졌다.[83]

채굴업자가 노리는 세 가지 해저 지형 중 환경과 관련해 가장 좋은 논거가 되는 것은 망간단괴다. 열수분출공을 채굴하는 목적은 주로 아연과 금인데, 이는 기후변화에 저항할 용도로의 수요는 높지 않다.[84] 해산은 이쪽으로 그렇게 가치가 높다고 여겨지지 않는다.[85] 그러나 해저에 널려 있는 단괴에는 재생 에너지 기술에 필요하지만 육지에서 채굴하려면 골치 아픈 니켈과 코발트가 풍부하다. 이것이 심해 채굴에 찬성하는 또 하나의 논거다. 개발도상국의 파괴적인 채굴 관행을 끝내는 데 보탬이 된다는 것이다. 예를 들어, 전 세계 코발트는 콩고민주공화국에서 다량 생산되는데, 이 산업은 각종 규제가 미흡하고 아동 노동 환경이 참혹하다. 필리핀,[86] 인도네시아,[87] 누벨

칼레도니[88]에서는 니켈 광산 때문에 열대 우림이 벌목되고 수로가 오염된다. 그러나 전기차 제조사들의 최신 흐름은 코발트와 니켈을 벗어나 리튬인산철 배터리를 비롯한 여타 대안 배터리로 이동하고 있다.[89] 또 심해 채굴을 하여 새로운 해양 산업이 시작되더라도 육상 채굴이 중단되리라는 보장은 없다. 두 산업은 십중팔구 병행될 가능성이 높으며, 광업이 주요 수입원인 빈곤국의 수익만 줄어들 뿐이다. 광업에 의존하는 남아메리카와 아프리카 국가 입장에서는 빤히 보이는 문제라, 국제해저기구에서 심해 채굴에 가장 강력하게 반대하는 듯하다.[90] 아프리카 지역그룹은 여전히 미정인 국제해저기구의 로열티 체제에서 회원국이 얻는 몫이 얼마나 될지 계산하고 있었다. 로열티는 자원 중심 경제의 손실분을 보상하기 위한 것이다. 보고서에는 보통 국가당 연간 10만 달러에도 못 미치는 보잘것없는 액수를 받게 될 것으로 나타났다.[91] 알제리 대표는 2019년 2월 국제해저기구 회의에서 "아프리카 지역그룹은 이것이 인류에 대한 정당한 보상이라고 생각하지 않습니다"라고 말했다.[92]

유엔해양법협약에 명시된 '공동 유산' 원칙에 따라 심해 채굴에서 이익을 보는 것은 기업이 아닌 국가여야 한다. 그러나 시간이 지나면서 글로벌 노스에 기반을 둔 명목 회사와 하도급 업체, 파트너사로 복잡하게 구성된 네트워크가 해저의 가장 풍족한 구역을 통제할 수 있는 계약을 따냈다. 클라리온-클리퍼턴 해역의 광구도 부유한 산업국가와 연계된 단 네 개의 기업이 장악하고 있다. 클라리온-클리퍼턴 해역 채굴 경쟁에서 가장 앞서 있는 것으로 보이는 심해 채굴업체 메탈스컴퍼니 CEO 제러드 배런은 2019년 국제해저기구 이사회 회의에서 나우루의 마이크를 잡고 기업의 후원국을 대신해서 발언했다. 그는 청중을 향해 말했다. "개인적으로는 저희가 심해 채굴업자로 표현되는 것이 매우 불편합니다."[93] (회사에서는 자사의 사업을 '수확'이라 불렀다.) 배런은 오스트레일리아인으로 캐나다 회사를 운영하고 있으며 회사 주주 다수는 캐나다에 거주하거나 글로벌 노스와 관계가 깊다. 《뉴욕 타임스》 취재에 따르면 국제해저기구는 아르비드 파르도의 구상처럼 해저의 부를 개발도상국에 재분배하기는커녕 기밀 데이터를 메탈스컴퍼니 중역에게 공유해 이 회사가 해저의 알짜 구역을 선점하게 하고 개발도상국을 후발 주자로 만들었다. (국제해저기구는 기밀 데이터를 "부적절하거나 불법적으로" 공유하지 않았다고 부인했다.) 한 통가 지역 지도자는 메탈스컴퍼니를 후원하는 대가로 이 나라가 받게 될 몫이 회사가 계산한 채굴 원료 총 추정 가치의 0.5%에도 못 미친다고 《뉴욕 타임스》에 밝혔다.[94]

메탈스컴퍼니란 이름이 금시초문이라 해도 이상할 것 없다. 이 회사는 2021년 9월 이전에는 존재하지 않았다. 2021년 여름 국제해저기구에서 나우루 대통령이 2년 시한의 방아쇠를 당기고[95] 얼마 되지 않아 이 회사의 전신인 딥그린메탈스DeepGreen Metals가 기업인수목적회사(사기성 짙은 1980년대 백지수표 회사를 본떠 월스트리트에서 만들어낸 형태로 규제가 가볍다)와 합병하여 메탈스컴퍼니로 상장되었다.[96] 현재 메탈스컴퍼니는 공해 해저에서 활동하는 최초의 영리성 심해 채굴업체가 될 것으로 예상된다. 하지만 10년 전 노틸러스미네랄스Nautilus Minerals도 딥그린메탈스, 메탈스컴퍼니와 비슷한 위치에서 똑같이 주요 후원자를 확보하고 있었다. 후원자 중에는 딥그린메탈스의 초기 투자자 배런도 있었다.[97] 노틸러스미네랄스는 통가와 나우루를 대리해 (현재는 메탈스컴퍼니가 보유한) 클라리온-클리퍼턴 해역 탐광 허가를 획득했고, 더불어 파푸아뉴기니와는 영해 내 열수분출공 채굴 계약을 체결했다. 국제해저기구의 관할권에는 공

해만 해당하기에 노틸러스미네랄스는 광업규칙이 확정되지 않아도 일을 진행할 수 있었다.[98]

중앙해령계, 단열대, 섭입대를 따라 뿜어져 나오는 열수분출공은 전 세계적으로 약 600곳에 분포하는 것으로 알려져 있다. 이 열점은 풍요롭고 자족적인 생태계이며 대부분 축구장 3분의 1가량 되는 크기다.[99] 파푸아뉴기니 작업 구역에는 매장량이 2년 채굴할 분량밖에 되지 않아서 수익 창출에 필요한 15년 치에 턱없이 부족했다.[100] 원래 계획은 노틸러스미네랄스가 열수분출공을 뚫어 슬러리를 퍼 올렸다가 도로 내려 보내는 것으로, 메탈스컴퍼니가 클라리온-클리퍼턴 해역에서 계획하는 망간단괴 채굴과 유사했다.[101] 파푸아뉴기니 연안에 있던 침니분출된 열수가 해수와 반응해 금속 성분이 식으며 광체로 굳은 것 하나는 국제해저기구 본부의 지도 도서관을 나오면 바로 보이는 유리 진열장에 전시되어 있다. 노틸러스미네랄스가 기증한 이 블랙스모커검은빛을 띠는 황화철 퇴적물로 형성된 침니는 《반지의 제왕》 속 사우론의 암흑의 탑에 더 잘 어울릴 자태로, 해저에서 침니를 부수는 로봇 팔 사진 옆에 놓여 있다.

2018년 노틸러스미네랄스는 신규 선박 대금을 지급하지 않았고 이듬해 파산 보호를 신청했다. 파푸아뉴기니 정부는 사업 지분을 대거 매입하느라 막대한 자금을 차입한 상태였기에 이 나라와 그 납세자들은 1억 2000만 달러가 넘는 손해를 입었다.[102] 오늘날 파푸아뉴기니 정부 관리들은 이 사업을 실패한 투자라고 말하며, 심해 채굴에 반대하는 태평양 도서국 대열에 합류했다.[103] CEO 데이비드 헤이던David Heydon과 제러드 배런은 노틸러스미네랄스에 재정 문제가 생기기 한참 전에 회사에서 물러났고 수익을 두둑이 챙겨 딥그린메탈스를 차렸다. 한 광업 잡지의 글을 빌리면 배런은 "22만 6000달러를

투자해 3100만 달러를 벌었고 시장 고점에서 성공적으로 퇴장"한 경우였다.[104]

국제해저기구 이사회 회의에서 심해보존연합Deep Sea Conservation Coalition, DSCC 측 환경 변호사는 해저를 채굴하는 자회사를 실제로 지배하는 주체가 어디냐는 질문을 던졌다. "메탈스컴퍼니의 자회사인 나우루해양자원주식회사NORI의 실질적인 지배권은 어디에 있습니까? 나우루가 아니라면 어디죠? 그게 어떤 결과를 낳겠습니까?" 덩컨 커리Duncan Currie가 물었다. "실질 지배 문제는 전 소유주였던 노틸러스미네랄스에게서 나우루해양자원주식회사를 인수할 때도 대두되었던 겁니다. 그 회사가 청산 절차를 밟게 되면서 파푸아뉴기니는 1억 달러가 넘는 손해를 봤죠."[105]

협상이 진행되는 동안 메탈스컴퍼니 대표는 통가 대표단 뒷자리에 앉아 있었으나 발언은 전혀 하지 않았다. 내가 지켜본 그는 대표들과 거리낌 없이 어울렸고 대표들은 그를 성 대신 이름으로 부르거나 "앤더슨 쿠퍼미국의 유명 언론인 닮은 친구"라고 했다. 내가 다가가 의견을 요청하자 그는 질문을 먼저 확인하겠다고 했다. 나는 기자로서 그런 상황은 웬만하면 피하려 하고 인터뷰 대상자도 그런 요청은 거의 하지 않지만 별수 없이 질문을 보냈다. 그랬는데도 그는 발언을 거부했다.

미크로네시아 대표는 태평양 도서국의 의견이 여러 사안에서 대체로 통일되지만 심해 채굴에서는 갈린다고 말했다. 미크로네시아, 피지, 팔라우, 투발루, 사모아, 괌은 반대했으나 통가, 나우루, 키리바시, 쿡 제도는 모두 채굴 자회사를 후원했다. 키리바시는 해수면 상승으로 인해 미래가 심각한 위기에 처해 있는 세계 최빈국 중 하나다.[106] 2022년 통가 인근에서는 수중 화산이 폭발했고 잇따른 쓰나미와 화산재로 인해 이 나라 GDP의 약 5분의 1에 해당하는 9천만 달러의 피해가 발생했다. 태평양 도서국 지역 사회는 여러 국가가 국경을 봉쇄하고 국외 관광을 제한한 코로나19의 충격에 여전히 휘청이고 있다. 2020년 피지는 급격한 관광 감소로 경제 규모가 19%나 축소되었다. 재정 손실이 쌓여가는 상황에서 별다른 선택지가 거의 없는 빈곤국의 눈에 위험성 높은 신규 사업은 더욱 매력적으로 다가왔다.[107]

나우루 정부는 상습적으로 사업에서 악수를 뒀다. 이 섬의 주요 자원은 구아노, 그러니까 바닷새가 태평양을 건너는 오랜 비행 중에 이 섬에서 쉬어 가며 남긴 배설물이다. 20세기 대부분 동안 나우루는 구아노를 채굴해 비료로 수출하며 부를 쌓았다. 동시에 21제곱킬로미터 크기의 섬은 자원 추출을 위해 구석구석 파헤쳐지고 속이 비어버린 노천 광산으로 변해버렸다. 정부는 구아노로 벌어들인 돈을 카지노, 호텔, 심지어 실패한 런던 뮤지컬 등 일련의 해외 사업에 투자했으나 줄줄이 실패했다.[108] 심해 채굴이라는 나우루의 도박이 잘 풀리면 이 나라는 해마다 1억 달러를 받을 수 있다고 한다.[109] 물론 앞서 노틸러스미네랄스와 파푸아뉴기니가 겪었던 운명 앞에 메탈스컴퍼니와 나우루 역시 굴복할 가능성도 있다. 수억 달러를 조달할 것이라던 2021년 메탈스컴퍼니 기업 공개 당시 유망 투자자들은 심해 채굴이 실제로 얼마나 지속 가능한지에 의문을 품었다. 기업 공개는 대실패였다. 메탈스컴퍼니는 5억 달러의 잠재적 투자금을 놓쳤고 주가는 11% 떨어졌다.[110]

빈곤국은 채굴 기업의 화수분 같은 막대한 자금력에 끌린다. 해양과학자도 마찬가지다. 인터뷰에 심해 채굴이라는 주제가 등장하면 많은 해양 연구자와 지도 제작자들은 어쩔 도리가 없다는 듯 이에 대해 양가감정을 내비쳤다. 이들은 언제가 될지는 몰라도 산업계가 해저를 바꿔놓을 것이고 자신들의 연구와 작업도 덩달아 변할 것이라 기대했다. 사실 이미 겪고 있는 사람도 많다. 리사 러빈Lisa Levin은 심해생물학 연구자의 대략 절반이 채굴 기업이나 정부 지원 단체를 통해 기초 데이터를 수집하기 위해 채굴업체와 협업하고 있으리라 추정했다. 메탈스컴퍼니는 클라리온-클리퍼턴 해역 연구에만 7500만 달러가 넘는 돈을 들였다고 주장했다.[111]

물론 과학계와 산업계는 오래도록 밀접한 관계를 유지해 왔다. 벤저민 프랭클린Benjamin Franklin은 고래기름을 찾아다니며 멕시코만류멕시코만으로부터 북아메리카 동해안을 따라 북동쪽으로 흐르는 세계 최대의 해류 가까이서 항해한 포경선의 지식을 빌려 멕시코만류를 그린 최초의 해도를 발행했다.[112] 기억하겠지만 미국전신전화회사의 연구 부서인 벨 연구소는 마리 타프가 그린 최초의 대서양중앙해령 지도에 자금을 지원했는데, 이는 판구조론 규명에 힘을 보태려는 것이 아니라 대서양 밑바닥에 설치한 전신 케이블이 끊어지지 않을지 확인하고 싶었기 때문이었다. "우리가 그렇게 낭만화하고 굉장한 학문적 노력으로만 여겼던 중차대한 업적도 실은 산업과 연계되어 있었습니다." 시베드2030 대서양·인도양 지역 센터의 수장이자 마리 타프의 열성 팬인 비키 페리니가 말했다.

세일드론 창립자 리처드 젱킨스의 말도 다르지 않았다. 전 세계 바다를 지도화할 비용을 대려면 정부 자금으로는 아무래도 부족하므로 산업계가 일정 역할을 해야 한다고 했다. 유엔 대륙붕한계위원회의 한 전문가에게 사람들이 자원 추출이라는 목적 없이 해저에 관심을 가질 수 있겠냐고 묻자 아니라는 즉답이 튀어나왔다. 금속 가격이 폭락해 채굴 기업이 해저 채굴 사업을 보류한 1980년대와 1990년 대에는 심해 연구 지원금도 수직으로 하락했다. 2010년 이후 해저 채굴에 다시 관심이 늘자 심해 과학 지원금 역시 늘어났다.[113] 연구자 와 채굴업자는 불편한 동업 관계에 묶여 있다. 심해 연구에는 천문학 적인 비용이 들기 때문에 전문가는 자금을 지원받아야 하고, 채굴업 자는 탐사 계약의 일부로 기초 연구를 의무적으로 수행해야 하는 국 제해저기구 규정에 따라 전문가가 필요하다. 채굴업자가 연구자들 이 제기하는 질문을 통제하거나 결과에 영향을 미치거나 데이터 접 근을 막기 시작하면 윤리적 문제가 대두된다.[114]

파트리시아 이스케트와 나는 점심을 먹은 후 협상이 참관인에 게 다시 공개되었는지 확인하기 위해 국제해저기구로 돌아갔다. 가 는 길에 과학, 다양성, 환경을 위한 이 기구의 노력을 홍보하는 현수 막을 연달아 지나쳤다. 국제해저기구가 20년 가까이 계약업체에 의 무적으로 수집하라고 요구한 기초 데이터는 모두 어딘가에 따로 모 여 있고, 여기에 접근할 수 있는 것은 탐광업자와 해당 연구를 지원 하는 과학자 그리고 소수의 국제해저기구 직원뿐이었다. (간간이 일 부 정보가 동료 심사를 거친 연구에 공개되기도 한다.) 국제해저기구가 2019년에 비로소 공공 데이터베이스를 시작한 이후 이런 상황도 바 뀔 것으로 기대되었다. 그러나 연구자들이 보기에 채굴업자가 수집 한 데이터는 일관성이나 완성도가 부족했다. 한 예로 자원 데이터는 사유 데이터로 간주되어, 단괴가 그 서식지에서 아무리 큰 부분을 차 지해도 자료에 빠져 있었다. 클라리온-클리퍼턴 해역 동부의 몸집 큰 동물의 50%가 단괴에 의지해 살아가는 것으로 추정되므로 이런 구역에서는 연구자들이 반쪽짜리 그림만 보게 된다. "훌륭한 데이터 도 일부 있지만 채굴 계약자마다 품질이 제각각입니다. 누구나 인정하는 사실이죠. 전반적으로 클라리온-클리퍼턴 해역에는 표본이 심각하게 부족합니다." 하와이 대학교 심해 과학자 크레이그 스미스 Craig Smith가 2019년 《내셔널 지오그래픽》에 말했다.[115]

국제해저기구는 개발도상국 출신 젊은 과학도를 채굴선에 배치하는 연수 프로그램도 운영한다. 그러나 이 연수 항해에 참가한 한 아프리카 출신 과학자에게 연락해 봤더니 그는 메탈스컴퍼니와 체결한 비밀 유지 협약 때문에 선내에서 수행한 과학 활동에 대해 아무 말도 할 수 없었다. 비밀 유지 협약은 산업계에서는 일반적이지만 자신이 알게 된 것을 널리 알리도록 교육받은 과학자에게는 낯설다. 하와이 대학교 해양학 교수 제프리 드레이즌은 비밀 유지 협약이 "과학의 안티테제"라고 했다.[116] 메탈스컴퍼니는 심해 채굴이 중층수 물기둥에 미치는 영향에 관한 드레이즌의 연구를 지원했는데,《월스트리트 저널》의 익명의 두 취재원에 따르면 드레이즌이 심해 채굴을 계속 비판하면 지원금을 잃게 될 것이라는 메탈스컴퍼니의 경고가 있었다고 한다. 드레이즌은 이 기사에 의견을 표명하기를 거부했다.[117]

2017년 심해 과학 공동체와 국제해저기구를 갈라놓는 결정적인 분열이 생겼다. 과학자들은 20년 가까이 '로스트 시티'를 연구했다. 대서양 해저에서 열수분출공 침니가 60미터 가까이 솟아올라 거품이 부글거리는 거대도시다. 2000년에 발견된 로스트 시티는 조밀하고 수수께끼 같은 미생물 군집에 덮여 있으며 약 3만 년 동안 열수 활동이 지속된 곳이다. 로스트 시티는 지구에 생명체가 최초로 등장한 과정의 비밀을 풀 유력 후보지일지도 모른다. 과학자들은 다른 행성에 사는 외계 생명체에 관한 실마리도 이곳에 있으리라 생각한다. 그런데 2017년 국제해저기구는 로스트 시티의 일부 구역을 폴란드에 임대하기로 결정했다.[118] 과학 공동체 구성원에게는 커다란 충격이었다. 분출공 분포지 연구에 경력을 통째로 바친 사람들은 사전 논의가 제대로 이뤄지지 않았다고 느꼈다. 해저에 관해 더 알게 되기전까지 심해 채굴을 전면적으로 일시 중단할 것을 요구하는 청원에는 지금까지 700명에 달하는 과학자가 서명했다.[119] 국제해저기구 사무총장 마이클 로지는 황당하게도 이 일시 중단이 "과학과 지식에반하는 것"이라고 했다.[120] 과학자들이 붙인 로스트 시티잃어버린 도시라는 이름은 아틀란티스에서, 자신들의 기술 때문에 파멸했다는 선진 사회의 신화[121]에서 따온 것이다. 과학자들이 그 수수께끼를 밝히기도 전에 심해 채굴로 돌이킬 수 없이 훼손될 듯한 장소에 어울리는 예언과도 같은 이름이다.

## 심해 채굴, 정말 가능할까

회색빛이었던 로테르담의 12월 어느 날, 이 네덜란드 항구에서 모터보트를 몰던 그린피스 활동가 20명이 길이 228미터 배의 높다란 뱃전 옆에 멈춰 섰다. 석유시추선이었던 배는 '히든젬'숨은 보석이라는 적절한 이름을 달고 메탈스컴퍼니와 스위스 파트너사이자 주주인 올시즈가 운용하는 해저 채굴선으로 개조되고 있었다. 현장에서 채굴업자와 접촉하고자 그린피스는 채굴선이 항구로 들어올 때마다 시위용 배에 올랐고 심지어는 바다까지 따라가기도 했다.[122] 활동가들이 등반 장비로 선체에 오르면 거대한 배 내부에서 망치와 드릴 소리가 메아리쳤다. 배에 올라온 활동가들은 '심해 채굴을 중단하라!'라고 쓰인 현수막을 펼쳤다.

　이 사건은 국제해저기구 이사회 회의 마지막 날에 벌어졌다. 그린피스의 알로 헴필이 일주일 내내 신경을 곤두세웠던 이유를 그제야 알 수 있었다. "지금이야 완전히 평온해졌지만 일주일 내내 그렇지 못했죠. 계속 스트레스를 받았어요"라고 말한 그는 자신이 그 행동에 전혀 관여하지 않았음을 신중하게 강조했다. 자메이카에 있는 그의 안전을 걱정해준 선의의 동료들 때문에 초조했던 것도 있었다. 또 다른 걱정거리는 메탈스컴퍼니였다. 그 회사를 대표하는 직원이 회의실에서 헴필 건너편에 앉아 있었다. 그린피스를 겨냥한 반격이 가해진다면 표적은 헴필이 될 것이었다. 하지만 철저히 통제되는 국제해저기구 건물 경계 안에서 하기에는 과한 염려 같았다.

대표들은 그린피스 시위를 어떻게 생각했을까? 내가 물어봤을 때는 대다수가 시위 소식을 듣지도 못했다며 대체로 재미있다는 반응을 보였다. 유럽 출신 대표 한 명은 "그린피스는 항상 뭘 타고 오르네요"라며 어깨를 으쓱했다. 그래도 다른 대표들은 중요한 틈새 사안을 집중 조명하는 그린피스의 날카로운 능력을 인정했다. 이곳 대표들은 웬만한 사람들은 들어본 적도 없는 사안에 대해 좀처럼 찾기 힘든 합의점에 도달하기 위해 수년간 국제해저기구에서 고군분투해 온 사람들이었다.

내가 인터뷰한 전문가와 논평가 대다수는 상업 목적의 심해 채굴이 2023년에 현실화될 것인지에 대해 추측하기를 거부했다. "연구자로서 그 질문에는 답을 거절하겠습니다." 킬 대학교 정치학 연구자 알레타 몬드레가 웃으며 말했다. "빗나갈 공산이 커서요." 몬드레는 국제해저기구에 관해 연구하고 저술하던 중에, 1950년대의 논문에서 다가올 10년 안에 심해 채굴이 시작되리라 예측한 글을 더러 발견했다. "이 주제를 다루기 시작했을 때는 저도 많이들 하는 대로 했어요. 아직은 아니지만, 3년 내로 무조건 닥칠 거라고 말했죠. 그게

10년 전 일입니다."

　금속의 미래 수요를 예측하기란 예나 지금이나 까다롭지만 그럼에도 믿을 만한 몇몇 소식통은 어떤 시기를 예측한다. 금속 공급은 적은데 재활용과 기술이 수요를 미처 따라잡지 못할 날이 그리 멀지 않았다는 것이다.[123] (반대자들은 이 추산이 재활용이나 대안 기술의 발전을 고려하지 않은 현재의 소비 추세에 근거했기에 불완전하다고 말한다.[124]) 그러나 기후변화를 되돌린다거나 하는 더 큰 목표를 위해 금속 수요가 한시적으로만 늘어도 세계는 해저의 새로운 채굴 산업을 수용하는 쪽으로 충분히 기울 수 있다.

　내가 이야기한 사람 중 한 명만큼은 심해 채굴에 대한 예측을 기꺼이 내놓았다. 빅터 베스코보는 자메이카에서 열릴 국제해저기구 회의에 참석한다는 내 말에 코웃음을 쳤다. 아마 흰소리나 잔뜩 듣게 될 거라고 말했다. 흰소리라는 단어를 직접 쓴 것은 아니지만 말이다. 빅터가 보기에 해저 채굴은 경제적으로만 따져 봐도 영영 실현되지 않을 일이었다. "원자재 금속에 경험이 있는 사람이라면 익히 알 겁니다. 나처럼요. 내가 구리 재활용업체에 한동안 투자했었거든요. 시장에 공급이 많아지면 가격은 내려갑니다. (심해 채굴업자들이) 그런 걸 고려하긴 했대요? 경제적으로 어떻게 가능하단 건지 나로선 통 모르겠습니다."

　빅터는 바다에서 작업할 때 드는 어마어마한 비용을 몸소 겪어서 알고 있었다. 그곳에서는 여러 가지가 고장 나고 분실된다. 대서양에서 잠수정에 달린 30만 달러짜리 팔이 떨어져 나가는 바람에 파이브딥스 엑스퍼디션 프로젝트가 개시되기도 전에 결딴날 뻔하지 않았나. 2021년 그린피스는 벨기에 회사 글로벌시미네랄리소시스의 용선을 미행하여, 그 배가 밝은 녹색의 25톤짜리 단괴 집광기를 놓쳐 해저에 며칠씩 방치한 것을 목격했다.[125] 2023년 초에는 히든 젬호의 승선 과학자들이 메탈스컴퍼니가 태평양에서 심해 채굴 기술을 시험하는 영상을 유출했다. 영상에는 광업 폐기물이 원래 구상대로 배출관을 타고 내려가 수심이 더 깊은 곳으로 방출되는 대신 수면에서 곧바로 바다로 흘러들어가는 장면이 보였다. 메탈스컴퍼니는 이 사고가 "살짝 넘친" 것일 뿐이며 이후 시정되었다고 했다. 얼마 지나지 않아 메탈스컴퍼니 주가는 12% 떨어졌다.[126] 빅터는 말했다. "기계가 고장 날 가능성이 너무 높습니다. 심해 환경에서 일하는 것이 어떤지, 얼마나 힘든지 잘 모르고 해저 채굴을 하자는 사람이 너무 많군요."

사업가인 동시에 바다 밑바닥에 잠수해 본 빅터 베스코보에게는 심해 자원 추출이란 세계를 꿰뚫는 보기 드문 통찰이 있다. 해저를 직접 눈으로 보면, 지도만 봐서는 얻을 수 없는 새로운 지식을 얻을 수 있을까? 나는 언젠가 잠수정을 타고 심해에 갈 기회가 있으면 좋겠다는 바람을 줄곧 품고 있었다. 이를 현실로 만들어 보려고 세계 각지의 기관 대여섯 곳에 연락도 취해뒀다. 자메이카에서 돌아온 지 얼마 되지 않아 마침내 그 기회가 내게 올 듯했다.

# 11장

## 바닥
## 그 너머로

진정한 장소는 결코 지도에 나오지 않는 법이다.

– 허먼 멜빌Herman Melville, 《모비 딕Moby-Dick》, 1851년

## 인도양 자바 해구에서 태평양 마리아나 해구로

챌린저 해연은 해연계의 유명 인사다. 가장 깊은 해연이자 가장 오래된 해연이며 지구에서 가장 큰 바다인 태평양에 있다. 2019년 4월 28일, 빅터 베스코보는 챌린저 해연으로 강하를 시작했다. 대기 중 자유 낙하였으면 지각의 가장 낮은 지점까지 가는 데 약 4분이 걸렸을 것이다. 수중에서는 4시간하고도 30분이 더 걸렸다. 빅터는 칠흑같은 바닷물을 가르고 부드럽게 가라앉았다. 수심이 깊어질수록 바닷물 온도는 내려가고 밀도는 높아졌다.

파이브딥스 엑스퍼디션은 5개월 전 대서양으로 출발한 뒤로 많은 일을 겪었다. 처참했던 남극해 여정 후 수석 과학자 앨런 제이미슨은 탐사를 그만둘 뻔했다. 그래도 고향 영국에서 휴식을 취하자 생각이 달라졌다. "집에 갔을 때는 다 관두려 했어요. 근데 가만 생각하니 장비가 전부 배에 있더라고요. 인도네시아로 날아가 대원들 보는 앞에서 짐을 싸지 않고는 그걸 챙겨 올 방법이 없었죠." 왜 그랬는지

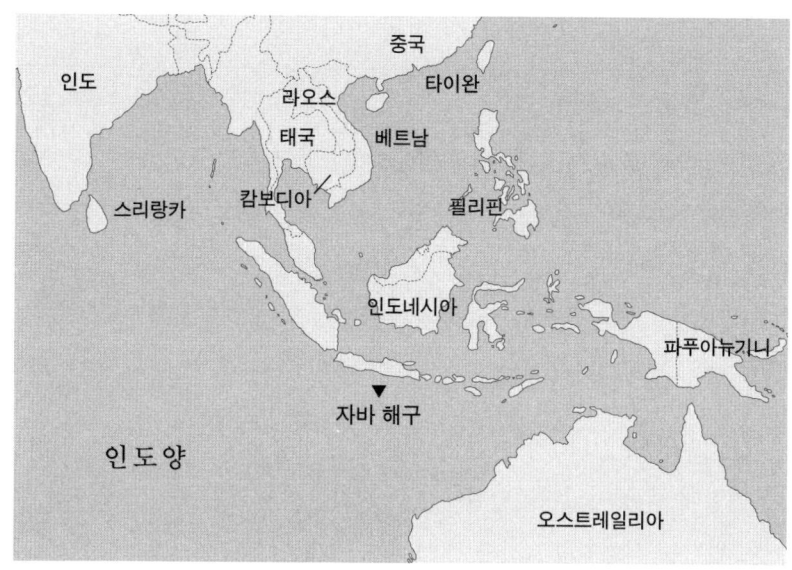

인도양의 최심부, 자바 해구

모르겠다는 투였다. "대원 절반이 제 또래 스코틀랜드인이에요. 묘하죠. 친구들이랑 배 한 척을 훔쳐서 온 세계로 몰고 다니는 느낌이 있었어요." 제이미슨은 끝내 인도양으로 가는 여정에 맞춰 파이브딥스에 복귀하기로 했다. 그곳에서 빅터는 세 번째 심부, 자바 해구에 잠수할 예정이었다. 이후 제이미슨에게는 하달존에 처음으로 잠수할 기회라는 보상이 돌아왔다. 덕분에 그의 기분은 상당히 좋아졌다.

"자바 해구는 굉장했어요"라고 제이미슨은 회상했다. 1950년대까지만 해도 과학 탐사에서 찬밥 신세였던 인도양은 오대양 중 과학적으로 가장 덜 알려진 바다다. 제이미슨은 당장이라도 중대 발견을 해낼 기세였다.[1] 과학 연구용 랜더가 새로운 종을 포착했고 이미 발견된 종의 새로운 행동을 촬영했으며 영상으로 기록된 문어 중 가장 깊은 곳에 서식하는 문어를 녹화했다. 이로써 문어의 서식 범위는

1830미터 정도로 깊어졌고 전 세계 바다의 99%로 확대되었다.[2] 제이미슨은 처음으로 직접 자기 눈으로 새로운 종을 발견했다. 멍게였는데, 그 겉모습이 개를 닮았다며 '스눕독'이라는 별명을 붙였다.[3] "정말이지 대단했어요. (자바에는) 겨우 5일 있었는데 지난 15년간 배운 것보다 더 많은 것을 인도양에 대해 알게 되었죠." 파이브딥스의 과학적 신뢰성을 걱정하던 제이미슨의 우려는 인도양 탐사 이후로 썰물처럼 빠지는 듯했다.

캐시 본지어바니와 지도 제작팀도 그들대로 인도양에서 의미 있는 발견을 이루었다. 가장 깊은 지점의 후보는 자바 해구와 디아만티나 단열대 두 곳이었다. (단열대는 한 지각판이 파열된 곳이고 해구는 두 판이 만나는 지점이다.) 기존 데이터는 대개 위성 관측으로 얻은 것이라[4] 어느 쪽에도 탁월한 지도는 없었다. 에일린 보핸과 다른 GEBCO 지도 제작자 두 명 그리고 사관 한 명과 함께 배에 올라 함께 해구를 지도화하고 랜더를 투입한 끝에 이들은 자바 해구가 68미터라는 근소한 차이로 디아만티나 단열대를 앞선다는 사실을 발견했다.[5]

마침내 배는 태평양에 당도했다. 여기서 대원들은 리미팅팩터호가 세계의 최심부를 견뎌내는지 확인하게 될 것이었다. 프레셔드롭호의 모든 선실에는 새로운 역사를 쓰는 빅터를 지켜보려는 사람들로 꽉 찼다. 앞서 챌린저 해연 밑바닥까지 간 사람은 1960년의 2인조와 2012년의 제임스 캐머런, 이렇게 단 세 명뿐이다. 두 팀 모두 해양 지도 제작자를 태우거나 이번처럼 정교한 소나를 탑재하고 간 것은 아니었다. 1960년 잠수에서는 대원들이 뱃전 너머로 TNT 폭약 다발을 던져 배의 수중 청음기에 폭발 반향음이 잡히는 시간을 측정했다. 배에 있었던 미 해군 중위 돈 월시는 훗날 《사이언티픽 아메리칸》에 이렇게 썼다. "정확한 수심 측정에는 관심이 없었다. 14초

걸렸으니 12초인 곳보다 깊다는 것만 알면 되었다." 월시와 스위스 공학자 자크 피카르는 최종 깊이 1만 916미터에 도달했다. 이 기록은 다음 50년 동안 깨지지 않았다. 2012년 챌린저 해연에 잠수한 제임스 캐머런이 도달한 수심은 1만 900미터로 이보다 살짝 얕았으나 세계 최고 깊이 단독 잠수라는 아차상은 그에게 돌아갔다.

마리아나 해구만큼 지도화가 잘된 해구는 세계에 거의 없다. 2017년에는 캐시가 나온 뉴햄프셔 대학교 연안및대양지도화센터에서 EM124의 선배격인 EM122로 마리아나 해구를 지도화했다.[6] 최종적으로 그 지도들은 미국 연안 영토를 확장하겠다는 구체적인 목표 아래 미국 지질조사국 해양법 프로젝트의 일부로 수행되었다. 수로학계에서 엄밀하고 철저하게 검토된 지도로 손꼽힌다.

캐시 본지어바니는 이런 지도를 하나도 보지 않았다. "챌린저(해연)에 대해서는 기존 정보를 하나도 알고 싶지 않았어요. 지금껏 지도화되지 않았던 다른 해구와 똑같이 대하고 싶었죠. 다른 사람들이 말하는 최심부를 알면 무의식중에 선입견이 작동해 저도 거기가 최심부라고 생각하게 될 수도 있어요." 캐시의 말에 따르면 제임스 캐머런은 챌린저 해연의 다리나 언덕 같은 지형에 내려앉은 것이었다. 반면 캐시는 2해리3.7킬로미터 떨어진 곳에서 더 깊은 지점을 발견하는 데까지 나아갔다. 계산이 맞다면 캐시는 빅터에게 이 지구에서 가장 깊은 지점을 안내하고 하루 만에 두 가지 세계 기록을 안겨줄 수 있었다. 역사상 최대 깊이 잠수 그리고 최대 깊이 단독 잠수라는 기록을.

# 1960년 잠수 이후, 단절된 해양 탐사

전 세계에 단 세 명뿐이었던 챌린저 해연 직접 목격자 중 한 명이 프레셔드롭호에 몸을 실었다. 해군 중위 돈 월시가 챌린저 해연을 처음으로 잠수했던 1960년에는 개인의 안전이나 세계 정치의 위험 부담이 더 높았다. 때는 냉전 초기로, 소련이 최초로 인공위성을 발사하고 최초로 인간을 우주로 쏘아 올리며 우주 경쟁에서 선두로 나서고 있었다. 기술 역량을 증명하는 데 혈안이 된 미국은 스위스 물리학자 오귀스트 피카르Auguste Piccard가 개발한 바티스카프라는 잠수정을 구입했다. 1930년대에 피카르는 과학자들이 닿지 못했던 고도까지 올라가 성층권을 뚫고 측정할 수 있도록 헬륨 열기구를 개발하였다. 그리고 30년 후 피카르는 인간을 정반대 방향, 바다 밑바닥으로 보내게 된다.

바티스카프는 여압을 적용한 강철 구에 항공 연료가 3만 갤런약 11만 3500리터 이상 들어간 거대 탱크를 얹은 구조였다. 가연성 높은 연료가 머리 바로 위에 있는 것이 살짝 우려스러웠다고 월시는 기억했다.7 물보다 가벼운 이 연료는 고압 환경에서도 압축되지 않아 바티스카프를 물에 뜨게 했다. 강하를 시작할 때는 바티스카프 상부의 다른 탱크들로 물을 흡입해 잠수정을 바다로 가라앉혔다. 해저에서 임무를 마친 후 바티스카프는 강철 알갱이 8톤을 버리고 수면으로 올라왔다. 바티스카프의 한 자리는 오귀스트 피카르의 아들인 공학자 자크에게 돌아갔고, 나머지 한 자리는 돈 월시에게 주어졌다. 월시가 말하기로, 임무가 실패하면 탑승한 두 사람이 사망하는 것은 물론이고 미국의 체면도 상할 수 있어서 미 해군은 이 모든 활동을 전면 비밀에 부쳤다.

1960년 1월, 미국 함선 루이스호는 괌에서 조용히 출항하여 약 100킬로미터 떨어진 챌린저 해연으로 향했다. 완댕크호는 바티스카프를 기어가는 수준인 5노트 속도로 조심스럽게 예인하며 뒤따랐다.[8] 먼저 도착한 루이스호는 TNT 폭약을 뱃전 너머로 던지고 폭발 반향음이 돌아오는 데 걸리는 시간을 측정해 챌린저 해연의 깊은 지점을 찾기 시작했다. 완댕크호가 바티스카프를 달고 도착했을 때는 유망한 지점을 찾아놓은 상태였다. 8미터 높이의 파도가 부서지는 틈에 월시와 피카르는 루이스호에서 바티스카프로 훌쩍 옮겨 탔다. 아래로 또 아래로 내려가던 두 사람은 몇 시간이 지나 수심 9448미터에서 먹먹한 꽝 소리를 들었다. 화들짝 놀라 소리의 원인을 찾아 주변을 둘러봤으나 보기에는 전부 문제없이 작동하는 듯했다. 잠수는 계속되었고 바티스카프가 받는 압력은 갈수록 커졌다. 내려가기 시작한 지 다섯 시간 만에 질퍽거리는 해저가 아래에 어렴풋이 나타나는 것이 보였다.[9] 최종 깊이에서는 제곱센티미터당 약 1125킬로그램힘의 압력약 1100기압이 바티스카프에 가해졌다. 월시가 조명을 켜고 출구 해치의 관측창을 살피니 아크릴 창문에 커다랗게 금이 간 것이 보였다. 그게 꽝 소리의 원인이었다. 다행히 월시와 피카르는 수압이 창을 단단히 밀폐해 위험하지는 않으리란 것을 인식했다.

"바닥에 닿은 후 자크와 서로 악수하며 얼마나 마음이 놓이고 기쁜지 털어놓았죠." 월시가 후술했다. "해낼 수 있을 거라던 소규모 넥톤 프로젝트팀 말대로, 우리가 진짜 해낸 겁니다!"[10] 이들은 더 이상 깊을 수 없는 바다에서 20분간 머무르고 상승을 시작했다. 두 사람은 워싱턴으로 급히 소환되어 영웅처럼 성대한 환영을 받았고 드와이트 D. 아이젠하워 대통령도 만났다. 돈 월시는 자신과 피카르를 시작으로 심해 수중탐험가의 계보가 길게 이어지리라 기대했다.

겨우 2년 뒤인 1962년, 미국의 새 대통령 존 F. 케네디는 미국이 정복할 다음 개척지를 주제로 열광적인 연설을 펼쳤다. "우리는 달에 가기로 했습니다." 텍사스의 한 경기장에 모인 관중을 향해 케네디가 쩌렁쩌렁하게 외쳤다. "우리가 10년 안에 달에 가기로 한 것은 … 우리가 보유한 최고의 에너지와 기술을 조직하고 측정하는 데 이 목표가 도움이 될 것이기 때문이고 또 이 도전을 우리가 기꺼이 받아들이고자 하며 미루기를 원치 않기 때문입니다. … 그렇기에 우리는 이 대장정을 시작하며 인류가 개시한 그 어떤 도전보다도 위험하고 위대한 이 도전에 신의 가호가 함께하기를 기원합니다." 마리아나 해구 잠수라는 사건으로 사람들은 잠깐 동안 저 아래의 심층을 생각하게 되었다. 그러나 케네디의 연설은 대중의 상상력을 하늘로 향하게 했다. 우주는 순식간에 바다를 대체할 다음 개척지로 떠올랐다.

바다를 사랑한 작가 존 스타인벡John Steinbeck에게는 이것이 우려스러워보였다. 스타인벡은 우주 탐험이 이루어지면 우리 행성을 기록하는 작업과 그 경이에서 사람들의 관심이 멀어질 것을 예상했다. "지금 세계의 5분의 3이, 전 세계 보물의 5분의 3 이상이 알려지지도 않고 발견되지도 않았으며 주인도 없이 바다 밑에 있는데도, 이 열띤 불꽃놀이에 빠져드는 것은 비현실적이고 비합리적이고 낭만적이며 매우 인간적인 일처럼 보인다."[11] 20세기 후반에 이런 우려는 현실이 되었다. 해양 탐사에 들어가는 공공 자금은 줄어들었지만 우주 탐사를 향한 대중의 열정은 끝을 모르는 것만 같다.

오늘날 우주에 대한 대중의 격한 열망은 인터넷에서 쉽게 확인할 수 있는데, 검색 빈도에서 우주여행이 해양 탐사보다 4배나 많다.[12] NASA, 블루오리진, 스페이스X의 SNS에는 팔로워가 수천만 명씩 있다. 해양 탐사 쪽의 비슷한 계정은 100만 명만 되어도 다행이다. 2020년 스페이스X가 첫 우주선 발사를 준비하는 동안에는 텍사스 남부에서 발사대를 보여주는 실시간 피드에 수백만 명의 시청자가 시선을 고정했다. "한밤중이라 아무 일도 일어나지 않는데도 아무것도 안 올라간 발사대를 뚫어지게 보고 있는 겁니다. 그렇게 보고 있는 사람이 2천 명은 더 있고 수십 명이 이런저런 이야기로 채팅을 하죠." 해당 유튜브 채널의 운영자가 2020년 텍사스의 한 잡지에 이렇게 말했다.[13]

이것이 단지 우주와 바다의 인기 대결에 그친다면 수치는 별로 중요하지 않을 것이다. 하지만 알다시피 인기는 곧 공공 자금으로 이어진다. 해양 탐사와 우주 탐사를 향한 관심의 차이는 미 국립해양대기청의 적은 예산과 NASA의 넉넉한 예산 사이의 가파른 격차를 이해할 실마리가 된다.[14] 오늘날 해양 연구자 대다수는 이러한 시류에 맞서 싸우기를 포기하고 대중의 우주여행 사랑을 포용하는 법을 배웠다. 해양 조사선은 우즈홀해양연구소의 닐암스트롱호나 스크립스해양연구소의 샐리라이드호처럼 유명한 우주비행사의 이름을 따서 명명한다. 해양 연구자들은 *바다세계*상당한 양의 물을 포함하는 행성, 바다 행성 같은 학계 유행어를 지원금 신청서에 넣고 우주에서 펼쳐지는 외계 생명 탐사와 엮어 해양 생물의 가치를 홍보한다.


## 극한으로의 여정, 바다와 우주 탐사의 교집합

바다와 우주는 탐사의 두 이념적 종착점인 만큼 자연스레 목표와 기술을 일부 공유한다. 심해 잠수정은 차가운 온도와 높은 압력, 염수로 인한 부식을 견디도록 설계되었다. 일단 여정에 나서면 정해진 작업을 반복하느라 수리할 기회는 드물거나 아예 없다. 우주 탐사용 로버와 우주선도 비슷하게 극한 환경을 견뎌내며, 다시는 인간의 눈에 띄지 않고 수명이 다할 때까지 우주의 끝으로 떠나는 여정에 투입된다.[15] 우주비행사와 수중탐험가는 장대한 모험에 대비해 훈련받는 방식도 비슷하다. 우주비행사는 휴스턴에 있는 NASA 중성부력연구소에서 거대한 수영장에 가라앉힌 국제우주정거장 모형에 들어가 우주 유영을 연습한다.

이런 활동에 드는 돈을 감당할 수 있는 것은 사회 지도층뿐이라, 두 분야는 탐사 주체에서도 겹치는 면이 있다. 최근까지만 해도 그 주체는 군사 및 과학계에서 가장 성공한 사람들이었다. 그러나 정부 기관의 발목을 묶은 신자유주의적 자본주의가 수십 년간 지속되자,[16] 가장 부유한 사람들과 기업들은 세금을 거의 내지 않거나 전혀 내지 않으면서 이제 미국 정부 기관에 견줄 만한 민간 탐사 회사를 차릴 수 있게 되었다. 지금 심해와 우주를 여행하려는 고객은 초부유층 후원자이거나 정부 기관이다. NASA가 국제우주정거장까지 우주비행사를 수송하기 위해 스페이스X와 계약을 체결한 것도 그 예다. 그러나 우주관광 사업가 일론 머스크(한때 세계 최고의 갑부 자리에 올랐고 그의 자동차 회사 테슬라는 2021년 연방 소득세를 한 푼도 내지 않았다.[17])는 일반 대중도 화성 여행을 할 수 있는 날을 꿈꾼다. 물론 이곳 지구의 지속 가능한 미래와 같은 덜 화려한 꿈이 모두에게 더 도움이 될 것이다.

두 분야는 심해와 먼 행성의 혹독한 환경에서도 생존하는 극한의 생명체를 찾아다니는 점도 같다. 캘리포니아 패서디나에 있는 NASA 제트추진연구소에는 목성의 유로파, 토성의 엔켈라두스처럼 물이 있는 위성인 '바다세계'의 생명체와 바다 밑바닥의 생명체 간의 교집합을 탐구하는 전담 부서가 있다. 해양과학자들은 자신의 연구를 우주와 엮어 연구 지원금을 늘리는 법을 익혔고, NASA도 환경 운동이 성장하고 공공 자금을 지구에 사용하라는 요구가 나오는 데 맞춰 지구과학 연구를 확대하고 증진하는 식으로 같은 행보를 보였다.[18]

내가 캘리포니아 해안에서 참여한 노틸러스호 항해가 좋은 사례다. NASA는 극한의 생물체를 찾으려는 일련의 심해 잠수를 보고 이 탐사에 자금을 지원했다. 샌타바버라 해안을 나서면 해저는 곧장 500미터 아래로 꺼져 평평한 해저분지 바닥이 되었다가 다시 솟아 채널 제도를 이룬다. 이 욕조 형태의 지형은 높은 압력을 견디며 산소나 햇빛이 거의 없어도, 혹은 전혀 없어도 생존할 수 있는 생물체를 채집하고 연구하기에 완벽한 심해 환경을 조성한다. 이곳의 생물체는 먼 행성에서 발견될 수 있는 외계 생명체와 닮았을지도 모른다. 아니면, 우주로 긴 은하계 여행을 보낼 좋은 실험체가 될 수도 있다.

해저에 직접 가볼 기회는 내게 끝내 오지 않았다. 샌타바버라 해저분지를 훑는 원격 무인 잠수정 허큘리스호를 지켜보는 것이 해저를 직접 탐험하는 것에 제일 가까운 경험이었다. 늘 최대한 협조해 주는 트리톤서브마린 CEO 패트릭 레이히는 바하마에서의 시험 잠수에 나를 데려가려 했으나 끝내 실현되지 않았다. 다른 선택지도 생겨나는 듯하다가 사라졌다. 내게 그런 기회가 올 가능성이 희박하다는 것은 이미 알고 있었다. 나보다 훨씬 자격이 있는 과학자도 잠수정에 타려고 수십 년을 기다린다. 돈을 내고 탑승하겠다는 고객도 내 앞에 수두룩했다. 빅터 베스코보에게 리미팅팩터호에 탑승할 수 없겠냐고 물어봤는데, 빅터가 매긴 잠수 한 번의 가격은 75만 달러였다. 내가 생각한 가격과는 멀어도 한참 멀었지만, 블루오리진이 우주 경계까지 가는 티켓 값으로 첫 승객에게 청구한 2800만 달러에 비하면 거저였다.

샌타바버라에서 원격 무인 잠수정의 잠수를 지켜보니 바다와 우주 탐사의 공통점이 엿보였다. 이 해저분지는 과학자들이 수년째 연구하고 표본을 채취해 연구가 많이 되었기로 세계에서 손꼽히는 해저였는데도 심해 생물에 관해서는 생각지도 못한 새로운 사실이 끊임없이 나오고 있다. 노틸러스호에서 지내는 동안 과학자들이 아가미에 특정 박테리아가 있어서 산소 없이도 10개월간 생존할 수 있는 심해 조개를 채취하는 것을 지켜보았다. 과학자들은 유공충fora-minifera(포람foram이라는 구어로 더 잘 알려져 있다.)도 찾아다닌다. 유공충은 현미경으로 봐야 할 만큼 미세한 껍데기 형성 유기체의 다양한 집합으로, 전자 현미경으로 보면 어떤 것은 솔방울 모양, 또 어떤 것은 비틀린 튤립 구근을 닮은 것이 제법 예쁘게 생겼다. 유공충은 5억 4100만 년보다도 더 오래된 선캄브리아기에 진화했기에 이 단세포 생물에서 지구의 초기 생명체를 엿볼 수 있다. 또한 바다의 미래도 볼 수 있을지 모른다. 유공충은 이른바 데드존용존산소가 적거나 없어 생물이 살 수 없는 구역에서 잘 자라는데 기후변화와 오염으로 바다에는 데드존이 넓어지고 있다. 데드존이라고 하면 흘러든 비료와 분뇨로 인해 대거 발생한 식물플랑크톤이 수중의 산소를 고갈시키는 하구를 많이 떠올린다. 그러나 데드존은 샌타바버라 해저분지처럼 물이 고여 있는 수택과 수역 밑바닥에서도 자연적으로 형성된다. 데드존이라는 용어는 다소 부적절하다. 유공충이 증명하듯 여기에도 생명체는 끈질기게 존재한다. 탈산소화가 진행되는 바다에서 데드존이 확장될수록 바다에는 유공충이 더 많아질 것이다.

노틸러스호 항해의 첫 잠수에서 과학자들은 유공충을 비롯해 매혹적인 미생물 군집이 모여 있는 박테리아 매트를 찾아다녔다. 첫 잠수를 지켜보려는 사람이 워낙 많아 대여섯 명은 조종사가 허큘리스호의 방향을 잡는 조종실 아래 동시중계실로 떠밀렸다. 말이 중계실이지 실은 노틸러스호의 TV 라운지로, 항해와 항공 우주가 섞인 분위기로 꾸며져 있었다. 방 한쪽에는 현창과 목재 패널, 가죽 소파가 있었고 반대쪽에는 스트리밍 데이터와 실시간 영상 피드가 빼곡한 컴퓨터 화면들이 있었다. 잠수가 시작되자 연구자들은 홀린 듯 화면을 바라봤다. 잠수의 시작은 당연히 햇빛을 받아 반짝이는 푸른 해수면이었다. 원격 무인 잠수정이 물에 들어간 지 몇 초 만에 위에서 오는 모든 빛이 사라졌고, 어둠 속에서 으스스한 기운마저 풍기는 전조등 불빛이 점점 밝아지면서 소용돌이치는 수백만 개의 입자를 비췄다. 바다에서 이런 입자들은 생명도 죽음도 될 수 있었다. 플랑크톤일 수도 있고 미세플라스틱일 수도 있고, 또는 바다에 떠다니는 배설물이나 현미경으로나 보일 법한 작은 동물의 사체를 시적으로 표현한 해중설일 수도 있다.

검은 바다라는 배경을 휘돌며 지나치는 입자들을 보고 있자니 무언가가 떠오르려고 했다. 빅터 베스코보가 심해로 강하하면서 비슷한 풍경을 묘사한 적이 있는데, 이제는 내가 직접 실시간으로 보고 있었다. 그 풍경이 무엇을 닮았는지 퍼뜩 떠올랐다. 밤하늘이었다! 바닷속으로 잠수하고 있었지만, 우주 공간을 거니는 듯 보였다. 입자 하나하나가 별처럼 보였다. "광속으로 점프한 것 같네요." 내 뒤에 있던 한 과학자가 타이밍 좋게 말했다.

"매트가 있을까요, 없을까요?" 탐사단장 니콜 레이노가 물었다. 결정적인 질문이었다. 샌타바버라 분지에서는 간헐적으로 물이 범람해 박테리아 매트에 축적된 생물이 씻겨나간다. 매트가 없으면 과학자들이 표본을 채취하고 연구할 미생물도 없는 것이다. TV 화면과

제일 가까운 카펫 바닥에 자리를 잡은 레이노는 방을 돌아보며 연구자 전원에게 답을 찍어보라고 했다.

원격 무인 잠수정 아래에서 어렴풋이 나타나는 해저를 바라보는 것은 일출을 감상하는 느낌이었다. 캄캄한 밤하늘을 멍하니 바라보면 하늘이 밝아지는지도 모르고 있다가 느닷없이 주위가 온통 환해지는 순간이 온다. 심해에서도 그런 일이 생겼다. 새카맣던 바다가 시나브로 검은색에서 파란색으로 밝아지더니 어느 순간 허큘리스호의 전조등 광선이 바닥에 반사되고 있었다. 그러자 모든 것이 순식간에 선명해졌다. 해저가 또렷해졌고 질감이 분별되었다. 연구자들은 기대에 부풀어 몸을 앞으로 숙였다. 진실이 드러날 순간이 온 것이었다.

너무 신중해서 앞서 어떤 답도 찍지 못했던 한 연구자는 코로 화면을 찍을 기세로 화면 바로 앞에 걸터앉아 있었다. 허큘리스호는 잠시 멈춰 어두운 해저 위 20미터쯤에 떠 있었다. "뭘 꾸물대! 움직이라고!" 그 연구자는 조바심을 내며 손을 휘휘 흔들었고 허큘리스호는 곧 다시 가라앉기 시작했다. 판판하고 매끄러운 회색빛 바닥이 시야에 들어왔고 선명한 흰색 조각이 얼룩덜룩 박혀 있었다. "됐다!" 연구자는 흥분된 목소리로 소리친 후 화면에서 물러나 휴대전화를 집었다. "매트가 있어요." 방 안은 환호와 박수 소리로 가득 찼다. 우리가 머나먼 길을 헤치고 보러 온 그 해저와 극한의 생물체였다.

## 인류는 우주로, 외면 받는 바다

해양 보호 활동가와 과학자는 우주 탐사와 바다 탐사가 여러 면에서 비슷한데도 왜 대중이 우주를 더 좋아하는지 이해해 보려고 수십 년 동안 머리를 싸매며 고민해왔다. 정치적이고 심리적인 이유, 그리고 예전에 존 스타인벡이 짚었듯 '매우 인간적인' 이유가 있을 듯했다. 우주여행으로 자금이 들어간 데는 냉전이 분명 한몫을 했다. (물론 심해 탐사에도 상당한 규모의 군사 자금이 투입되었고 마리 타프와 브루스 히젠이 활동하던 때에는 더욱 그랬다.) 전시에는 하늘과 바다를 순찰해 얻을 수 있는 전략적 이점이 분명하다. 미국과 소련은 첩보와 감시를 수행하고 미사일과 탄두를 발사하려 했으나, 동시에 군사적 야망을 넘어선 무언가로 대중의 열광을 이끌어내야 했다. 달 탐사선 발사는 더할 나위 없이 좋았다. 칼 세이건Carl Sagan은 잘 알려진 1989년 논고에서 비핵화를 지지하며 "사람을 달로 수송하는 바로 그 기술로 핵탄두를 지구 반 바퀴 너머로 날릴 수도 있다"고 썼다.[19]

그러나 NASA의 달 탐사선 발사는 사람들이 바다보다 하늘을 더 선호하는 이유에 대한 더 깊숙한 현실을 건드린다. 늑대 보호 운동가라면 잘 알고 있을 텐데, 두려움은 대중이 응원할 대상을 택하는 데 영향을 준다.[20] 거의 모든 해양 문화는 깊은 물에 대한 인간의 두려움을 바다 괴물로 형상화했다. 북유럽 신화의 거대한 크라켄도, 페루 아마존강 유역을 미끄러지는 야쿠마마남아메리카 전설 속 거대 아나콘다도 그렇다.[21] 상어에게 공격당할 가능성이 얼마나 낮은지 통계를 아무리 많이 끌어와도 오늘날 대중의 상상 속에서 상어는 여전히 피에 굶주린 인간 사냥꾼 역할을 하고 있다. 상당수는 언제나 본능적인 두려움으로 깊은 물을 피한다. 하지만 두려움의 대상은 정확히 무엇인가? 지구의 가장 깊은 곳으로 가는 탐사에서 빅터가 얼핏 그 해답을 본 듯도 하다. 바다 밑바닥에는 내려오는 빛이 한 톨도 없다. 빅터는 관측창 너머로 지금껏 본 어떤 어둠보다도 더 어두운 절대적인 어둠을 봤다고 했다. 빅터는 내게 이렇게 써줬다. "완전히 상식 밖이었어요. 깊이 감각이 깡그리 소멸했죠. 총체적이고 완전한 공백이었습니다." 그는 이따금 잠수정 내부 조명을 완전히 끄고 손을 컵처럼 말아 유리창에 댄 채 바깥의 심연을 응시했다. 그러고 있으면 독일 철학자 프리드리히 니체의 '심연 들여다보기' 명언이 떠올랐다. "괴물과 싸우는 사람은 그렇게 싸움으로써 괴물이 되지 않도록 조심해야 한다. 심연을 오래 들여다보면 심연 또한 우리를 들여다볼 것이다." 우리가 심해 탐험을 두려워하는 진짜 이유가 여기에 있지는 않을까. 그 어둠이 우리를 파괴할 것 같다는 두려움.

종교적 신화 역시 무시할 수 없다. 천국은 위에 있으니 하늘과 같고, 지옥은 아래에 있으니 바다와 같다. 신자는 위에 있는 신에게 기도하며 천국으로의 인도와 보호를 구한다. 그 아래는 흙무덤에 묻히거나, 나쁘면 지옥에서 죗값을 치르게 될 것을 두려워한다. 신이나 내세를 믿든 믿지 않든, 종교적인 방향감은 신자가 아닌 사람들에게도 영향을 미친다. 별을 올려다보며 지평선과 수평선 너머 더 나은 곳을 상상하는 것은 인간의 고유한 특성이다. 바로 이러한 욕구가 새로운 땅을 여행하고 자신과 다른 삶과 관점을 궁금해 하도록 우리 등을 떠민다. 그러나 그것은 우리를 산만하게 만들고, '최초'를 갈망하게 하며, 우리 내면을 깊이 들여다보며 지금 이곳에서 만드는 더 나은 세계가 어떤 모습일지 질문하는 고된 작업에서 멀어지게 하는 안타까운 단점도 가지고 있다.

미국 작가 헨리 데이비드 소로는 월든 호숫가의 오두막에서 고독에 잠겨 인류의 끝없는 방랑을 반추했다. 그는 제2차 대발견의 시대라 불린 19세기를 살았다. 이 시기에 많은 탐험가와 원정대가 북극, 아마존, 남극을 비롯해 지도에 없는 머나먼 땅 곳곳으로 길을 나섰다. 소로는 이러한 여정에 매료되어 발견의 기록을 찬찬히 좇았지만, 동시에 만족을 모르고 새로운 땅을 게걸스레 집어삼키려는 욕구에 혐오감을 느낀 것으로 보인다. 그의 글이다. "정부의 배를 타고 선원 100명의 도움을 받으며 추위와 폭풍우와 식인종을 헤치고 수천 킬로미터를 항해하는 것이 개인의 바다, 한 존재만의 대서양과 태평양을 탐험하는 것보다 쉽다."22 외적 탐험에는 내면의 영혼 탐색이 반드시 수반되어야 한다. 그러지 않으면 끝없는 쇼핑 목록처럼 새로운 영역을 개척하는 함정에 빠지게 된다. 소로의 글은 그가 살던 시대에 가장 선구적이었던 해양 탐사를 거쳐, 더 새롭고 보다 흥미로운 개척지로 이동하는 우리 시대의 모습을 예견한다.

　　이것이 오늘날 우리가 처한 상황이다. 해저의 4분의 1 정도가 지도화되었고 심해의 1%도 탐사되지 않았지만, 수십억 달러를 우주 탐사에, 더 최근에는 우주 군사화에 쏟아붓고 있다. 바다와 이곳의 생명체, 지리와 의미는 거의 알지 못하지만, 바다를 향한 열망은 다른 개척지에 비하면 극히 미미한 수준이다. 여기에는 돈과 지정학이라는 거센 역풍도 한몫 했지만, 인류의 심리적 사각지대의 영향도 있다. 21세기 초까지도 오대양의 가장 깊은 곳을 모두 잠수한 사람은 없었다. 빅터 베스코보와 캐시 본지어바니가 찾으러 나서기 전까지 우리는 그 지점이 어디인지조차 몰랐다.


## 지구에서 가장 깊은 챌린저 해연 잠수

리미팅팩터호가 챌린저 해연에서 떠오르자 빅터 베스코보가 해치를 열고 네 손가락을 세운 손을 쑥 내밀었다. 손가락 하나가 정복한 해연 하나였다. 이제 남은 곳은 단 하나였다. 빅터는 태평양 밑바닥에

태평양의 마리아나 해구. 해구의 가장 깊은 곳이 챌린저 해연이다.

서 총 3시간을 보냈다. 대원들은 주요 거점에 과학 연구용 랜더를 투척했고 빅터는 나중에 누구도 자신의 주장을 의심하지 않도록 그 주위를 돌아보며 해저의 최심부일 가능성이 있는 곳을 모두 확인했다. 미끼용 먹이가 달린 랜더에는 젤라틴질 생물이 꼬였고, 빅터는 홀로투리안이라 알려진 심해해삼과 심해지렁이가 덫에 든 먹이를 향해 느릿느릿 모여드는 것을 지켜봤다.[23]

리미팅팩터호의 수심 측정기는 1만 928미터라는 최고 수심을 기록했다. 2012년 제임스 캐머런의 잠수도, 1960년 월시와 피카르의 최초 잠수 수심도 넘어선 것이었다. 빅터가 세운 두 가지 세계 기록을 알리는 보도자료가 배포되었고, 이 소식은 당연히 세계에 대서특필되었다. 이는 뉴질랜드에서 〈아바타〉 후속작을 촬영하고 있던 제임스 캐머런의 심기를 건드리기도 했다. 무대 뒤편의 캐시에게는 리미팅팩터호의 선내 수심 측정치에 대한 의구심이 있었다. 빅터는 수심 측정기에서 더 크고 대단해 보이는 숫자를 얻어내려 했지만, 캐시는 EM124 수치에 근거해 그보다는 낮고 보수적인 숫자를 원했다. 빅터는 캐시가 "빅터, 1만 928미터라고 하면 제가 그 수치를 뒷받침하지 못할 수도 있어요"라고 한 것을 기억했다. 빅터는 끝내 수긍했고, 이후 보도자료에서 파이브딥스는 1만 924미터, 오차 범위 플러스마이너스 15.24미터로 통계적으로 안전하게 수치를 내림했다.[24] 하지만 물은 이미 엎질러진 뒤였다. 문제의 영화감독은 주요 뉴스 매체에 연락해 빅터의 기록을 언급하고 의문을 제기해 달라고 요청했다. 《뉴욕 타임스》와는 이렇게 인터뷰했다. "더 깊이 들어갈 수는 없습니다. 거기는 평평하고 특별한 지형도 없어요. 그 사람 측정기 수치가 제 측정기 수치와 다를지는 몰라도 그 사람이 더 깊이 내려갔다고는 말할 수 없습니다."[25]

뉴햄프셔 대학교 연안및대양지도화센터 소장 래리 메이어는 캐시가 마리아나 해구를 바르게 측정한 것이 맞다고 빅터에게 확인해 줬다. 그의 설명에 따르면 설사 제임스 캐머런이 잠수정 관측창 너머로 평평한 해저를 봤다고 해도 그 거리는 고작 60미터나 될까 말까 했다.[26] 그의 시야 너머의 해저는 위로든 아래로든 기울어져 있을 수 있다. 빅터는 제임스 캐머런 덕에 자신의 잠수가 매체의 관심을 받는 것을 즐기는 듯했지만, 캐시에게는 그런 주목이 이루 말할 수 없는 스트레스였다. 대학을 졸업하고 처음으로 한 일인데, 세계에서 내로라하는 유명 감독이 《뉴욕 타임스》에 대고 "검증되지 않았는데 공식 기록이 될 수 있다는 것"이 못마땅하다며 자신의 작업을 공개적으로 무시한 셈이었다.

리미팅팩터호는 이후로도 수년간 챌린저 해연에 여러 차례 잠수했다. 빅터 베스코보는 훈련된 해양 지도 제작자를 채용했고 수심 검증에서는 세계에서 가장 발전한 소나 장비와 과학 연구용 랜더의 힘을 빌렸다. 제임스 캐머런은 이렇게 하지 않았다. 작업을 이중, 삼중으로 검증하는 해양 지도 제작자가 내게는 가장 설득력 있었다. 캐시가 진심을 가득 담아 말했다. "제가 무슨 개인적인 이득을 보려는 게 아니잖아요. 저는 데이터에 나오는 대로 말하는 거예요. 그게 전부죠."

이런 실랑이는 대중이 우주에 끌리는 또 다른 이유를 부각했다. 설사 우주 탐사 임무에 국가주의적인 목표가 실려 있다 해도 우주에서 이룬 쾌거는 지구상의 정치적 갈등을 초월하는 듯한 느낌을 준다. 누구나 국적에 관계없이 하늘을 올려다보며 '만약'을 궁금해할 수 있다. 심지어 국가 간 외교 관계가 단절된 상황에서도 만국의 우주비행사는 국제우주정거장에서 계속 협력하고 있다.\* 반면 바다에서는 이런 너그러운 동지 의식이 고취되지 않는다. 그 깊은 곳은 인간 전쟁의 무덤이 되어 파벌 싸움과 정치 공작이 가득 차 있다.[27] 국제해저기구에서는 수익성이 있을지 확실하지 않지만, 전 인류의 생태계를 훼손할 것이 확실한 산업을 규제하기 위해 여러 나라가 수년 간 설왕설래하고 있다. 외부에서 보기에 제임스 캐머런과 빅터 베스코보 사이의 다툼은 세상 사람 대부분은 들어본 적도 없는 세계 기록을 두고 부유한 백인 남성 둘이 서로 으르렁대는, 해양계의 특별할 것도 없는 시답잖은 뉴스로밖에 보이지 않았다.

---

\* 2022년에 러시아는 2024년 이후 국제우주정거장에서 철수하겠다고 발표했다. 이는 지구 저궤도에서의 초기 협력기가 끝나고, 새로운 탐사 경쟁기가 시작된다는 신호처럼 보였다. https://www.cnn.com/2022/07/26/world/russia-quit-iss-scn/index.html

# 북극해까지, 오대양 최심부 잠수 완수

프레셔드롭호의 항해는 계속되어 탐사의 다섯 번째이자 마지막 잠수 무대인 북극해로 향했다. 2019년 여름, 대원들은 쌀쌀한 배 갑판에서 빅터가 노르웨이 스발바르 서쪽으로 약 274킬로미터 떨어진[28] 몰로이 해연 밑바닥으로 내려가는 모습을 지켜봤다. 빅터는 바닥까지 가라앉는 데 두 시간, 북극해 해저를 누비는 데 두 시간, 그리고 수면으로 돌아오는 데 또 두 시간을 썼다. 빅터가 잠수정 해치를 덜컥 열자 환호와 폭죽 소리가 그를 맞이했다. 빅터가 북극해 바닥까지 잠수한 최초의 인물이자 오대양 최심부에 모두 잠수한 최초의 인물로 등극한 순간이었다. 빅터에게는 에베레스트산 등정 때 느꼈던 것과 같은 안도감이 파도처럼 밀려왔다. 그의 말이다. "이렇게 지난한 탐사는 수만 가지 일로 어긋날 수 있습니다. 그러니 실제로 끝마친 순간에 드는 안도감은 어마어마해요." 안도감은 금세 흥분으로 바뀌었다. 해냈다, 앞서 누구도 하지 못한 일을. 파이브딥스 엑스퍼디션은 그렇게 끝났다. 과학 잠수를 두 차례 더 진행한 뒤에 배는 폭풍이 들이닥치기 직전에 스칸디나비아의 안전한 피오르로 총총 돌아갔다. 건식 실험실에서 빅터는 모든 잠수를 기록한 벽면에 마지막 해연의 내용을 추가했다. "몰로이 해연 5550미터."[29]

이후 배는 영국 런던으로 향했고, 런던에서는 왕립지리학회의 초청으로 신기록을 수립한 탐사에 대해 발표하는 자리가 마련되었다. 학회의 유서 깊은 강당의 단상에 오른 앨런 제이미슨은 숫자를 줄줄 나열했다. 생물 표본 4만 종, 152만 4000미터에 이르는 수중 데이터 수집, 500시간이 넘는 심해 영상, 심해저대와 하달존의 생물 다양성 조사. 제이미슨팀이 수집한 데이터를 분석하고 그 모든 의미

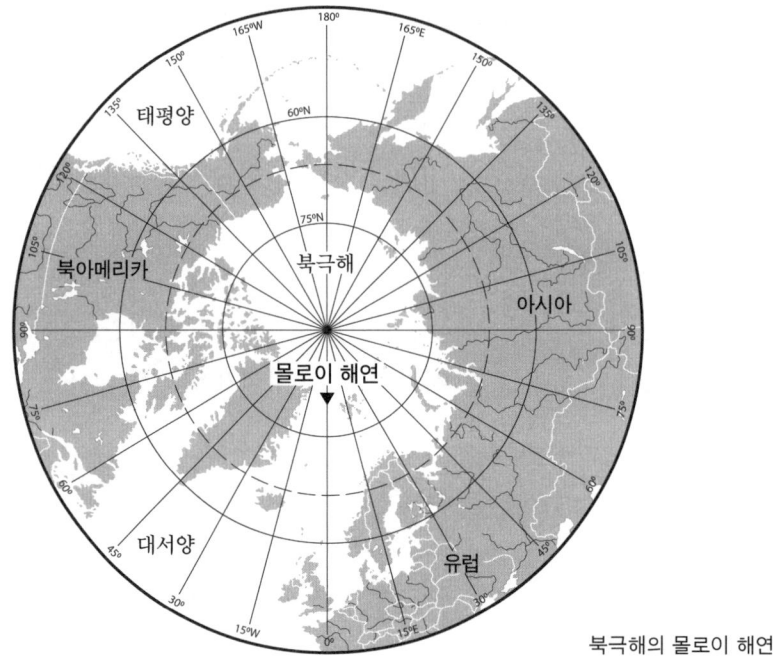

북극해의 몰로이 해연

를 파악하려면 수년이 걸릴 것이었다. 언젠가 이 데이터가 지구 생명체의 진화와 관련해 빠져 있던 빈틈을 메워주리라고 그는 예상했다.

캐시도 대부분이 역사상 최초인 68만 8160제곱킬로미터 구역의 지도화, 수많은 새로운 해저 지형의 발견, 세계 각지의 주요 해구·단열대·섭입대의 측량 등 그간의 성과를 발표했다.[30] 경력에서 가장 빛나는 순간이었지만, 단상에서 내려오자마자 다음 단계에 대한 걱정이 밀려왔다. "다들 저한테 와서 '정상을 찍었군요! 이제 어디로 갈 건가요?'라고 하더군요." 이제 스물일곱인 이 지도 제작자는 1년 6개월 동안 정신적으로 큰 자극을 받으며 전 세계를 돌아다녔다. 그리고 일순간 그 모든 일의 감정적 부담이 캐시를 짓눌렀다. "배에서 내려 사흘 동안 혼자 있었어요. 그런 시간은 아주 오랜만이었는데, 그냥

막 눈물이 나더군요." 탐사대가 해체되고 모두가 각자의 길로 떠났으니 그 배와 대원들을 다시 볼 수 있을지도 알 수 없었다.

빅터는 처음부터 파이브딥스 잠수를 마치면 활동 장비를 팔 계획이었다. 잠수정과 배, EM124 소나, 지원 선박, 랜더를 포함한 '트리톤 하달존 탐사 장비'는 5100만 달러로 시장에 나왔다. 트리톤 사람들은 이 매각에 금전적 이해관계가 걸려 있었기에 매입자를 찾고자 인맥을 있는 대로 끌어 모아 연락을 취했다. 전 세계 해양 연구 기관 300여 곳과 개인 투자운용사 수천 곳에 연락했고, 슈퍼요트 업계 선장과 선주, 설계사에게 고급스러운 책자를 발송했다. 억만장자 헤지펀드 매니저에서 오션X의 해양 보호 활동가로 변신한 레이 달리오, 오스트레일리아 출신 억만장자이자 사회공헌가인 앤드루 포레스트Andrew Forrest, 국립해양대기청 해군 소장 등 세간의 이목을 끄는 유명인의 이름도 여럿 나왔다. 결국 아무와도 성사되지 않았다. 리미팅팩터호는 세웠던 목표를 모두 이루었다. 세계 어느 곳의 해저에도 잠수할 수 있고 바다의 최대 깊이까지 잠수를 반복할 수 있는 유일무이한 잠수정이었다. 그러나 이 세상 돈이란 돈은 다 쥐고 있는 사람들을 끌어들이기에는 충분히 매력적이지 않았던 것이다.

이 미적지근한 반응에 영향을 줬을 만한 다른 요인도 있었다. 코로나19 팬데믹이 닥쳐 여행이 제한된 것만 해도 그렇다. 그래도 세계에서 가장 깊은 곳까지 내려간 잠수정이 아무런 관심도 못 받는다는 것은 파이브딥스 사람들에게 충격이었다. 빅터는 말했다. "이 장비의 매입에 왜 그렇게 관심이 적은지 나로서는 이해가 안 됩니다. 정부도 고액 자산가도 잠잠했죠. 배에 탑승했던 과학 단체를 포함하여 팀 전체가 지난 몇 년 내내 안타까워했습니다. 우주는 그렇게 관심이 몰리고 새롭고 시끌벅적한데 말이죠. …하지만 바다에는 자금이 통 들어오지 않는군요." 해양 활동 투자가 급증했던 2000년대 후반과 2010년대 초반 이후로 해양 탐사를 향한 열정은 정체되었다.

트리톤 하달존 탐사 장비에 진지한 구입 제안이 들어오지 않자 빅터는 1968년 지중해 연안에서 실종된 프랑스 잠수함을 수색하는 것부터 지중해와 홍해의 최심부에 닿는 것까지 각종 탐사에 착수했다. 챌린저 해연에도 돌아가 여성 우주비행사, 미국 해군, 아시아계 인물을 지구 최심부에 최초로 데려갔다. 세계에서 가장 키가 큰 산으로 불리는 하와이 마우나케아산해발 고도 기준 가장 높은 산은 에베레스트지만 해저에서부터 계산한 높이는 마우나케아가 최고라 이렇게 불린다을 서퍼이자 과학자인 하와이 원주민 클리퍼드 카포노Clifford Kapono와 함께 최초로 해저에서부터 등정했다. 두 사람은 세계 기록을 세우기 위한 다종 경기를 시작했다. 리미팅팩터호를 타고 해수면 약 6000미터 아래에 있는 마우나케아산 뿌리까지 잠수했고, 아웃리거 카누를 타고 43킬로미터 노를 저어 뭍에 이르렀으며, 길이 끊기기 전까지 자전거로 산을 60킬로미터 올라간 다음, 정상까지 마지막 10킬로미터를 도보로 등반했다.[31] 이런 탐사는 전부 트리톤 하달존 탐사 장비를 팔려는 마케팅의 일환으로, 이 잠수정이 무엇을 해낼 수 있는지 세계에 선보인 것이었다.

댈러스에 있는 본가로 돌아온 캐시는 세계를 돌아다닌 1년 반을 뒤로하고 푹 쉬면서 다음 단계를 고민하기 시작했다. 최종적으로 빅터 베스코보의 캘러던오셔닉 엑스퍼디션에 합류하기로 한 캐시는 다음 승선 지도화 작업에 관심을 돌렸다. 특히 하나의 항해가 캐시의 마음을 사로잡았다. 태평양에서 '불의 고리'를 지도화하는 일이었다. 2020년 8월, 캐시는 프레셔드롭호를 타고 세계에서 가장 큰 바다의 테두리를 이루는 불안정한 여러 해구를 측량하러 출발했다. 지진과

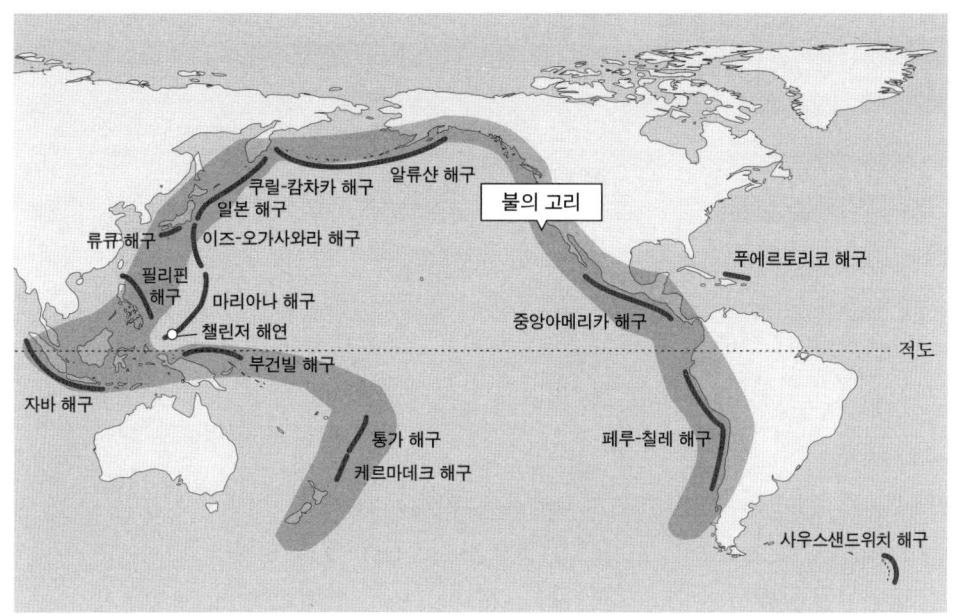

환태평양 조산대, '불의 고리'

화산 폭발은 대개 불의 고리에서 터져 나온다. 2011년에는 일본 연안에서 지진이 발생했고 2022년에는 통가 인근에서 수중 화산이 폭발했다. 수년간 불의 고리가 초래한 수많은 파괴에도 그 괴팍한 해구들은 아직 대부분 지도화되지 않았고 거의 알려지지도 않은 데다 끊임없이 변하고 있다. 이 탐사에서 캐시는 필리핀 해구, 야프 해구, 팔라우 해구, 쿠릴-캄차카 해구, 알류샨 해구를 비롯한 여덟 곳의 해구를 최초로 지도화했다. ("포켓몬 모으듯 해구를 왕창 수집하는 거죠"라며 농담을 했다.) 그러나 불의 고리를 지도화하겠다는 빅터의 결정을 존경하는 마음에는 농담기가 없었다. "빅터가 그 일을 해야 할 의무는 없잖아요. 빅터의 장비를 쓰는 게 세계 공동체에 얼마나 도움이 되는지 몰라요." 탐사 중에 기록을 경신하기도 했지만 탐사 후반은 오롯이 해저 지도화를 위한 시간이었다. 캐시는 파이브딥스를 계기로 빅터가 변했다고 생각했다. 빅터는 늘 다음 목표를 좇으며 기록을 세우는 탐험가이기만 한 것이 아니었다. 과학의 편에 굳건히 선 사람이기도 했다. 탐사에 참여했던 앨런 제이미슨도 동감했다.

"전 과학적으로 의미가 없다면 관두겠다는 생각으로 시작했어요. 그쪽(빅터)은 '난 탐험가라고. 과학에는 관심 없어'라는 식이었고요. 근데 어느 순간 둘 다 서로의 관심사를 공유하게 되었죠." 제이미슨이 말했다. 여정 중에 캐시 역시 자신에게 중요한 목표를 달성했다. 바다 100만 제곱킬로미터를 조수와 둘이서 직접 지도화한 것이다. 지도는 시베드2030에 전부 무상으로 기증될 예정이었다. 최종 집계 결과, 지도화한 해저 면적은 103만 6000천 제곱킬로미터로, 캐시의 고향인 텍사스보다 넓은 면적이었다.[32] 항해를 마칠 때마다 캐시는 댈러스의 본가로 돌아가 수 테라바이트 분량의 새 해양 지도를 가공했다. 빅터는 그리 멀지 않은 곳에 살았다. 2020년 후반의 어느 날, 빅터는 캐시가 설치한 새 지도화 소프트웨어를 살펴보러 그녀의 본가를 찾아왔다. 캐시가 캘러던오셔닉 수석 지도 제작직에서 물러난 것은 그때였다. "늘 약간의 모험을 원하긴 했지만 저한테는 다른 목표도 있어요."

바다에서 보낸 수년은 캐시를 변화시켰다. 뉴햄프셔 대학교에서 캐시가 쓴 석사 논문 주제는 국립해양대기청에서 최우선 순위 해저 측량을 위한 공식을 개선하는 것이었다. 정부 일자리를 구하기에 더할 나위 없이 좋은 주제다. "해도를 만든다는 건 (결국) 이거예요. 선원들의 안전을 지켜야 하는데, 어떻게 하면 한정된 자원으로 효율적으로 할 수 있을까 하는 문제지요." 캐시의 설명이었다. 프레셔드롭호에서 지내며 캐시는 해양 지도화가 안전한 항해 그 이상의 공헌을 할 수 있다는 것을 깨달았다. 해양 지도는 수몰된 인류의 역사를 밝혀내고, 지도화되지 않은 해안에 사는 소규모 공동체의 역량을 강화하며, 우리가 꿈에도 생각지 못한 새로운 질문을 펼쳐낸다. 파이브 딥스도 시작에 불과하다는 것을 캐시는 깨달았다. 그녀는 탐사를 계속하고, 생물학과 지질학에서 가장 다루기 어려운 질문을 해양 지도로 풀어내고 싶었다. 캐시는 장담했다. "이건 저 바깥세상에 있는 과학의 맛보기에 불과해요."

캐시가 빅터와 각자의 길을 가기로 했을 즈음 뉴질랜드 국립수자원대기연구소에 자리가 났다. 캐시가 그 자리에 들어가면 SCUFN 위원이자 시베드2030 남서태평양 지역 센터 수장인 케빈 매카이와 함께 일하게 될 것이다. 캐시는 이 지역 바다에서 52만 8000제곱킬로미터를 손수 측량했으며, 직접 수집한 지도를 바탕으로 작업하게 될 터였다. "데이터로 다음 단계를 밟게 될 자리 같았죠." 캐시가 설명했다. 하지만 결국에는 집에서 가까운 곳에 자리를 잡았다. 현재 캐시는 텍사스 대학교 오스틴 캠퍼스에서 기초공학 연구자로 근무한다.

2022년 여름, 첫 심해 관광단이 타이태닉호를 찾아갔다. 대서양 수심 4000미터 지점에 가라앉아 있는 그 유명한 난파선으로 가는 잠수정 항해에 이들이 지불한 금액은 25만 달러였다.[33] 안타깝게도 2023년 6월, 타이태닉호를 탐사하던 심해 관광 잠수정이 침몰하여 탑승객 전원이 사망하는 사고가 발생했다. 심해에 처음으로 관광객이 유치되는 마당에 채굴업자라고 뒤처져 있을 리 만무하다. 빅터 베스코보가 챌린저 해연에서 2개의 세계 기록을 경신한 지 얼마 되지 않아 중국이 마리아나 해구 밑바닥으로 유인 잠수정을 보냈다. 중국 잠수정의 수석 설계자는 이후 신문과의 인터뷰에서 심해의 "보물 지도"를 구축하고 있다고 밝혔다.[34]

2022년 후반, 빅터는 해양 탐사를 둘러싼 복잡한 규정과 절차에 점점 더 막막해졌다. 공해에 있는 타이태닉호 같은 난파선을 제외하면, 시각적으로 매력적이고 지질학적으로 흥미로운 해저는 대부분 연안국 해안과 가깝거나 최근거리 국가의 배타적 경제수역 내에 있다. 유엔해양법협약이 정한 사소해 보이는 작은 선에 따라, 국가는 해안에서 200해리까지 확장되는 자국의 배타적 경제수역 내에서 과학적 조사를 규제할 권한을 지닌다. 그러나 각 나라마다 '과학적 조사'를 조금씩 다르게 해석하기 때문에, 빅터는 관할 정부가 자신의 지도화 작업이나 잠수 요청을 임의로 무시하거나 거부하는 것을 경험했다. 당시 빅터는 "배타적 경제수역 내에서 허가를 받아야만 과학적 조사를 할 수 있다는 사실에 매우 지쳤습니다"라고 내게 말했다. 빅터의 야심은 탐사의 역사적 패턴을 따라가는 듯했다. 개척자가 밀려들수록 개척지는 점점 더 붐비고 탐사는 점점 더 복잡해지며, 결국 개척지는 더 이상 개척지가 아니게 된다. 그러면 탐험가는 대개 제약 없는 새로운 개척지를 찾아 나서게 된다.

2022년 6월, 빅터는 아마존의 제프 베이조스가 설립한 우주여행사 블루오리진의 다섯 번째 유료 우주여행에 참가했다.[35] 그는 이 비행이 "어떤 속박도 없이 순수한 기쁨을 느낀 10분"이었다고 말했다. 몇 달 후인 2022년 11월에는 트리톤서브마린의 하달존 탐사 장비를 비디오게임으로 억만장자가 된 미국인 게이브 뉴얼Gabe Newell과 그의 해양 탐사 연구 기관 잉크피시에 매각했다. 빅터는 앞으로 바다를 향한 관심을 자율 해양 기술 투자나 난파선 잠수처럼 인허가가 덜 필요한 영역으로 돌릴 계획이었다. 프레셔드롭호는 4년간 바다를 탐사해 해저에서 브라질 면적의 절반쯤 되는 388만 5000제곱킬로미터 이상을 지도화했다.

# 해저 지도, 바다를 알아가는 첫 단계

한 장소를 지도로 만드는 것이 그 장소를 아는 것과 같을까? 휴대전화에서 어떤 동네의 구글 지도를 스크롤하며 이런 곳이겠거니 상상하지만, 막상 실제로 가보면 예상치 못한 정보에 의해 장소에 대한 이해가 자라나고 달라진다. 해저 지도도 똑같다. 바다를 알아가는 첫 단계일 뿐이고, 어찌 보면 여기서는 해답보다 질문이 더 많이 나온다. 풀어야 할 수수께끼가, 결론지어야 할 논쟁이, 명명하고 기술해야 할 생물과 지형이, 조사해야 할 난파선이, 밝혀야 할 인류 역사가 뒤이어 폭포처럼 끝없이 쏟아진다. 어쩌면 무엇보다 거대한 수수께끼인, 우리가 어디에서 왔으며 어떻게 여기까지 이르렀는지에 대한 해답을 찾을 수 있을지도 모른다. 지구상 모든 생명의 발생지는 저 아래 어딘가에, 좁다랗게 갈라진 해저의 균열 속에 감춰져 있다. 생명을 품은 화학의 불꽃은 이곳에서 처음 피어나 불길로 타올랐다. 해저 지도화는 결국 우리 자신을 이해하는 탐구의 여정이기도 하다.

# 에필로그

유토피아가 담기지 않은 세계 지도는 찰나의 눈길도 둘 가치가 없다.
– 오스카 와일드Oscar Wilde, 〈사회주의에서의 인간의 영혼〉, 1891년

2030년까지 바다를 지도화하려는 여정을 주제로 책을 쓰다 보니 같은 해에 걸린 다른 목표와 예측이 종종 눈에 띄어 이를 모아봤다. 2030년까지, 해양 보호 활동가들은 바다의 30%를 보호 구역으로 설정할 것을 촉구했다. 미국에서는 주행 거리의 95%를 자동주행 차량이 달리게 될 것이다. 주요 7개국G7은 석탄 사용을 중단할 것이고, 전 세계 기후변화로 인해 수억 명의 인구가 빈곤층으로 내몰릴 것이며, 곤충 단백질 시장은 80억 달러 규모의 산업이 될 것이라는 예측이 있었다. 이렇게 기한을 내세운 예측은 연구와 정책 영역에서 유행 비슷한 것이 되었다. 이런 예측에는 정신을 집중시키는 효과가 있어 우리는 앞으로 나아가고 또 다가올 세월에 얼마나 올라가야 (혹은 내려가야) 할지를 이해하게 된다. 희망찬 전망도 있고 암담한 예언도 있지만 나는 이것들을 일종의 미래 지도로 읽어나갔다.

과학계는 시베드2030을 오래도록 기다렸다. 고고학, 생물학, 지질학 분야의 발견은 분명 놀랍고 지구를 변화시킬 것이며, 환경 경영과 안전한 항해에 더 많은 혜택을 가져다줄 것이란 것도 반박의 여지가 없다. 2022년에 시베드2030은 해저의 23.4%

를 높은 해상도로 지도화한 최신 GEBCO지도를 공개했는데, 지도화가 추가된 면적이 유럽 대륙과 맞먹었다.[1] 과학자들은 준비되었다. 하지만 나머지 세계도 준비되어 있을까? 바다를 도외시하고 두려워한 인류의 역사를 생각하면, 지구에서 가장 큰 서식지의 지도를 관리할 주체로서 우리 종이 정말 최선인지 의구심이 든다. 시베드2030이 해저를 심해 채굴용으로 개방하지는 않겠지만, 그렇다고 육지 자원이 부족해지면 새로운 자원 채굴 산업이 형성되는 것을 막을 수 있는 것도 아니다. 사람이 살지 않는 땅은 여전히 "지도로 만들 수 있으며, 인간의 운명이 순탄치 않게 펼쳐질 수 있는 지도가 만들어진다"라고 기자 스티븐 홀은 썼다.[2] 나는 자메이카에서 진행된 국제해저기구 회의에서 이러한 순탄치 않은 운명이 펼쳐지는 것을 보았다. 정부 기관과 국제법은 법적으로 인류 공동의 것인 해저를 채굴하려는 기업체의 압력에 휘청거렸다. 애초에 해저는 접근이 어려운 곳이라는 특징이 인간이 생각해 낼 수 있는 어떤 규칙이나 규제보다 강력한 보호 수단이 될 수도 있겠다.

이쯤에서 사람이 거의 살지 않는 극한의 개척지 두 곳이 20세기 지도학에 정복된 이후로 어떻게 되었는지 살펴보면 도움이 될 것이다. 바로 남극대륙과 아마존이다. 한 곳은 1820년 발견되기 한참 전부터 고대 그리스인들이 그 존재를 신화화했던 얼어붙은 대륙이고, 다른 하나는 여러 아마존 부족이 외부 세계와 접촉하지 않고 살아가는 곳이자 독사가 기어다니는 뜨겁고 습한 정글이다. 두 곳은 19세기에 탐사의 정점으로 등극했다. 둘 다 물에 둘러싸여 있어서 전통적인 방식으로는 측량이 불가능했으니, 수천 미터 바다에 가로막힌 오늘날 해저와 다르지 않다. 남극에서는 수백수천 미터의 단단한 얼음덩이가 땅의 진짜 형태를 감추고, 아마존에서는 짙은 구름이 정글 위에 낮게 떠 있어서 항공 측량을 방해한다. 남극이 새로운 대륙인가? 아마존강은 어디서 시작되었을까? 런던 왕립지리학회에서는 지도화를 거부하는 장소들을 둘러싸고 논쟁이 격화되었다. 그러나 20세기 중반에 이르러 측량 기술의 발전으로 두 지역의 베일이 벗겨졌다. 남극에서는 항공 레이더 음향 측심으로 항공기가 얼음덩이를 훑으며 레이더를 발사해 얼음 아래 지형의 연속 단면도를 모을 수 있게 되었다.[3] 1960년대와 1970년대에는 측방 관측 항공 레이더SLAR가 남아메리카 열대 우림을 덮은 구름을 레이저로 뚫고 아마존의 첫 정밀 지도를 만들어냈다.[4]

지도가 제작된 순간부터 두 개척지의 이야기는 갈라진다. 남극이 제대로 측량되자 이 세계의 일곱 번째 대륙은 2048년까지 이곳의 관리를 과학에 맡긴다는 국제 조약으로 보호되었다. 그러나 아마존의 완전한 지도가 처음으로 나왔을 때는 다른 길이 열렸다. 브라질 에너지광물부는 열대 우림의 토지 이용 잠재력을 파악하는 데 그 지도를 썼고, 그렇게 농업을 목적으로 한 모두베기가 가속화되었다. 2021년에 브라질은 2030년까지 아마존에서 삼림 벌채를 종식하고 이를 되돌리겠다고 서약했지만, 같은 해 브라질 아마존 내 삼림 벌채는 15년 만에 최고치를 기록했다.[5]

공해의 해저는 여러 남아메리카 국가가 관할하고 다양한 토착민 집단이 거주하는 아마존보다는 사람이 살지 않는 남극과 더 유사하다. 유엔에서는 법적 구속력이 있는 조약으로 공해를 보호하기 위한 일련의 협상을 추진하고 있다. 이는 제2차 세계대전 이후의 남극조약 서명과 다르지 않은 야심 찬 움직임이다.[6] 이 책이 인쇄에 들어가기 직전이었던 2023년 3월, 이 협상들이 결실을 맺어 193개국이 국가 관할권 밖 공해의 생물 다양성을 보호하겠다는 역사적 합의에 도달했다. 국제해양조약해양생물다양성 보전 및 지속가능이용(BBNJ) 협정안이 아직 비준되지는 않았지만, 해수면부터 해저에 이르기까지 바다를 지속 가능한 방식으로 이용하고 보호하기 위한 토대가 마련된 것이다.2023년 6월 UN에서 공식 채택되었다. 지금껏 사회는 공해를 이렇게 인정한 적이 없었다. 공해는 지구에서 가장 거대하고 가장 덜 알려진 서식지다. 지구상의 생명체를 유지하는 데 막대한 역할을 하고 있으면서도 실질적인 지원이나 보호의 대상이 된 적도 없으며, 우주만큼의 관심도 끌지 못한 곳이다.

이번 10년이 끝날 때까지 해저의 완전한 지도가 나오지 않을지도 모른다. 그러나 언젠가는 시베드2030 프로젝트가 완성되어 심해를 이해하고 보호하는 새로운 시대로 나아갈 길잡이 역할을 하면 좋겠다. 기이하고도 경이로운 심해 세계는 공백이 아니며, 쓰고 내다 버릴 또 하나의 개척지도 아니다. 심해는 지구에 마지막으로 남은 신비로운 장소이자 모든 생명의 발생지, 미개척의 약 상자, 기후 혼란을 막을 보루이며 지구 밖 외계 생명체를 발견할 수 있는 열쇠다. 과학의 이름으로 이곳을 수호하지 않으면 우리는 과거를 밝히고 미래를 보호할 수 있는 역사적인 기회를 놓치게 될 것이다. 우리가 이번에는 지도를 손에 쥐고 부디 바른길을 찾기를 바란다.

# 감사의 말

이 책은 내가 앞선 책 퇴고를 미적거리는 동안 시작되었다. 〈최초의 완전한 해저 지도가 분쟁 수역을 휘젓는 이유〉라는 제목의 《스미스소니언》 잡지 기사를 읽었을 때였다. 카일 프리슈콘이 쓴 그 1500단어짜리 기사로 몇 시간 동안 창작욕이 폭주한 나는 해저 지도화를 다루는 책이 어떤 모습일지 상상하기에 이르렀다. 러몬트-도허티지구관측소의 비키 페리니, 아일랜드 지질조사국의 에일린 보핸, 슈밋해양연구소의 조티카 버마니와 칼리 위너, 갈리프레이재단의 뤼크 키베르와 진행한 초반 인터뷰에서 놀라운 고견을 들을 수 있었다. 오래지 않아 《가디언》에 게재한 기사가 이 책의 토대가 되었다. 이 프로젝트를 시작하게 해준 해양 부문 편집자 크리스 마이클에게 크나큰 감사를 전한다.

　이 책의 뼈대를 이루는 것은 두 배와 그 대원들의 이야기다. 우선 빅터 베스코보, 앨런 제이미슨, 헤더 스튜어트, 패트릭 레이히, 롭 매캘럼을 비롯한 파이브딥스 엑스퍼디션 성원들에게 무척 감사하다. 마라톤 수준의 인내심을 요한 몇 차례의 화상 통화로 해양 지도화를 속성으로 가르쳐준 캐시 본지어바니에게는 무궁한 감사가 아깝지 않다. 노틸러스호 단원들에게도 감사를 표하고 싶다. 특히 니콜 레이노는 검증도 안 된 육지 사람인 나를 9일 동안이나 배에 태워줬고 자신의 개인 선실을 공유해주는 엄청난 아량을 보여줬다. 천사가 따로 없다. 노틸러스호에서 이뤄지는 지도화 작업을 속속들이 안내해주고 때로는 직접 체험하게도 해줬던 해양 지도 제작자 레나토 케인과 에린 헤프런, 앤 하트웰 그리고 바다에 있는 동안 친절과 도움을 베풀어 준 브룩 트래비스, 세라 롯, 마이클 해나퍼드, 버지니아 에지콤, 크리스 크러노스키, D. J. 유서비치, 팀 버뱅크, 크리스토퍼 파워스, 메건 쿡도 고맙다.

롭 비먼, 데이비드 샌드웰, 마이크 코핀, 한현철, 제이미 맥마이클필립스, 헬렌 스네이스, 필립 스타인버그, 케빈 매카이, 래리 메이어, 리처드 젱킨스, 브라이언 코넌, 팀 컨스, 쥘리앵 데로셰, 애나마리아 디앤절리스, 로빈 팰커너, 운노 미쓰유키, 존 홀, 제니퍼 젱크스, 셜리 타갈리크, 쿠키크 베이커, 조 카레타크, '발룸' 앤드루 묵파, 아우파 어코크, 브라이언 콜더, 마티외 롱도, 드니 헤인스, 숀 조이, 모건 스미스, 마이클 포트, 바버라 클라크, 파트리시아 이스케트, 카롤린 포스텔비네, 알로 헴필을 비롯해 이 책의 지면에 이야기와 지식, 통찰을 실어준 모두에게 아낌없는 감사를 전한다.

리카 앤더슨, 이브 길럼, 빅토리아 웨다, 얼리사 존슨, 리사 러빈, 앤드루 프리드먼, 재클린 매머릭스, 브루스 스트리크롯, 존 코플리, 올리버 스티즈, 리사 하인스, 니콜 트렌홈, 앨리스 도일, 댄 포너리, 크레이그 영, 조시 영, 토메르와 오페르 케테르, 키릴 노보셸스키, 에버트 플라이어, 디아나 크라프치크, 앤드루 굿윌리, 로버트 피셔, 크리스 저먼, 제시 핼리건, 로리 바지, 찰스 코넨, 피터 기르기스, '할리' 가이 민스, 닉 벤틀리, 시메나 스미스, 린지 지, 데보라 한센 클레이스트, 칼 징글레르센, 울리히 슈바르츠샴페라, 핼리 펠트, 마이클 스미스, 루카스 아울리주트, 조 셰

이미, 자크 존 미키윤기아크, 제프 킹스턴처럼 무대 뒤에서 정보를 제공하고 방향을 잡아준 사람은 당연히 더 많다.

라이언 하디, 필립 스타인버그, 론 도엘, 알레타 몬드레, 스탈라 로빈슨, 로즈메리 설리번, 헬렌 스케일스처럼 많은 친구와 동료가 여러 단계에서 원고를 읽고 의견을 줬다. 샌디에이고 과학작가협회 동료 위원(소치틀 로하스로차, 모니카 메이, 재러드 휘틀록, 라민 스키바, 마리오 아길레라, 퍼트리샤 퍼낸데즈, 브리트니 페어)들은 내가 기운을 차려야 할 때마다 응원해 줬다. 집필 막바지에 마감을 맞출 수 있도록 내 일을 나누어 맡아준 마이클 밀러에게는 특별한 감사를 표하고 싶다.

캐나다 예술위원회의 재정적 지원이 없었더라면 해안을 지도로 만드는 이누이트 사냥꾼이나 자메이카에서 열린 국제해저기구 이사회 회의는 취재하지 못했을 것이다. 경력의 모든 단계에서 창작자를 지원해주는 나라의 시민인 것에 감사하다. 더불어 탐사보도재단에서는 후한 보조금을, 언론자유를위한기자위원회의 제니퍼 넬슨과 셀린 로르에게는 법률 자문을, 에밀리 래티머에게는 사실 확인 지원을 받았다.

처음부터 이 책을 믿어주고, 나아가 하퍼웨이브의 캐런 리널디와 레이철 캠버리, 구스레인에디션스의 앨런 셰파드라는 훌륭한 편집자를 찾아준 에이전트 수지 에번스에게 감사드린다.

끝으로, 내 작업을 응원해 주는 친구들과 가족에게, 특히 저녁을 먹으면서도 일 이야기를 하는 내게 귀 기울여 주고 원고를 읽어주고 수학 앞에서 움츠러드는 날 위해 수치 계산을 전부 재확인해 준 남편에게 고마움을 전한다. 사랑해.

# ✦ 미주 ✦

## 프롤로그

1 "Seabed 2030 Announces Increase in Ocean Data Equating to the Size of Europe and Major New Partnership at UN Ocean Conference," The Nippon Foundation-GEBCO Seabed 2030 Project, https://seabed2030. org/news/sea bed-2030-announces-increase-ocean-data-equating-size-europe-and-major-new-partnership-un.

2 Dana Goodyear, "Without Sylvia Earle, We'd Be Living on Google Dirt," *NewYorker*, June 20, 2022, https://www.newyorker.com/ magazine/2022/06/27/without-sylvia-earle-wed-be-living-on-google-dirt.

3 Helen Scales, *The Brilliant Abyss: Exploring the Majestic Hidden Life of the Deep Ocean, and the Looming Threat That Imperils It* (New York: Atlantic Monthly Press, 2021), 4.

4 Casey Dreier, "The Cost of Perseverance, in Context," The Planetary Society, July 29, 2020, https://www.planetary.org/articles/cost-of-perseverance-in-context.

5 Ramin Skibba, "Why NASA Wants to Go Back to the Moon," *Wired*, Au- gust 12, 2022, https://www.wired.com/story/why-nasa-wants-to-go-back-to-the-moon/.

## 1장 깊은 바다로 떠나는 원정

1 *The Ocean Economy in 2030* (Paris: OECD, 2016), https://doi. org/10.1787/9789264251724-en.

2 Nicole Starosielski, *The Undersea Network* (Durham, NC: Duke University Press, 2015).

3 Josh Young, *Expedition Deep Ocean: The First Descent to the Bottom of the World's Oceans* (New York: Pegasus Books, 2020), 1–13.

4 Richard Mendick, "Richard Branson Abandons Ambitious Plan to Pilot Sub- marine to Deepest Points of Five Oceans," *National Post*, December 14, 2014, https://nationalpost.com/news/richard-branson-abandons-

ambitious-plan-to-pilot-submarine-to-deepest-points-of-five-oceans.

5   John Nelson, "How Deep Is Challenger Deep?," ArcGIS StoryMaps, August 3,2020, https://storymaps.arcgis.com/stories/0d389600f3464e318 5a84c199f04e859.

6   Young, *Expedition Deep Ocean*, 20.

7   David Grann, *The Lost City of Z: A Legendary British Explorer's Deadly Quest to Uncover the Secrets of the Amazon* (London: Simon & Schuster, 2017), 58.

8   Ben Taub, "Thirty-Six Thousand Feet Under the Sea," *New Yorker*, May 2020, https://www.newyorker.com/magazine/2020/05/18/thirty-six-thousand-feet-under-the-sea.

9   "New Dives to Challenger Deep Raise Old Questions About Privatization and Exploration," *DSM Observer*, July 21, 2020, https://dsmobserver.com/2020/07/ new-dives-to-challenger-deep-raise-old-questions-about-privatization-and- exploration/.

10  Anne-Cathrin Wölfl et al., "Seafloor Mapping—The Challenge of a Truly Global Ocean Bathymetry," *Frontiers in Marine Science* 6 (June 5, 2019): 283, https://doi.org/10.3389/fmars.2019.00283.

11  Robert Kunzig, *Mapping the Deep: The Extraordinary Story of Ocean Science*(New York: W. W. Norton, 2000), 65.

12  Helen Scales, *The Brilliant Abyss: Exploring the Majestic Hidden Life of the Deep Ocean, and the Looming Threat That Imperils It* (New York: Atlantic Monthly Press, 2021), 5.

13  Kunzig, *Mapping the Deep*, 59–60.

14  Jacqueline Carpine-Lancre et al., *History of GEBCO: 1903–2003* (Utrecht, Netherlands: GITC by Lemmer, 2003), 1.

15  David T. Sandwell et al., "New Global Marine Gravity Model from CryoSat-2 and Jason-1 Reveals Buried Tectonic Structure," *Science* 346, no. 6205 (Octo- ber 3, 2014): 65–67, https://doi.org/10.1126/science.1258213.

16  Jon Copley, "Just How Little Do We Know About the Ocean Floor?," *The Con- versation*, October 9, 2014, https://theconversation.com/just-how-little-do-we-know-about-the-ocean-floor-32751.

17  John Noble Wilford, *The Mapmakers: The Story of the Great Pioneers in Car- tography from Antiquity to the Space Age* (New York: Knopf, 1981), 328.

18  Young, *Expedition Deep Ocean*, 98.

19  Ibid., 88.

20  "James Cameron: Diving Deep, Dredging Up Titanic," NPR, March 30,

2012, https://www.npr.org/2012/03/30/149635287/james-cameron-diving-deep-dredging-up-titanic; "Director James Cameron Reveals He Directs MoviesJust to Make Money for Deep Sea Exploration," *Daily Telegraph*, May 29,2018, https://dailytelegraph.com.au/entertainment/sydney-confidential/director-james-cameron-reveals-he-directs-movies-just-to-make-money-for-deep-sea-exploration/news-story/d5380ef4ec58883bf0ecf8cdde40 da96.

21  Taub, "Thirty-Six Thousand Feet Under the Sea."

22  Young, *Expedition Deep Ocean*, 52–62.

## 2장 배를 찾아서

1  Anne-Cathrin Wölfl et al., "Seafloor Mapping—The Challenge of a Truly Global Ocean Bathymetry," *Frontiers in Marine Science* 6 (June 5, 2019): 283, https://doi.org/10.3389/fmars.2019.00283.

2  Alan J. Jamieson et al., "Fear and Loathing of the Deep Ocean: WhyDon't People Care About the Deep Sea?," *ICES Journal of Marine Science* 78, no. 3 (July 2021), https://doi.org/10.1093/icesjms/fsaa234.

3  The Nippon Foundation-GEBCO Seabed 2030 Project, "Deep Ambition: How to Map the World," 2020.

4  Alan J. Jamieson and Thomas Linley, hosts, "The Moon Analogy. Guest: Monty Priede," *The Deep-Sea Podcast*, episode 001, Armatus Oceanic, July 8, 2020, https://www.armatusoceanic.com/podcast/episode1.

5  K. Picard, B. Brooke, and M. F. Coffin, "Geological Insights from MalaysiaAirlines Flight MH370 Search," *Eos*, March 6, 2017, https://eos.org/science-updates/geological-insights-from-malaysia-airlines-flight-mh370-search; Sarah Zhang, "The Search for MH370 Revealed Secrets of the DeepOcean," *Atlantic*, March 10, 2017, https://www.theatlantic.com/science/archive/2017/03/mh370-search-ocean/518946/.

6  International Hydrographic Organization, *Measuring and Charting the Ocean: One Hundred Years of International Cooperation in Hydrography* (Hamburg, Ger- many: International Hydrographic Organization, March 2020), 15, https://iho. int/publications.

7  NOAA, "NOAA Research—Budget 2022," 2020, 9, https://research.noaa.gov/External-Affairs/Budget.

8    Brian Dunbar, "FY 2021 NASA Budget," NASA, June 30, 2022, https://www.nasa.gov/content/fy-2021-nasa-budget.

9    "President Trump's Bold Vision Will Help Conserve, Manage, and ExploreAmerica's Oceans," White House, January 5, 2021, https://www.whitehouse.gov/articles/president-trumps-bold-vision-will-help-conserve-manage-explore-americas-oceans/.

10   Evan Lubofsky, "The Discovery of Hydrothermal Vents," *Oceanus*, June 11,2018, https://www.whoi.edu/oceanus/feature/the-discovery-of-hydrothermal-vents/.

11   William J. Broad, "*Titanic* Wreck Was Surprise Yield of Underwater Tests,"*New York Times*, September 8, 1985, https://www.nytimes.com/1985/09/08/us/titanic-wreck-was-surrise-yield-of-underwater-tests-for-military.html.

12   Eric Levenson, "Inside the Secret US Military Mission That Located the *Ti- tanic*," CNN, December 13, 2018, https://www.cnn.com/2018/12/13/us/titanic-discovery-classified-nuclear-sub/index.html.

13   Donald J. Trump, "Memorandum on Ocean Mapping of the United StatesExclusive Economic Zone and the Shoreline and Nearshore of Alaska," WhiteHouse, November 19, 2019, https://trumpwhitehouse.archives.gov/presidential-actions/memorandum-ocean-mapping-united-states-exclusive-economic-zone-shoreline-nearshore-alaska/.

14   "Read the Rainbow: Seafloor Mapping Glossary," Nautilus Live, August 10,2018, https://nautiluslive.org/blog/2018/08/10/read-rainbow-seafloor-map ping-glossary.

15   "The Mysterious 'False Bottom' of the Twilight Zone," Woods Hole Oceano- graphic Institution, April 26, 2022, https://twilightzone.whoi.edu/the-myster ious-false-bottom-of-the-twilight-zone/.

16   Natacha Aguilar de Soto et al., "Anthropogenic Noise Causes Body Malforma- tions and Delays Development in Marine Larvae," *Scientific Reports* 3 (Octo- ber 3, 2013): article 2831, https://doi.org/10.1038/srep02831.

17   Sophie L. Nedelec et al., "Anthropogenic Noise Playback Impairs Embryonic Development and Increases Mortality in a Marine Invertebrate," *Scientific Reports* 4 (July 31, 2014): article 5891, https://doi.org/10.1038/srep05891.

18   Ian T. Jones, Jenni A. Stanley, and T. Aran Mooney, "Impulsive Pile Driving Noise Elicits Alarm Responses in Squid (*Doryteuthis Pealeii*),"

*Marine Pollu- tion Bulletin* 150 (January 2020): article 110792, https://doi.org/10.1016/j.mar polbul.2019.110792.

19  Joy E. Stanistreet et al., "Changes in the Acoustic Activity of Beaked Whales and Sperm Whales Recorded During a Naval Training Exercise off Eastern Canada," *Scientific Reports* 12, no. 1 (February 7, 2022): article 1973, https:// doi.org/10.1038/s41598-022-05930-4.

20  Anne E. Simonis et al., "Co-occurrence of Beaked Whale Strandings andNaval Sonar in the Mariana Islands, Western Pacific," *Proceedings of theRoyal Society B: Biological Sciences* 287, no. 1921 (February 26, 2020): article20200070, https://doi.org/10.1098/rspb.2020.0070.

## 3장 대서양 밑바닥으로

1  Josh Young, *Expedition Deep Ocean: The First Descent to the Bottom of the World's Oceans* (New York: Pegasus Books, 2020), 52–64.

2  "Ocean's Deepest Point Conquered," Guinness World Records channel on YouTube, November 24, 2020, https://www.youtube.com/watch?v=ullQ9 BB8K A.

3  Ben Taub, "Thirty-Six Thousand Feet Under the Sea," *New Yorker*, May 2020, https://www.newyorker.com/magazine/2020/05/18/thirty-six-thousand-feet-under-the-sea.

4  Heather A. Stewart and Alan J. Jamieson, "The Five Deeps: The Location and Depth of the Deepest Place in Each of the World's Oceans," *Earth-Science Reviews* 197 (October 2019): 5, https://doi.org/10.1016/j.earscirev.2019.102896.

5  Cassandra Bongiovanni, Heather A. Stewart, and Alan J. Jamieson, "High-Resolution Multibeam Sonar Bathymetry of the Deepest Place in Each Ocean," *Geoscience Data Journal* 9, no. 1 (June 2022): 108–122, https://doi.org/10.1002/gdj3.122.

6  Young, *Expedition Deep Ocean*, 140–41.

7  Larry Mayer, "UN Decade of Ocean Science," Map the Gaps Symposium, Paris, January 11, 2021, https://mapthegapssymposium2021.sched.com/event/gUx7/mtg-symposium-un-decade-of-ocean-science?iframe=no.

8  William J. Broad, "So You Think You Dove the Deepest? James CameronDoesn't," *New York Times*, September 16, 2019, https://www.

nytimes.com/2019/09/16/science/ocean-sea-challenger-exploration-james-cameron.html.

9   Taub, "Thirty-Six Thousand Feet Under the Sea."

10  Young, *Expedition Deep Ocean*, xiv.

11  Kelsey Kennedy, "The Forgotten Documents of a 1918 Tsunami in PuertoRico," *Atlas Obscura*, July 5, 2017, https://www.atlasobscura.com/articles/puerto-rico-earthquake-tsunami-lost-records.

12  *Expedition Deep Ocean* (Discovery Channel, 2021), https://www.discoveryplus.com/show/expedition-deep-ocean.

13  Helen Scales, *The Brilliant Abyss: Exploring the Majestic Hidden Life of the Deep Ocean, and the Looming Threat That Imperils It* (New York: Atlantic Monthly Press, 2021), 4.

14  Robert Ballard, "The Astonishing Hidden World of the Deep Ocean," tran- script, TED Talk, Monterey, California, May 2008, https://www.ted.com/talks/robert_ballard_the_astonishing_hidden_world_of_the_deep_ocean/transcript.

15  "Prince of Monaco Here on His Yacht," *New York Times*, September 11, 1913.

16  Robert Kunzig, *Mapping the Deep: The Extraordinary Story of Ocean Science* (New York: W. W. Norton, 2000), 276.

17  International Hydrographic Organization, *Measuring and Charting the Ocean: One Hundred Years of International Cooperation in Hydrography* (Hamburg, Germany: International Hydrographic Organization, March 2020), 27, https:// iho.int/publications.

18  Lloyd A. Brown, *The Story of Maps* (Boston: Little, Brown, 1949), 144.

19  Jacqueline Carpine-Lancre et al., *History of GEBCO: 1903–2003* (Utrecht, Netherlands: GITC by Lemmer, 2003), 13.

20  David E. Kaplan and Alec Dubro, *Yakuza: The Explosive Account of Japan'sCriminal Underworld* (San Francisco: Center for Investigative Reporting,1986), 79.

21  Karoline Postel-Vinay with Mark Selden, "History on Trial: French NipponFoundation Sues Scholar for Libel to Protect the Honor of Sasakawa Ryo-ichi,"*Asia-Pacific Journal: Japan Focus* 8, no. 17 (April 26, 2010): article 3349, https://apjjf.org/-Mark-Selden/3349/article.html.

22  "Obituary: Ryoichi Sasakawa," *Independent*, July 19, 1995, https://www.indep endent.co.uk /news/people/obituary-ryoichi-sasakawa-1592324.html; *Anne- Marie Sauteraud*, case no. 09/04019, Tribunal de Grande

Instance de Paris, September 22, 2010.

23 "The Godfather-san," *Time*, August 26, 1974, https://content.time.com/time/subscriber/article/0,33009,944948-1,00.html.

24 Kaplan and Dubro, *Yakuza*, 261–62.

25 Postel-Vinay with Selden, "History on Trial."

26 Lisa Torio, "Abe's Japan Is a Racist, Patriarchal Dream," Jacobin, March 28,2017, https://jacobin.com/2017/03/abe-nippon-kaigi-japan-far-right/; Sachie Mizohata, "Nippon Kaigi: Empire, Contradiction, and Japan's Future," *Asia- Pacific Journal: Japan Focus* 14, no. 21 (November 1, 2016): article 4975, https://apjjf.org/2016/21/Mizohata.html.

27 *Fondation Franco-Japonese Sasakawa vs. Karoline Postel-Vinay*, Tribunal deGrande Instance de Paris September 22, 2010.

28 Ibid.

29 Jeff Kingston, "Japanese Revisionists' Meddling Backfires," *Critical AsianStudies* 51, no. 3 (June 23, 2019): 437–50, https://doi.org/10.1080/1467271 5.2019.1627889.

30 "Obituary: Ryoichi Sasakawa," *Independent*, July 19, 1995, https://www.indep endent.co.uk /news/people/obituary-ryoichi-sasakawa-1592324.html.

31 Heather A. Stewart and Alan J. Jamieson, "The Five Deeps: The Location and Depth of the Deepest Place in Each of the World's Oceans," *Earth-Science Re- views* 197 (October 2019): article 102896, https://doi.org/10.1016/j.earscirev.2019.102896.

32 "What Are the Roaring Forties?," National Ocean Service, October 25, 2020, https://oceanservice.noaa.gov/facts/roaring-forties.html.

## 4장 마리 타프의 세상을 바꾼 지도

1 Henry David Thoreau, *Cape Cod* (1865; repr. New York: Thomas Y. Crowell & Co., 1908), 141.

2 Susan Schulten, *A History of America in 100 Maps* (Chicago: University of Chicago Press, 2018), 262.

3 John Noble Wilford, *The Mapmakers: The Story of the Great Pioneers in Car- tography from Antiquity to the Space Age* (New York: Knopf, 1981), 280.

4 Hali Felt, *Soundings: The Story of the Remarkable Woman Who Mapped the*

*Ocean Floor* (New York: Henry Holt, 2012), 273.

5   Marie Tharp, "Connect the Dots: Mapping the Seafloor and Discovering the Mid-ocean Ridge," in *Lamont-Doherty Earth Observatory of Columbia: Twelve Perspectives on the First Fifty Years, 1949–1999*, edited by Laurence Lippsett (Palisades, NY: Lamont-Doherty Earth Observatory, 1999), chapter 2, https:// www.whoi.edu/news-insights/content/marie-tharp/.

6   Interview of Marie Tharp by Ronald Doel, Session I, September 14, 1994, Niels Bohr Library & Archives, American Institute of Physics, College Park, Maryland (hereafter AIP), https://www.aip.org/history-programs/ niels-bohr-library/oral-histories/6940.

7   Tharp, "Connect the Dots."

8   Naomi Oreskes, *Science on a Mission: How Military Funding Shaped What We Do and Don't Know About the Ocean* (Chicago: University of Chicago Press, 2021), 262.

9   Interview of Tharp by Doel, Session I, September 14, 1994, AIP.

10  Tharp, "Connect the Dots."

11  Interview of W. Arnold Finck by Ronald Doel, Session I, March 11, 1996, AIP, https://www.aip.org/history-programs/niels-bohr-library/oral-histories/6948-1.

12  Interview of Alma Kesner by Ronald Doel, Session I, October 25, 1995, AIP, https://www.aip.org/history-programs/niels-bohr-library/oral-histories/6947-1.

13  Ronald E. Doel, Tanya J. Levin, and Mason K. Marker, "Extending Modern Cartography to the Ocean Depths: Military Patronage, Cold War Priorities, and the Heezen-Tharp Mapping Project, 1952–1959," *Journal of Historical Ge- ography* 32, no. 3 (July 2006): 610, https://doi.org/10.1016/j.jhg.2005.10.011.

14  Robert Kunzig, *Mapping the Deep: The Extraordinary Story of Ocean Science* (New York: W. W. Norton, 2000), 58.

15  Bruce Heezen, Marie Tharp, and William Ewing, *The Floors of the Oceans: I. The North Atlantic*, Special Paper 65 (New York: Geological Society of Amer- ica, 1959), https://www.gutenberg.org/files/49069/49069-h/49069-h.htm#Page_3.

16  Kunzig, *Mapping the Deep*, 40–41.

17  Tharp, "Connect the Dots."

18  Interview of Kesner by Doel, Session I, October 25, 1995, AIP.

19 Suzanne O'Connell, "Marie Tharp Pioneered Mapping the Bottom of the Ocean 6 Decades Ago—Scientists Are Still Learning about Earth's Last Fron- tier," *The Conversation*, July 28, 2020.

20 Tharp, "Connect the Dots."

21 Henry William Menard, *The Ocean of Truth: A Personal History of Global Tec- tonics* (Princeton, NJ: Princeton University Press, 1986), 26.

22 Andrea Wulf, *The Invention of Nature: Alexander von Humboldt's New World*(New York: Vintage Books, 2015), 4.

23 Menard, *The Ocean of Truth*, 20.

24 Naomi Oreskes, *Plate Tectonics: An Insider's History of the Modern Theory of the Earth* (Boulder, CO: Westview Press, 2001), 7–12.

25 Menard, *The Ocean of Truth*, 27.

26 Kunzig, *Mapping the Deep*, 33.

27 Helen M. Rozwadowski, *Fathoming the Ocean: The Discovery and Exploration of the Deep Sea* (Cambridge, MA: Harvard University Press, 2005), 30.

28 Stephen Dowling, "The Quest That Discovered Thousands of New Species," BBC Future, February 5, 2021, https://www.bbc.com/future/article/20210204-the-quest-that-discovered-thousands-of-new-species.

29 Rozwadowski, *Fathoming the Ocean*, 62.

30 Kunzig, *Mapping the Deep*, 32–38.

31 Rosalind Williams, *Notes on the Underground: An Essay on Technology, Society, and the Imagination* (Cambridge, MA: MIT Press, 1990), 193.

32 Menard, *The Ocean of Truth*, 21.

33 Interview of Alma Kesner by Ronald Doel, Session II, May 18, 1997, AIP, https://www.aip.org/history-programs/niels-bohr-library/oral-histories/6947-2.

34 Enrico Bonatti and Kathleen Crane, "Oceanography and Women: Early Chal- lenges," *Oceanography* 25, no. 4 (December 2012): 33, https://doi.org/10.5670/oceanog.2012.103.

35 Interview of Kesner by Doel, Session I, October 25, 1995, AIP.

36 Menard, *The Ocean of Truth*, 42.

37 Bonatti and Crane, "Oceanography and Women," 37.

38 Oreskes, *Science on a Mission*, 244.

39 Menard, *The Ocean of Truth*.

40 Tharp, "Connect the Dots."

41 Menard, *The Ocean of Truth*, 107.

42  Interview of Marie Tharp by Ronald Doel, Session II, December 18, 1996, AIP, https://www.aip.org/history-programs/niels-bohr-library/oral-histories/22896-2.

43  Bonatti and Crane, "Oceanography and Women," 32–39.

44  Ibid., 37.

45  Interview of Marie Tharp by Tanya Levin, Session IV, June 28, 1997, AIP, https://www.aip.org/history-programs/niels-bohr-library/oral-histories/22896-4.

46  Menard, *The Ocean of Truth*, 61.

47  Schulten, *A History of America in 100 Maps*, 18.

48  Ibid., 118.

49  Marie DeNoia Aronsohn, "Lamont's Marie Tharp: She Drew the Maps That Shook the World," Columbia Climate School, July 27, 2020, https://news. climate.columbia.edu/2020/07/27/marie-tharp-maps-legacy/.

50  Interview of Kesner by Doel, Session II, May 18, 1997, AIP.

51  Laurie Lawlor, *Super Women: Six Scientists Who Changed the World* (New York City: Holiday House Publishing, 2017).

52  Menard, *The Ocean of Truth*, 29.

53  Tharp, "Connect the Dots."

54  Interview of Tharp by Levin, Session IV, June 28, 1997, AIP. https://www.aip.org/history-programs/niels-bohr-library/oral-histories/22896-4.

55  Tharp, "Connect the Dots."

56  Menard, *The Ocean of Truth*, 94–95.

57  Interview of Tharp by Levin, Session IV, June 28, 1997, AIP.

58  Oreskes, *Plate Tectonics*, xx.

59  "Pioneers of Plate Tectonics: John Tuzo-Wilson," Geological Society of Lon- don, https://www.geolsoc.org.uk /Plate-Tectonics/Chap1-Pioneers-of-Plate-Tectonics/John-Tuzo-Wilson.

60  Ken MacDonald, "What Is the Mid-ocean Ridge?," National Oceanic and At- mospheric Administration, https://oceanexplorer.noaa.gov/explorations/05galapagos/background/mid_ocean_ridge/mid_ocean_ridge.html.

61  Oreskes, *Plate Tectonics*, xi–xx.

62  Heezen, Tharp, and Ewing, *The Floors of the Oceans*.

63  Interview of Tharp by Levin, Session IV, June 28, 1997, AIP.

64  Kunzig, *Mapping the Deep*, 62–63.

65 Simon Winchester, *Land: How the Hunger for Ownership Shaped the ModernWorld* (New York: Harper, 2021).

66 Stephen Hall, *Mapping the Next Millennium: How Computer-Driven Cartography Is Revolutionizing the Face of Science* (New York: Random House, 1992).

67 Interview of Tharp by Doel, Session I, September 14, 1994, AIP.

68 Interview of Marie Tharp by Tanya Levin, Session III, May 24, 1997, AIP, https://www.aip.org/history-programs/niels-bohr-library/oral-histories/22896-3.

69 Interview of Tharp by Levin, Session IV, June 28, 1997, AIP.

70 Tharp, "Connect the Dots."

71 Interview of Kesner by Doel, Session II, May 18, 1997, AIP.

72 Menard, *The Ocean of Truth*, 199.

73 Ibid.

74 Ibid., 199–200.

75 Ibid., 201.

76 Interview of Kesner by Doel, Session II, May 18, 1997, AIP.

77 Ibid.

78 Ibid.

79 Menard, *The Ocean of Truth*, 199.

80 Kunzig, *Mapping the Deep*, 56.

81 Interview of Kesner by Doel, Session II, May 18, 1997, AIP.

82 Ibid.

83 Robert Ballard, "The Astonishing Hidden World of the Deep Ocean," tran- script, TED Talk, Monterey, California, May 2008, https://www.ted.com/talks/robert_ballard_the_astonishing_hidden_world_of_the_deep_ocean/transcript.

84 Schulten, *A History of America in 100 Maps*, 12–14.

85 Interview of Tharp by Doel, Session I, September 14, 1994, AIP.

86 Valerie J. Nelson, "Marie Tharp, 86; Pioneering Maps Altered Views on Sea- floor Geology," *Los Angeles Times*, September 4, 2006, https://www.latimes.com/archives/la-xpm-2006-sep-04-me-tharp4-story.html.

## 5장 지구에서 가장 외로운 바다

1 Josh Young, *Expedition Deep Ocean: The First Descent to the Bottom of the*

*World's Oceans* (New York: Pegasus Books, 2020), 170.

2   Sarah Gibbens, "There's a New Ocean Now—Can You Name All 5?," *National Geographic*, August 6, 2021, https://www.nationalgeographic. com/environment/article/theres-a-new-ocean-now-can-you-name-all-five-southern-ocean.

3   Derek Lundy, *Godforsaken Sea: The True Story of a Race Through the World's Most Dangerous Waters* (Chapel Hill, NC: Algonquin Books of Chapel Hill, 1998), 5.

4   Young, *Expedition Deep Ocean*, 175.

5   Cassandra Bongiovanni, Heather A. Stewart, and Alan J. Jamieson, "High-Resolution Multibeam Sonar Bathymetry of the Deepest Place in Each Ocean," *Geoscience Data Journal* 9, no. 1 (June 2022): 108–23, https://doi. org/10.1002/gdj3.122.

6   "Licence to Krill," Greenpeace International, March 12, 2018, https:// www.greenpeace.org/international/publication/15255/licence-to-krill-antarctic-krill-report.

7   Kendall R. Jones et al., "The Location and Protection Status of Earth's Diminishing Marine Wilderness," *Current Biology* 28, no. 15 (August 6, 2018): 2506–12.E3, https://doi.org/10.1016/j.cub.2018.06.010.

8   Young, *Expedition Deep Ocean*, 179–80.

9   Ibid., 184.

10   Ibid., 184–85.

11   Helen Scales, *The Brilliant Abyss: Exploring the Majestic Hidden Life of the Deep Ocean, and the Looming Threat That Imperils It* (New York: Atlantic Monthly Press, 2021), 21.

12   "South Sandwich Trench," Wikipedia, November 10, 2020, https://en.wiki pedia.org/w/index.php?title=South_Sandwich_Trench&oldid=988015061.

13   Young, *Expedition Deep Ocean*, 186.

14   Victor Vescovo, "Southern Ocean Expedition Blog," The Five Deeps Expedition, February 22, 2019, https://fivedeeps.com/home/expedition/ southern/live/.

15   Lloyd A. Brown, *The Story of Maps* (Boston: Little, Brown, 1949), 149.

16   Brad Lendon, "Analysis: How Did a $3 Billion US Navy Submarine Hit an Un- dersea Mountain?," CNN, November 4, 2021, https://www.cnn. com/2021/11/04/asia/submarine-uss-connecticut-accident-undersea-mountain-hnk-intl-ml-dst/index.html.

17 Five Deeps, "Naming," The Five Deeps Expedition, https://fivedeeps.com/home/technology/names/.

18 Michael Huet, "International Naming of Undersea Features," GEBCO Sub- Committee on Undersea Feature Names, n.d.

19 Simon Winchester, *Land: How the Hunger for Ownership Shaped the Modern World* (New York: Harper, 2021).

## 6장 해저에 이름을 붙인다는 것

1 "Treaty of Waitangi," New Zealand Ministry of Justice, March 11, 2020, https://www.justice.govt.nz/about/learn-about-the-justice-system/how-the-justice-system-works/the-basis-for-all-law/treaty-of-waitangi/.

2 Jacqueline Carpine-Lancre et al., *History of GEBCO: 1903–2003* (Utrecht, Netherlands: GITC by Lemmer, 2003), 107.

3 Ibid., 109.

4 J. Brian Harley, "Maps, Knowledge, and Power," in *Geographic Thought : A Praxis Perspective*, edited by George L. Henderson and Marvin Waterstone (London: Routledge, 2009), 134–35.

5 Bill Hayton, *The South China Sea: The Struggle for Power in Asia* (New Ha- ven, CT: Yale University Press, 2014), 92–93.

6 Carpine-Lancre et al., *History of GEBCO*, 109.

7 The Nippon Foundation-GEBCO Seabed 2030 Project, "Deep Ambition: How to Map the World," 2020.

8 Tegg Westbrook, "The Global Positioning System and Military Jamming: Ge- ographies of Electronic Warfare," *Journal of Strategic Security* 12, no. 2 (2019):1–2.

9 Bill Hayton, "The South China Sea in 2020: Statement before the U.S.-China Economic and Security Review Commission Hearing on 'U.S.- China Relations in 2020: Enduring Problems and Emerging Challenges,'" U.S.-China Economic and Security Review Commission, September 9, 2020, 3, https://www.uscc.gov/sites/default/files/2020-09/Hayton_Testimony.pdf.

10 Ivan Watson, Brad Lendon, and Ben Westcott, "Inside the Battle for the South China Sea," CNN, August 2018, https://www.cnn.com/interactive/2018/08/asia/south-china-sea/.

11  Luc Cuyvers et al., *Deep Seabed Mining: A Rising Environmental Challenge*(Gland, Switzerland: IUCN and Gallifrey Foundation, 2018), 32.

12  Vo Kieu Bao Uyen and Shashank Bengali, "Sunken Boats. Stolen Gear. Fisher- men Are Prey as China Conquers a Strategic Sea," *Los Angeles Times*, Novem- ber 12, 2020, https://www.latimes.com/world-nation/story/2020-11-12/china-attacks-fishing-boats-in-conquest-of-south-china-sea.

13  Hayton, *The South China Sea*, 113.

14  Max Fisher, "The South China Sea: Explaining the Dispute," *New York Times*, July 14, 2016, https://www.nytimes.com/2016/07/15/world/asia/south-china-sea-dispute-arbitration-explained.html.

15  Hayton, "The South China Sea in 2020," 2.

16  Zachery Haver, "China Trademarked Hundreds of South China Sea Land- marks," BenarNews, April 13, 2021, https://www.benarnews.org/english/news/philippine/sea-trademarks-04132021172405.html.

17  Yukie Yoshikawa, "The US-Japan-China Mistrust Spiral and Okinotorishima," *Asia-Pacific Journal* 5, no. 10 (October 1, 2007): article 2541, https://apjjf.org/- Yukie-YOSHIK AWA/2541/article.html.

18  Norimitsu Onishi, "Japan and China Dispute a Pacific Islet," *New York Times*, July 10, 2005, https://www.nytimes.com/2005/07/10/world/asia/japan-and-china-dispute-a-pacific-islet.html.

19  Hayton, *The South China Sea*, 262.

20  Sung Hyo Hyun, "The Geomorphic Characteristics and Naming of Undersea Feature in the East Sea, Korea," in *The 14th International Seminar on Sea Names Geography, Sea Names, and Undersea Feature Names* (Tunis Ville, Tuni- sia: Society for East Sea, 2008).

21  F. Pappalardi, S. J. Dunham, and M. E. Leblang, "HMS Scott—United King- dom Ocean Survey Ship," in *OCEANS 2000 MTS/IEEE Conference and Exhi- bition, Conference Proceedings*, vol. 2 (Providence, Rhode Island: IEEE, 2000), 961–67, https://doi.org/10.1109/OCEANS.2000.881724.

22  Stephen Hall, *Mapping the Next Millennium: The Discovery of New Geographies* (New York: Random House, 1992), 79–81.

23  Robert Kunzig, *Mapping the Deep: The Extraordinary Story of Ocean Science*(New York: W. W. Norton, 2000), 65.

24  John K. Hall, "Insider's View: Arctic Low-Budget Hydrography Update," *Hydro International*, May 2008, https://www.hydro-international.com/

content/article/arctic-low-budget-hydrography-update.

25　"Safety & Shipping Review 2021," Allianz Global Corporate & Specialty, Au- gust 2021, 9, https://www.agcs.allianz.com/news-and-insights/ reports/ship ping-safety/shipping-report.html.

## 7장 크라우드소싱으로 만드는 북극 지도

1　Heather A. Stewart and Alan J. Jamieson, "The Five Deeps: The Location and Depth of the Deepest Place in Each of the World's Oceans," *Earth-Science Reviews* 197 (October 2019): article 102896, https://doi.org/10.1016/ j.earscirev.2019.102896.

2　"Facts and Figures," Port of Rotterdam, https://www.portofrotterdam. com/en/experience-online/facts-and-figures.

3　"Innovative Hydrography," Port of Rotterdam, https://www.hydro-inter national.com/content/article/port-of-rotterdam-innovative-hydrography.

4　"About Our Hydrographic Service," Port of London Authority, https:// www.pla.co.uk /Safety/About-Our-Hydrographic-Service.

5　Fisheries and Oceans Canada, "Arctic Charting," October 3, 2022, Govern- ment of Canada, https://charts.gc.ca/arctic-arctique/index-eng.html.

6　R. Glenn Wright and Michael Baldauf, "Arctic Environment Preservation Through Grounding Avoidance," in *Sustainable Shipping in a Changing Arctic*, edited by Lawrence P. Hildebrand, Lawson W. Brigham, and Tafsir M. Johans- son, vol. 7, *WMU Studies in Maritime Affairs* (Cham, Switzerland: Springer International Publishing, 2018), 77, https://doi.org/10.1007/978-3-319-78425-0_5.

7　Heïdi Sevestre, "Life in One of the Fastest-Warming Places on Earth," Arctic Council, May 10, 2010, https://arctic-council.org/news/life-in-one-of-the-fastest-warming-places-on-earth/.

8　Lara Johannsdottir, David Cook, and Gisele M. Arruda, "Systemic Risk of Cruise Ship Incidents from an Arctic and Insurance Perspective," *Elementa: Science of the Anthropocene* 9, no. 1 (2021): article 00009, https:// doi.org/10.1525/elementa.2020.00009.

9　Jackie Dawson et al., "Temporal and Spatial Patterns of Ship Traffic in the Ca- nadian Arctic from 1990 to 2015," *Arctic* 71, no. 1 (2018): 15–26.

10　Wright and Baldauf, "Arctic Environment Preservation Through

Grounding Avoidance."

11  Ibid., 90.

12  Grant Sims, "A Clot in the Heart of the Earth," *Outside*, June 1989, https://www.outsideonline.com/adventure-travel/clot-heart-earth/.

13  Karen Nasmith and Michael Sullivan, "Climate Change Adaptation Action Plan for Hamlet of Arviat" (Ottawa, Ontario: Canadian Institute of Planners, July 2010), 10, https://www.climatechangenunavut.ca/sites/default/files/arviat_community_adap_plan_eng.pdf.

14  Joshua Rapp Learn, "Arctic Search-and-Rescue Missions Double as Climate Warms," *National Geographic*, September 19, 2016, https://www.nationalgeo graphic.com/adventure/article/arctic-search-and-rescue-missions-double.

15  "Focus on Geography Series, 2016 Census: Arviat, Hamlet (CSD)—Nunavut," Statistics Canada, https://www12.statcan.gc.ca/census-recensement/2016/as-sa/fogs-spg/Facts-csd-eng.cfm?LANG=Eng&GK=CSD&GC=6205015& TOPIC=4.

16  "RCMP Charge 30-Year-Old After Fatal Hit and Run," *Nunatsiaq News*, Sep- tember 27, 2021, https://nunatsiaq.com/stories/article/man-charged-following-fatal-rankin-inlet-hit-and-run/.

17  Cheryl Katz, "With Old Traditions and New Tech, Young Inuit Chart Their Changing Landscape," *Hakai* magazine, August 30, 2022, https://hakaimaga zine.com/features/with-old-traditions-and-new-tech-young-inuit-chart-their-changing-landscape/.

18  Nickita Longman, "Hunger in the North," *University of Toronto Magazine*, Sep- tember 23, 2021, https://magazine.utoronto.ca/research-ideas/health/hunger-in-the-north-arviat-nunavut-food-insecurity/.

19  Emma Tranter, "Nunavut Children Experience the Highest Poverty Rate in Canada: Report," *Nunatsiaq News*, January 30, 2020, https://nunatsiaq.com/stories/article/nunavut-children-experience-the-highest-poverty-rate-in-canada-report/.

20  Jane George, "Tiny Homes Could Cure Western Nunavut Town's Growing Pains," *Nunatsiaq News*, September 20, 2016, https://nunatsiaq.com/stories/article/65674tiny_homes_could_cure_western_nunavut_towns_growing_pains/.

21  Kitra Cahana and Ed Ou, "How Teen Dance Competitions Are Helping Nun- avut Youth Fight Suicide," CBC News, https://www.cbc.ca/news2/

inter actives/arviat-documentary/http://www.cbcnews.ca/teendance; "How a Dance Competition Helps Keep Suicide at Bay | Dancing Towards the Light," CBC News channel on YouTube, May 16, 2017, https://www.youtube.com/watch?v=BZUwB-aNYp8.

22 Helen Epstein, "The Highest Suicide Rate in the World," *New York Review of Books*, https://www.nybooks.com/articles/2019/10/10/inuit-highest-suicide-rate/.

23 Peter Varga, "Arviat Fishermen Found Dead After Apparent Boating Acci- dent," *Nunatsiaq News*, August 12, 2014, https://nunatsiaq.com/stories/article/65674arviat_fishermen_found_dead_after_apparent_boating_accident/.

24 Learn, "Arctic Search-and-Rescue Missions Double as Climate Warms."

25 Katz, "With Old Traditions and New Tech, Young Inuit Chart Their Changing Landscape."

26 Jake Eggleston and Jason Pope, "Land Subsidence and Relative Sea-Level Rise in the Southern Chesapeake Bay Region," Circular, Circular (U.S. Geological Survey Circular 1392, 2013), 2, https://dx.doi.org/10.3133/cir1392.

27 Pia Blake, "Mapping Future Canadian Arctic Coastlines," BA thesis, Lund University, Lund, Sweden, 2021, https://lup.lub.lu.se/student-papers/record/9056990.

28 Jill Barber, "Carving Out a Future: Contemporary Inuit Sculpture of Third Generation Artists from Arviat, Cape Dorset and Clyde River," MA disserta- tion, Carleton University, Ottawa, Ontario, 1999, 28–30.

29 Frédéric Laugrand, Jarich Oosten, and David Serkoak, "'The Saddest Time of My Life': Relocating the Ahiarmiut from Ennadai Lake (1950–1958)," *Polar Record* 46, no. 2 (April 2010): 113–35, https://doi.org/10.1017/S0032247409008390.

30 "Statement of Apology for the Relocation of the Ahiarmiut," Government of Canada, January 22, 2019, https://www.rcaanc-cirnac.gc.ca/eng/1548170252259/1548170273272.

31 Walter Strong and Jordan Konek, "Inuk Elder Recalls the Day Her Family Was Forced to Relocate, Nearly 70 Years Ago," CBC, February 2, 2019, https:// www.cbc.ca/news/canada/north/ahiarmiut-inuk-elder-forced-relocation-1.5003380.

32 "'Dark Chapter in Our History': Federal Gov't Apologizes to Ahiarmiut for Forced Relocations," CBC, January 22, 2019, https://www.cbc.ca/news/

canada/north/ahiarmiut-apology-federal-government-1.4986934.

33  *Community Climate Change Manual* (Nunavut: Arviat Aqqiumavvik Society, n.d.), 10.

34  Sarah Rogers, "Nunavut Man Dies in Kivalliq Polar Bear Attack," *Nunatsiaq News*, July 4, 2018, https://nunatsiaq.com/stories/article/65674nunavut_man_dies_in_polar_bear_attack/.

35  Rebecca Clare Harckham, "Defining and Servicing Mental Health in a Re- mote Northern Community," MSW dissertation, University of British Colum- bia, 2003, 51, https://doi.org/10.14288/1.0091109.

36  Katz, "With Old Traditions and New Tech, Young Inuit Chart Their Changing Landscape."

37  Julien Desrochers, "Aqqiumavvik Society HydroBlock Training," M2Ocean, August 2021, 19–21.

38  *Community Climate Change Manual*, 6.

39  Johannsdottir, Cook, and Arruda, "Systemic Risk of Cruise Ship Incidents from an Arctic and Insurance Perspective."

40  "Clipper Adventurer Cruise Ship Runs Aground in the Arctic," *Cruise Law News*, August 29, 2010, https://www.cruiselawnews.com/2010/08/articles/sinking/clipper-adventurer-cruise-ship-runs-aground-in-the-arctic/.

41  Wright and Baldauf, "Arctic Environment Preservation Through Grounding Avoidance," 77–78.

42  "Safety & Shipping Review 2021," Allianz Global Corporate & Specialty, Au- gust 2021, 9, https://www.agcs.allianz.com/news-and-insights/reports/ship ping-safety/shipping-report.html.

43  Susan Nerberg, "I Returned to the Land of My Sámi Ancestors to Reclaim My Identity," *Broadview*, August 18, 2022, https://broadview.org/sami-colon ization/.

44  John Noble Wilford, *The Mapmakers: The Story of the Great Pioneers in Cartography from Antiquity to the Space Age* (New York: Knopf, 1981),167.

45  Kenn Harper, "The 'Boozy' Map of Nunavut," *Nunatsiaq News*, November 27, 2020, sec. Taissumani, https://nunatsiaq.com/stories/article/the-boozy-map-of-nunavut/.

46  "Pan Inuit Trails," Social Sciences and Humanities Research Council, http://www.paninuittrails.org/index.html?module=module.about.

47  Philip Steinberg, Jeremy Tasch, and Hannes Gerhardt, *Contesting the*

*Arctic: Politics and Imaginaries in the Circumpolar North* (London: I. B. Tauris, 2015), 40.

48  Richard Kemeny, "Fight for the Arctic Ocean Is a Boon for Science," *Scientific American*, July 18, 2019.

49  Max Fisher, "Canada Just Enlisted Santa Claus in Its Effort to Control the Arctic," *Washington Post*, December 26, 2013, https://www. washingtonpost.com/news/worldviews/wp/2013/12/26/canada-just-enlisted-santa-claus-in-its-effort-to-control-the-arctic/.

50  Jane George, "Norway Wants Amundsen's Maud Back from Nunavut," *Nunat- siaq News*, May 16, 2011, https://nunatsiaq.com/stories/article/16557_norway_wants_amundsens_maud_back_from_nunavut/; Peter B. Campbell, "Opin- ion: Could Shipwrecks Lead the World to War?," *New York Times*, Decem- ber 19, 2015, https://www.nytimes.com/2015/12/19/opinion/could-ship wrecks-lead-the-world-to-war.html.

51  Kemeny, "Fight for the Arctic Ocean Is a Boon for Science."

52  Government of Canada, "2016 Census—Census Subdivision of Arviat, HAM (Nunavut), https://www12.statcan.gc.ca/census-recensement/2016/as-sa/fogs-spg/Facts-csd-eng.cfm?LANG=Eng&GK=CSD&GC=6205015 &TOPIC=4."

53  "New Global Survey Calls for Greater Coordination of Seabed Mapping Activ- ities," Nippon Foundation-GEBCO Seabed 2030 Project, https://seabed2030. org/news/new-global-survey-calls-greater-coordination-seabed-mapping-activities.

54  Katrin Bennhold and Jim Tankersley, "Ukraine War's Latest Victim? The Fight Against Climate Change," *New York Times*, June 26, 2022, https://www.ny- times.com/2022/06/26/world/europe/g7-summit-ukraine-war-climate-change.html.

## 8장  바다에서 펼쳐지는 로봇 혁명

1  "San Francisco to Hawaii Multibeam Mapping," Saildrone, https://www. Sail drone.com/missions/2021-surveyor-hawaii-mapping.

2  Brian Connon, "Who Is Going to Map the High Seas?," Hydro International, August 17, 2021, https://www.hydro-international.com/content/article/who-is-going-to-map-the-high-seas.

3  Scott Sistek, "Saildrone's Journey into Category 4 Hurricane Uncovers Clue into Rapidly Intensifying Storms," Fox News Network (Fox Weather, Decem- ber 16, 2021), https://www.foxweather.com/weather-news/saildrones.-journey-into-category-4-hurricane-uncovers-clue-into-rapidly-intensifying-storms.

4  Dongxiao Zhang et al., "Comparing Air-Sea Flux Measurements from a New Unmanned Surface Vehicle and Proven Platforms During the SPURS-2 Field Campaign," *Oceanography* 32, no. 2 (June 2019): 122–33, https://doi.org/10.5670/oceanog.2019.220.

5  Susan Ryan, "Saildrone Closes $100 Million Series C Funding Round to Advance Ocean Intelligence Products," Saildrone, October 18, 2021, https:// www.saildrone.com/press-release/saildrone-announces-series-c-funding.

6  "USVs Complete Milestone Alaska Fisheries Survey," Saildrone, December 10, 2020, https://www.saildrone.com/news/usv-complete-milestone-alaska-poll ock-survey.

7  Denis Wood with John Fels, *The Power of Maps* (New York: Guilford Press, 1992), 7.

8  John Noble Wilford, *The Mapmakers: The Story of the Great Pioneers in Cartography from Antiquity to the Space Age* (New York: Knopf, 1981), 259.

9  Lloyd A. Brown, *The Story of Maps* (Boston: Little, Brown, 1949), 255.

10  Stephen Hall, *Mapping the Next Millennium: How Computer-Driven Cartography Is Revolutionizing the Face of Science* (New York: Random House, 1992), 384.

11  David Grann, *The Lost City of Z: A Legendary British Explorer's Deadly Quest to Uncover the Secrets of the Amazon* (London: Simon & Schuster, 2017), 51–52.

12  Wilford, *The Mapmakers*, 266.

13  Brown, *The Story of Maps*, 280.

14  Larry Mayer et al., "The Nippon Foundation-GEBCO Seabed 2030 Project: The Quest to See the World's Oceans Completely Mapped by 2030," *Geosci ences* 8, no. 2 (February 8, 2018): 63, https://doi.org/10.3390/geo sciences8020063.

15  Brown, *The Story of Maps*, 300.

16  Wilford, *The Mapmakers*, 259.

17  Alastair Pearson et al., "Cartographic Ideals and Geopolitical Realities: Inter national Maps of the World from the 1890s to the Present,"

Canadian Geogra- pher/Géographe Canadien 50, no. 2 (June 2006): 149–76, https://doi.org/10.1111/j.0008-3658.2006.00133.x.

18 Jacqueline Carpine-Lancre et al., *History of GEBCO: 1903–2003* (Utrecht, Netherlands: GITC by Lemmer, 2003), 12.

19 Brown, *The Story of Maps*, 302.

20 Wilford, *The Mapmakers*, 236.

21 Ibid., 250.

22 Brown, *The Story of Maps*, 304.

23 Miles Harvey, *The Island of Lost Maps: A True Story of Cartographic Crime* (New York: Random House, 2000), 155.

24 Wilford, *The Mapmakers*, 251.

## 9장 바다 아래 잠든 역사

1 Mackenzie E. Gerringer et al., "*Pseudoliparis swirei* sp. Nov.: A Newly-Discovered Hadal Snailfish (Scorpaeniformes: Liparidae) from the Mariana Trench," *Zootaxa* 4358, no. 1 (November 2017): 161–77, https://doi.org/10.11646/zootaxa.4358.1.7.

2 "Octopus Wonderland: Return to the Davidson Seamount," Nautilus Live, Oc- tober 27, 2020, https://nautiluslive.org/video/2020/10/27/octopus-wonderland-return-davidson-seamount.

3 Sarah Durn, "The Northernmost Island in the World Was Just Discovered by Accident," *Atlas Obscura*, September 8, 2021, https://www.atlasobscura.com/articles/found-the-worlds-northernmost-island.

4 Henry Fountain, "At the Bottom of an Icy Sea, One of History's Great Wrecks Is Found," *New York Times*, March 9, 2022, updated July 13, 2022, https:// www.nytimes.com/2022/03/09/climate/endurance-wreck-found-shackleton.html.

5 Neil Vigdor, "Sprawling Coral Reef Resembling Roses Is Discovered off Ta- hiti," *New York Times*, January 20, 2022, https://www.nytimes.com/2022/01/20/science/tahiti-coral-reef.html.

6 "Wrecks," UNESCO, https://web.archive.org/web/20220308003718/http:// www.unesco.org/new/en/culture/themes/underwater-cultural-heritage/under water-cultural-heritage/wrecks/.

7 Jay Bennett, "Less Than 1 Percent of Shipwrecks Have Been Explored,"

*Popu- lar Mechanics*, January 18, 2016, https://www.popularmechanics.com/
science/a19000/less-than-one-percent-worlds-shipwrecks-explored/.

8   Shawn Joy, "The Trouble with the Curve: Reevaluating the Gulf of
Mexico Sea-Level Curve," *Quaternary International* 523, no. 2 (July 2019),
https://www.researchgate.net/publication/334566518_The_trouble_with_the_
curve_Reevaluating_the_Gulf_of_Mexico_sea-level_curve.

9   Ole Grøn et al., "Acoustic Mapping of Submerged Stone Age Sites—A
HALD Approach," *Remote Sensing* 13, no. 3 (January 2021): 445, https://doi.
org/10.3390/rs13030445.

10  Megan Gannon, "7,000-Year-Old Native American Burial Site Found
Under- water," *National Geographic*, February 28, 2018, https://www.
nationalgeo graphic.com/adventure/article/florida-native-american-
indian-burial-under water.

11  Ibid.

12  Joy, "The Trouble with the Curve," 19.

13  A. Hooijer and R. Vernimmen, "Global LiDAR Land Elevation Data
Reveal Greatest Sea-Level Rise Vulnerability in the Tropics," *Nature
Communications* 12 (June 29, 2021): article 3592, https://doi.org/10.1038/
s41467-021-23810-9.

14  "San Marcos de Apalache Historic State Park," Florida State Parks, https://
stateparks.com/san_marcos_de_apalache_historic_state_park_in_florida.html.

15  Ole Grøn et al., "Detecting Human-Knapped Flint with Marine High-
Resolution Reflection Seismics: A Preliminary Study of New Possibilities
for Subsea Mapping of Submerged Stone Age Sites," *Underwater
Technology* 35, no. 2 (July 2018): 35–49, https://doi.org/10.3723/ut.35.035.

16  Grøn et al., "Acoustic Mapping of Submerged Stone Age Sites," 12.

17  Ibid., 10.

18  Jennifer Raff, *Origin: A Genetic History of the Americas* (New York: Twelve,
2022), 73.

19  Thomas Curwen, "'Heroes, Villains, Charlatans, Enigmas': Why I
Followed the Calico Story," *Los Angeles Times*, July 14, 2021, https://www.
latimes.com/california/story/2021-07-14/heroes-villains-charlatans-
enigmas-clueless-com mentators-why-i-followed-the-story-of-calico.

20  Stefan Lovgren, "Clovis People Not First Americans, Study Shows,"
*National Geographic*, February 23, 2007, https://www.nationalgeographic.
com/science/article/native-people-americans-clovis-news.

21 Stuart J. Fiedel, "Initial Human Colonization of the Americas: An Overview of the Issues and the Evidence," *Radiocarbon* 44, no. 2 (2002): 407–36, https://doi.org/10.1017/S0033822200031817.

22 Raff, *Origin*, 23.

23 Jessi J. Halligan et al., "Pre-Clovis Occupation 14,550 Years Ago at the Page- Ladson Site, Florida, and the Peopling of the Americas," *Science Advances* 2, no. 5 (May 13, 2016), https://doi.org/10.1126/sciadv.1600375.

24 "Monte Verde Archaeological Site," UNESCO World Heritage Centre, https://whc.unesco.org/en/tentativelists/1873/.

25 Ibid.

26 Raff, *Origin*, 78–79.

27 Halligan et al., "Pre-Clovis Occupation 14,550 Years Ago at the Page- Ladson Site, Florida, and the Peopling of the Americas."

28 Fiedel, "Initial Human Colonization of the Americas."

29 Jennifer Raff, "Rejecting the Solutrean Hypothesis: The First Peoples in the Americas Were Not from Europe," *Guardian*, February 21, 2018, http:// www.theguardian.com/science/2018/feb/21/rejecting-the-solutrean-hypothesis-the-first-peoples-in-the-americas-were-not-from-europe.

30 Rob Diaz de Villegas, "Shells, Buried History, and the Apalachee Coastal Con- nection," *The WFSU Ecology Blog* (blog), May 29, 2012, https://blog. wfsu.org/blog-coastal-health/2012/05/shells-buried-history-and-the-apalachee-coastal-connection/.

31 "The Apalachees of Northwest Florida," Exploring Florida, http://fcit.usf. edu/Florida/lessons/apalach/apalach1.htm.

32 Barbara A. Purdy, *Florida's Prehistoric Stone Technology* (Gainsville: University Presses of Florida, 1981), xi.

33 Susan Schulten, *A History of America in 100 Maps* (Chicago: University of Chicago Press, 2018), 76–77.

34 George M. Cole and John E. Ladson, *The Wacissa Slave Canal* (Monticello, FL: Aucilla Research Institute, 2018), 23–24.

35 John Worth, "Rediscovering Pensacola's Lost Spanish Missions," paper pre- sented at 65th Annual Meeting of the Southeastern Archaeological Confer- ence, Charlotte, NC, November 15, 2008, https://www.academia. edu/2096954/Rediscovering_Pensacola_s_Lost_Spanish_Missions.

36 Dana Bowker Lee, "The Talimali Band of Apalachee," University of Louisiana Regional Folklife Program, accessed June 14, 2021, https://web.

archive.org/web/20220407021802/https://www.nsula.edu/regionalfolklife/apalachee/Epilogue.html.

37 Purdy, *Florida's Prehistoric Stone Technology*, 1.

38 Raff, *Origin*, 16.

39 Joy, "The Trouble with the Curve."

40 "Operation Timucua: FWC Shuts Down Crime Ring Selling Priceless Florida Artifacts," *Woods 'n Water*, February 28, 2013, https://wnwpressrelease.wordpress.com/2013/02/28/operation-timucua-fwc-shuts-down-crime-ring-selling-priceless-florida-artifacts/.

41 Ben Montgomery, "North Florida Arrowhead Sting: What's the Point?," *Tampa Bay Times*, January 3, 2014, https://www.tampabay.com/features/humaninterest/north-florida-arrowhead-sting-whats-the-point/2159379/.

42 Daniel Ruth, "Ruth: Ridiculous 'Raiders of the Lost Artifacts,'" *Tampa Bay Times*, January 9, 2014, https://www.tampabay.com/opinion/columns/ruth-ridiculous-raiders-of-the-lost-artifacts/2160352/.

43 Rob Diaz de Villegas, "Amateur Archeologist vs. Looter: A Matter of Context?," *The WFSU Ecology Blog* (blog), November 6, 2015, https://blog.wfsu.org/blog-coastal-health/2015/11/amateur-archeologist-vs-looter-a-matter-of-context/.

44 Susan Ryan, "Saildrone's New Ocean Mapping HQ to Support Critical Florida Coastline Initiatives," Saildrone, March 2, 2022, https://www.saildrone.com/ press-release/florida-ocean-mapping-hq-supports-critical-coastline-initiatives.

45 Robert Hanley, "Diving to Prove Indians Lived on Continental Shelf," *New York Times*, July 29, 2003, https://www.nytimes.com/2003/07/29/nyregion/diving-to-prove-indians-lived-on-continental-shelf.html.

46 *Archaeological Damage from Offshore Dredging: Recommendations for Pre-operational Surveys and Mitigation During Dredging to Avoid Adverse Impacts* (Herndon, VA: U.S. Department of Interior, February 2004), 19.

47 "Hurricanes," Florida Climate Center, https://climatecenter.fsu.edu/topics/hurricanes.

## 10장 심해 채굴

1 Kyle Frishkorn, "Why the First Complete Map of the Ocean Floor Is

Stirring Controversial Waters," *Smithsonian Magazine*, July 13, 2017, https://www.smithsonianmag.com/science-nature/first-complete-map-ocean-floor-stirring-controversial-waters-180963993/.

2   Stephen Hall, *Mapping the Next Millennium: How Computer-Driven Cartography Is Revolutionizing the Face of Science* (New York: Random House, 1992), 386.

3   Kendall R. Jones et al., "The Location and Protection Status of Earth's Diminishing Marine Wilderness," *Current Biology* 28, no. 15 (August 6, 2018):2506–12.E3, https://doi.org/10.1016/j.cub.2018.06.010.

4   Holly J. Niner et al., "Deep-Sea Mining with No Net Loss of Biodiversity—An Impossible Aim," *Frontiers in Marine Science* 5 (March 2018), https://www. frontiersin.org/articles/10.3389/fmars.2018.00053.

5   Daniel O. B. Jones et al., "Biological Responses to Disturbance from Simu- lated Deep-Sea Polymetallic Nodule Mining," *PLOS ONE* 12, no. 2 (February 8, 2017): e0171750, https://doi.org/10.1371/journal.pone.0171750.

6   David Shukman, "Accident Leaves Deep Sea Mining Machine Stranded," *BBC News*, April 28, 2021, sec. Science & Environment, https://www.bbc.com/news/science-environment-56921773.

7   Helen Scales, *The Brilliant Abyss: Exploring the Majestic Hidden Life of the Deep Ocean, and the Looming Threat That Imperils It* (New York: Atlantic Monthly Press, 2021), 192.

8   Luc Cuyvers et al., *Deep Seabed Mining: A Rising Environmental Challenge* (Gland, Switzerland: IUCN and Gallifrey Foundation, 2018), 7.

9   John Childs, "Extraction in Four Dimensions: Time, Space and the EmergingGeo(-)Politics of Deep-Sea Mining," *Geopolitics* 25, no. 1 (January 2020):189–213, https://doi.org/10.1080/14650045.2018.1465041.

10   Pradeep A. Singh, "The Two-Year Deadline to Complete the International Seabed Authority's Mining Code: Key Outstanding Matters That Still Need to Be Resolved," *Marine Policy* 134 (December 2021): article 104804, https://doi. org/10.1016/j.marpol.2021.104804.

11   Jenessa Duncombe, "The 2-Year Countdown to Deep-Sea Mining," *Eos*, January 24, 2022, https://eos.org/features/the-2-year-countdown-to-deep-sea-mining.

12   Jones et al., "The Location and Protection Status of Earth's Diminishing Ma- rine Wilderness."

13   Nathalie Seddon et al., "Understanding the Value and Limits of Nature-

Based Solutions to Climate Change and Other Global Challenges," *Philosophical Transactions of the Royal Society B: Biological Sciences* 375, no. 1794 (March 16, 2020): 20190120, https://doi.org/10.1098/rstb.2019.0120.

14  Museum exhibit, International Seabed Authority.

15  Monica Allen, "An Intellectual History of the Common Heritage of Mankind as Applied to the Oceans," thesis, University of Rhode Island, 1992, 108–9, https://digitalcommons.uri.edu/ma_etds/283.

16  Cuyvers et al., *Deep Seabed Mining*, 9.

17  Alan J. Jamieson and Thomas Linley, hosts, "Deep-Sea Mining Special," *The Deep-Sea Podcast*, episode 006, Armatus Oceanic, December 10, 2020, https://www.armatusoceanic.com/podcast/006-deep-sea-mining-special.

18  Jeffrey C. Drazen et al., "Midwater Ecosystems Must Be Considered When Evaluating Environmental Risks of Deep-Sea Mining," *Proceedings of the Na- tional Academy of Sciences* 117, no. 30 (July 28, 2020): 17455–60, https://doi.org/10.1073/pnas.2011914117.

19  Arlo Hemphill, "Greenpeace Intervention at the 26th Session of the Interna- tional Seabed Authority," 26th Session of the International Seabed Authority, Kingston, Jamaica, December 7, 2021.

20  "Why the Rush? Seabed Mining in the Pacific Ocean," MiningWatch Canada, July 26, 2019, https://miningwatch.ca/publications/2019/7/17/why-rush-seabed-mining-pacific-ocean.

21  Cuyvers et al., *Deep Seabed Mining*, 35.

22  Ibid.

23  Elizabeth Kolbert, "Mining the Bottom of the Sea," *New Yorker*, December 26, 2021, https://www.newyorker.com/magazine/2022/01/03/mining-the-bottom-of-the-sea.

24  Ian Urbina, *The Outlaw Ocean: Journeys Across the Last Untamed Frontier* (New York: Alfred A. Knopf, 2019), xi.

25  Karen McVeigh, "Disappearances, Danger and Death: What Is Happening to Fishery Observers?," *Guardian*, May 22, 2020, https://www.theguardian.com/environment/2020/may/22/disappearances-danger-and-death-what-is-hap pening-to-fishery-observers.

26  Arlo Hemphill, "Greenpeace Intervention at the 26th Session of the Interna- tional Seabed Authority," Greenpeace, December 7, 2021.

27  Jean Buttigieg, "Arvid Pardo: A Diplomat with a Mission," 2016, 13–28, https://www.um.edu.mt/library/oar/handle/123456789/14918.

28 Arvid Pardo, "Note Verbale: Request for the Inclusion of a Supplementary Item in the Agenda of the Twenty-Second Session," UN General Assembly, 22nd Session, New York, August 17, 1967, 7.

29 "William Wertenbaker, "Mining the Wealth of the Ocean Deep," *New York Times*, July 17, 1977, https://www.nytimes.com/1977/07/17/archives/mining-the-wealth-of-the-ocean-deep-multinational-companies-are.html.

30 Allen, "An Intellectual History of the Common Heritage of Mankind as Ap- plied to the Oceans," 24.

31 Pardo, "Note Verbale."

32 Elaine Woo, "Arvid Pardo; Former U.N. Diplomat from Malta," *Los Angeles Times*, July 18, 1999, https://www.latimes.com/archives/la-xpm-1999-jul-18-me-57228-story.html.

33 Cuyvers et al., *Deep Seabed Mining*, 30–32.

34 Scales, *The Brilliant Abyss*, 181–82.

35 Marta Conde et al., "Mining Questions of 'What' and 'Who': Deepening Dis- cussions of the Seabed for Future Policy and Governance," *Maritime Studies* 21 (September 2022): 327–38, https://doi.org/10.1007/s40152-022-00273-2.

36 Robert Kunzig, *Mapping the Deep: The Extraordinary Story of Ocean Science* (New York: W. W. Norton, 2000), 87.

37 Helen M. Rozwadowski, *Fathoming the Ocean: The Discovery and Exploration of the Deep Sea* (Cambridge, MA: Harvard University Press, 2005), 136 –38.

38 Alan J. Jamieson and Paul H. Yancey, "On the Validity of the *Trieste* Flatfish: Dispelling the Myth," *Biological Bulletin* 222, no. 3 (June 2012): 171–75, https://doi.org/10.1086/BBLv222n3p171.

39 James Nestor, *Deep: Freediving, Renegade Science, and What the Ocean Tells Us About Ourselves* (New York: First Mariner Books, 2014), 208–9.

40 Morgan E. Visalli et al., "Data-Driven Approach for Highlighting Priority Areas for Protection in Marine Areas Beyond National Jurisdiction," *Marine Policy* 122 (December 2020): article 103927, https://doi.org/10.1016/j.marpol.2020.103927.

41 Scales, *The Brilliant Abyss*, 190–93.

42 Museum exhibit, International Seabed Authority.

43 Woo, "Arvid Pardo."

44  Allen, "An Intellectual History of the Common Heritage of Mankind as Ap- plied to the Oceans," 96–101.

45  Aletta Mondre, "Down Under the Sea" (International Studies Association, 2017), http://web.isanet.org/ Web/Conferences/HKU2017-s/ Archive/212 b0e54-c916-42c7-866b-4894c4da6d84.pdf.

46  J. Brian Harley, *The New Nature of Maps: Essays in the History of Cartography*(Baltimore, MD: John Hopkins University Press, 2001).

47  Greg Stone, host, "Gerard Barron—CEO of DeepGreen: The Future of En- ergy Lies 4 Km Deep," *The Sea Has Many Voices* (podcast), episode 8, https:// theseahasmanyvoices.com/project/gerard-barron-ceo-businesses/; Aryn Baker, "Seabed Mining May Solve Our Energy Crisis. But At What Cost?," *Time*, September 7, 2021, https://time.com/6094560/ deep-sea-mining-envir onmental-costs-benefits/.

48  Baker, "Seabed Mining May Solve Our Energy Crisis."

49  Susan Schulten, *A History of America in 100 Maps* (Chicago: University of Chicago Press, 2018), 10.

50  Harley, *The New Nature of Maps: Essays in the History of Cartography.*

51  Scales, *The Brilliant Abyss*, 190.

52  Andrew Friedman, "After Chaotic Year, Seabed Mining Oversight Body Must Strengthen Policies," Pew, February 12, 2021, https://pew.org/2Ng KVwl.

53  Richard Fisher, "The Unseen Man-Made 'Tracks' on the Deep Ocean Floor," BBC Future, December 3, 2020, https://www.bbc.com/future/ article/20201202-deep-sea-mining-tracks-on-the-ocean-floor.

54  Drazen et al., "Midwater Ecosystems Must Be Considered When Evaluating Environmental Risks of Deep-Sea Mining."

55  Cuyvers et al., *Deep Seabed Mining*, 63–64.

56  Ibid.

57  David Shukman, "Accident Leaves Deep Sea Mining Machine Stranded," BBC News, April 28, 2021, https://www.bbc.com/news/science-environ ment-56921773.

58  Scales, *The Brilliant Abyss*, 192–98.

59  Cuyvers et al., *Deep Seabed Mining*, 64; Amy Maxmen, "Discovery of Vibrant Deep-Sea Life Prompts New Worries over Seabed Mining," *Nature* 561, no.7724 (September 27, 2018): 443–44, https://doi.org/10.1038/ d41586-018-06771-w.

60 Drazen et al., "Midwater Ecosystems Must Be Considered When Evaluating Environmental Risks of Deep-Sea Mining."

61 Scales, *The Brilliant Abyss*, 199.

62 PBS, "Lessons from the Dust Bowl w/ Ken Burns (Live YouTube Event)," YouTube, November 15, 2012, https://www.youtube.com/watch?v=g9GkNQa5of8.

63 Ibid.

64 Jeffrey C. Drazen et al., "Midwater Ecosystems Must Be Considered When Evaluating Environmental Risks of Deep-Sea Mining," *Proceedings of the Na- tional Academy of Sciences* 117, no. 30 (July 28, 2020): 17458, https://doi.org/10.1073/pnas.2011914117.

65 Drazen et al., "Midwater Ecosystems Must Be Considered When Evaluating Environmental Risks of Deep-Sea Mining"; Diva J. Amon et al., "Assessment of Scientific Gaps Related to the Effective Environmental Management of Deep-Seabed Mining," *Marine Policy* 138 (April 2022): article 105006, https://doi.org/10.1016/j.marpol.2022.105006.

66 Johnna Crider, "DeepGreen CEO Gerard Barron Opens Up About Deep- Green's Open Letter to BMW & Other Brands," CleanTechnica, April 14, 2021, https://cleantechnica.com/2021/04/14/deepgreen-ceo-gerard-barron-opens-up-about-deepgreens-open-letter-to-bmw-other-brands/.

67 K. A. Miller et al., "Challenging the Need for Deep Seabed Mining from the Perspective of Metal Demand, Biodiversity, Ecosystems Services, and Benefit Sharing," *Frontiers in Marine Science* 0 (2021), https://doi.org/10.3389/fmars.2021.706161.

68 Beth N. Orcutt et al., "Impacts of Deep-Sea Mining on Microbial Ecosystem Services," *Limnology and Oceanography* 65, no. 7 (July 2020): 1489–1510, https://doi.org/10.1002/lno.11403.

69 Annie Leonard, Sian Owen, and Patrick Alley, "De-SPAC Merger of Sustain- able Opportunities Acquisition Corp. (Ticker: SOAC; CIK: 0001798562) and DeepGreen Metals, Inc.," July 6, 2021, 5, https://savethehighseas.org/2021/07/06/letter-to-sec-states-deep-sea-mining-company-has-misled-investors-ahead-of-going-public/.

70 Diva J. Amon et al., "Assessment of Scientific Gaps Related to the Effective Environmental Management of Deep-Seabed Mining," *Marine Policy* 138 (April 1, 2022): 11, https://doi.org/10.1016/j.marpol.2022.105006.

71  Louisa Casson, "Deep Trouble: The Murky World of the Deep Sea Mining In- dustry" (Greenpeace International, December 8, 2020), 10, https://www.greenpeace.org/international/publication/45835/deep-sea-mining-exploit ation.

72  "In Too Deep: What We Know, and Don't Know, About Deep Seabed Mining," World Wildlife Fund International, 2021, 4, https://files.worldwildlife.org/wwf cmsprod/files/Publication/file/1kgrh1yzmx_W WF_InTooDeep_What_we_know_and_dont_know_about_ DeepSeabedMining_report_February_2021.pdf?_ ga=2.117983753.1063757461.1672107356-2084767261.1672107354.

73  Diva Amon, Lisa A. Levin, and Natalie Andersen, "Undisturbed: The Deep Ocean's Vital Role in Safeguarding Us from Crisis" (Oxford, United Kingdom: International Programme on the State of the Ocean, 2022), http://www.stateoftheocean.org/outreach/new-resources/.

74  Luise Heinrich et al., "Quantifying the Fuel Consumption, Greenhouse Gas Emissions and Air Pollution of a Potential Commercial Manganese Nodule Mining Operation," Marine Policy 114 (April 2020): article 103678, https:// doi.org/10.1016/j.marpol.2019.103678.

75  "Greenhouse Gas Equivalencies Calculator," US Environmental Protection Agency, March 2022, https://www.epa.gov/energy/greenhouse-gas-equivalen cies-calculator.

76  Kalolaine Fainu, "'Shark Calling': Locals Claim Ancient Custom Threatened by Seabed Mining," *Guardian*, September 30, 2021, https:// www.theguardian.com/world/2021/sep/30/sharks-hiding-locals-claim-deep-sea-mining-off-papua-new-guinea-has-stirred-up-trouble.

77  Olive Heffernan, "Why a Landmark Treaty to Stop Ocean Biopiracy Could Stymie Research," *Nature* 580, no. 7801 (March 27, 2020): 20–22, https://doi. org/10.1038/d41586-020-00912-w.

78  Ibid.

79  Scales, *The Brilliant Abyss*, 130.

80  Ibid., 132–36.

81  *The Ocean Economy in 2030* (Paris: OECD, 2016), 200, https://doi. org/10.1787/9789264251724-en.

82  Heffernan, "Why a Landmark Treaty to Stop Ocean Biopiracy Could Stymie Research."

83  Kolbert, "Mining the Bottom of the Sea."

84  Scales, *The Brilliant Abyss*, 220.

85  Cuyvers et al., *Deep Seabed Mining*, 55.

86  Karol Ilagan et al., "How the Rise of Electric Cars Endangers the 'Last Fron- tier' of the Philippines," NBC News, December 7, 2021, https://www.nbcnews.com/specials/rise-of-electric-cars-endangers-last-frontier-philippines/.

87  Ian Morse, "In Indonesia, a Tourism Village Holds Off a Nickel Mine—for Now," *Mongabay*, December 8, 2019, https://news.mongabay.com/2019/12/in-indonesia-a-tourism-village-holds-off-a-nickel-mine-for-now/.

88  Nick Rodway, "Nickel, Tesla and Two Decades of Environmental Activism: Q&A with Leader Raphaël Mapou," *Mongabay*, June 22, 2022, https://news.mongabay.com/2022/06/nickel-tesla-and-two-decades-of-environmental-act ivism-qa-with-leader-rapheal-mapou/.

89  Matt McFarland, "The Next Holy Grail for EVs: Batteries Free of Nickel and Cobalt," CNN, June 1, 2022, https://www.cnn.com/2022/06/01/cars/tesla-lfp-battery/index.html.

90  Andrew Thaler, "Has Pulling the Trigger Already Backfired?," *DSM Observer*, August 26, 2021, https://dsmobserver.com/2021/08/has-pulling-the-trigger-already-backfired/.

91  Kathryn Abigail Miller et al., "Challenging the Need for Deep Seabed Mining from the Perspective of Metal Demand, Biodiversity, Ecosystems Services, and Benefit Sharing," *Frontiers in Marine Science* 8 (July 29, 2021), https:// doi.org/10.3389/fmars.2021.706161; "Deep-Sea Mining: Who Stands to Ben- efit?," Deep Sea Conservation Coalition, fact sheet 6, February 2022, https:// savethehighseas.org/wp-content/uploads/2022/03/DSCC_FactSheet6_DSM_WhoBenefits_4pp_Feb22.pdf.

92  Mehdi Remaoun, "Statement on Behalf of the African Group," 25th Session of the Council of the International Seabed Authority, Kingston, Jamaica, Febru- ary 25, 2019, https://isa.org.jm/files/files/documents/1-algeriaoboag_finmodel.pdf.

93  Gerard Barron, "Address to ISA Council by Gerard Barron, CEO & Chair- man of DeepGreen Metals, Member of the Nauru Delegation," ISA Council, Kingston, Jamaica, February 27, 2019, https://www.isa.org.jm/files/files/doc uments/nauru-gb.pdf.

94  Eric Lipton, "Secret Data, Tiny Islands and a Quest for Treasure on the

Ocean Floor," *New York Times*, August 29, 2022, https://www.nytimes.com/2022/08/29/world/deep-sea-mining.html.

95  Khurshed Alam, "Letter Dated 28 June 2021 from the President of the ISA Council," June 28, 2021, https://www.isa.org.jm/index.php/news/nauru-requests-president-isa-council-complete-adoption-rules-regulations-and-procedures.

96  Chris Bryant, "$500 Million of SPAC Cash Vanishes Under the Sea," Bloomberg, September 13, 2021, https://www.bloomberg.com/opinion/articles/2021-09-13/tmc-500-million-cash-shortfall-is-tale-of-spac-disappointment-greenwashing.

97  Lipton, "Secret Data, Tiny Islands and a Quest for Treasure on the Ocean Floor."

98  Louisa Casson, "Deep Trouble: The Murkey World of the Deep Sea Mining Industry," Greenpeace, December 2020, 6–8, https://www.greenpeace.org/static/planet4-international-stateless/c86ff110-pto-deep-trouble-report-final-1.pdf.

99  Elin A. Thomas et al., "Assessing the Extinction Risk of Insular, Understudied Marine Species," *Conservation Biology* 36, no. 2 (April 2022): e13854, https:// doi.org/10.1111/cobi.13854.

100  Cuyvers et al., *Deep Seabed Mining*, 42.

101  David Shukman, "The Secret on the Ocean Floor," BBC, February 19, 2018, https://www.bbc.co.uk /news/resources/idt-sh/deep_sea_mining.

102  Colin Filer, Jennifer Gabriel, and Matthew G. Allen, "How PNG Lost US$120 Million and the Future of Deep-Sea Mining," *Devpolicy Blog*, April 28, 2020, https://devpolicy.org/how-png-lost-us120-million-and-the-future-of-deep-sea-mining-20200428/.

103  Ben Doherty, "Collapse of PNG Deep-Sea Mining Venture Sparks Calls for Moratorium," *Guardian*, September 15, 2019, https://www.theguardian.com/world/2019/sep/16/collapse-of-png-deep-sea-mining-venture-sparks-calls-for-moratorium.

104  "Mining's Tesla Moment: DeepGreen Harvests Clean Metals from the Sea- floor," Mining.com, June 15, 2017, https://www.mining.com/web/minings-tesla-moment-deepgreen-harvests-clean-metals-seafloor/.

105  Duncan Currie, "Deep Sea Conservation Coalition Intervention," paper pre- sented at International Seabed Authority Council Meeting, Kingston, Jamaica, December 8, 2021, https://savethehighseas.org/isa-

tracker/category/statements.

106 Casson, "Deep Trouble," 8.

107 Sue Farran, "COVID-19 Made Deep-Sea Mining More Tempting for Some Pacific Islands—This Could Be a Problem," *The Conversation*, June 14, 2021, https://theconversation.com/covid-19-made-deep-sea-mining-more-tempting-for-some-pacific-islands-this-could-be-a-problem-158550.

108 Kolbert, "Mining the Bottom of the Sea"; Elizabeth Kolbert, "The Deep Sea Is Filled with Treasure, but It Comes at a Price," *New Yorker*, June 6, 2021, https://www.newyorker.com/magazine/2021/06/21/the-deep-sea-is-filled-with-treasure-but-it-comes-at-a-price.

109 Kolbert, "The Deep Sea Is Filled with Treasure, but It Comes at a Price."

110 Bryant, "$500 Million of SPAC Cash Vanishes Under the Sea."

111 Elham Shabahat, "'Antithetical to Science': When Deep-Sea Research Meets Mining Interests," *Mongabay*, October 4, 2021, https://news.mongabay.com/2021/10/antithetical-to-science-when-deep-sea-research-meets-mining-interests/.

112 Rozwadowski, *Fathoming the Ocean*, 41.

113 Philomène A. Verlaan and David S. Cronan, "Origin and Variability of Resource-Grade Marine Ferromanganese Nodules and Crusts in the Pacific Ocean: A Review of Biogeochemical and Physical Controls," *Geochemistry* 82, no. 1 (April 2022): article 125741, https://doi.org/10.1016/j.chemer.2021.125741.

114 Shabahat, "'Antithetical to Science.'"

115 Todd Woody, "Do We Know Enough About the Deep Sea to Mine It?," *Na- tional Geographic*, July 24, 2019, https://www.nationalgeographic.com/envi ronment/article/do-we-know-enough-about-deep-sea-to-mine-it.

116 Shabahat, "'Antithetical to Science.'"

117 Justin Scheck, Eliot Brown, and Ben Foldy, "Environmental Investing Frenzy Stretches Meaning of 'Green,'" *Wall Street Journal*, June 24, 2021, https:// www.wsj.com/articles/environmental-investing-frenzy-stretches-meaning-of-green-11624554045.

118 David Edward Johnson, "Protecting the Lost City Hydrothermal Vent System: All Is Not Lost, or Is It?," *Marine Policy* 107 (September 2019): article 103593, https://doi.org/10.1016/j.marpol.2019.103593.

119 "Marine Expert Statement Calling for a Pause to Deep-Sea Mining," Deep-Sea Mining Science Statement, https://www.

seabedminingsciencestatement.org.

120 Casson, "Deep Trouble."

121 Johnson, "Protecting the Lost City Hydrothermal Vent System."

122 "Normand Energy Deep Sea Drilling Banner in San Diego," Greenpeace, March 31, 2021, https://media.greenpeace.org/archive/Normand-Energy-Deep-Sea-Drilling-Banner-in-San-Diego-27MDHUE66HH.html.

123 Cuyvers et al., *Deep Seabed Mining*, 44; Shukman, "Accident Leaves Deep Sea Mining Machine Stranded."

124 "Deep-Sea Mining: What Are the Alternatives?," Deep Sea Conservation Co- alition, July 2021, https://savethehighseas.org/resources/publications/deep-sea- mining-what-are-the-alternatives.

125 Shukman, "Accident Leaves Deep Sea Mining Machine Stranded."

126 "The Metals Company Calls Video of Mining Waste Dumped into the Sea Misinformation as Stock Sinks," *MINING.COM* (blog), January 12, 2023, https://www.mining.com/the-metals-company-calls-video-of-mining-waste- dumped-into-the-sea-misinformation-as-stock-sinks/.

## 11장 바닥 그 너머로

1 Alan J. Jamieson et al., "Hadal Biodiversity, Habitats and Potential Chemosyn- thesis in the Java Trench, Eastern Indian Ocean," *Frontiers in Marine Science* 9 (March 8, 2022): article 856992, https://doi.org/10.3389/fmars.2022.856992.

2 Alan J. Jamieson and Michael Vecchione, "First in Situ Observation of Ceph- alopoda at Hadal Depths (Octopoda: Opisthoteuthidae: *Grimpoteuthis* sp.)," *Marine Biology* 167 (May 26, 2020): article 82, https://doi.org/10.1007/s00227-020-03701-1.

3 Josh Young, *Expedition Deep Ocean: The First Descent to the Bottom of the World's Oceans* (New York: Pegasus Books, 2020), 204.

4 Ibid., 191.

5 Cassandra Bongiovanni, Heather A. Stewart, and Alan J. Jamieson, "High-Resolution Multibeam Sonar Bathymetry of the Deepest Place in Each Ocean," *Geoscience Data Journal* 9, no. 1 (June 2022): 108–23, https://doi.org/10.1002/gdj3.122.

6 James V. Gardner, "U.S. Law of the Sea Cruises to Map Sections of the

Mar- iana Trench and the Eastern and Southern Insular Margins of Guam and the Northern Mariana Islands," Center for Coastal and Ocean Mapping, Univer- sity of New Hampshire, November 1, 2010, https:// scholars.unh.edu/ccom/1255.

7  Young, *Expedition Deep Ocean*, 17.

8  Don Walsh, "Diving Deeper than Any Human Ever Dove," *Scientific Ameri- can*, April 1, 2014, https://www.scientificamerican.com/article/ diving-deeper-than-any-human-ever-dove/.

9  Ibid.

10  Ibid.

11  Rose Pastore, "John Steinbeck's 1966 Plea to Create a NASA for the Oceans," *Popular Science*, May 20, 2014, https://www.popsci.com/article/ technology/john-steinbecks-1966-plea-create-nasa-oceans/.

12  Jyotika I. Vrimani, "Ocean vs Space: Exploration and the Quest to Inspire the Public," Marine Technology News, June 7, 2017, https://www.marine technologynews.com/news/ocean-space-exploration-quest-549183.

13  Alex Macon, "When SpaceX Rockets Take Flight (or Blow Up), LabPadre Is Watching," *TexasMonthly*, December 15, 2020, https://www.texasmonthly. com/news-politics/spacex-rockets-launch-labpadre-livestream/.

14  *FY 2020 Agency Financial Report*, NASA, https://www.nasa.gov/sites/ default/files/atoms/files/nasa_fy2020_afr_508_compliance_v4.pdf.

15  Mike Read, "Virtual Conference: Industry Role in Seabed 2030," Marine Technology Society Virtual Symposia, June 11, 2020, https://register. gotowe binar.com/recording/3054056681389715723.

16  Paul Kiel and Jesse Eisinger, "How the IRS Was Gutted," ProPublica, Decem- ber 18, 2018, https://www.propublica.org/article/how-the-irs-was-gutted.

17  Chris Isidore, "Elon Musk 's US Tax Bill: $11 Billion. Tesla's: $0 | CNN Busi- ness," CNN, February 10, 2022, https://www.cnn.com/2022/02/10/ investing/elon-musk-tesla-zero-tax-bill/index.html.

18  Kim McQuaid, "Selling the Space Age: NASA and Earth's Environment, 1958–1990," *Environment and History* 12, no. 2 (May 2006): 127–63, https:// www.jstor.org/stable/20723571.

19  Carl Sagan, "The Gift of Apollo," *Parade*, January 11, 2014, https://parade. com/249407/carlsagan/the-gift-of-apollo/.

20  Maria Johansson et al., "Is Human Fear Affecting Public Willingness to

Pay for the Management and Conservation of Large Carnivores?," *Society & Natu- ral Resources* 25, no. 6 (June 2012): 610–20, https://doi.org/10.1080/0 8941920.2011.622734.

21  Alan J. Jamieson et al., "Fear and Loathing of the Deep Ocean: Why Don't People Care About the Deep Sea?," *ICES Journal of Marine Science* 78, no. 3 (July 2021): 797–809, https://doi.org/10.1093/icesjms/fsaa234.

22  Thoreau, quoted in Stephen Hall, *Mapping the Next Millennium: How Computer-Driven Cartography Is Revolutionizing the Face of Science* (New York: Random House, 1992), 399.

23  Thomas D. Linley et al., "Fishes of the Hadal Zone Including New Species, *in Situ* Observations and Depth Records of Liparidae," *Deep Sea Research Part I: Oceanographic Research Papers* 114 (August 2016): 99–110, https://doi.org/10.1016/j.dsr.2016.05.003.

24  Cassandra Bongiovanni, Heather A. Stewart, and Alan J. Jamieson, "High-Resolution Multibeam Sonar Bathymetry of the Deepest Place in Each Ocean," *Geoscience Data Journal*, April 7, 2021, https://doi.org/10.1002/gdj3.122.

25  William J. Broad, "So You Think You Dove the Deepest? James Cameron Doesn't.," *New York Times*, September 16, 2019, sec. Science, https://www.nytimes.com/2019/09/16/science/ocean-sea-challenger-exploration-james-cameron.html.

26  "HOV DeepSea Challenger," Woods Hole Oceanographic Institution, https://www.whoi.edu/what-we-do/explore/underwater-vehicles/deepseachallenger/.

27  Vrimani, "Ocean vs Space."

28  "Five Deeps Expedition Is Complete After Historic Dive to the Bottom of the Arctic Ocean," Discovery, September 9, 2019, https://corporate.discovery.com/discovery-newsroom/five-deeps-expedition-is-complete-after-historic-dive-to-the-bottom-of-the-arctic-ocean/.

29  Guinness World Records, "Ocean's Deepest Point Conquered— Guinness World Records," YouTube, November 24, 2020, https://www.youtube.com/watch?v=ulIQ9_BB8K A.

30  Young, *Expedition Deep Ocean*, 273.

31  Adam Millward, "Earth's Tallest Mountain, Mauna Kea, Ascended for the First Time," Guinness World Records, December 29, 2021, https://www.guinnessworldrecords.com/news/2021/12/earths-tallest-mountain-

mauna-kea-ascended-for-the-first-time-687258.

32 "1,058,522 Square Kilometers," The Measure of Things, Bluebulb Projects, http://www.bluebulbprojects.com/.

33 Amanda Holpuch, "New *Titanic* Footage Heralds Next Stage in Deep-Sea Tourism," *New York Times*, September 4, 2022, https://www.nytimes.com/2022/09/04/us/new-titanic-footage.html.

34 Randi Mann, "Why China Is Diving for Treasure in the Mariana Trench," Weather Network, November 11, 2020, https://www.theweathernetwork.com/ca/news/article/why-china-is-diving-for-treasure-in-the-mariana-trench.

35 Michael Verdon, "Meet the Modern-Day Adventurer Who Explores Space and Sea," *Robb Report*, May 19, 2022, https://robbreport.com/motors/aviation/victor-vescovo-modern-day-adventurer-1234680636/.

## 에필로그

1 "Seabed 2030 Announces Increase in Ocean Data Equating to the Size of Europe and Major New Partnership at UN Ocean Conference," Nippon Foundation-GEBCO  Seabed 2030 Project, accessed August 26, 2022, https://seabed2030.org/news/seabed-2030-announces-increase-ocean-data-equating-size-europe-and-major-new-partnership-un.

2 Stephen Hall, *Mapping the Next Millennium: How Computer-Driven Cartography Is Revolutionizing the Face of Science* (New York: Random House, 1992), 385.

3 John Noble Wilford, *The Mapmakers: The Story of the Great Pioneers in Car- tography from Antiquity to the Space Age* (New York: Alfred A. Knopf, 1981), 313–22.

4 Ibid., 287–90.

5 "Brazil: Amazon Sees Worst Deforestation Levels in 15 Years," BBC News, November 19, 2021, https://www.bbc.com/news/world-latin-america-59341770.

6 Morgan E. Visalli et al., "Data-Driven Approach for Highlighting Priority Areas for Protection in Marine Areas Beyond National Jurisdiction," *Marine Policy* 122 (December 2020): article 103927, https://doi.org/10.1016/j.marpol.2020.103927.

## ⤜ 더 읽어볼 책 ⤛

Atwood, Roger. *Stealing History: Tomb Raiders, Smugglers, and the Looting of the Ancient World.* New York: St. Martin's Press, 2004.

Brown, Lloyd A. *The Story of Maps.* Boston: Little, Brown, 1949.

Grann, David. *The Lost City of Z: A Legendary British Explorer's Deadly Quest to Uncover the Secrets of the Amazon.* London: Simon & Schuster Ltd., 2017.

Harley, J. Brian. *The New Nature of Maps: Essays in the History of Cartography.* Baltimore, MD: John Hopkins University Press, 2001.

Hayton, Bill. *The South China Sea: The Struggle for Power in Asia.* New Haven, CT: Yale University Press, 2014.

Kunzig, Robert. *Mapping the Deep: The Extraordinary Story of Ocean Science.* New York: W. W. Norton, 2000.

Menard, Henry William. *The Ocean of Truth: A Personal History of Global Tectonics.* Princeton, NJ: Princeton University Press, 1986.

Oreskes, Naomi. *Plate Tectonics: An Insider's History of the Modern Theory of the Earth.* Boulder, CO: Westview Press, 2001.

———. *Science on a Mission: How Military Funding Shaped What We Do and Don't Know About the Ocean.* Chicago: University of Chicago Press, 2021.

Raff, Jennifer. *Origin: A Genetic History of the Americas.* New York: Twelve, 2022.

Rozwadowski, Helen M. *Fathoming the Ocean: The Discovery and Exploration of the Deep Sea.* Cambridge, MA: Harvard University Press, 2005.

Scales, Helen. *The Brilliant Abyss: Exploring the Majestic Hidden Life of the Deep Ocean, and the Looming Threat That Imperils It*. New York: Atlantic Monthly Press, 2021.

Schulten, Susan. *A History of America in 100 Maps*. Chicago: University of Chicago Press, 2018.

Starosielski, Nicole. *The Undersea Network*. Durham, NC: Duke University Press, 2015.

Steinberg, Philip, Jeremy Tasch, and Hannes Gerhardt. *Contesting the Arctic: Politics and Imaginaries in the Circumpolar North*. London: I. B. Tauris, 2015.

Tester, Frank, and Peter Kulchyski. *Tammarniit (Mistakes): Inuit Relocation in the Eastern Arctic, 1939–63*. Vancouver: University of British Columbia Press, 2011.

Wilford, John Noble. *The Mapmakers: The Story of the Great Pioneers in Cartography from Antiquity to the Space Age*. New York: Knopf, 1981.

Wood, Denis, with John Fels. *The Power of Maps*. New York: Guilford Press, 1992.

Young, Josh. *Expedition Deep Ocean: The First Descent to the Bottom of the World's Oceans*. New York: Pegasus Books, 2020.

# 찾아보기

# 지구의 완전한 지도

**초판 1쇄 인쇄일**  2026년 3월 15일
**초판 1쇄 발행일**  2026년 3월 20일

**지은이**  로라 트레더웨이
**옮긴이**  박희원

**펴낸이**  김효형
**펴낸곳**  (주)눌와
**등록번호**  1999.7.26. 제10-1795호
**주소**  서울시 마포구 월드컵북로16길 51, 2층
**전화**  02-3143-4633
**팩스**  02-6021-4731

**페이스북**  facebook.com/nulwabook
**인스타그램**  instagram.com/nulwa1999
**블로그**  blog.naver.com/nulwa
**전자우편**  nulwa@naver.com
**편집**  김선미, 김지수, 임준호
**디자인**  엄희란, 구성모

**제작진행**  공간
**인쇄**  더블비
**제본**  대흥제책

**책임편집**  김선미
**표지·본문 디자인**  엄희란